帕斯卡·夏伯特：法国科学院研究中心（CNRS）主任，目前是法国巴黎综合理工学院等离子体物理实验室低温等离子体研究小组的负责人，专长是等离子体物理及等离子体工艺。

尼古拉斯·布雷斯韦特：英国开放大学工程物理教授，所带领的研究小组主要从事技术等离子体物理研究。自1998年起，一直是《等离子体源科学及技术》（*Plasma Sources Science & Technology*）的编委。

现代应用物理学丛书

射频等离子体物理学

〔法〕帕斯卡·夏伯特
〔英〕尼古拉斯·布雷斯韦特 　著

王友年　徐　军　宋远红　译

科学出版社

北京

图字:01-2014-1161

内 容 简 介

　　从微电子工业到航天器推进系统乃至高效光源,低温射频等离子体在各种前沿技术中扮演着重要的角色,而且它是物理学、化学及工程学之间相互交叉的一个学科。本书主要聚焦在物理学方面,所以主要适用于应用物理及电子工程专业的研究生及科研人员。

　　本书不仅对射频等离子体的前沿进展进行综述,同时也包括一些等离子体物理基础知识,如有界等离子体的输运及电学诊断。本书的风格有助于激发读者学习的兴趣,帮助读者建立物理图像和数学分析方法。通过实例分析,将理论应用到实际问题中,并留有超过100道的简答题,让读者能够快速掌握新知识,有信心解决与实验相关的物理问题。

图书在版编目(CIP)数据

射频等离子体物理学/(法)夏伯特(Chabert, P.),(英)布雷斯韦特(Braithwaite, N.)著;王友年,徐军,宋远红译. —北京:科学出版社,2015.10
书名原文:Physics of Radio-Frequency Plasmas
ISBN 978-7-03-045919-0

Ⅰ.①射⋯ Ⅱ.①夏⋯②布⋯③王⋯④徐⋯⑤宋⋯ Ⅲ.①射频-等离子体物理学 Ⅳ.①O53

中国版本图书馆 CIP 数据核字(2015)第 238458 号

责任编辑:钱 俊 裴 威 / 责任校对:钟 洋
责任印制:吴兆东 / 封面设计:陈 敬

斜 学 出 版 社 出版

北京东黄城根北街 16 号
邮政编码:100717
http://www.sciencep.com

北京凌奇印刷有限责任公司印刷
科学出版社发行 各地新华书店经销

*

2015 年 10 月第 一 版 开本:720×1000 1/16
2024 年 4 月第九次印刷 印张:20 3/4
字数:404 000
定价:128. 00 元
(如有印装质量问题,我社负责调换)

译 者 序

夏伯特及布雷斯韦特两位教授是国际上的著名学者,在低温等离子体物理方面的研究多有建树。他们合作撰写了《射频等离子体物理学》一书,由剑桥大学出版社于 2011 年正式出版。该书不仅介绍了部分低温等离子体物理的基础知识,如粒子的碰撞和反应过程、等离子体的电磁特性、等离子体输运以及等离子体鞘层等,同时还重点描述了三种射频等离子体(容性耦合等离子体、感性耦合等离子体及螺旋波等离子体)的物理特性及其前沿研究进展。此外,该书还对实际的工艺等离子体以及等离子体诊断方法进行了介绍。该书非常适合作为低温等离子体物理领域的研究生教材及科研人员的参考用书。

为了把该书的中文译本呈献给国内的同行,我们历时两年终于完成了该书的翻译。该书的翻译分工如下:第 5～9 章及书后附录由王友年翻译,第 1～3 章及第 10 章由徐军翻译,第 4 章由宋远红翻译。最后由徐军对全书进行了统稿。在翻译过程中,我们纠正了原著中的一些笔误,并进行了标注。此外,我们对原著中的一些物理符号的使用进行了统一的约定,如分别用 m_e、M_i 及 k_B 表示电子质量、离子质量及玻尔兹曼常数。该书的翻译过程给我们提供了一个很好的学习机会,但是由于我们的能力所限,加之东西方语言的差异,在翻译过程中难免会出现一些不当之处,敬请读者批评指正。

在该书翻译及出版过程中,得到了科学出版社钱俊先生的大力支持和帮助,在此表示感谢。同时也感谢本书原著的两位作者及剑桥大学出版社对该书翻译成中文本的授权。

王友年　徐　军　宋远红

2015 年 3 月于大连理工大学

致　谢

作者感谢那些从本书构思到出版过程中给予关心和帮助的许多同事。特别感谢 J. P. Booth、V. Godyak、M. Lieberman、J. L. Raimbault 等的详细的建议和指导,以及 R. Boswell、M. Bowden、C. Charles、B. Graham、A. Paterson 等的意见及鼓励。本书中等离子体物理的观点来自于我们的博士生和博士后的贡献,他们在确定本书的内容和风格方面起着重要作用。本书的作者之一帕斯卡·夏伯特感谢他在巴黎综合理工学院过去及现在的博士研究生:J. Arancibia,E. Despiau-Pujo,C. Lazzaroni,G. Leray,P. Levif,L. Liard,A. Perret 和 N. Plihon,以及先前的博士后:A. Aanesland,C. Corr 和 A. Meige。本书的另一位作者尼古拉斯·布雷斯韦特,感谢他在英国开放大学先前及现在的(低温等离子体)博士研究生:G. Ingram,S. Goruppa,S. Yang,P. Barroy,P. Lima,E. Vasekova 和 V. Samara,以及先前的博士后:C. Mahony,A. Goodyear,J. Alkuzee 和 T. Matsuura。

我们也感谢与 J. Allen、R. Franklin、A. Lichtenberg、L. Pitchford 及 M. Turner 等的交流以及来自他们的鼓励。与我们进行交流的国际同行很多,在此不能一一致谢。在过去 15 年间,我们与这些国际同行分别在国际大会和研讨会上进行交流。我们在本书中引用这些同行的工作时,他们无私地向我们提供了原始数据。

我们也衷心地感谢不同机构的支持。感谢伦敦英国物理学会及我们各自的实验室(巴黎综合理工学院的等离子体物理实验室及英国开放大学的原子分子及等离子体物理小组)给予的支持。同等重要的是,也要感谢我们的国家研究基金委员会 CNRS 和 EPSRC,以及其他不同的基金对我们的经费资助。如果没有这些资助,我们很难完成本书的出版。尽管在本书的写作过程中我们倾尽全力,但难免会出现一些误解和错误。我们对这些误解和错误负责,并争取再版时加以更正。

目　录

第1章 概　　论

1.1　等　离　子　体

等离子体是一种包含自由运动的电子、离子的电离气体。等离子体通常非常接近电中性,也就是说,等离子体中的负电荷粒子的数密度等于正电荷粒子的数密度,正负电荷的数密度偏差在千分之几以内。带电粒子在电场中的运动是相互耦合的,因此它们的运动会对外加电磁场作出集体响应。在低频电磁场中,等离子体表现为导体;当外加电磁场的频率足够高时,等离子体的行为更像电介质。在弱电离等离子体中(工业应用中大部分属于这种情形),除了电子和离子之外,还存在大量中性粒子,如原子、分子和自由基团等。本书主要讨论低气压射频(radio frequency,RF)放电产生的弱电离等离子体。

从质量和体积两方面来看,等离子体是宇宙中可见物质的主要存在形式。恒星是由等离子体构成的,同样,星际空间也充满等离子体。这两种等离子体有很大差别:恒星的星核是高温稠密的等离子体,而星际空间则是稀薄的冷等离子体。地球上人造等离子体也有同样的差别:既有高温高密度等离子体,也有低温低密度等离子体。受控热核聚变堆就是一种高温高密度的人造等离子体,它是完全电离的。目前,对于受控热核聚变研究,其挑战性的问题是如何长时间地约束这种高温高密度等离子体,从而使其发生轻核聚变,释放出巨大的聚变能。另一类温度较低的弱电离等离子体,又被称为低温等离子体,包括从照明到半导体工艺等各种工业应用等离子体。低温等离子体可通过气体放电来产生,放电电源的频率可以从直流(direct current,DC)到微波波段(GHz)。放电气压可以在小于 1 Pa 到数倍大气压之间(10^5 Pa)。

对于具有金属电极的大气压直流放电,通常是工作在强电流区,其中在由带电粒子和中性粒子组成的等离子体中形成了一个狭窄的电流通道。在这种直流大气压等离子体中,带电粒子和中性粒子接近热平衡(各种粒子大致处于相同温度,大约 10 000 K)。相似的情形也可以在巨型闪电及用于焊接和切割的电弧等离子体中看到。由于中性气体组分的温度过高,电弧等离子体不适于软材料表面的处理。但是,如果可以抑制达到热平衡的条件,就可以避免大气压放电中气体的过度加热,从而产生一大类被广泛应用的等离子体,即非热(平衡)等离子体。在这种等离子体中,电子的温度远高于离子和气体原子的温度。产生非平衡等离子体的方法之一是射频激励介质阻挡放电(dielectric barrier discharge,DBD)。这种放电装置中,在电极表面覆盖一层电介质,这样在电极产生弧光放电前,电介质表面的电荷积累会自动终止放电。短脉冲介质阻挡放电通常工作在丝状放电模式,每个丝状放电通道的电流很小,但其中的电子密度及电子温度足以使相当一部分中性气体解离和电离。中性气体仍处于低温状态,而且在一个电流脉冲内,等离子体中的各种组分来不及达到热平衡状态。DBD 等离子体在低成本工业应用中的重要性日益增加,例如,在医用材料的消毒,以及空气中可挥发有机化合物的去除等方面的应用。在一些情况下,某些气体的放电会呈现出比 DBD 更强的扩散模式。对于这类气体放电,由于约束等离子体的空间过于狭小,等离子体各组分之间难以达到热平衡。在大气压下,这种放电形式被称为微放电,其特征放电尺度小于 1 mm。

在低气压下更易于产生大面积低温非热平衡等离子体。低气压放电系统通常由真空室(典型尺度为几厘米)、配气系统及馈入电能的电极(或天线)构成。在低气压下,放电过程发生在所谓的辉光区,此时等离子体几乎占据整个放电室,这与大气压丝状放电模式下观察的现象形成鲜明的对照。低气压辉光放电中,放电室中大部分区域充满准中性等离子体,在等离子体和放电室器壁之间有一层很薄的空间正电荷层。这些位于器壁表面的空间正电荷层,或者称为“鞘层”,其空间尺度一般小于 1 cm。鞘层源于电子和离子迁移率的差别。等离子体中的电势分布倾向于约束电子,而把正离子推入鞘层。

由于电子首先吸收电源的馈入能量,然后被加热至数万摄氏度,而重粒子几乎处于室温。正是由于低气压等离子体具有这种非热力学平衡的特性,其在工业中有着重要的应用。在温度高达 10 000 K 的电子能量分布中,有相当一部分能量用于解离工作气体分子,使之成为活性物种(原子、基团和离子)。因此,非平衡等离子体实际上是将电能转变为工作气体的化学能和内能,并且可以将这种化学能和内能用于材料表面改性。等离子体鞘层在材料表面改性中起着重要的作用,这是因为,鞘层区中的电场可以将电源的电场能转变为轰击到材料表面的离子的动能。轰击到材料表面的离子能量是材料表面改性的一个主要工艺参数,这个能量可以轻易地增加到小分子及固体原子结合能的数千倍。正是低温等离子体的这种非热力学平衡现象,带来了等离子体处理技术的多样性,这种多样性可以从高分子材料的表面活化一直到半导体离子注入等一系列应用中看出。

等离子体处理技术在很多制造业中得到应用,特别是在汽车、航空及生物医用部件的表面处理方面,因为减少了有毒液体的使用,等离子体技术在环保上显示出优越性。同时,由于兼容纳米制造,等离子体技术在大规模工业制造中也具有优势。等离子体技术对制造业的最大冲击体现在微电子工业上。如果没有等离子体的相关技术,大规模集成电路的制备就不能实现。在接下来的几节中,我们将介绍低气压射频等离子体的一些工业应用的实例,以便为后续各章的详细分析打下基础。

1.2　微电子学中的等离子体工艺

集成电路中包含精心设计的多层半导体、电介质、导体薄膜,并由具有复杂架构的金属布线相互连通(图 1.1)。首先是借助于等离子体工艺来沉积这些薄膜,并进一步使用反应性等离子体对其进行刻蚀,最终形成尺度为数十纳米的图形。集成电路中各种薄膜刻蚀的特征尺度小于人体头发直径的百分之一。

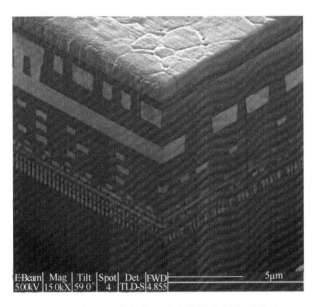

图 1.1　超大规模集成电路中多层金属介质互连

大规模集成电路的基本器件是金属-氧化物-半导体场效应晶体管(metal-oxide-semiconductor field effect transistor,MOSFET),如图 1.2 所示。通常,在单晶硅半导体衬底上,利用硅的外延生长技术,生长出高质量的外延硅层,来制备这种场效应晶体管。通过门电极,控制从“源区”到“漏区”的电流通道,以达到调节电流的目的。门电极通过一层几纳米厚的介电层和电流通道隔离(绝缘),一般使用二氧化硅作为门介电层。MOSFET 是非常有效的流经“源”和“漏”之间的电流开关。门电极的偏压可以触发这个开关。门电极的几何尺度是决定器件速度及集成度的特征尺寸。在所谓的互补型金属-氧化物-半导体(complementary metal-oxide-semiconductor,CMOS)技术中,存储和逻辑电流单元正是基于这种 CMOS 器件,该器件包括一个 n 沟道(电子沟道)和一个 p 沟道(空穴沟道)的 MOSFET。CMOS 技术是包括微处理器、存储器以及专用集成电路制备的主要半导体技术。CMOS 的主要优点是较低的能耗。

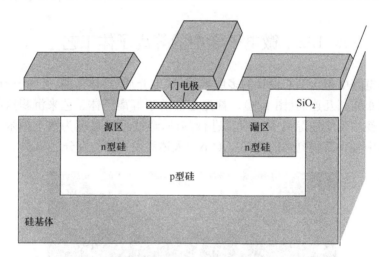

图 1.2　硅集成电路中的 MOSFET 结构示意图。其
中门电极控制由 n 型硅构成的源和漏之间的沟道电流

　　摩尔定律通常被用来描述微电子技术的进化史。戈登·摩尔于 1965 年曾作出预测:最复杂的集成电路芯片中,所集成的晶体管的数量大约每两年翻一番。这个预测成了集成电路市场发展的一个非常好的指针。需要说明的是,集成电路市场的快速发展得益于等离子体相关工艺技术。

1.2.1　等离子体刻蚀

　　等离子体刻蚀的原理如下:第一步,衬底上需要刻蚀的材料涂上一层厚度小于 1 μm 的光刻胶涂层。第二步,通过曝光、显影工艺将光刻胶涂层图形化,其中利用紫外线(UV)对附有掩膜的光刻胶涂层曝光。被曝光的光刻胶在 UV 的作用下分解,而被掩膜覆盖的光刻胶则被保留下来,这样光刻胶涂层就被图形化,从而形成材料刻蚀的窗口。第三步,经过涂胶-曝光-显影一系列图形化工艺后,将晶圆放入等离子体反应室。如果需要刻蚀的是硅基材料,则刻蚀气体通常是一种或几种卤族化合物分子(如 CF_4、SF_6、Cl_2 或 HBr)。刻蚀气体在放电腔室中形成等离子体,气体分子在电子碰撞下被解离,从而产生活性物种。以 SF_6 气体为例,它与电子碰撞后,可以产生如下解离过程:

$$e^- + SF_6 \longrightarrow SF_5 + F + e^-$$

$$e^- + SF_6 \longrightarrow SF_4 + 2F + e^-$$

$$e^- + SF_6 \longrightarrow SF_2 + F_2 + 2F + e^-$$

......

气相中的 F 原子是一种有效的硅刻蚀剂,气相(g)F 原子与固相(s)表面的 Si 原子发生如下反应,生成挥发性的刻蚀反应产物,这些反应产物会被真空系统抽走:

$$4F(g) + Si(s) \longrightarrow SiF_4(g)$$

在没有离子轰击且无晶体各向异性效应时,刻蚀速率在各个方向是相等的,也就是说,这时刻蚀是各向同性的,这是因为刻蚀剂原子到达刻蚀材料的方向是随机的,如图 1.3(a)所示。湿法刻蚀同样会得到各向同性的刻蚀形貌,这种各向同性的刻蚀不适用于高集成度芯片中的高深宽比图形的刻蚀(深宽比是指被刻蚀沟槽的深度与宽度之比)。

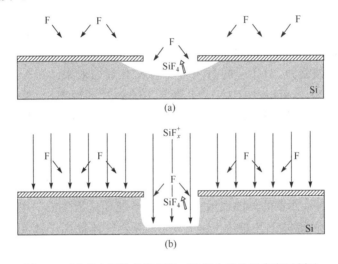

图 1.3　(a)各向同性化学刻蚀;(b)各向异性反应离子刻蚀

1979 年,Coburn 和 Winters[1]使用原子束与离子束相结合的方法,证明荷能离子对材料表面的轰击作用,可以将中性刻蚀剂原子的刻蚀速率提高一个数量级。荷能离子和刻蚀剂原子的这种协同作用很容易在等离子体刻蚀中实现,因为等离子体既有激活的中性基团,又有荷能离子,其中荷能离子在等离子体鞘层中被加速。此外,由于鞘层的存在,离子在鞘层中是在垂直于刻蚀材料的表面方向被加速的。人们发现,这些垂直加速的离子可以大大增加垂直刻蚀的速率,而对侧向刻蚀影响很小。因此,具有离子轰击协同作用的刻蚀倾向于各向异性。有效地利用荷能离子来增强刻蚀反应速率,这种工艺被称为反应离子刻蚀。

问题:列举两种高密度等离子体和高(各向异性)刻蚀速率之间的关联因素。

答案:高的电子密度,一般会增加活性基团数量,导致高刻蚀速率;轰击表面的离子流量密度的增加,也会增强各向异性刻蚀。

尽管离子轰击有助于各向异性刻蚀，但在 CMOS 技术中，由于对刻蚀图形形貌的控制要求很高，单纯的离子轰击协同作用难以达到这一要求。因此，聚合化学反应被引入刻蚀工艺中，用来在刻蚀图形的某个表面形成聚合物刻蚀阻挡层。当使用 CF_4 作为等离子体刻蚀气体时，等离子体中会生成自由基团，如 CF 和 CF_2，这些自由基团会倾向于在刻蚀图形的侧壁发生聚合反应，形成所谓的刻蚀钝化层。面向等离子体的刻蚀区域，由于不断地受到垂直方向荷能离子的轰击，不能形成这种刻蚀钝化层。例如，CHF_3、CF_4、C_2F_6、C_4F_8 等碳氟气体，在等离子体状态下均具有这种发生聚合反应的倾向，因此它们通常被用于微电子中电介质材料的刻蚀。为了控制聚合反应程度，经常在刻蚀工作气体中增加氧气，促进聚合层表面氧化生成 CO_2，这样，氧化反应可以和聚合成膜反应形成竞争。聚合反应也是控制刻蚀选择性的一个有效途径，所谓选择性是指只对一种特定的材料具有刻蚀能力，对底层的另一种材料没有刻蚀效果。一个典型的例子就是 CF_4/O_2 等离子体可以改变对于 Si 和 SiO_2 的相对刻蚀率，也就是说可以改变对这两种材料的刻蚀选择性：富氧的 CF_4/O_2 混合气体等离子体对纯 Si 的刻蚀率要高于 SiO_2，贫氧 CF_4/O_2 混合气体等离子体则相反，对 SiO_2 的刻蚀率高于纯 Si。由于硅集成电路制作过程中很多工艺涉及硅和二氧化硅的刻蚀，碳氟等离子体得到极大的关注[2-4]。

其他基于卤族元素的刻蚀也很重要：CMOS 制作过程中的一个关键步骤是门叠层的刻蚀，这种刻蚀工艺是用 $Cl_2/HBr/O_2$ 混合气体等离子体实现的。这时刻蚀钝化层涉及硅基聚合物 SiO_xCl_y 的形成[5]。刻蚀工艺的不稳定性被归因于这种聚合物在反应室器壁上的沉积[6]。

在光电子学及光子学中，等离子体刻蚀也是一个关键的技术。例如，利用等离子体工艺很容易制备具有高深宽比、陡峭脊梁的 InP 基异质结构，它是制造光子学器件的重要模块。这种模块制备过程中，需要用到等离子体刻蚀工艺，刻蚀出狭窄的脊背形单模波导管；为了使光学散射最小化[7]，要求这种波导管的刻蚀具有光滑的侧壁，并且没有过刻或旁刻现象发生。

在所谓的"深刻"（深度到达数十微米）技术中，等离子体刻蚀在大量材料的去除中同样发挥作用[8]。深刻蚀技术已被用于制备微机电系统（micro-electro-mechanic-system，MEMS）。微机电系统是由微齿轮、枢轴、铰链、悬臂梁、微流通道及其他构件组成的，这些构件是在硅基体上刻蚀出来的。在苛刻的使用环境中，碳化硅基微机电系统更有竞争力。这些碳化硅基材料的深刻蚀需要高密度等离子体，以使刻蚀时间控制在可以接受的范围内。图 1.4 给出了一个碳化硅深刻蚀的例子，其中使用了 SF_6/O_2 螺旋波高密度等离子体，见 1.4 节[9-11]。

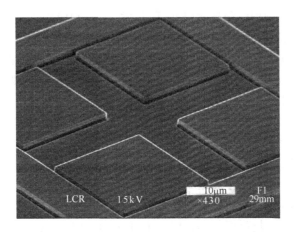

图 1.4　使用 SF_6/O_2 螺旋波高密度等离子体在 SiC 上刻蚀的微米级结构

1.2.2　等离子体沉积

等离子体增强化学气相沉积（plasma-enhanced chemical vapor deposition，PECVD）可以在低于传统化学气相沉积（chemical vapor deposition，CVD）温度下沉积各种薄膜。例如，一般 CVD 技术沉积高质量二氧化硅薄膜需要的沉积温度为 650～850 ℃。如果使用等离子体来增强沉积，在同样薄膜质量的情况下，沉积温度只有 300～350 ℃。进一步，由于等离子体含有大量的激活基团，即使在室温下也可以沉积薄膜。在薄膜沉积过程中，需要在基体表面上凝聚一些基团，正是这些基团的凝聚导致了薄膜的生长（这与刻蚀过程恰恰相反，刻蚀时选择基团和材料表面的原子反应生成挥发性产物的化学过程）。

除了微电子以外，PECVD 的另一个最重要的应用就是平面显示器的制造[12]。液晶显示器特别适合于笔记本电脑及平板监视器。当每个像素和一个晶体管开关组合在一起时，特别容易实现主动矩阵显示（active matrix display，AMLCD），这种显示技术具有高分辨率（几百万像素）、大尺寸、全彩及电视兼容的响应时间等特点。AMLCD 显示器由两片玻璃平板及介于其中的一薄层液晶构成，在其中一片玻璃板上制备了薄膜晶体管（thin film transistors，TFT）阵列。由氧化铟锡透明电极上的电压控制的单个薄膜晶体管开关定义了一个像素。在另一片玻璃板上覆盖滤色片和共用电极（背电极）。TFT 阵列是由等离子体相关技术工艺制备的，制备过程中等离子体薄膜沉积和薄膜图形化交替进行。设计用于 TFT 制备的等离子体系统的一个主要挑战是，如何在整个显示器面积上保持等离子体的均匀性。对于市场，显示器越大越好。相关大面积均匀等离子体源话题将在后续章节中详细讨论。

　　等离子体也在物理沉积技术(如溅射技术)中得到应用,该技术通常被用于半导体电路中金属层的沉积。在溅射沉积系统中,低气压等离子体提供离子(如 Ar^+),这些离子被加速轰击处于负偏压的金属靶。离子在加速过程中可以获得约 1000 eV 的能量,从而在与靶碰撞时,把靶表面的原子撞出(或溅射出),形成一个气化喷射等离子体羽。溅射是一个纯物理的、非图形化的刻蚀过程。被溅射出的原子有效地喷射到置于溅射靶附近的衬底上,以每分钟几十纳米的速率凝聚成膜。常用的溅射沉积装置是所谓的磁控溅射系统,该系统有一个平行于溅射靶表面的磁场分量,能够有效地约束电子的运动,从而增加溅射气体的电离效率及等离子体密度。磁控溅射系统的工作原理如图 1.5 所示。在磁控靶附近形成的高密度等离子体环,由于高密度离子的轰击,磁控靶表面邻近等离子体环区域的刻蚀速率远高于其他区域。交叉电场磁场作用在电子上,使电子沿着等离子体环做螺旋运动,生成所谓的"霍尔电流"。在 1.3 节将要讨论的一种等离子体推进器中,也会遇到这种电磁场位形,其中霍尔电流是这种推进器的关键参数。

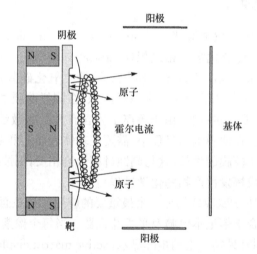

图 1.5　直流磁控溅射示意图。溅射靶材在邻近
霍尔电流环区域被强烈溅射刻蚀,形成环状刻蚀沟

1.3　等离子体推进

　　火箭驱动的航天器在自由飞行时通过火箭喷出物质(推进剂)获得加速。运动方程符合动量守恒定律,航天器和喷出物质的动量变化率相等:

$$m\frac{\mathrm{d}v}{\mathrm{d}t} = -\frac{\mathrm{d}m}{\mathrm{d}t}v_g \tag{1.1}$$

式中，m 为给定时间航天器的总质量(包括没使用的燃料)；$\dfrac{dv}{dt}$ 为航天器的加速度；v_g 为推进剂的喷射速度(相对于航天器)；$\dfrac{dm}{dt}$ 是推进剂的喷出所致航天器总质量的变化速率$\left(\dfrac{dm}{dt}<0\right)$。航天推进的挑战是，获得尽可能最高的推进剂喷射速度，并使推进剂完全电离，以便使推进剂得到更有效的利用。在一定的推进剂喷射速度下，对方程(1.1)从初始质量 m_0 到终质量 m_f 积分，积分结果如下：

$$\Delta v = v_g \ln \frac{m_0}{m_f} \tag{1.2}$$

式(1.2)表明，在给定推进剂消耗质量时，航天器在一个加速阶段速度的变化量与推进剂喷射速度 v_g 成正比。在推进领域，通常用两个参量表征一个推进器特性：一个是推力 $T = \dfrac{dm}{dt} v_g$，另一个是特征冲量 $I_s = v_g/g$，其中，g 为地球海平面处的重力加速度。可以看出，这两个参量均与推进剂喷射速度成正比。

1.3.1　传统等离子体推进器

可以将电推进技术分为三类[13]：①电热推进，这种推进技术是用电加热将推进剂气化，然后经过热力学膨胀由喷嘴喷出；②静电推进，被电离的推进剂离子经一个电场加速；③电磁推进，这时推进剂等离子体中的驱动电流和一个内部或外部的磁场相互作用，从而产生一个宽束流体推力。下面将对最常见的推进器系统进行简短的描述。

1. 阻性炬和电弧炬

它们均属于第一类推进技术，其中阻性炬是通过器壁或螺旋电加热器将推进剂气化，而电弧炬是用电弧气化推进剂，气化的推进剂经过喷嘴加速喷出。这类推进器具有有限的特征冲量(小于 1000 s)，同时也面临高温技术的挑战。

2. 静电离子推进器

由 DC、RF 或微波产生的等离子体(一般为磁化等离子体)，其中带正电离子用一个施加直流偏压的栅极(栅网)加速引出。为了维持整体的电中性，引出的离子束需要被中和，通常使用热灯丝发射的电子或其他电子源在下游中和被加速的离子束。静电推进已被证明是一种成功的推进技术，可以提供非常高的特征冲量，但是荷能离子对加速栅极网的刻蚀限制了这种推进器的寿命。

3. 霍尔效应推进器

霍尔效应推进器的主体是一个一端封闭一端开口的环形腔室,如图 1.6 所示。霍尔效应推进器中[14],在环形腔室内设置径向磁场,位于腔室封闭端的阳极产生轴向电场。由外置阴极发射的电子向阳极运动,进入半开放的环形腔室后,被部分约束在径向磁场和轴向电场的交叉电磁场区域,电子切割磁力线运动所产生的洛伦兹力使电子绕磁场做回旋运动。在相互垂直的电场和磁场的共同作用下,电子的净漂移运动形成一个环向电流,即所谓的霍尔电流,它既垂直于电场又垂直于磁场。这些被约束在交叉电磁场中运动的电子与中性气体(通常是氙气)原子碰撞,使之电离,由此产生的正离子被轴向电场加速离开环形腔室的开口端。其中阳极和外阴极之间的轴向电场还用来维持气体放电。离子加速区域充满准电中性等离子体,由外部阴极发射的部分电子可以起到中和逃离离子束的作用。对这种推进器性能的改进主要集中在两个方面:一是减少离子对推进器腔室的刻蚀速率,二是降低离子束的发散。

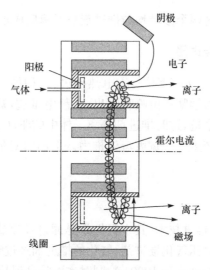

图 1.6　霍尔效应推进器示意图

问题:指出图 1.6 所示霍尔效应推进器中的磁场结构及磁场源。
答案:环形腔室中的磁场是由置于腔室外部的一组励磁线圈产生的,磁场充满开口端和封闭端之间的整个环形腔室。

4. 磁等离子体及脉冲等离子体推进器

磁等离子体推进器(magnetoplasmadynamic thruster,MPDT)由位于轴线的棒状阴极和与之同轴的筒状阳极构成,工作气体被阴极尖端和周围阳极之间的电场电离,两电极之间的放电电流产生一个环形磁场,这个磁场又和放电等离子体中的电流相互作用。注意此时的磁场不是外加励磁线圈产生的。

放电电流中的运动电荷,包括电子和离子,被洛伦兹力推出推进器喷口。由于喷出的是准中性的等离子体,所以不需要离子中和装置。但是,为了达到高的推进效率,要求放电功率很大(100 kW),所以 MPDT 只是设计高能推进器时的一个选项。

脉冲等离子体推进器也利用了电极之间的放电电流产生的磁场。在这种推进器中,由弹簧将聚四氟乙烯(PTFE)板推入两个平板电极之间的空间,加在两极上的脉冲高压触发脉冲放电,从聚四氟乙烯板上烧蚀出的材料可以作为推进剂,如同 MPDT 一样,推进剂被脉冲放电电离,并被电场和磁场的协同作用加速喷出推进器。

1.3.2　新概念

人们正在不断研发各种新型等离子体推进器,如美国国家航空航天局(NASA)开发的可变特征冲量等离子体火箭[15],澳大利亚国立大学开发的双层推进器[16],以及法国巴黎综合理工学院研发的负电性等离子体推进器[17]。

所有这些新概念等离子体推进器,均利用了基于螺旋波等离子体源放电产生的高密度等离子体。螺旋波是一种在磁化等离子体中传播的扰动电磁波,外加电磁场的能量可以通过这种螺旋波有效地转变为等离子体中电子的能量,从而形成一种强电离源。澳大利亚国立大学等离子体研究实验室是研发这种电离源的先驱。本书第 8 章将详述这种螺旋波等离子体源工作原理。

1. 可变冲量推进器

可变冲量磁等离子体火箭发动机马达利用螺旋波源产生等离子体,在螺旋波等离子体中激发更多的电磁波,这些电磁波和绕磁力线回旋的离子发生共振,以此加速离子。在螺旋波等离子体源的尾部,磁力线发散,形成一个有效的磁喷嘴,在磁喷嘴中离子的回旋运动转变为轴向运动,形成一个逃逸等离子体羽和定向推力。这种推进器布局的一个特征是,进气气流和离子共振加热共同决定了推进器的行为,使其具有高的冲量可控性。

2. 双层推进器

即使在没有附加能量输入的情况下,通过精心布置磁化等离子体的空间分布,也可以产生推力。螺旋管可以产生一个具有扩张位形的磁场:在螺旋管源内部,这个磁场近似均匀,磁感应强度约为几十毫特斯拉。在离开螺旋管源大约几厘米处,磁感应强度降至小于 1 mT。这种磁场位形下可以产生高密度等离子体，而且在螺旋管出口附近会同步产生一种无电流的双电荷层非线性结构，这种非线性结构阻止等离子体离开源区。双电荷层实质上就是两个相邻的空间电荷层，其中一层带正电，而另一层带负电。这可以被想象为由一个薄的陡直冲击驻波穿过这里时产生的电势突变。这种双电荷层产生的电场，可以将等离子体源扩散出来的离子加速到很高的向外喷射速度，从而产生推力。双电荷层完全是由等离子体膨胀产生的，因此不需要加速离子的栅极。同时，推进器喷出的电子流密度和离子流密度相等，因此也不需要额外的离子中和源。

3. 双离子推进器

在经典的静电（离子）推进器中，推力是由荷正电粒子提供的，负电粒子（如电子）不产生推力。此时，电子在等离子体产生区电离气体，而在推进器的尾流区中和正离子。法国巴黎综合理工学院等离子体物理实验室提出了一种名为 PEGAS-ES 的新概念推进器，这种推进器以电负性气体为推进剂。由于同时产生正负离子束流，双离子推进器可以不使用离子中和器。双离子推进器中的主等离子体由一个长筒状等离子体源产生，筒状等离子体源内部有轴向磁场（典型值为几十毫特斯拉）。这个轴向磁场只能约束电子，不能约束离子。螺旋波源提供一个半径约为几厘米的高密度等离子体芯，在芯部产生完全电离的等离子体。使用电负性气体放电时，上述装置产生的等离子体呈现分层结构：芯部为电正性等离子体（有很多电子的等离子体），而周围是正离子-负离子等离子体层，这个双离子层没有电子。正负离子通过加速栅极从这个正离子-负离子组成的等离子体中径向引出，其中加正偏压的栅极引出负离子，而加负偏压的栅极引出正离子。

1.4　射频等离子体：E,H 和 W 模式

用于等离子体刻蚀和/或 PECVD 的等离子体发生器常使用交变电源驱动放电，其频率范围在 1～200 MHz，这个频率范围属于射频波段。特别地，频率 13.56 MHz 及其谐频通常被工业及医疗所选用，而其他射频频率被分配至通信领域。空间等离子体推进器所用的螺旋波等离子体源的工作频率也在射频波段，通常为 13.56 MHz。材料处理工艺所使用的等离子体还可以采用直流和低频放电产生，也可以采用微波放电。表 1.1 给出了各种常用等离子体发生器的频率分类。

表 1.1 等离子体源的频率范围

类型	频率范围
直流或低频	$f < 1\ \mathrm{MHz}$
射频	$1\ \mathrm{MHz} < f < 500\ \mathrm{MHz}$,常用 13.56 MHz
微波	$0.5\ \mathrm{GHz} < f < 10\ \mathrm{GHz}$,常用 2.45 GHz

射频波段是特别有意义的。对于低频端的射频放电,除了重离子外,等离子体中的其他各种荷电粒子的运动均可以跟上射频电磁场的变化;而对于高频端的射频放电,等离子体中只有电子可以响应射频电磁场的变化,离子由于惯性较大,只能响应时间平均的电场。在射频的整个波段,电子都能即时响应射频场的变化。

在微波区域,当电子在一个适中的稳态磁场中运动时,存在一个"回旋"共振频率。当稳态磁场磁感应强度为 87.5 mT【译者注:原文为 86.6 mT,有误】时,电子的回旋频率为 2.45 GHz,所以可以将工作在此频率的廉价微波源用于产生高等离子体密度(高束流密度)(家用微波炉也是在这个频率下工作)。

可以用很多方法产生射频电磁场,例如,可以将射频电压加在两个平行电极上,也可以让射频电流通过一个线圈或天线。这些电极、线圈或天线可以浸入等离子体中,也可以通过一个介质窗口与等离子体隔离。如此产生的射频电磁场与等离子体中的电子耦合,将电磁场能量传递给电子,从而维持等离子体放电。射频电磁场能量耦合效率以及等离子体的均匀性,均强烈依赖于射频激励电极、线圈或天线的设计。工业中应用的两种典型射频等离子体发生器分别为:电容耦合等离子体(capacitively coupled plasma,CCP)发生器,如图 1.7(a)所示,以及电感耦合等离子体(inductively coupled plasma,ICP)或变压器耦合等离子体(transformer coupled plasma,TCP)发生器,如图 1.7(b)所示。

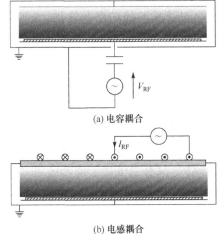

(a) 电容耦合

(b) 电感耦合

图 1.7 射频等离子体发生器

CCP 发生器是 20 世纪 70 年代开始研发的，这种发生器由位于真空室中的两个相距几厘米的平行电极板构成。平行电极通常由功率为～1 kW、频率为 13.56 MHz 的射频电源驱动；等离子体密度为 $10^{15} \sim 10^{16}$ m^{-3}。

需要刻蚀的衬底一般放在射频驱动电极上。接地电极离子轰击的效应很弱。在这种等离子体发生器中，加在驱动极上的射频功率的大小同时决定了轰击衬底的离子流密度及离子的能量。缺乏对离子流量和离子能量的独立控制这一缺陷，严重限制了这种单频 CCP 发生器的应用范围。为了克服这种限制，人们引入了双频驱动放电系统，其中所加的射频波形是两个可独立控制射频分量的叠加。已证明，在微电子制造工艺中双频 CCP 发生器可以用于刻蚀一些特定台阶，而用单频 CCP 发生器不能实现这些特定台阶的刻蚀。本书将在第 5 章和第 6 章中讨论 CCP 发生器。

ICP 放电系统通常也使用两个射频功率源。第一个射频功率源驱动线圈，线圈一般是外置的，由一个介质窗口与等离子体隔离开。当射频电流流过线圈时，会在线圈附近的等离子体中产生一个衰减距离为几厘米的扰动波。这个扰动在等离子体中感应出射频电流，从而将电磁场能量传递给电子，也就是说，驱动线圈的射频功率源控制等离子体密度。ICP 射频功率耦合效率远高于单频 CCP 发生器，由此可以得到更高的等离子体密度，一般 ICP 发生器的等离子体密度在 $10^{16} \sim 10^{18}$ m^{-3} 量级。第二个射频功率源加在基片台上，作为偏压源控制离子能量。ICP 是微电子制造中刻蚀金属和硅材料的常用等离子体发生器，它们也被用于光电子器件中的 Ⅲ-Ⅴ 族化合物半导体的刻蚀以及 MEMS 制造技术中的深刻蚀。本书将在第 7 章讨论 ICP 等离子体发生器。

这两类射频等离子体发生器，即 CCP 和 ICP，通常会有两种放电模式：一种是所谓电容耦合的静电(electrostatic，E)模式，另一种是所谓电感耦合的电磁(electromagnetic，H)模式。使用外置线圈的电感耦合等离子体发生器，放电刚开始时是处于 E 模式，但随着施加于线圈上的功率的增加，当等离子体密度到达一个特定值时，就会发生 E-H 放电模式的转变[18]。

　　问题：对于图 1.7 所示电感耦合放电，线圈中的射频电流维持感应放电，那么在放电的初始阶段等离子体是如何在 E 模式下形成的？
　　答案：为了使得射频电流通过线圈，必须要求在线圈两端存在一个射频电压，这个射频电压产生一个附加的静电场。的确，这个静电场与射频电压相关。即使在线圈开路时，即线圈中没有射频电流的情况下，这个静电场也存在。E 模式放电形成低密度等离子体。只有当等离子体密度可以产生足够的电磁传导率时，才会发生 E-H 模式转换，并使 H 模式成为主要的放电机制。

当使用电负性气体放电时，E-H 模式转换会变得不稳定[19,20]，这种电负性等离子体，一些气体中的原子捕获电子，从而产生负离子。研究表明，在高频 CCP 放电中,由于会感应出平行于电极的感应电场[21,22],也可能发生放电模式的转换,即从 E 模式到 H 模式。将在后续章节中讨论这种现象。

最后,在射频场与等离子体的耦合过程中,还存在第三种放电模式,即波驱动模式,用字母 W 表示波。当电子密度高于典型的 CCP 和 ICP 放电时,射频扰动不能在无稳态磁场的等离子体中传播。在射频波驱动等离子体发生器中,必须存在一个稳态(静态)磁场。这时由天线激励的一种可传播扰动电磁波,即螺旋波,可以从天线传输到等离子体内部,而且螺旋波的能量可以被电子吸收。与 H 模式下的 ICP 相比,W(波)模式的能量耦合可以产生更高密度和大体积的螺旋波等离子体,其等离子体密度大于 10^{19} m^{-3}。螺旋波等离子体发生器可以用于需要高离子流量密度的等离子体工艺中,如硬质材料的深刻蚀[11]。由于具有产生高电离率等离子体的能力,波驱动放电模式在等离子体推进器电离源中也有很大的潜在应用价值。图 1.8 说明了感应激发和螺旋波激发的区别。

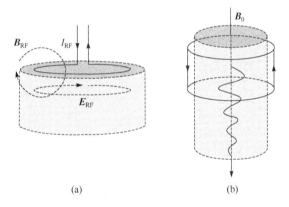

(a) (b)

图 1.8 外部电流激发的柱状等离子体。(a)等离子体是由感应电场驱动的电流维持的,其中感应电场是由外部线圈中的 RF 电流通过电磁感应激发的,而且感应电场随离线圈的距离衰减;(b)外部线圈适当配置时可在等离子体中激发轴向传播的螺旋波,即从螺旋波吸收的能量可以维持等离子体的产生

1.5 内 容 简 介

本章介绍了射频功率源产生的低气压非平衡等离子体在一些特定技术中的应用。实际上,在低气压范围,射频非平衡等离子体应用的例子还有很多,即使在高气压范围,也可以找出很多应用的例子。关于射频低气压非平衡等离子体基本物理过程的分析,目前已有很多参考文献,而且也取得了很好的研究进展。这正是本书所关注的基本内容。

　　第 2 章将详细论述一些等离子体物理的基本概念。首先从单粒子描述开始，最终以相互作用的电子、离子和中性气体的流体模型来描述等离子体。在接下来的各章中，描述产生和维持低气压有界等离子体的流体力学方程的复杂程度将逐渐增加。有界和低气压是上述应用技术中等离子体的两个基本特征。同时，我们也将建立射频等离子体的电学模型，从而可以对射频等离子体中的静电、感应及波耦合机制进行比较分析。

第 2 章 等离子体动力学与平衡

描述放电腔室中的等离子体动力学行为的方法之一,就是应用牛顿定律对其中的每个带电粒子的运动轨迹进行精确计算。由于下述诸多原因,这种方法是不可行的:①在典型的等离子体密度($10^{16}\sim10^{18}$ m^{-3})和放电腔室的体积(几升)下,带电粒子的数量太大;②带电粒子响应电磁场产生洛伦兹力运动,而这种电磁场又是由所有其他带电粒子及其运动激发的,即局域电荷和电流产生电磁场,因此等离子体中带电粒子的运动是非线性的,对其运动方程的求解应该是自洽的;③等离子体中的粒子经历各种碰撞,这些碰撞会在很短的时间尺度上改变粒子的速度和能量。

问题:(1) 等离子体密度 $n=10^{16}$ m^{-3} 时,1 mm^3($V=10^{-9}$ m^3)等离子体中有多少离子?

(2) 电场强度 $E=10^2$ V$\cdot$m^{-1} 时,一个电子从静止开始被电场加速,求在时间 $t=0.1$ μs 内电子的运动距离。

(3) 在典型的低气压放电等离子体中,多数电子的运动速度大约为 $v=10^6$ m$\cdot$s^{-1},这些电子的平均自由程 $\lambda\sim 10^{-1}$ m,平均自由程取决于气压;求电子的平均碰撞周期。

答案:(1) $N=n\times V=10^7$

(2) $s=\dfrac{1}{2}(eE/m)t^2\approx10^{-1}$ m

(3) $\tau=\lambda/v\approx10^{-7}$ s

借助于网格粒子法(particle in cell,PIC)模拟,可以初步对上述问题进行简化(一级近似)。PIC方法的基本思路是:同时求解牛顿方程和电磁场方程,并考虑粒子之间的碰撞项。但是,所模拟的等离子体与真实等离子体之间存在差别,这种差别体现在对电荷、场及其发生时空的表示。在 PIC 模拟中,把一个带电粒子周围的大量相邻粒子用一个"超粒子"来表示,这个超粒子总是多电荷的,并且与对应的真实多粒子具有相同的荷质比(电荷-质量比)。这样,等离子体中的大量带电粒子可以用数量少得多的这种超粒子来代替。在模拟计算中,时间和空间均被离散化,计算每个格点上的电磁场和超粒子的运动,并反复迭代,直至稳定解。PIC 计算机模拟对理解等离子体中的一些微妙的动理学现象是非常有用的。但是,这种纯粹数值计算需要很长的计算机时间,以致很难对等离子体的宏观行为进行模拟。

从解析的观点来看,有两种等离子体动力学的建模方法:一种基于动理学理论,另一种基于流体理论。其中第一种方法是从微观出发,并依赖统计物理。在这种处理方法中,引入速度(或能量)分布函数 $f(r,v,t)$,并利用守恒定律确定这个分布函数的演化行为。在诸如随机加热中遇到的非线性波-粒子相互作用及无碰撞现象的建模过程中,动理学理论非常有用。在等离子体输运以及反应系数的详细计算中,有关速度分布函数的知识也非常重要。但是,在描述放电腔室中等离子体的宏观行为时,动理学计算太复杂了。本书中一般用宏观流体理论(流体力学)计算大多数等离子体的基本性质,而不需要动理学处理。通过速度分布函数 $f(r,v,t)$ 对速度积分,可以获得诸如流体密度 n、流体速度 u 等一些宏观物理量。

如下几节中,我们将首先介绍分布函数的定义、热平衡分布及分布的各种平均,然后介绍动理学理论的基本思路,同时也介绍一些有关碰撞和反应的基本概念。然后引入流体力学方程组。从动理学方程开始严格推导这些流体力学方程超出了本书的范围,详细的推导过程可以在很多等离子体物理教科书中找到,如文献[23]。将这些流体力学方程组结合起来,就可以得到粒子平衡方程和能量平衡方程,这些方程正是本书中对等离子体物理描述的基石。最后,将流体力学方程组线性化,以检验等离子体中的电磁波的传播及静电扰动。

2.1　微观描述

2.1.1　分布函数和玻尔兹曼方程

借助于气体动理学理论,人们可以很方便地了解等离子体的微观运动行为。考虑 N 个具有随机位置(r)和速度(v)分布的粒子,速度分布函数 $f(r,v,t)$ 定义为:在 t 时刻六维相空间体积元 $\mathrm{d}x\mathrm{d}y\mathrm{d}z \times \mathrm{d}v_x\mathrm{d}v_y\mathrm{d}v_z$ 中的粒子的数量。为了方便,有时将这个相体积元用一种紧凑的形式 $\mathrm{d}^3r\mathrm{d}^3v$ 来表示。在 r 点附近的相体积元 $\mathrm{d}^3r\mathrm{d}^3v$ 中,具有速度 v 的粒子数 $\mathrm{d}N$ 可以由下式给出:

$$\mathrm{d}N = f(r,v,t)\mathrm{d}^3r\mathrm{d}^3v \tag{2.1}$$

定义了速度分布函数后,通过对速度分量求平均,就可以计算各种宏观物理量。这些宏观物理量由分布函数的各阶速度矩来决定。这些速度矩是 2.2 节将要介绍的流体理论的基本变量。速度分布函数的一阶速度矩是粒子数密度,定义如下:

$$n(r,t) = \int_{-\infty}^{\infty} \int_{-\infty}^{\infty} \int_{-\infty}^{\infty} f(r,v,t)\mathrm{d}^3v \tag{2.2}$$

在统计力学中,粒子分布的任何物理量的平均值都是用如下方法求得的:以这个物理量作为权重,将分布函数在速度空间中积分,然后除以这个分布下的粒子总数。一般用尖括号表示物理量的平均值,如平均速度,又叫漂移速度,定义如下:

$$\langle v(r,t) \rangle = \frac{\displaystyle\int_{-\infty}^{\infty} \int_{-\infty}^{\infty} \int_{-\infty}^{\infty} vf(r,v,t)\mathrm{d}^3v}{\displaystyle\int_{-\infty}^{\infty} \int_{-\infty}^{\infty} \int_{-\infty}^{\infty} f(r,v,t)\mathrm{d}^3v}$$

通常使用更简洁的符号 $\boldsymbol{u}(\boldsymbol{r},t)$ 来表示漂移速度。有了漂移速度,可以定义粒子的总通量如下:

$$\boldsymbol{\Gamma}(\boldsymbol{r},t) = n(\boldsymbol{r},t)\boldsymbol{u}(\boldsymbol{r},t) = \int_{-\infty}^{\infty}\int_{-\infty}^{\infty}\int_{-\infty}^{\infty} \boldsymbol{v}f(\boldsymbol{r},\boldsymbol{v},t)\mathrm{d}^3\boldsymbol{v} \tag{2.3}$$

同样,粒子的总动能密度由下式给出:

$$w = n(\boldsymbol{r},t)\langle\frac{1}{2}mv^2\rangle = \frac{1}{2}m\int_{-\infty}^{\infty}\int_{-\infty}^{\infty}\int_{-\infty}^{\infty} v^2 f(\boldsymbol{r},\boldsymbol{v},t)\mathrm{d}^3\boldsymbol{v} \tag{2.4}$$

式中,m 为粒子的质量。可以将动能密度分成两部分,其中一部分与粒子的随机运动相关,另一部分与粒子的净漂移运动相关,如下式所示:

$$w = \frac{3}{2}p(\boldsymbol{r},t) + n(\boldsymbol{r},t)\frac{1}{2}m\boldsymbol{u}^2(\boldsymbol{r},t) \tag{2.5}$$

式中,第一项为内能密度,$p(\boldsymbol{r},t)$ 为各向同性压强;第二项为动量的净流动引起的。对于一个速度分布函数,当粒子的漂移速度为零时,也就是说速度分布函数是对称的,动量的净流动为零,这时动能密度与压强成正比。

分布函数遵守一个守恒方程式,这个守恒方程式具有连续性方程的形式。在给定的一个相体积元中,粒子可以进入和离开这个体积元,其中粒子的产生和消失分别是由碰撞电离和再结合过程引起的。决定分布函数演化的方程叫玻尔兹曼方程,由下式给出(参见文献[2]):

$$\frac{\partial f}{\partial t} + \boldsymbol{v}\cdot\nabla_r f + \frac{\boldsymbol{F}}{m}\cdot\nabla_v f = \frac{\partial f}{\partial t}\bigg|_c \tag{2.6}$$

式中,作用在带电粒子上的洛伦兹力 $\boldsymbol{F} = q(\boldsymbol{E} + \boldsymbol{v}\times\boldsymbol{B})$,$q$ 为粒子的电荷数,$\boldsymbol{E}$ 和 $\boldsymbol{B}$ 分别为局域电场和磁场。方程(2.6)右边表示碰撞过程的贡献。在实际中,确定碰撞过程是很困难的(参见文献[2])。但是,利用这个方程,可以构造出各阶速度矩所服从的流体方程组,见 2.2 节。

2.1.2 热平衡分布

对作用在带电粒子上的电磁力以及对包含各种碰撞的弛豫过程的响应,分布函数会作出连续演化,方程(2.6)也随之作出相应的变化。然而,在等离子体中,情况有所不同,特别是等离子体中的电子分布函数接近热平衡分布时,即分布函数为麦克斯韦分布时(又称为麦克斯韦-玻尔兹曼分布)。借助于麦克斯韦分布,可以方便地将电子的特征温度与电子的平均能量及电子的平均速度联系在一起。但是,在计算诸如电离或激发系数时,要考虑到实际电子能量分布对麦克斯韦分布的偏离。

在本节的以下部分,分布函数中的空间和时间变量将作为隐变量处理,因此,分布函数作如下变化:$f(r,v,t) \rightarrow f(v)$。

问题:变量 v、v 及 v_x 有何区别?

答案:v 是速度矢量,$v = (v_x^2 + v_y^2 + v_z^2)^{1/2}$ 是速度矢量的模(又称为速率),v_x 是速度矢量的 x 分量(沿 x 方向的速率)。

三维麦克斯韦速度分布函数由下式给出:

$$f(v) = n\left(\frac{m}{2\pi k_B T}\right)^{3/2} \exp\left(-\frac{m(v_x^2 + v_y^2 + v_z^2)}{2k_B T}\right) \tag{2.7}$$

式中,n 为方程(2.2)定义的粒子数密度【译者注:这里 k_B 为玻尔兹曼常量】。分布函数 $f(v)$ 和速度在 $v \sim v + \mathrm{d}v$ 的粒子数成正比。图 2.1 给出了一维速度分布函数的图像,是式(2.7)对其他两个速度分量 v_y 和 v_z 积分所得:

$$f(v_x) = n\left(\frac{m}{2\pi k_B T}\right)^{1/2} \exp\left(-\frac{mv_x^2}{2k_B T}\right)$$

利用方程(2.3)和方程(2.4)可以计算一些重要的平均量。首先来看一下方程(2.3)所表示的净粒子通量,在任一确定的方向,这个通量一定是零,因为分布函数是球对称的,所以漂移速度为零。还可以在整个速度分布函数上对速率 v 求平均值,以得到特征速率:

$$\langle v \rangle = \left(\frac{m}{2\pi k_B T}\right)^{3/2} \int_{-\infty}^{\infty}\int_{-\infty}^{\infty}\int_{-\infty}^{\infty} (v_x^2 + v_y^2 + v_z^2)^{1/2}$$

$$\times \exp\left(-\frac{m(v_x^2 + v_y^2 + v_z^2)}{2k_B T}\right)\mathrm{d}v_x \mathrm{d}v_y \mathrm{d}v_z \tag{2.8}$$

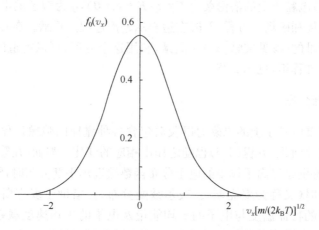

图 2.1　归一化的一维麦克斯韦速.度分布函数。函数曲线下的面积为 1

问题：对于一个处于热平衡系统的速度分布，对粒子的平均速度有什么要求？

答案：粒子的平均速度必须等于零，否则将有一个净流量，内部过程就还没有达到平衡。

由于麦克斯韦速度分布函数是各向同性的（在所有方向均相同），分布函数可以使用标量速率表示，而不是用矢量速度 v 及其分量 v_x、v_y 和 v_z 来表示。这样可以简化方程(2.8)中的积分。

速率分布函数 $f_s(v)$ 给出了速率在 $v\sim v+\mathrm{d}v$ 的粒子数：

$$f_s(v) = n\left(\frac{m}{2\pi k_B T}\right)^{3/2} 4\pi v^2 \exp\left(-\frac{mv^2}{2k_B T}\right) \tag{2.9}$$

式中，因子 4π 是对粒子轨迹的所有角度的积分。这样，粒子的数密度就可以通过对所有可能的速率积分求得：

$$n = \int_0^\infty f_s(v)\mathrm{d}v$$

如此，粒子的平均速率可以定义如下：

$$\langle v \rangle = \left(\frac{m}{2\pi k_B T}\right)^{3/2} 4\pi \int_0^\infty v^3 \exp\left(-\frac{mv^2}{2k_B T}\right)\mathrm{d}v \tag{2.10}$$

这个平均速率 $\langle v \rangle$ 也经常用符号 $\bar{v}$ 或 $\bar{c}$ 表示，此处使用符号 $\bar{v}$ 表示平均速率。完成方程(2.10)的积分运算，即可得到平均速率

$$\bar{v} = \left(\frac{8k_B T}{\pi m}\right)^{1/2} \tag{2.11}$$

问题：根据图 2.2，对于一个处于麦克斯韦分布的系统，什么是粒子的最可几速率？

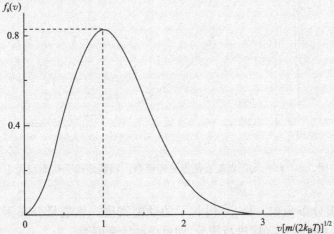

图 2.2 归一化麦克斯韦速率分布函数。函数曲线下的面积为 1

答案：分布函数曲线最大值对应最可几速率，$v\left[m/(2k_\mathrm{B}T)\right]^{1/2}=1$，相应的最可几速率 $v=(2k_\mathrm{B}T/m)^{1/2}$，最可几速率和平均速率显然不同，平均速率比最可几速率大 13% 左右。

　　在气体放电等离子体中，电子的质量很小，温度很高。假设电子温度的典型值为 $T\approx30\,000$ K，可以根据式 (2.11) 算出电子的平均速率为 $\overline{v}\approx10^6$ m·s^{-1}。这个平均速率比等离子体中所观察到的漂移速率的典型值大得多。相反，与电子相比，离子的质量较大，其温度也接近室温，典型值为 $T\approx500$ K。对于处于这个温度下的氩离子，根据式 (2.11) 算出的平均速率 $\overline{v}_\mathrm{i}\approx500$ m·s^{-1}。在第 3 章将会看到，离子会以比平均速率大得多的漂移速率离开等离子体。因此，除了在等离子体的中心处，离子是远离热平衡态的。

　　使用同样的方法，对于各向同性的粒子速率分布函数，也可以在能量空间中定义为能量分布函数 $f_\mathrm{e}(\varepsilon)$。能量分布函数 $f_\mathrm{e}(\varepsilon)$ 表示动能在 $\varepsilon\sim\varepsilon+\mathrm{d}\varepsilon$ 的粒子数为

$$f_\mathrm{e}(\varepsilon)=\frac{2n}{\sqrt{\pi}}\left(\frac{1}{k_\mathrm{B}T}\right)^{3/2}\varepsilon^{1/2}\exp\left(-\frac{\varepsilon}{k_\mathrm{B}T}\right) \tag{2.12}$$

　　问题：在图 2.3 所示的麦克斯韦分布函数中，什么是最可几能量？
　　答案：最可几能量为分布函数峰值所对应的能量 $\varepsilon=k_\mathrm{B}T/2$。

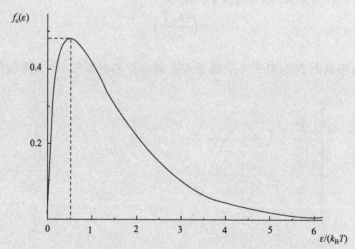

图 2.3　归一化麦克斯韦能量分布函数。函数曲线下的面积为 1

　　利用能量分布函数，可以求得粒子的动能密度。将能量分布函数乘以因子 $\varepsilon=mv^2/2$，再对所有的动能进行积分，即可得动能密度为

$$w=\frac{2n}{\sqrt{\pi}}\left(\frac{1}{k_\mathrm{B}T}\right)^{3/2}\int_0^\infty\varepsilon^{3/2}\exp\left(-\frac{\varepsilon}{k_\mathrm{B}T}\right)\mathrm{d}\varepsilon=\frac{3}{2}nkT_\mathrm{B} \tag{2.13}$$

由于 $w \equiv n\langle \varepsilon \rangle$,所以粒子的平均动能为 $3k_BT/2$。由于速度分布函数是各向同性的,任何粒子在三个独立方向的运动都是自由的,所以在三个平动自由度上,每个自由度的平均动能为 $k_BT/2$。

　　问题:如果只考虑与 x 方向运动相关的能量,对处于麦克斯韦分布的粒子系统,如何得到一个粒子的平均动能?

　　答案:用因子 $mv_x^2/2$ 乘速度分布函数,然后对所有的速度积分,得到所有沿 x 方向运动的粒子的总能量,再除以总粒子数 n,即可得到一个粒子的平均能量

$$\left\langle \frac{mv_x^2}{2} \right\rangle = \left(\frac{m}{2\pi k_B T} \right)^{3/2} \int_{-\infty}^{\infty} \int_{-\infty}^{\infty} \int_{-\infty}^{\infty} \frac{mv_x^2}{2}$$

$$\times \exp\left(-\frac{m(v_x^2 + v_y^2 + v_z^2)}{2k_B T} \right) \mathrm{d}v_x \mathrm{d}v_y \mathrm{d}v_z$$

这是一个标准的积分,其结果验证了一个具有温度 T 的粒子,其每个自由度上的平均热能为 $k_BT/2$。注意,麦克斯韦分布的温度 T 是热能的度量。

　　对于麦克斯韦分布,尽管粒子的随机热运动的净通量为零,但确定各向同性热运动的粒子在任意时刻通过任意给定平面的通量是有用的。对于沿着 z 方向运动,穿过 x-y 平面运动的粒子的通量,可以用如下的方法计算:将分布函数对沿 x 和 y 两个方向上所有的速度积分,但对于沿 z 的积分,只取正向

$$\Gamma_{\mathrm{random}} = n \left(\frac{m}{2\pi k_B T} \right)^{3/2} \int_{-\infty}^{\infty} \mathrm{d}v_x \int_{-\infty}^{\infty} \mathrm{d}v_y \int_0^{\infty} v_z \exp\left(-\frac{mv^2}{2k_B T} \right) \mathrm{d}v_z \quad (2.14)$$

完成上式的积分,可以得到

$$\Gamma_{\mathrm{random}} = n \left(\frac{k_B T}{2\pi m} \right)^{1/2}$$

利用式(2.11)的平均速率表达式,上式也可以写成

$$\Gamma_{\mathrm{random}} = \frac{n\bar{v}}{4} \quad (2.15)$$

由于电子平均速率和离子平均速率的巨大差异,与离子离开等离子体的热通量相比,电子流向等离子体边界的热通量非常大。在等离子体内部,电子和离子产生的速率相同,而电子和离子的主要损失机制是在器壁上的复合。因此,在等离子体处于稳定状态下,如果要维持电子和离子到达器壁上通量密度平衡,下面将看到,等离子体电势就必须高于器壁上的电势。实际上,在靠近器壁的区域,相对于等离子体存在一个电势降(电势差)$\Delta\phi$。由于这个电势降,只有那些垂直于界面的速度足够大的电子,$v_z > \sqrt{2e\Delta\phi/m}$,才能克服势垒到达器壁。离开等离子体的粒子流量密度和到达器壁的粒子流量密度相等,如下式:

$$\Gamma_{\mathrm{wall}} = n \left(\frac{m}{2k_B T} \right)^{3/2} \int_{-\infty}^{\infty} \mathrm{d}v_x \int_{-\infty}^{\infty} \mathrm{d}v_y \int_{\sqrt{2e\Delta\phi/m}}^{\infty} v_z \exp\left(-\frac{mv^2}{2k_B T} \right) \mathrm{d}v_z \quad (2.16)$$

完成式(2.16)中的积分运算,可以得到

$$\Gamma_{\text{wall}} = \frac{n\bar{v}}{4}\exp\left(-\frac{e\Delta\phi}{k_B T}\right) \tag{2.17}$$

离开等离子体的能量流密度也可以使用同样的方法计算:

$$Q = n\left(\frac{m}{2\pi k_B T}\right)^{3/2}\frac{m}{2}\int_{-\infty}^{\infty}\mathrm{d}v_x\int_{-\infty}^{\infty}\mathrm{d}v_y\int_{\sqrt{2e\Delta\phi/m}}^{\infty}v^2 v_z\exp\left(-\frac{mv^2}{2k_B T}\right)\mathrm{d}v_z \tag{2.18}$$

完成上式积分,可得

$$Q = \left[\frac{n\bar{v}}{4}\exp\left(-\frac{e\Delta\phi}{k_B T}\right)\right](2k_B T + e\Delta\phi) \tag{2.19}$$

因为粒子携带的一部分能量会在等离子体边界区域的静电场中耗散,所以离开等离子体的能量流密度和沉积在器壁上的能量流密度不相等。沉积在器壁上的能量流密度仅为

$$Q_w = \left[\frac{n\bar{v}}{4}\exp\left(-\frac{e\Delta\phi}{k_B T}\right)\right]2k_B T \tag{2.20}$$

式(2.20)方括号中的项表示每秒损失到每平方米器壁上的粒子数。因此,损失的每个粒子所携带的平均动能是 $2k_B T$。

> **问题**:能量的国际单位是焦耳(J),在原子、分子和等离子体物理学中,一般使用电子伏特(eV)作为能量单位,一电子伏特是一焦耳乘以一个电子的电量【译者注:原文直译为"电子伏特是焦耳数除以电荷数",表述晦涩】,所以 1 eV＝1.602×10^{-19} J。对于一个能量为 $k_B T = 3.2\times10^{-19}$ J 的分布,以电子伏特为单位,其等效温度是多少?
> **答案**:等效温度为"2 eV",因为 $k_B T/e = (3.2\times10^{-19}/e)$V ≈ 2 eV。

习题 2.1:估算到达器壁上的电子能量流密度　已知电子密度为 10^{16} m^{-3},电子平均能量为 2 eV,器壁相对于等离子体的电势为-10 V,求到达器壁的电子能量流密度。

2.1.3　碰撞和反应

等离子体中的各种粒子(电子,离子,原子,自由基团,分子)通过各种碰撞过程发生相互作用,碰撞过程的时间尺度非常小。这些碰撞可以是弹性的(总动能没有耗散,即动能守恒),也可以是非弹性的(伴随动能向碰撞粒子的内能的转变)。在弱电离惰性气体等离子体这种简单体系中,涉及带电粒子与中性原子之间的碰撞常是弹性碰撞。

带电粒子之间的碰撞(电子-电子,电子-离子,离子-离子)不是很频繁,在低密度和中密度低气压体等离子体中,电子-离子的直接碰撞复合概率可以忽略。因此,等离子体中通过电离产生带电粒子,而这些带电粒子一般在器壁上(或其他表面)损失。在本书的大部分内容中,将电子碰撞电离过程均看作单步过程。实际

上,也会发生一些多步电离过程的例子,但这些多步电离过程是很少见的,除非在等离子体中存在长寿命的中间态粒子(亚稳态粒子),这些长寿命的中间态粒子类似能量源,有足够时间等待电子与之相互作用以释放能量。

　　问题:在低气压惰性气体放电等离子体中,通常带电粒子与中性粒子之间的两体弹性碰撞频率远大于带电粒子相关的其他相互作用(如非弹性电离碰撞和激发碰撞),解释为什么会出现这种差别。
　　答案:首先,在低气压惰性气体放电等离子体中,电离率很低,等离子体中大量的中性粒子与带电粒子的碰撞概率大。其次,在低气压等离子体中,三个粒子或多个粒子之间同时发生相互作用的概率很低,所以粒子之间一般通过两体碰撞发生相互作用(也就是说只涉及两个粒子)。最后,在一个能量分布中,所有粒子之间均可以发生弹性碰撞,而只有那些初始能量大于某个最小值(阈值)的粒子之间才可能发生非弹性碰撞,包括电离碰撞及激发碰撞等。上述原因致使低气压惰性气体放电等离子体中,带电粒子与中性粒子之间的相互作用以两体弹性碰撞为主。

　　在刻蚀或沉积工艺中,一般使用分子气体放电产生等离子体。分子等离子体中的基本过程远比惰性气体等离子体复杂,这时等离子体中的原子、自由基和分子之间的化学反应在刻蚀或沉积中发挥重要作用。分子等离子体中形成的新物种(自由基团、激活态原子、分子等)会在等离子体中以及材料表面发生相互作用。因此,新物种的产生会对带电粒子动力学产生一些修正。例如,在气相中,分子可以俘获电子,这成了电子损失的另一个途径;此外,等离子体中的负离子和正离子也可能在体等离子体中发生复合;上述两种基本过程,均会给等离子体产生和器壁损失的简单假设造成困难。
　　用完整的数学模型描述碰撞过程是复杂的[2,24],也远超出了本书的范围。本节将建立一个最简单的碰撞模型,并通过这个简单模型来了解碰撞过程的一些基本规律,而不是面面俱到。为达到这个目的,下面将首先定义一些有关碰撞过程的基本参数,如碰撞截面、平均自由程、碰撞频率等。作为例子,也会对分子气体等离子体刻蚀中一些重要的碰撞过程作一个综述。

　　1. 碰撞截面,平均自由程和碰撞频率

　　不论是电子-原子之间的碰撞,还是原子-原子、离子-原子之间的碰撞,描述两体碰撞最简单的模型是:运动的硬球与目标硬球之间的相互作用。考虑一个面积为 A、厚度为 dx 的气体薄板,薄板中的气体数密度为 n_g。假设束流密度为 Γ 的均匀粒子束流轰击这个气体薄板,气体薄板中的 $n_g A dx$ 个气体原子均会成为具有一定碰撞截面的靶原子,用符号 σ 表示这个碰撞截面。碰撞截面正比于碰撞概率——如果靶原子的碰撞截面加倍,碰撞次数也随之加倍。在碰撞物理学中,如果入射粒子束中某些粒子与靶原子发生了碰撞,则称这些粒子被散射出入射粒子束。由于气体薄板对入射粒子束的散射作用,入射粒子束穿过气体薄板后,其束流密度会降低,透射粒子束流密度的降低与靶原子的总面积成比例。

考虑到与气体薄板中的靶原子碰撞,入射粒子束中部分粒子会被散射出去,因此粒子束穿过厚度为 dx 的气体薄板后粒子束流密度的损失率是

$$\frac{d\Gamma}{\Gamma}=-n_{\mathrm{g}}A\mathrm{d}x\,\frac{\sigma}{A}=-n_{\mathrm{g}}\sigma\mathrm{d}x \tag{2.21}$$

对式(2.21)两边积分,会发现束流密度以指数形式衰减:

$$\Gamma=\Gamma_0\exp\left(-\frac{x}{\lambda}\right) \tag{2.22}$$

式中,特征衰减长度 $\lambda=1/(n_{\mathrm{g}}\sigma)$ 被称为连续两次碰撞间的平均自由程。如果入射粒子束中的所有粒子以相同的速率 v 运动,则连续两次碰撞之间的特征时间是 $\tau=\lambda/v$,碰撞频率如下所示:

$$\nu=\tau^{-1}=n_{\mathrm{g}}\sigma v=n_{\mathrm{g}}K \tag{2.23}$$

(注意碰撞频率符号 ν 和速率符号 v 之间的区别),式中,$K=\sigma v$ 是入射粒子与气体中每个原子的相互作用率(更一般的名称是碰撞率系数)。遗憾的是,上述简单情形不足以描述等离子体甚至弱电离等离子体中的真实碰撞过程。

首先,两体碰撞时的碰撞截面是碰撞粒子速度的函数,也就是说,碰撞截面与入射粒子和靶原子之间的相对速度(或两者的总动能)有关。图 2.4 给出了电子与氩原子的弹性和非弹性碰撞截面与能量的关系。由于电子和原子的质量差别很大,两者之间发生弹性碰撞时,动量传递非常小(这种情况非常类似于被墙壁弹回的足球)。弹性碰撞没有能量阈值,但对于电子与惰性气体原子碰撞,撞截面在低能端会出现一个极小值("冉绍尔"最小值),并且强烈地依赖于电子的能量。在高能端,弹性碰撞截面随着相对碰撞速率(或碰撞能量)的增加有下降的趋势。在初级碰撞模型中,将原子的物理尺度看成电子-原子的碰撞截面。对于氩原子,这样给出的碰撞截面约为 $3\times10^{-20}\ \mathrm{m}^2$,但是,电子感受到的原子尺度依赖于电子能量,如图 2.4 所示。

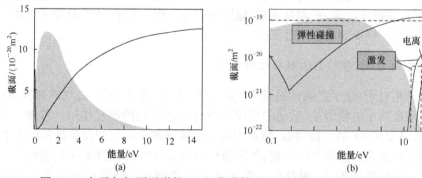

图 2.4　电子与氩原子弹性(a)和非弹性(b)碰撞截面示意图。图中的
破折线是有用的近似,灰色区域表明温度为 1 eV 的麦克斯韦分布的形状

　　问题：根据图 2.4，当电子的能量为 14 eV 时，电子和氩原子的碰撞形式是弹性碰撞还是非弹性碰撞（激发）？
　　答案：电子能量为 14 eV 时，电子与氩原子的弹性碰撞截面比激发碰撞截面大了约 20 倍，但此时电子能量小于氩原子的电离能量阈值（15.6 eV），因此，在 20 次碰撞中可能有 1 次是非弹性碰撞（激发）。

　　电子与原子之间的非弹性碰撞涉及电子的动能与原子内部势能的相互转换，能量转换的结果是：将原子激发到更高的量子态，或当电子的动能足够大时，将原子电离。这些激发或电离非弹性碰撞，均存在能量阈值，这个能量阈值大致由原子的量子能级结构决定，如处于基态的惰性气体原子，其激发或电离碰撞典型的能量阈值在 10～20 eV。当碰撞能量超过激发和电离能量阈值时，非弹性碰撞截面迅速增加，越过最大值（一般在阈值能量的 2～3 倍处）后，随着碰撞能量的继续增加，非弹性碰撞截面开始缓慢下降。由于弹性碰撞截面和非弹性碰撞截面均强烈依赖于碰撞能量，是碰撞速度的函数，因此，可以将碰撞截面写成更一般的形式 $\sigma(v_{\text{impact}})$。对于电子参与的碰撞过程，碰撞截面的一般表示形式为 $\sigma(v_e)$。

　　其次，入射粒子束中粒子的能量不是单一的，入射粒子的速率按分布函数随机分布，在一级近似下，这个分布函数可以取麦克斯韦分布。气体薄板中的原子也不是静止的（尽管与电子比较，它们的热运动动能非常小），但对于电子-原子碰撞，可以忽略原子的热运动。因此，计算碰撞频率时，需要假设分布函数近似地为麦克斯韦分布。同时，也要考虑碰撞截面对粒子能量的依赖关系。考虑了上述因素后，可以用下式来估算电子的平均碰撞频率：

$$\bar{v} = n_g \int_0^\infty \sigma(v_e) v_e f_s(v_e) \mathrm{d}v_e \tag{2.24}$$

如在真实气体中所遇到的，当碰撞截面依赖于碰撞速率时（图 2.4），式（2.24）中的积分只能用数值法计算。在所感兴趣的大多数等离子体中，电子能量的范围是 0.5 eV＜ε＜10 eV，在此能量范围内，电子与氩原子的弹性碰撞截面几乎与电子能量呈线性关系。所以，为了完成式（2.24）中的积分，取弹性碰撞截面的中间平均值 $\bar{\sigma}_{el}$ 是个很好的近似。完成上式积分，可以得到弹性碰撞频率如下：

$$\nu_m = n_g \bar{\sigma}_{el} \bar{v}_e \tag{2.25}$$

式中，$\bar{v}_e$ 是平均速率（见式（2.10）），碰撞频率的下标 m 强调弹性碰撞。正是这种"动量传递"碰撞（电子与中性粒子之间），导致了动量方向的随机分布。可以定义弹性碰撞中的动量传递率系数如下：$K_{el} = \nu_m / n_g = \bar{\sigma}_{el} \bar{v}_e$。

　　注意：严格来说，在射频条件下，动量传递碰撞频率与式（2.25）不同，应该包括一个与频率有关的修正[25]。不过，本书中将使用式（2.25）表示射频等离子体中的弹性碰撞频率。

> **问题**：通过离子-原子之间的碰撞（碰撞频率为 ν_i），可以实现离子动量的再分布。离子-原子碰撞产生的动量再分布与由电子参与的弹性碰撞（碰撞频率为 ν_m）导致的动量再分布有何不同？
>
> **答案**：入射粒子为离子时，由于离子的尺度大于电子，所以在靶原子不变的情况下，原子与离子的碰撞概率（碰撞截面）更大。但是，因为 $m \ll M$，$\bar{v}_e \gg \bar{v}_i$，所以实际上，$\nu_m \gg \nu_i$。
>
> **说明**：在氩等离子体中，离子-中性原子之间的电荷交换碰撞（将在下面讨论）和离子-中性原子弹性散射碰撞一样频繁，有时甚至超过后者。

对于非弹性碰撞，如电离碰撞或激发碰撞，碰撞截面有个阈值。在估算电离碰撞频率对电子能量的依赖关系时，可以使用下面理想化的碰撞截面表达式：

$$\sigma = 0 \quad (\varepsilon < \varepsilon_{iz})$$
$$\sigma = \sigma_{iz} \quad (\varepsilon > \varepsilon_{iz})$$

也就是说可以将电离碰撞截面看成电子能量的台阶函数，台阶位于电离能量阈值 ε_{iz} 处。此时，式(2.24)中的积分必须从最小速率（对应最小电离能）$v = (2e\varepsilon_{iz}/m)^{1/2}$ 开始，完成积分运算可得如下表达式：

$$\nu_{iz} = n_g \sigma_{iz} \bar{v}_e \left(1 + \frac{e\varepsilon_{iz}}{k_B T_e}\right) \exp\left(-\frac{e\varepsilon_{iz}}{k_B T_e}\right) \tag{2.26}$$

式(2.26)可以作为平均电离碰撞频率。

> **问题**：在式(2.26)中，区分与电子相关和与气体相关的影响因子。
>
> **答案**：ν_{iz} 表示在密度为 n_g，电离能为 ε_{iz} 的气体中，具有特征温度 T_e 的一群电子中的每个电子每秒发生的电离碰撞次数。

定义电离率系数为 $K_{iz} = \nu_{iz}/n_g$。利用式(2.26)，则电离率系数具有如下形式：

$$K_{iz}(T_e) = K_{iz0} \exp\left(-\frac{e\varepsilon_{iz}}{k_B T_e}\right) \tag{2.27}$$

式中，右边指数前的系数为

$$K_{iz0} = \sigma_{iz} \bar{v}_e \left(1 + \frac{e\varepsilon_{iz}}{k_B T_e}\right) \tag{2.28}$$

这个系数与碰撞截面有关，因此也与气体的种类有关，但与式(2.27)中指数依赖关系相比，它对电子温度 T_e 的依赖度较弱。在式(2.27)中，电离率系数与电子温度的关系具有所谓的阿伦尼乌斯（Arrhenius）形式。同样，电子碰撞激发率系数也具有这种普遍形式：

$$K_{exc}(T_e) = K_{exc0} \exp\left(-\frac{e\varepsilon_{exc}}{k_B T_e}\right) \tag{2.29}$$

式中，ε_{exc} 是所考虑的受激量子态的激发能。

在本书中,将氩气作为一种典型的电正性原子气体,表 2.1 中给出了氩气的一些简化原子参量。表中所列的数据是碰撞截面在麦克斯韦分布下进行数值积分的最好拟合结果(注意氩原子的实际电离能阈值是 15.6 eV,而不是表中所列的 17.44 eV)[2]。离子-中性粒子平均自由程可以由下式表示:

$$\lambda_i / mm = \frac{4.2}{P/Pa} \tag{2.30}$$

表 2.1　一套用于整体模型的简化数据(氩气)

电离	$K_{iz0}/(m^{-3} \cdot s^{-1})$	5.0×10^{-14}	ε_{iz}/eV	17.44
激发	$K_{exc0}/(m^{-3} \cdot s^{-1})$	0.16×10^{-18}	ε_{exc}/eV	12.38
弹性(电子)	$\bar{\sigma}_{el}/m^2$	1.0×10^{-19}		
弹性(离子在 0.05 eV)	$\bar{\sigma}_i/m^2$	1.0×10^{-18}		
(包括电荷交换)				

习题 2.2:比较频率和平均自由程　已知氩气气压为 10 Pa,温度为 300 K,其中电子和离子均服从麦克斯韦分布,相应的温度分别为 $T_e = 2$ eV,$T_i = 0.05$ eV,计算:①电子-氩原子电离碰撞频率,激发碰撞频率,动量传递频率和离子-氩原子动量传递碰撞频率;②电子-氩原子和离子-氩原子弹性散射平均自由程。

2. 碰撞过程中的能量传递

碰撞截面涵盖了特定碰撞概率的概念,但碰撞截面不能确定参与碰撞粒子在碰撞过程中的能量再分配。对于质量分别为 m 和 M 的两个碰撞粒子,基于碰撞力学的动量守恒和能量守恒定律,可以给出如下结果:

(1) 质量不同的粒子之间的弹性碰撞,如电子-原子碰撞$(m \ll M)$,只能传递碰撞能量的一部分,而且能量传递的比率 δ 满足如下不等式:

$$\delta \leqslant 2m/M \tag{2.31}$$

质量相等的两个粒子之间的对心弹性碰撞(如离子-原子),一个粒子的动能可以全部传递给另一个粒子。

(2) 质量不同的粒子之间的非弹性碰撞$(m \ll M)$,如电子-原子之间的非弹性碰撞,如果初始动能高于该过程的阈值能,则碰撞能量可以全部转化为原子的内能;两个碰撞粒子质量相等时,只有一半碰撞能量可以转化为原子的内能。因此,如果一个离子与一个原子碰撞,并使该原子电离,则这个离子的初始能量需要达到原子电离能的 2 倍以上。

3. 分子气体中的非弹性碰撞和化学反应

在分子气体等离子体中,通过吸收电磁波谱的测量,可以方便地得到分子振动和转动能级结构信息,红外和微波辐射分别与分子振动和转动能级结构关联。原子或分子中更普遍的电子激发能级间隔的典型值约为几电子伏特,可以通过探测与之相应的辐射光子的能量,得到电子能级结构的信息,其中与电子跃迁相应的电磁波辐射频率(即辐射光子能量)在可见光到紫外线范围。

电子与分子或原子之间的非弹性相互作用导致电子群的能量耗散,特别是在研究电子间的能量平衡时,应该考虑这种能量耗散(见 2.3 节)。电子与分子之间的非弹性碰撞经常导致分子解离,产生的分子碎片可能是中性的,也可能是带电的(正离子或负离子)。这些分子碎片可以在气相或表面(反应室器壁或衬底表面)上反应,导致沉积或刻蚀。与这些相互作用有关的等离子体化学知识超出了本书的范围(相关碰撞和反应的详细内容可以参考文献[2]和[24])。

下面列出一系列简化的碰撞过程。本书后面几章对射频等离子体的基本物理现象进行讨论时,将会遇到这些碰撞过程。特别地,会将 CF_4、Cl_2 和 Ar 等离子体中的碰撞过程作为例子进行讨论。为了更简洁,本书后续章节不会涉及气相和表面等离子体化学的细节问题。因此,下面涉及等离子体化学的讨论特别重要,它将引导我们思考等离子体化学在任何给定情况下所发挥的作用。

4. 解离成中性碎片

在电子的碰撞作用下,馈入等离子体反应器中的气体分子被解离,产生中性活性碎片,这些碎片被称为基团。由于具有高的化学活性,这些基团在等离子体工艺中发挥重要作用,它们可能在等离子体气相中发生化学反应,也可能在表面发生反应。下面是一些可能的解离反应:

$$e^- + CF_4 \longrightarrow CF_3 + F + e^-$$
$$e^- + CF_4 \longrightarrow CF_2 + 2F + e^-$$
$$e^- + CF_4 \longrightarrow CF + F_2 + F + e^-$$
$$\cdots\cdots$$

上述解离反应产生的基团可以进一步被解离,产生更小的碎片,例如:

$$e^- + CF_3 \longrightarrow CF_2 + F + e^-$$
$$e^- + CF_2 \longrightarrow CF + F + e^-$$
$$\cdots\cdots$$

注意,电子碰撞产生的基团也可能处于激发态。一般在原子或分子符号的右上角标上"*"号来表示原子或分子的激发态,或者在原子或分子符号的右上角标上括号,并在括号中给出分子的激发能级,如振动能级($\nu = 2$)。与电子激发能级对应的电磁波辐射一般在可见光或紫外线区域,与振动能级对应的电磁波辐射在红外区域。

5. 解离电离和附着

当电子碰撞解离过程产生带正电荷的碎片时(正离子),叫解离电离;产生带负电的碎片时(负离子),叫解离附着。CF_4 等离子体中的典型例子如下:

$$e^- + CF_4 \longrightarrow CF_3^+ + F + 2e^-$$

$$e^- + CF_4 \longrightarrow CF_3^- + F$$

$$e^- + CF_4 \longrightarrow CF_3 + F^-$$

······

上述解离反应通常是等离子体中带电粒子产生和损失的重要过程。在没有伴随解离的情况下,一个电子几乎不可能直接附着到一个分子上,除非是强电负性的大分子(如 SF_6)。在氯气放电时,有下列反应相互竞争:

$$e^- + Cl_2 \longrightarrow Cl_2^+ + 2e^-$$

$$e^- + Cl_2 \longrightarrow Cl^+ + Cl + 2e^-$$

6. 振动激发

分子具有分离的振动能级和转动能级,可以通过电子碰撞激发使分子处在高振动或转动能级上。以振动能级激发为例,在氯气等离子体中可能发生如下激发反应:

$$e^- + Cl_2(\nu=0) \longrightarrow Cl_2(\nu=1) + e^-$$

$$e^- + Cl_2(\nu=0) \longrightarrow Cl_2(\nu=2) + e^-$$

$$e^- + Cl_2(\nu=1) \longrightarrow Cl_2(\nu=2) + e^-$$

······

两个相邻振动能级的能级差远小于 1 eV,一个电子分布中的很多电子可以发生上述振动激发非弹性碰撞。因此,振动激发的反应速率很高,振动激发态可能在放电平衡中发挥作用。特别地,振动能量可以与平动耦合,导致中性气体加热[26]。多于两个原子的分子具有更多的自由度,因此拥有更丰富的振动谱。

7. 中性粒子之间的化学反应

电子碰撞解离产生的分子碎片,可能在气相中发生再复合反应。出于同时满足动量和能量守恒的考虑,复合反应需要第三体参与,通常用 M 表示第三体(在弱解离等离子体中,第三体是馈入的气体分子):

$$CF_3 + F + M \longrightarrow CF_4 + M$$
$$CF_2 + F + M \longrightarrow CF_3 + M$$
$$CF + F + M \longrightarrow CF_2 + M$$
······

上述反应速率和气压成正比,在诸如刻蚀用的低气压等离子体气相中,这样的复合化学反应通常被忽略。在低气压等离子体刻蚀工艺中,表面反应(复合、刻蚀、沉积)特别重要。注意,有时也需要考虑其他一些反应过程,如交换反应($CF + O \longrightarrow CO + F$)。

8. 表面反应

在刻蚀等离子体的典型气压范围内,等离子体气相中的化学反应很慢,活性基团到达反应室器壁的输运时间小于典型的反应时间。因此,活性基团与表面的相互作用成为最重要的过程。以等离子体中的氯原子为例,可以发生如下表面化学反应:

$$Cl(g) + Cl(ads) \longrightarrow Cl_2(g)$$

式中,(g)表示气相中的原子或分子;(ads)表示表面吸附的原子或分子。包括刻蚀在内的其他类型的表面化学反应,会生成挥发性化学反应产物:

$$Cl(g) + SiCl_3(s) \longrightarrow SiCl_4 \uparrow$$

或者形成沉积物,此时到达表面的原子、基团或离子与表面原子键合,对薄膜的生长做出贡献:

$$SiH(g) \longrightarrow Si(s) \downarrow + H(g) \uparrow$$

9. 电荷交换和正负离子复合

重带电粒子(正离子和负离子)也会发生相互碰撞,或者与中性粒子发生碰撞。在这类碰撞中,有一个非常重要的过程是共振电荷转移。共振电荷转移发生在离子与同类原子碰撞时(发生共振的原子和碰撞粒子有完全相同的量子结构)。例如,发生在氩等离子体中的共振电荷转移过程:

$$Ar_{fast}^+ + Ar_{slow} \longrightarrow Ar_{fast} + Ar_{slow}^+$$

这个过程的碰撞截面大,其平均自由程比相应的弹性散射碰撞自由程短。当反应物不同时,电荷转移过程也可以是非共振的(例如,$O + N^+ \longrightarrow O^+ + N$)。另一种电荷转移过程是离子-离子复合,如

$$CF_3^+ + F^- \longrightarrow CF_3^* + F$$

这种过程通常是负离子损失的主要机制。在第 9 章将会看到,与正离子不同,负离子通常被限制在体等离子体中,最终通过气相反应被中和。

2.2 宏 观 描 述

在很多实例中,带电粒子的运动完全可以用宏观方程描述,即所谓的流体(或流体动力学)方程。通过对玻尔兹曼方程(方程(2.6))进行速度积分,可以得到只含位置和时间变量的流体方程。因此,通过定义一些宏观参量,如密度 $n(r,t)$、流速 $u(r,t)$ 以及气压 $p(r,t)$ 等,可以将等离子体看成一种流体。

注意:对于所有形式的分布函数 $f(r,v,t)$,由玻尔兹曼方程(2.6)在速度空间中的积分得到的流体方程均有效。为简单起见,本书通常使用麦克斯韦分布函数计算碰撞频率,从而计算流体方程中出现的迁移率系数和反应速率。如果分布函数与麦克斯韦分布差别较大,求出的迁移速率和反应速率等参数会产生较大误差。

2.2.1 流体方程

通过对玻尔兹曼方程(2.6)取各阶速度矩,可以得到一组等离子体组分(电子、离子)的流体方程。对应于各不同阶速度矩,这组流体方程分成不同的级别,第一个是零阶速度矩,它对应的是粒子数守恒方程。将式(2.6)在速度空间积分,可以得到

$$\frac{\partial n}{\partial t} + \nabla \cdot (n\boldsymbol{u}) = S - L \tag{2.32}$$

这个形式的方程也被称为连续性方程。可以很容易地看出,上式左边第一项与方程(2.6)第一项关联,它描述了在空间特定点上密度的变化。第二项对应方程(2.6)的第二项,它是对该项进行速度积分后,再独立地对空间微分算符操作的结果,这一项描述了粒子流入或流出局域空间所引起的粒子数密度的变化。玻尔兹曼方程(2.6)左边与受力相关的第三项在对速度积分后消失,这是因为分布函数在 $v = \pm\infty$ 处的值为零。方程(2.32)右边两项 S 和 L 表示碰撞过程的贡献,碰撞可以产生新粒子(电离),也可以使粒子损失(复合),从而致使局部等离子体密度增加或降低,因此 S 和 L 分别表示等离子体中的粒子产生和粒子损失项。在低气压电正性原子等离子体中,电子由等离子体中的电离产生,在器壁上损失掉,这是因为电子-粒子在等离子体中复合的概率可以忽略。此时,在电子数守恒方程中的 $L = 0$;此外,从 2.1.3 节可知,$S = n_e n_g K_{iz}(T_e)$,其中 $K_{iz}(T_e)$ 由式(2.27)给出。注意在这个例子中,假设粒子服从麦克斯韦分布函数。在第 9 章中将会看到,对于电负性等离子体,S 和 L 将会取不同的形式。

接下来是动量守恒方程,通过对玻尔兹曼方程(2.6)取一阶速度矩得到(即将玻尔兹曼方程乘以粒子的动量 $m\boldsymbol{v}$,然后在速度空间积分)。这样就得到和漂移速度 $\boldsymbol{u}$ 有关的方程,当磁场 $\boldsymbol{B} = 0$ 时

$$nm\left[\frac{\partial \boldsymbol{u}}{\partial t}+(\boldsymbol{u}\cdot\nabla)\boldsymbol{u}\right]=nq\boldsymbol{E}-\nabla p-mu\left[n\nu_{\mathrm{m}}+S-L\right] \tag{2.33}$$

式中，p 表示粒子的气压。这个方程与中性流体的纳维-斯托克斯方程等价，表示作用在流体上的力的平衡，因此有时也被称为力平衡方程。方程的左边分别是加速度和惯性项；方程的右边表示三种作用力，分别是电场力、压强梯度力和摩擦力。注意，在方程右边最后一项中，假设粒子的产生和消失均发生在漂移运动过程中；同样，在典型的电正性等离子体中，$S=n_{\mathrm{e}}n_{\mathrm{g}}K_{\mathrm{iz}}(T_{\mathrm{e}})$，$L=0$。方程(2.33)中各项的详细讨论将第 3 章中给出。

在各向同性(非磁化)等离子体中，气压是一个与密度和温度有关的标量。由热力学状态方程可以给出气压与密度和温度的关系：

$$p=nk_{\mathrm{B}}T \tag{2.34}$$

方程(2.32)~方程(2.34)不能完全确定流体变量(n，$\boldsymbol{u}$，p，T)和电场($\boldsymbol{E}$)之间的关系，因为这不是一个封闭方程组。

　　问题：确定电场还需引入哪些方程(组)？

　　答案：这种情况下一般需要引入麦克斯韦方程组；当磁场 $\boldsymbol{B}=0$ 时，由于高斯定律给出了电场 $\boldsymbol{E}$、电子密度 n_{e} 和离子密度 n_{i} 之间的关系，所以此时高斯定律足以确定电场。由此可以看出，对于等离子体这种流体，至少有必要考虑两种流体，一种是电子流体，一种是离子流体。

　　说明：当有射频(或更高频率)电场和磁场存在时，必须将麦克斯韦方程组中的四个方程全部引入。

即使引入麦克斯韦方程组后，上面得到的流体方程组还是不完备的。使之完备的方法有三种。第一种方法是，假设电子温度和离子温度不随空间、时间变化，其数值可以由两个方程确定，这两个方程可以简单地给出电子温度 T_{e} 和离子温度 T_{i}。例如，在 2.3 节中，设定离子温度 T_{i} 为零，并且基于整体平衡模型，通过系统的尺度和气压可以有效地确定出电子温度 T_{e}。对于很多问题，如第 3 章中建立的输运理论，均使用了这种等温近似。在等温近似中，压强的变化仅取决于粒子密度的变化：

$$\nabla p=k_{\mathrm{B}}T\,\nabla n \tag{2.35}$$

第二种方法是认为流体方程中变量的变化速度非常快，以至于所关注的流体元在所感兴趣的时间范围内来不及和周围的流体交换能量，这种情况称为绝热近似。在绝热条件下，热力学给出了压强和粒子数密度之间的关系式(每一种流体对应一个这样的关系式)：

$$\frac{\nabla p}{p}=\gamma\frac{\nabla n}{n} \tag{2.36}$$

式中，γ 是等压热容与等容热容比。对于一维运动，$\gamma=3$。绝热近似特别适用于高频波。

第三种方法,也是最彻底的方法,是基于玻尔兹曼方程的第二阶速度矩来考虑等离子体中的热流和内能。这种方法将问题进行更深入的热力学理论扩展,并且需要作出更多的假设,这将使问题复杂化。这种方法所做的额外努力并不能保证解决面临的问题。

在合适的边界条件下,可以用数值法求解宏观流体方程,求出给定反应器中粒子密度、速度、温度和电场随空间和时间的变化,这是流体模拟的基础。但是,通过进一步化简这些流体方程,也可以对等离子体进行深入的分析。这样做的方法有两种:第一种将在 2.3 节讨论,是将流体方程在空间坐标系中积分,以得到整体平衡方程,这种方法是所谓的整体模型的基础,本书将广泛采用整体模型来理解射频等离子体发生器中的大多数定标规律;第二种将在 2.4 节讨论,是将流体方程线性化,并以微扰的形式求出等离子体的电动力学性质。

在继续讨论之前,下面首先检验等温假设,并引入电子能量弛豫长度概念。电子能量弛豫长度作为一个特征长度,在这个长度上,电子温度是不均匀的。

2.2.2 电子能量弛豫长度

本书中的大部分内容将使用带电粒子的等温近似。实际上,等离子体中的电子温度和离子温度并不总是与空间坐标无关。尤其重要的是,因为非弹性过程对这个参数特别敏感,所以要弄清楚是什么因素导致了非均匀的电子温度。导致非均匀电子温度分布的第一个因素是电场(电磁场)能量在电子群中的非均匀沉积。这是最常见的情况,由于被约束的等离子体不一定处在一个均匀的电磁场中,所以等离子体不能均匀地吸收能量(后续章节将显示电子经常在边界处吸收能量)。然而,非均匀能量沉积不会自动导致非均匀温度分布,因为电子能量弛豫长度可能大于等离子体系统的尺度。在这些情形下,电子可能在一个区域得到能量,然后与远离这个区域的其他电子分享其所获得的能量。有关电子能量弛豫长度的严格计算,需要动理学理论,这个理论超出了本书的范围(参见 Lieberman 和 Lichtenberg 给出的计算[2])。Godyak[27]给出了一个相对比较简单的电子能量弛豫长度表达式,用以说明气体放电中所有的电子能量损失机制:

$$\lambda_{\epsilon} = \lambda_{el} \left[\frac{2m_e}{M} + \frac{\nu_{ee}}{\nu_m} + \frac{2}{3} \left(\frac{e\varepsilon_{exc}}{k_B T_e} \right) \frac{\nu_{exc}}{\nu_m} + \frac{2}{3} \left(\frac{e\varepsilon_{iz}}{k_B T_e} \right) \frac{\nu_{iz}}{\nu_m} + 3 \frac{\nu_{iz}}{\nu_m} \right]^{-1/2} \tag{2.37}$$

式中,λ_{el} 是电子-中性粒子弹性碰撞平均自由程。下面讨论式中各项对电子能量弛豫长度的贡献【译者注:这里 m_e 是电子质量,M 是中性粒子的质量,下同】。方括号中的第一项源于弹性碰撞引起的电子能量损失,它将导致中性气体加热。第二项表示电子-电子(库仑)碰撞引起的电子能量损失。在上面的讨论中没有提及这种能量损失,因为它们在气体放电中一般不重要。但是在高密度射频等离子体中,库仑碰撞导致的电子能量损失将成为一种重要的能量损失机制,如在第8章中所讨论的螺旋波等离子体。第三项和第四项表示非弹性碰撞(电离和激发)导致的电子能量损失。最后一项表示在等离子体界面上的电子动能损失。在2.3节的整体模型中引入能量平衡概念时,将进一步讨论上述电子能量损失的各种机制。

问题:电子能量弛豫长度主要受哪些系统参数控制?

答案:由 $\lambda_{el}=(n_g\sigma_{el})^{-1}$ 可知,式(2.37)中各项均依赖于气压和等离子体组分,一些项也依赖于电子温度。与惰性气体相比,分子气体中有更多的非弹性过程(解离,振动、转动激发),因此,分子气体等离子体具有更短的电子能量弛豫长度 λ_ε。

练习2.3:氩气等离子体中的能量弛豫长度　氩气压为 10 Pa,温度为 300 K,氩等离子体电子能量符合麦克斯韦分布,且电子温度 $T_e=2$ eV。当忽略电子-电子碰撞时,计算电子能量弛豫的长度。

说明:在典型的感应放电和螺旋波放电低气压等离子体中,电子能量弛豫长度 λ_ε 相对较大。因此,尽管电子只在局部区域吸收能量,电子温度实际上几乎和空间坐标无关。当 λ_ε 远大于系统尺度时,电子的运动是非局域的。Bernstein 和 Holstein 于1954年[28]给出了第一个直流辉光放电非局域动理学理论,Tsendin 于1974年[29]重新了修正了这个理论。后来这个理论被用于研究容性和感性放电,如在 Kolobov 和 Godyak[30] 以及 Kortshagen 等[31] 的论著中得到了应用。

2.3　整体粒子和能量平衡

流体方程是通过动理学方程在速度空间上积分得到的。如果将流体方程在位置空间中积分,有可能进一步简化流体方程。这样做的结果,可以建立一系列平衡方程,这些平衡方程将决定整体(体积平均)参量随时间的变化。确定放电平衡的相关参量,也就是计算一个等离子体发生器在给定输入功率和工作气压下的平均电子密度和电子温度,需要同时求解两个平衡方程,即粒子平衡方程和能量平衡方程。

2.3.1　粒子平衡

通过对流体各组分的连续性方程(2.32)在位置空间中的积分,可以求得粒子平衡方程。为了简单起见,首先考虑位于两个无限大平板之间的电正性等离子体(一维几何模型),而且两个无限大平板分别位于一维坐标 $x=-l/2$ 和 $x=l/2$ 处,如图2.5所示。

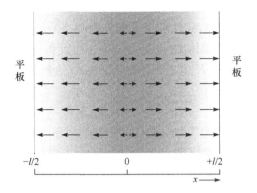

图 2.5　两个间距为 l 的无限大平行板之间的体电离等离子体。图中,灰色的深度表
示等离子体密度,灰色箭头的长度表示粒子流的大小,箭头方向表示粒子流的方向。
这里,显示粒子流的方向均指向平板,所以粒子最终到达平板并在平板表面复合。如
第 3 章将要讨论的那样,需要特别关注等离子体与平板表面之间的界面区

　　问题:在图 2.5 所示的位置空间中,如何求得诸如电子密度等参量的空间平
均值?
　　答案:电子密度的空间平均值的求法是,先将电子密度从 $-l/2$ 到 $l/2$ 积分,
再除以 l:

$$\bar{n}_e = \frac{1}{l} \int_{-l/2}^{l/2} n_e \mathrm{d}x \tag{2.38}$$

　　将时间和空间看成独立坐标,对连续性方程(2.32)中的每一项在位置空间中
进行积分,可以得到下式:

$$\frac{\partial}{\partial t} \int_{-l/2}^{l/2} n_e \mathrm{d}x + \int_{-l/2}^{l/2} \frac{\partial(n_e u_e)}{\partial x} \mathrm{d}x = \int_{-l/2}^{l/2} n_e n_g K_{iz} \mathrm{d}x \tag{2.39}$$

式中,左边第二项可以分成两部分,并化简为分别指向两个平板的两个粒子流,由
于所用一维几何模型的对称性,中心处的粒子流为零:

$$\int_{-l/2}^{l/2} \frac{\partial(n_e u_e)}{\partial x} \mathrm{d}x = 2 \int_0^{l/2} \mathrm{d}\Gamma = 2\Gamma_{wall}$$

所以,可以得出有效的整体粒子平衡方程:

$$\frac{\mathrm{d}\bar{n}_e}{\mathrm{d}t} = \bar{n}_e n_g K_{iz} - \frac{2\Gamma_{wall}}{l} \tag{2.40}$$

　　可以容易地将这个整体粒子平衡方程推广到具有体积 V 和总表面积 A 的三
维容器。其方法是,用 V/A 取代平板半间隔 $l/2$(对于图 2.5 所示的板状等离子
体,取平板的面积 $A_{sect} \gg l^2$,定义一个体积为 lA_{sect} 的块状等离子体,其面积 $\sim$
$2A_{sect}$)。在第 3 章中,将会推导出一个关于流到器壁上的粒子通量的简单表示式,
这个通量只是等离子体发生器中心部位电子温度和电子密度的函数。

问题：使用方程(2.27)，确认粒子平衡方程(2.40)包含对电子温度的强烈依赖关系，因此，在稳态等离子体中(d/dt=0)，电子温度和气压及系统的尺度有关。

答案：方程(2.27)表明，K_{iz}具有阿伦尼乌斯形式(热激发)。在稳态等离子体中

$$K_{iz}(T_e) = \frac{\Gamma_{wall}}{n_e}\left(\frac{1}{n_g}\frac{A}{V}\right) \tag{2.41}$$

式中，左边是电子温度 T_e 的指数函数，而在右边，器壁上的粒子流量只与平均电子密度成正比，所以电子密度依赖消失；但是，由于气体密度 n_g 与气压成正比，所以电子温度与气压及系统的尺度相关联。

在电负性等离子体中，需要考虑电子俘获和解俘获过程，它们分别在等离子体中俘获和释放电子。

2.3.2　能量平衡

通常，在电能维持的低温低气压等离子体放电中，电场能量总是耦合给电子，所以在确定放电参数时，没有必要考虑离子对电场能量的吸收。因此，可以这样得到电场维持放电的整体能量平衡方程，即将电子吸收的功率 P_{abs} 完全等于在电子的平均寿命内电子损失掉的功率 P_{loss} 与其他过程引起的功率损失之和。

电子能量的吸收项 P_{abs} 取决于等离子体中的电场和电流密度分布，因此也取决于等离子体系统的几何形状，即等离子体发生器的种类。电场必须通过同时求解麦克斯韦方程和流体运动方程得到。这是一个复杂的问题，后续章节中会说明如何利用有效电路模型将之化简。

电子群损失掉的功率 P_{loss} 实际上与系统的空间形状无关。电子耗散能量的途径有两类：①与中性粒子碰撞，以非弹性碰撞的方式将能量转化为中性粒子的电离能和激发能，或以弹性碰撞的方式转化为气体热能；②将动能带到界面上。对于惰性气体等离子体，可以将第一种能量损失表示如下：

$$P_{loss,coll} = \bar{n}_e n_g\left[K_{iz}\varepsilon_{iz} + K_{exc}\varepsilon_{exc} + \frac{3m_e}{M}K_{el}k_B T_e\right] \tag{2.42}$$

式中，电离能 ε_{iz} 和激发能 ε_{exc} 的单位是 J；$P_{loss,coll}$ 的单位是 W·m^{-3}。

问题：说明弹性碰撞对电子能量损失的贡献可以从方程(2.12)、方程(2.23)和方程(2.31)导出。

答案：电子在弹性碰撞过程中的能量损失正比于电子和中性气体的密度、弹性碰撞速率系数(K_{el})以及每次碰撞的平均损失能量。通过求解上述方程中取最大能量传递分数和粒子(电子)平均能量，可以得到电子在弹性碰撞中的能量损失如下：

$$\bar{n}_e \times n_g \times K_{el} \times \frac{2m_e}{M} \times \frac{3}{2} k_B T_e$$

在分子等离子体中,电子还存在很多其他能量损失途径,如工作气体的解离、振动激发等。在这种情况下,式(2.42)应该包括这些能量损失机制。第二类电子能量损失的途径是电子携带能量进入界面区,即电子的能量在界面区静电场中或在器壁上损失。根据式(2.19),可以将电子在界面区损失掉的能量表示如下:

$$P_{loss,bound} = (2kT_e + e\Delta\phi)\Gamma_{wall}\frac{A}{V} \tag{2.43}$$

式中,A 为界面的表面积;$e\Delta\phi$ 为电子克服界面鞘层势垒所做的功。因此,等离子体中单位体积内电子的能量损失为两种途径之和:

$$P_{loss} = P_{loss,coll} + P_{loss,bound} \tag{2.44}$$

以稳态($d/dt = 0$)惰性气体等离子体为例,将粒子平衡方程(2.40)代入式(2.44),可得到简单的电子能量损失方程:

$$P_{loss} = \varepsilon_T(T_e)\Gamma_{wall}\frac{A}{V} \tag{2.45}$$

式中

$$\varepsilon_T(T_e) = \varepsilon_{iz} + \frac{K_{exc}}{K_{iz}}\varepsilon_{exc} + \frac{3m_e}{M}\frac{K_{el}}{K_{iz}}k_B T_e + 2k_B T_e + e\Delta\phi \tag{2.46}$$

单位为 J。利用第 3 章中的输运模型,上述能量平衡方程将输入功率与整体平均等离子体密度联系在一起。

一旦吸收的能量与损失的能量不相等,则电子群的平均能量将会发生变化。可以从流体方程导出这个变化,结果如下:

$$\frac{d}{dt}\left(\frac{3}{2}\bar{n}_e k_B T_e\right) = P_{abs} - P_{loss} \tag{2.47}$$

能量的吸收依赖于等离子体激发的特性,本书后续章节将继续讨论这个问题。

2.4　电动力学描述

注意:本节需要一些复数知识,用到三角函数的复指数函数表示。同时,在讨论等离子体波时,一些物理量符号的应用经常引起混乱。应该特别注意此类符号及其下标的意义,本节出现的一些物理量符号意义如下:

(1) k_B 表示玻尔兹曼常量,但"波数"$k = 2\pi/\lambda$ 是波矢量 $\boldsymbol{k}$ 的模。

(2) ε_0 是自由空间的介电常数,$\varepsilon_p(\omega)$ 是相对介电常数。

(3) n_{ref}、n_{real} 和 n_{imag} 用来表示折射率及复折射率的实部和虚部。不要将这些符号与表示粒子数密度的符号 n 混淆,表示密度的符号常带有特定下标,如 0、e、e0、

i、i0 和 g。

(4) σ_p 和 σ_m 是电导率,不要和碰撞截面符号混淆。

流体方程也可以用来研究等离子体的电动力学行为。可以将等离子体看成导体或者电介质。等离子体中的带电粒子在电场作用下的运动,特别是在恒定或低频电场中的运动,会形成电流,此时可以用导体的方法定量研究。另外,等离子体中的带电粒子的位移,特别是在高频电场中,可能导致等离子体产生极化,因此可以用介电常数研究等离子体极化对高频电场的响应,也就是将等离子体看成电介质。这两种研究等离子体的方法是等效的,等离子体的电动力学行为依赖于所考虑的频率范围。

等离子体可以传播电磁波和静电波。对于电磁波,像真空和电介质中一样,电磁波是通过电场和磁场能量相互转变来传播的。对于静电波,在等离子体中是通过电场能量与带电粒子的热能密度之间的转换来传播的。静电波的特征是,其电场振动方向平行于波矢,波矢指向波的传播方向。

等离子体对电磁场的响应一般是非线性的,这使得分析复杂化。但是,对于小扰动量,可以忽略二阶和高阶项,因此有可能将非线性问题简化成线性谐波分析:

$$n_e \longrightarrow n_{e0} + \tilde{n}_e \quad (\tilde{n}_e \ll n_{e0})$$

$$u_e \longrightarrow u_{e0} + \tilde{u}_e \quad (\tilde{u}_e \ll u_{e0})$$

含时正弦变量用复指数的实部 $\mathrm{Re}[\exp(i\omega t)]$ 表示,所以 $\partial/\partial t \to i\omega$;同样,位置空间中的变量如 $\mathrm{Re}[\exp(-ikz)]$ 的微分算符可以简化为 $\partial/\partial z \to -ik$。

对流体方程(粒子运动)和麦克斯韦方程同时线性化,可以确定等离子体的介电常数(或相应的电导率)和等离子体中各种模式波的色散关系。在很多等离子体物理教科书中,对此均有具体推导过程,这里我们就不重复这些推导,但在2.4.3节中会有所涉及。当等离子体被磁化时,等离子体变成各向异性介质,等离子体波在相对于磁场的不同方向的传播行为发生变化,我们将在第8章中考虑这个问题。没有磁场时,等离子体是各向同性的。下面,我们将给出一种描述非磁化等离子体基本电磁特性的简单方法。

2.4.1　等离子体电导率和介电常数

考虑在一个无限大等离子体中有一个小幅值的射频平面电磁波,其电场方向沿 x 轴,传播方向沿 z 轴。可以将此射频电场写成如下复数形式:

$$E_x = \mathrm{Re}[\tilde{E}_x \exp(i(\omega t - kz))] = \mathrm{Re}[\tilde{E}_x \exp(i\omega(t - n_{ref}z/c))] \quad (2.48)$$

式中,n_{ref} 为相对折射率,它由介电常数给出;c 为光速;k 为沿 z 轴方向波矢的模。让我们进一步作如下假设:

(1) 离子不能响应这个高频扰动(见第4章);

(2) 电子压强梯度很小,忽略电子的热能量;

（3）等离子体中没有稳态电流，即带电粒子的静漂移速度为零（$u_{e0}=0$）。

与电场对应的磁场的方向沿 y 轴。利用麦克斯韦方程组，可以将电场与磁场联系起来，即将式（2.48）与法拉第电磁感应定律结合，并完成对时间的积分，就可以确定磁场。再通过安培-麦克斯韦定律，确定电流与电磁场的关系。然而，这里还需要把位移电流和传导电流结合起来，前者由瞬时变化的电场确定，而后者由电子的流体方程确定。

在这种近似处理方法中，可以将电子的动量守恒方程（2.33）进行线性化：

$$n_{e0} m_e i\omega \tilde{u}_x = -n_{e0} e \widetilde{E}_x - n_{e0} m_e \nu_m \tilde{u}_x \tag{2.49}$$

由此可以得到如下速度与电场扰动幅值之间的关系：

$$\tilde{u}_x = \frac{-e}{m_e(i\omega+\nu_m)}\widetilde{E}_x \tag{2.50}$$

净电流等于位移电流与传导电流之和，其中位移电流由时变电场引起，而电子的运动产生了传导电流：

$$\widetilde{J}_x = i\omega\varepsilon_0 \widetilde{E}_x + n_{e0}(-e)\tilde{u}_x = i\omega\varepsilon_0 \left(1+\frac{n_{e0}e^2}{i\omega\varepsilon_0 m_e(i\omega+\nu_m)}\right)\widetilde{E}_x$$

$$= i\omega\varepsilon_0 \left(1-\frac{\omega_{pe}^2}{\omega(\omega-i\nu_m)}\right)\widetilde{E}_x \tag{2.51}$$

式中，$\omega_p \equiv [n_{e0}e^2/(m_e\varepsilon_0)]^{1/2}$，它定义了等离子体中电子的特征响应频率，即所谓的电子等离子体频率（见第 4 章）。

将等离子体看成一种电介质，根据式（2.51），可以给出等离子体的有效复介电常数如下：

$$\varepsilon_p(\omega) = 1-\frac{\omega_{pe}^2}{\omega(\omega-i\nu_m)} = 1-\frac{\omega_{pe}^2}{\omega^2+\nu_m^2} - i\frac{\nu_m}{\omega}\frac{\omega_{pe}^2}{\omega^2+\nu_m^2} \tag{2.52}$$

追溯计算过程，可以看出上式右边的"1"源于位移电流，其他各项均与局部带电粒子的运动有关。在低频端，可以简单地忽略位移电流的贡献，因此，可以定义一个只与传导电流有关的复电导率：

$$\sigma_p = \frac{n_{e0}e^2}{m_e(i\omega+\nu_m)} \tag{2.53}$$

　　问题：（1）根据上述方程，找出方程（2.53）适用的频率条件。

（2）使用方程（2.53）定义低频电导率 σ_m。

　　答案：（1）从方程（2.51）可知，位移电流可以忽略的条件是 $|\omega(\omega-i\nu_m)| \ll \omega_{pe}^2$，也就是说，方程（2.53）适应的频率条件是

$$\omega(\omega^2+\nu_m^2)^{1/2} \ll \omega_{pe}^2$$

很多低气压射频等离子体均满足这个条件。

（2）在非常低的频率极限，可以得到如下电导率：

$$\sigma_m = \frac{n_{e0}e^2}{m_e \nu_m} \tag{2.54}$$

说明：参见前面关于碰撞频率 ν_m 的注意事项，见方程（2.25）。

2.4.2　等离子体趋肤深度

等离子体中电磁波的色散和电介质中的色散等效，因此也可以定义等离子体的折射率 $n_{ref}^2 = \varepsilon_p$。既然等离子体具有复介电常数，可知等离子体的折射率也具有复数形式，可以将这个复折射率写为 $n_{ref} = n_{real} + in_{imag}$。设定 $X = \nu_m/\omega$，并与方程（2.52）比较，可得复折射率实部与虚部的关系为

$$n_{real}^2 - n_{imag}^2 = 1 - \frac{\omega_{pe}^2}{\omega^2(1+X^2)}$$

$$2n_{real}n_{imag} = X\frac{\omega_{pe}^2}{\omega^2(1+X^2)}$$

像玻璃那样的普通电介质，复折射率的实部大于1。

问题：将复折射率 $n_{ref} = n_{real} + in_{imag}$ 代入方程（2.48），推断电磁波的传播结果。
答案：在方程（2.48）中，当折射率的虚部 $n_{imag} > 0$ 时，电磁波是衰减的，典型的特征衰减距离为 $\delta = c/(\omega n_{imag})$。当折射率的实部 $n_{real} = 0$ 时，电磁波不能传播，只能在等离子体表面以"衰逝波"的形式产生扰动。

对于电磁波在等离子体中的传播，根据等离子体频率的大小，可以分为如下两个频率范围：

（1）电磁波的频率大于等离子体的频率，即 $\omega > \omega_{pe}$（等离子体频率的典型值在GHz区域）。从低气压到高气压（大约 100 Pa），等离子体中的碰撞频率通常远小于电磁波频率，因此有 $X \ll 1$。由此可得

$$n_{imag} \approx 0 \tag{2.55}$$

$$n_{real}^2 \approx 1 - \frac{\omega_{pe}^2}{\omega^2} \tag{2.56}$$

这时，电磁波可以在等离子体中传播，等离子体如同折射率为 $(1-\omega_{pe}^2/\omega^2)^{1/2}$ 的电介质。等离子体对这种电磁波的阻尼长度很长，即电磁波在传播过程中衰减很小。这个频率范围与微波对应，因此可以利用微波干涉仪或反射仪诊断等离子体的特性参数，如等离子体密度等（见第 10 章）。图 2.6 纵轴为等离子体折射率平方。当 $\omega > \omega_{pe}$ 时，等离子体具有小于 1 的实折射率，表明电磁波以大于真空中光速 c 的相速度传播。这与相对论并不矛盾，因为电磁波携带的能量是以群速度传播的，而群速度小于光速 c。

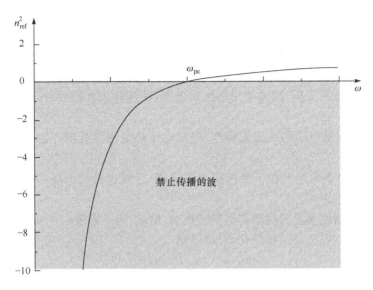

图 2.6　无碰撞等离子体折射率的平方。当 $n_{\mathrm{ref}}^2 < 0$ 时,说明具有虚的折射率,这时电磁波不能在等离子体中传播,只能在其表面产生衰逝波扰动

　　(2) 电磁波频率小于等离子体频率,即 $\omega < \omega_{\mathrm{pe}}$。这是射频波段的典型情况,此时,电磁波在等离子体中衰减。考虑放电气压足够低,满足 $X \ll 1$。因为 $\omega_{\mathrm{pe}}^2/\omega^2 > 1$,所以 $n_{\mathrm{real}} \to 0$,$n_{\mathrm{imag}}^2 \approx \omega_{\mathrm{pe}}^2/\omega^2$。在动量平衡中,惯性项的作用使电子能够响应电磁波电场的变化。电磁波对等离子体的扰动类似衰逝波,并以一个特征尺度衰减,这个特征衰减尺度称为惯性(或无碰撞)趋肤深度,由下式给出:

$$\delta = \frac{c}{\omega n_{\mathrm{imag}}} = \frac{c}{\omega_{\mathrm{pe}}} \tag{2.57}$$

相反,在高气压极限下,$X \gg 1$,等离子体中的电子对电磁波电场变化的响应主要受碰撞频率支配,这导致等离子体具有低的电导率(高电阻率)。这时,可以得到关系式 $n_{\mathrm{imag}}^2 \approx \omega_{\mathrm{pe}}^2/(2\omega^2 X)$,由此可以导出趋肤深度为

$$\delta = \frac{c}{\omega n_{\mathrm{imag}}} = \sqrt{\frac{2c^2 X}{\omega_{\mathrm{pe}}^2}} = \sqrt{\frac{2}{\mu_0 \omega \sigma_{\mathrm{m}}}} \tag{2.58}$$

这个趋肤深度称为阻性(或碰撞)趋肤深度。

　　在目前的分析中,均假设了等离子体中不存在稳恒磁场,只有当电磁波频率高于等离子体频率时,电磁波才能在等离子体中传播。在第 8 章将会看到,在磁化等离子体中,电磁波频率低于等离子体频率时,也能在等离子体中传播。

2.4.3　静电波

通过电场能量与带电粒子热能密度(nk_BT)之间的耦合,纯静电扰动也可以在等离子体中传播,静电场和热能密度的扰动方向就是静电波传播的方向。对于等离子体中静电波的分析,同样使用小扰动近似,将流体方程线性化,并根据下列假设进一步简化:

(1) 忽略背景电子的热压强梯度,尽管电子热能密度扰动在静电波传播中起关键作用。

(2) 忽略背景电场和粒子漂移速度的梯度,尽管这种对电场的扰动在静电波传播中起关键作用。

假设所有物理参量的扰动都是简谐扰动,例如,离子密度$\tilde{n}_i \propto \exp[i(\omega t - kz)]$。将粒子数守恒方程(2.32)线性化,可以得到

$$-i\tilde{n}_e(\omega - ku_{e0}) + in_{e0}\tilde{n}_e = 0 \tag{2.59}$$

$$-i\tilde{n}_i(\omega - ku_{i0}) + in_{i0}\tilde{n}_i = 0 \tag{2.60}$$

对动量守恒方程(2.33)线性化,可以得到

$$-im_e n_{e0}(\omega - ku_{e0})\tilde{u}_e = -n_{e0}q\tilde{E} - ik_B T_e k\tilde{n}_e - m_e\nu_m(n_{e0}\tilde{u}_e + \tilde{n}_e u_{e0}) \tag{2.61}$$

$$-iM_i n_{i0}(\omega - ku_{i0})\tilde{u}_i = +n_{i0}q\tilde{E} - ik_B T_i k\tilde{n}_i - M_i\nu_i(n_{i0}\tilde{u}_i + \tilde{n}_i u_{i0}) \tag{2.62}$$

由线性化的高斯定律,可以得到

$$ik\tilde{E} = \frac{q}{\varepsilon_0}(\tilde{n}_i - \tilde{n}_e) \tag{2.63}$$

为方便起见,将电子和离子的热运动速度定义为 $v_e = (k_B T_e/m_e)^{1/2}$ 和 $v_i = (k_B T_i/M_i)^{1/2}$,同时引入与电子等离子体频率 ω_{pe} 对应的离子频率,$\omega_{pi} = (ne^2/M_i\varepsilon_0)^{1/2}$。对方程(2.59)~方程(2.63)进行适当的代换和调整,将得到如下方程组:

$$[(\omega - ku_{e0})^2 - k^2 v_e^2 + i\nu_m\omega - \omega_{pe}^2]\tilde{n}_e = -\omega_{pe}^2\tilde{n}_i \tag{2.64}$$

$$[(\omega - ku_{i0})^2 - k^2 v_i^2 + i\nu_i\omega - \omega_{pi}^2]\tilde{n}_e = -\omega_{pi}^2\tilde{n}_e \tag{2.65}$$

对这个方程组进行求解,可以得到如下静电波(纵波)的色散方程:

$$\frac{\omega_{pe}^2}{(\omega - ku_{e0})^2 - k^2 v_e^2 + i\nu_m\omega} + \frac{\omega_{pi}^2}{(\omega - ku_{i0})^2 - k^2 v_i^2 + i\nu_i\omega} = 1 \tag{2.66}$$

根据所考虑电磁波频率的不同,这个色散方程有不同的解。在大多数情况下,可以忽略带电粒子的漂移速度 $u_{e0,i0}$,或者考虑到相对于流体运动的波速,可以取 $u_{e0,i0} = 0$。下面分析中正是这样做的,但是对于反向流动的电子流体和离子流体,将会产生不稳定性(第9章)。

1. 电子等离子体波

首先考虑高频情形,即 $\omega \gg \omega_{pi}$,这时等离子体中的离子不能响应电场变化。可

以忽略方程(2.66)右边的第二项,因此色散方程变为

$$\omega^2 = \omega_{pe}^2 + k^2 v_e^2 - i\nu_m\omega \qquad (2.67)$$

式(2.67)右边最后一项是由弹性碰撞引起的阻尼对色散的贡献,在低气压下可以忽略。这个关系式由 Bohm 和 Gross 导出[240]。当 k 很大时,电子等离子体波以定常速率 v_e 在等离子体中传播;而当 k 较小时,电子等离子体波变成恒定频率为 ω_{pe} 的波(注意,这时电子等离子体波和电磁波的色散关系相似,不同之处在于,对于电磁波,即使在 k 很大时,其传播速率仍然为光速)。电子等离子体波的相速度 ω/k 由下式给出:

$$v_\phi = v_e \left(1 + \frac{1}{k^2\lambda_D^2} \right)^{1/2} \qquad (2.68)$$

2. 离子声波

在低频极限下,离子和电子均能响应电场的变化。利用 $\nu_m\omega, \omega^2 \ll k^2 v_e^2$,可以化简方程(2.66)左边的第一项,从而得到下面离子声波的色散方程:

$$\omega^2 = \omega_{pi}^2 \left(1 + \frac{1}{k^2\lambda_D^2} \right)^{-1} + k^2 v_i^2 - i\nu_i\omega \qquad (2.69)$$

这时,当 k 很小时,波以定常速度传播;而当 k 很大时,则为频率恒定的波。这可以从如下的相速度公式中更清楚地看出:

$$v_\phi = \left[\frac{k_B T_i}{M_i} + \frac{k_B T_e}{M_i} \left(\frac{1}{1+k^2\lambda_D^2} \right) - i \frac{\nu_i \omega}{k^2} \right]^{1/2} \qquad (2.70)$$

在 k 很小及低气压等离子体情况下,即 $T_e \gg T_i$ 及 $v_i \approx 0$,可以把离子声波的相速度简化为

$$v_\phi = \left(\frac{k_B T_e}{M_i} \right)^{1/2} \qquad (2.71)$$

这个简化的相速度也称为玻姆(Bohm)速度,它在低气压等离子体物理中具有重要的意义。第 3 章讨论在等离子体边界处形成稳定的非电中性区域的判据时,还会用到玻姆速度。

2.4.4　等离子体欧姆加热

可以借助于复电导率 σ_p 将等离子体中的射频电流密度与射频电场联系在一起:

$$\widetilde{J} = \sigma_p \widetilde{E} \qquad (2.72)$$

从 2.4.1 节知道,当 $\omega(\omega^2 + \nu_m^2)^{1/2} \ll \omega_{pe}^2$ 时,可以忽略等离子体中的位移电流,且等离子体电导率由式(2.53)给出。在这个频率范围内,等离子体电导率之所以为复数形式,是因为射频电流密度与射频电场之间存在着相位差 θ:

$$\tan\theta = -\omega/\nu_{\mathrm{m}} \tag{2.73}$$

在线性分析中,用复指数形式来表示正弦三角函数是非常方便的,但在处理非线性问题,如分析功率时,使用复指数变量要特别小心。因此下面讨论等离子体欧姆加热时,直接使用三角函数。在等离子体中,单位体积内的局域瞬时欧姆加热功率等于电流密度矢量和电场矢量的标积。以一维情况作为例子,如位于两个平行板电极中的等离子体,此时通过等离子体的电流密度为 $J_0\sin\omega t$,单位体积等离子体的欧姆功率耗散为

$$P_{\mathrm{v,ohm}}(x,t)=J(x,t)E(x,t) \tag{2.74}$$
$$=J_0(x)\sin\omega t E_0(x)\sin(\omega t+\theta) \tag{2.75}$$

式中,θ 为电流与电场的相位差。

将功率表示为射频电流密度的函数是方便的,这是因为在一维系统中,电流密度守恒,不随空间位置变化。如果气压不是很低,即 $\omega\ll\nu_{\mathrm{m}}$,因此有 $\theta\approx-\omega/\nu_{\mathrm{m}}$。由方程(2.75)可以给出瞬时功率耗散如下:

$$P_{\mathrm{v,ohm}}(x,t)=\frac{J_0^2}{\sigma_{\mathrm{m}}(x)}\left(\frac{1-\cos2\omega t}{2}-\frac{\omega}{\nu_{\mathrm{m}}}\sin\omega t\cos\omega t\right) \tag{2.76}$$

如果电流密度以频率远低于电子等离子体频率作正弦变化,且其值在 $\pm J_0$ 内,则时间平均的单位体积内的功率为

$$\bar{P}_{\mathrm{v,ohm}}(x)=\frac{J_0^2}{2\sigma_{\mathrm{m}}(x)} \tag{2.77}$$

式(2.77)为等离子体射频欧姆加热功率。为了与电流密度为 J_0 的直流情况比较,令式(2.76)中 $\omega t=\pi/2$,可以得到

$$P_{\mathrm{v,ohm}}=\frac{J_0^2}{\sigma_{\mathrm{m}}(x)} \tag{2.78}$$

问题:说明如果没有碰撞,则平均耗散功率为零。

答案:从式(2.73)可以看出,如果没有碰撞(即碰撞频率 $\nu_{\mathrm{m}}=0$),则射频电流和射频电场之间的相位差为 $\pi/2$。在一个射频周期对式(2.74)积分,考虑到 $\theta=\pi/2$,可以得到平均功率为零。这说明在一个射频周期内没有功率损耗。

随着比值 ν_{m}/ω 增加,射频电流与射频电场之间的相位差从 $\pi/2$ 下降,导致功率耗散。所谓的功率耗散是指射频电磁场的能量转移给等离子体中的电子群,本书中将这种能量转移现象称为"欧姆加热"或"碰撞加热"。在低气压射频等离子体中,还存在其他加热机制,即"无碰撞加热"。

2.4.5 等离子体阻抗和等效电路

2.4.4 节将等离子体看成具有复电导率的导体,利用电流密度和电场,得到了耗散在等离子体中的功率。如果我们用复相对介电常数将电流密度和电场相联

系,如用式(2.51),而不用式(2.72),也会得出完全相同的结果。在本节中,将等离子体看成电介质,并且把等离子体的所有行为用一个承载总射频电流的单一电路来描述。

借助于阻抗,可以把流过一个介质上的电流与施加在它上面的电压联系在一起。在射频等离子体中,因为是由射频电压来驱动放电,并在等离子体中产生电流,因此有必要讨论薄板等离子体的阻抗特性。首先考虑一个薄板电介质材料,它的面积为 A、厚度为 d,其射频阻抗 Z 为

$$\frac{1}{Z}=\mathrm{i}\omega C=\mathrm{i}\omega\frac{\varepsilon_0\varepsilon_r A}{d} \tag{2.79}$$

式中,ε_r 为材料的相对介电常数。

问题:如果电介质材料为等离子体,式(2.79)将如何改变?

答案:对于等离子体,式(2.79)中的相对介电常数将变为等离子体相对介电常数 $\varepsilon_r \to \varepsilon_p$,等离子体相对介电常数由式(2.52)给出。

因此,面积为 A、厚度为 d 的等离子体薄板的阻抗为

$$\frac{1}{Z_p}=\mathrm{i}\omega\frac{\varepsilon_0\varepsilon_p A}{d}=\mathrm{i}\omega\varepsilon_0\left[1-\frac{\omega_{pe}^2}{\omega(\omega-\mathrm{i}\nu_m)}\right]\frac{A}{d} \tag{2.80}$$

注意式(2.80)中的等离子体介电常数 ε_p 是一个局域量,如果将等离子体阻抗 Z_p 看成一个整体量,则这个整体量是通过取空间平均得到的。借助于电容、电感和电阻,可以把方程(2.80)改写为

$$\frac{1}{Z_p}=\mathrm{i}\omega C_0+\frac{1}{\mathrm{i}\omega L_p+R_p} \tag{2.81}$$

式(2.81)中使用了平板真空电容器公式:

$$C_0=\frac{\varepsilon_0 A}{d}$$

由电子的惯性引起的薄板等离子体电感由下式给出:

$$L_p=\frac{d}{\omega_{pe}^2\varepsilon_0 A}=\frac{m_e}{ne^2}\frac{d}{A}$$

由电子-中性粒子之间的弹性碰撞引起的薄板等离子体电阻为

$$R_p=\nu_m L_p=\frac{m_e\nu_m}{ne^2}\frac{d}{A}$$

因此,研究薄板等离子体阻抗特性时,可以使用等效电路法,这个等效电路包含一个并联电容、一个串联电阻和一个串联电感。其中并联电容表示等离子体中的位移电流,正像我们已经讨论的那样,当满足关系 $\omega\ll\omega_{pe}$,即电磁波频率远小于等离

子体频率时,位移电流一般可以忽略,也就是说并联电容可以忽略,此时等效电路简化为电阻和电感串联电路。

当复数幅值为 $\tilde{I}_{RF}$ 的射频电流流过等离子体时,穿过等离子体的电压为 $\tilde{V}_p = Z_p\tilde{I}_{RF}$。由于等离子体阻抗 Z_p 是复数,电流和电压之间存在相位差。电压与电流瞬时响应是线性的,穿过等离子体的电压既不是谐波形式(频率为 ω 的倍数),也不是直流形式。但是,注意到等离子体中的电流、电压及阻抗等参量均是等离子体密度的函数,反过来,等离子体的状态参量也是电流(或电压、功率)幅值的函数。因此,等离子体电阻和电感都变成非线性元件,它们的大小依赖于激发信号的幅值(这与电子电路中的情形不同)。

2.5 本 章 总 结

本章讨论了有关等离子体动力学和等离子体平衡的基本内容。在等离子体微观描述中,主要考虑了等离子体各种组分在六维相空间中的时变速度分布。通过计算速度分布函数的各阶速度矩,可以得到等离子体的宏观参量,如密度、流体速度和能量。当速度分布符合麦克斯韦分布时,一个粒子的平均热速率和平均热动能分别是

$$\bar{v} = \left(\frac{8k_BT}{\pi m}\right)^{1/2}, \quad \tilde{\varepsilon} = \frac{3}{2}k_BT$$

在麦克斯韦分布下,从动理学模型得出的另一个结果是:尽管等离子体中粒子的净漂移速度为零,但粒子沿任一特定方向的随机热运动流量为

$$\Gamma_{random} = \frac{n\bar{v}}{4}$$

在很多气体放电等离子体中,带电粒子的数量远小于中性气体组分,因此带电粒子与中性气体原子、分子之间的碰撞频率远大于带电粒子之间的碰撞频率。等离子体中的碰撞大部分为弹性碰撞。碰撞过程用依赖于气体种类的平均碰撞截面($\bar{\sigma}$),或平均自由程(λ),或碰撞频率(ν)来描述。对于数密度为 n_g,平均速率为 $\bar{v}$ 的粒子,其平均自由程和碰撞频率分别为

$$\lambda = \frac{1}{n_g\bar{\sigma}}, \quad \nu = n_g\bar{\sigma}\bar{v}$$

激发或电离碰撞的发生需要一个最小能量或能量阈值(ε_{th})。激发和电离碰撞类似于热激活过程,其发生速率 $K \equiv \langle\sigma v\rangle$,可以表示为如下形式:

$$K = K_0\exp(-e\varepsilon_{th}/k_BT)$$

在分子气体中,带电粒子的相互作用包括分子解离成带电基团和中性基团。

可以用宏观流体参量,如密度(n)、平均速率(u)和气压(p)等描述等离子体中各种组分的运动,这些宏观参量是由对应的微观参量对粒子分布进行积分得到的。经过积分,粒子的平均能量和流体温度联系在一起。在很多情况下,使用等温假设,等温假设包含了下面的含义:流体中的温度梯度很小,热量可以在流体中传递以维持一个稳态温度场。如果等温假设不符合实际情况,就应该考虑绝热假设。

在低气压原子气体稳态放电中,体电离是带电粒子的主要来源,器壁表面的复合是带电粒子的主要损失机制。这种情形下,自持等离子体的电子温度是由体电离和流向边界的离子之间的整体平衡来决定的,而且这种平衡关系受到气压和系统尺度的限制:

$$K_{iz}(T_e) = \frac{\Gamma_{wall}}{n_e}\left(\frac{1}{n_g}\frac{A}{V}\right)$$

输入一个自持等离子体中的能量必须与系统中的能量损失保持平衡。能量损失与流向边界的电荷成正比,且与电子的寿命相关。在系统中每损失掉一个电子,可以导致如下能量损失或能量转移:①产生这个电子所需要的有效电离能量(其中包括伴随的激发能量);②通过碰撞将能量转移给中性气体;③沉积在边界区的热能和势能

$$P_{loss} = \left[\varepsilon_{iz} + \frac{K_{exc}}{K_{iz}}\varepsilon_{exc} + \frac{3m_e}{M}\frac{K_{el}}{K_{iz}}k_B T_e + 2k_B T_e + e\Delta\phi\right]\Gamma_{wall}\frac{A}{V}$$

可以把等离子体看成一个电介质,其相对介电常数是复数,且与频率相关:

$$\varepsilon_p = 1 - \frac{\omega_{pe}^2}{\omega(\omega - i\nu_m)} = 1 - \frac{\omega_{pe}^2}{\omega^2 + \nu_m^2} - i\frac{\nu_m}{\omega}\frac{\omega_{pe}^2}{\omega^2 + \nu_m^2}$$

或把等离子体看成一个导体,其电导率是复数,且与频率相关:

$$\sigma_p = \frac{n_{e0}e^2}{m_e(i\omega + \nu_m)}$$

前者适用于高频情况,而后者适用于低频情况。

如果电磁波的频率小于 ω_{pe},它就不能在非磁化的等离子体中传播。第 7 章在介绍感性放电时,将会遇到这种情况。如果等离子体是无碰撞的,电磁波的穿透深度将受到惯性趋肤深度

$$\delta = \frac{\omega_{pe}}{c}$$

的限制;而对于碰撞等离子体,电磁波在等离子体中的穿透深度受到阻性趋肤深度

$$\delta = \sqrt{\frac{2}{\mu_0 \omega \sigma_m}}$$

的限制。在较高频率下,即 $\omega \gg \omega_{pe}$ 时,电磁波能够在等离子体中传播,这种情形可以用于等离子体诊断。图 2.7 总结了在不同频率范围内电磁波的性质。

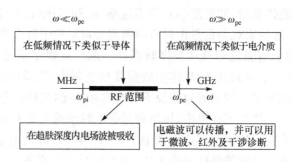

图 2.7　在不同频率范围内电磁波的性质

只有频率大于 ω_{pe} 或小于 ω_{pi} 的静电波才能在等离子体中传播。高频模式对应短波长的电子等离子体波,其传播的相速度为 $(k_B T_e/m_e)^{1/2}$;而低频模式对应于长波长的离子声波,其传播的相速度为 $(k_B T_e/M_i)^{1/2}$。

当一个幅值为 J_0、频率远低于等离子体频率 ω_{pe} 的射频电流在一个等离子体薄板 $(A \times d)$ 中流动时,由欧姆加热引起的平均功率耗散为

$$\overline{P}_{ohm}(x) = \frac{J_0^2}{2\sigma_m(x)} Ad$$

在相同的条件下,可以使用一个由电感和电阻串接的等效回路来模拟等离子体,其中电感 (L_p) 是由电子惯性引起的,而电阻 (R_p) 是由碰撞耗散引起的:

$$L_p = \frac{m_e}{ne^2} \frac{d}{A} \tag{2.82}$$

$$R_p = \frac{m_e \nu_m}{ne^2} \frac{d}{A} \tag{2.83}$$

第3章 有界等离子体

在第2章中,我们建立了确定低气压等离子体性质的基本方程,描述了等离子体中发生的一些基本过程,如碰撞及反应等,并推导出等离子体基本电动力学参量,如等离子体电导率和等离子体介电常数等。上述概念一般只适用于无界等离子体,或至少将所研究等离子体看成整体系统的一部分,而不考虑等离子体的内部结构。

实验室等离子体都被约束在一定空间内,即都是有界的。等离子体界面会对气体放电的结构产生影响,本章将要讨论等离子体界面对电正性气体放电结构的影响。在本章讨论中需要记住的一个观点是,有界等离子体中的荷电粒子主要在体等离子体中产生,并在器壁上损失。这个观点是第2章中所讨论的整体平衡模型的基础。等离子体在中心区域的状态在一定程度上与在界面附近的状态有所区别。当等离子体靠近器壁时,为了使电离气体等离子体与固体表面匹配,会自然地形成一个边界层;不管器壁材料是绝缘体还是导体,影响等离子体边界层的主要因素均来自器壁。

图3.1所示是一个频率为13.56 MHz射频电源驱动的两个平行平板电极之间的放电图像。发光区域主要集中在中心区域,放电图像还显示出放电区具有分层内部结构,这种结构在离开垂直轴线区域更为明显。上下电极附近的界面区几乎不发光。因为发光源于激发态的退激发,而激发态是电子-中性粒子非弹性碰撞产生的,电极附近的暗区说明在这些区域电子密度显著降低。

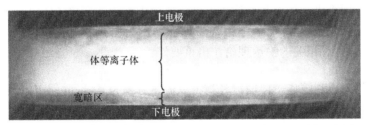

图3.1 限制在两个平板板电极之间的等离子体侧视图。其中在下电极前面存在一个暗区。注意:拍此照片时,照相机的聚焦点在下电极方,因此照片中上电极附近的暗区不是很清楚

本章的目的就是研究这种放电的分层现象,如图3.2所示。下面将对两个具有明显区别的区域分别进行详细讨论:①器壁(电极)附近的界面区,实际上就是具有空间电荷的鞘层;②等离子体本身,或体等离子体区,其特点是空间电荷几乎为

零。事实上,等离子体区经常被说成准电中性区。对于直流放电,鞘层结构不随时间变化,是稳态的,但在射频频域,在一个射频周期内,鞘层经历膨胀和收缩。但是,在第 4 章中将会看到,经过一些修正后,直流鞘层的一些基本特性同样适用于射频鞘层。直流鞘层和射频鞘层的一个主要区别在于,射频鞘层在射频电源与等离子体电子的能量耦合中扮演重要的角色。

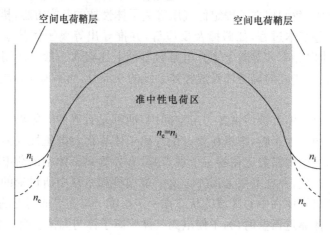

图 3.2　有界等离子体示意图。其中空间电荷鞘层区把准中性等离子体与电极隔离开。将电极画成竖直方向是为了便于说明问题。实际上,重力并不重要,电极的方向对等离子体结构或鞘层结构没有影响

　　本章首先解释空间电荷鞘层存在的必要性,以及当等离子体与固体边界之间的电压增加时,空间电荷鞘层特性的变化规律。接着研究从鞘层到等离子体之间的过渡,并得出形成稳定鞘层的所谓玻姆判据。接下来,建立适用于各种气压范围的等离子体中的三种主要输运理论。

　　工业应用等离子体通常比简单的低气压电中性原子等离子体复杂得多。后续章节中,在遇到电负性等离子体和高密度等离子体时,还会进一步讨论有关的鞘层及输运理论,并对相关的输运理论作出重要修正。

　　问题:鞘层和等离子体输运分析将以流体方程为基础,并使用等温电子和冷离子假设。请解释“流体”“等温”“冷”的含义。
　　答案:“等温”假设意味着温度梯度将被忽略(见 2.2.2 节);流体涉及诸如密度、漂移速度等宏观量,可以通过粒子分布取平均求得。因为 $T_i \ll T_e$,离子的热运动被忽略,这就是所谓的冷离子近似。

　　式(2.32)和式(2.33)是讨论粒子输运的两个基本方程。研究鞘层区时,我们将联立求解流体方程和高斯定律(借助于标量电场 E)或泊松方程(借助于静电势

φ). 最后,为了避免复杂的数学分析,从而更关注物理本质,在大多数情况下,我们使用一维模型进行计算。

3.1　空间电荷鞘层区

设想一个物体被放入电正性等离子体中,这个物体没有与地连接(如悬浮于等离子中的电介质或悬浮探针)。初始阶段,这个悬浮的物体将收集电子和正离子,根据式(2.15),相应的电子和离子电流密度分别为

$$J_e = -e\Gamma_e = -\frac{1}{4}en_e\bar{v}_e = -en_e\sqrt{\frac{k_BT_e}{2\pi m_e}} \tag{3.1}$$

$$J_i = e\Gamma_i = \frac{1}{4}en_i\bar{v}_i = en_i\sqrt{\frac{k_BT_i}{2\pi M_i}} \tag{3.2}$$

由于 $m_e \ll M_i$,以及上面提到的 $T_e \gg T_i$,由上面两式可知,有 $J_e \gg J_i$,因此悬浮物体会很快形成负电荷积累,从而获得负电势。接下来这个负电势开始排斥电子,使电子电流减小,而正离子将被加速。当到达悬浮物体的电子电流和正离子电流相等时,悬浮物体上的负电荷积累以及所形成的负电位就会达到稳恒状态。这个稳态电势就称为直流悬浮电势;本章稍后将推导出直流悬浮电势的表达式。注意,之所以悬浮电势比等离子体电势更负,是因为 $T_e \gg T_i$ 和 $m_e \ll M_i$。但是,如果这个物体是导体,就可以使用电压源给这个物体施加偏压,那么这个导体就可以相对于等离子体处于任何电势,从而构成电源与等离子体之间的一个电流回路。

3.1.1　玻尔兹曼平衡和德拜长度

等离子体是直流导体,因此很难在等离子体内部维持大的电场。由边界表面电荷产生的大电场被局限在一个狭窄的边界层,称为空间电荷鞘层。接下来将会看到,这个空间电荷鞘层将会有个自然尺度。设想邻近界面层的等离子体是由某种形式的电离来维持的,这里不考虑具体电离机制的详细过程,这样可以简化对空间电荷鞘层区的讨论。这与下面的说法等效:所讨论区域的空间尺度远小于电离碰撞平均自由程($1/(n_g\sigma_{iz})$)。这种说法的含义将在后面作进一步讨论。

> **问题**:忽略空间电荷区的弹性碰撞也会给问题的讨论带来方便。这样做对弹性碰撞平均自由程带来什么限制?
> **答案**:如果碰撞对鞘层区的建模不重要,则鞘层宽度必须小于弹性碰撞自由程。这是一个更苛刻的条件,因为等离子体中弹性碰撞的次数远大于电离碰撞的次数(也就是说,弹性碰撞自由程远小于电离碰撞自由程)。其中重要的含义,将在后面讨论。

现在考虑在 y-z 平面有一无限大平板和一电正性等离子体接触,等离子体电子密度和离子密度相等,$n_{i0}=n_{e0}$。以等离子体作为参考电势,即等离子体电势为零,平板被偏置一小的负电势,如图 3.3(a)所示。由于平板带负表面电荷并有负电势,电子将在一定程度上被排斥,因此在接近平板时电子密度将下降。

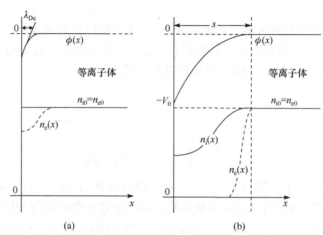

图 3.3　由等离子体边界处小的电势扰动形成的边界层尺度(a)和穿越 Child-Langmuir 鞘层的大电势降(b)

　　离子将被平板的负表面电荷吸引。电场力将向平板方向加速离子,因此,随着趋近平板,离子流速将趋向增加。根据没有局部电离源时的稳态离子连续性方程,通量守恒要求,当流速增加时,离子密度必须减小。对于图 3.3(a)所示的情况,因为平板的表面电荷很少,以至于引起的空间电荷区离子密度的降低不是很明显。这至少可以从思辨的角度来理解。

　　与离子不同,由于电子具有相对较小的质量,迁移率很大,因此它们被鞘层中的电场所排斥(鞘层中的电场方向指向平板),从而在平板附近生产如图 3.3(a)所示的电子密度减小层。考虑到电子质量非常小,并且像前面所假设的那样,鞘层中电子碰撞不重要,因此稳态动量守恒方程(2.33)中的惯性项作用常被电场项和气压梯度项所掩盖。电场强度与电势梯度联系在一起:对于一维情形,有 $E = -\mathrm{d}\phi/\mathrm{d}x$。

　　问题:如果电子的热压强项和电场力之间达到平衡,证明电子密度和电势呈指数关系。
　　答案:所谓的平衡是指电子热压强梯度力和电子所受电场力相等:

$$k_B T_e \frac{\mathrm{d}n_e}{\mathrm{d}x} = -n_e e E = n_e e \frac{\mathrm{d}\phi}{\mathrm{d}x}$$

对上式积分,即可得到如下重要的指数关系:

$$n_e(x) = n_{e0} \exp\left(\frac{e\phi(x)}{k_B T_e}\right) \tag{3.3}$$

由玻尔兹曼平衡关系(3.3)给出的电子密度只适用于等温情形。尽管总是有人提出这个方程的适用性问题,但由于它的方便性,方程(3.3)一直被广泛应用。在推导方程(3.3)时,使用了忽略电子惯性(意味着电子可以对电磁波等扰动作出瞬时响应)以及等温(意味着在所研究的系统中,电子平均能量不会在局部产生大的涨落)近似。

在小电势扰动下$(|e\phi| \ll k_B T_e)$,平板前的空间电荷密度为

$$e(n_i - n_e) = en_{e0}\left[1 - \exp\left(\frac{e\phi}{k_B T_e}\right)\right] \approx -\frac{e^2 n_{e0}\phi(x)}{k_B T_e} \tag{3.4}$$

式(3.4)利用了等离子体边界的准电中性条件$(n_{i0} = n_{e0})$,式中最后一项是将指数函数进行线性展开后得到的。电势由泊松方程确定,实际上是高斯定律与相应电场和负电势梯度的结合,因此对于一维情形,有

$$\frac{(n_i - n_e)e}{\varepsilon_0} = \frac{dE}{dx} = -\frac{d^2\phi}{dx^2} \tag{3.5}$$

泊松方程将空间电荷和电势联系在一起。利用式(3.4),可以得到

$$\frac{d^2\phi}{dx^2} = \frac{e^2 n_{e0}\phi}{\varepsilon_0 k_B T_e}$$

这个线性方程的合适解应该满足无穷远处电势为零这一边界条件,即当$x \to \infty$时,有$\phi = 0$,由此可以求得

$$\phi(x) = \phi_0 \exp\left(-\frac{x}{\lambda_{De}}\right) \tag{3.6}$$

式中

$$\lambda_{De} = \sqrt{\frac{\varepsilon_0 k_B T_e}{n_{e0} e^2}} \tag{3.7}$$

是空间电荷区的尺度大小,通常被称为德拜长度。由此可见,施加在平板上的一个小的负电势扰动将在等离子边界层(典型尺度为λ_{De})内产生指数衰减,等离子体边界的自由电荷重新分布,形成一个空间电荷层,从而屏蔽这个静电势。

练习 3.1:德拜长度　已知等离子体电子密度和电子温度分布为$n_{e0} = 1.0 \times 10^{16}\,\mathrm{m}^{-3}$及$k_B T_e/e = 2.0\,\mathrm{V}$,求德拜长度。

注意式(3.7)也可以写成如下形式:

$$\lambda_{De} = \frac{v_e}{\omega_{pe}} \tag{3.8}$$

式中,$v_e = (k_B T_e/m_e)^{1/2}$是电子的热运动速率(不是平均速率$\bar{v}_e$);$\omega_{pe}$是电子等离子体频率。在第 2 章中曾经证明,电磁波在非磁化等离子体中衰减的特征长度为趋肤深度δ。这里给出了等离子体对静电场的特征屏蔽长度为λ_{De}。

问题：证明 $\lambda_{\mathrm{De}}/\delta = v_{\mathrm{e}}/c$，并进一步证明电磁波在等离子体中的穿透深度大于静电场的扰动尺度。

答案：从式(2.57)可知，$\delta = c/\omega_{\mathrm{pe}}$，将 $\omega_{\mathrm{pe}} = c/\delta$ 代入式(3.8)，可得 $\lambda_{\mathrm{De}}/\delta = v_{\mathrm{e}}/c$。因为电子热速率远小于光速，所以有 $\lambda_{\mathrm{De}} \ll \delta$，即静电场的扰动尺度远小于电磁波的穿透深度。

3.1.2　离子点阵模型

在上面的鞘层分析中我们用了两个假设，一个是 $|e\phi| \ll k_{\mathrm{B}}T_{\mathrm{e}}$，另一个是鞘层中的离子密度分布和等离子体中一样，且保持不变。现在解除对电势的限制，仅保留鞘层中离子密度分布为常数这一假设，这样，鞘层中的离子分布会导致一个均匀的空间电荷分布，看起来好像鞘层电势对离子流没有加速作用。这对于简化分析是一个合适的近似；实际上，如图3.3所示，如果在平板上快速施加一个负电势，电子会被快速排斥出鞘层区，从而在瞬间形成一个静态的离子点阵分布，或者是，如果鞘层中的碰撞频率非常高，鞘层中的离子来不及被电场加速。

首先考虑当鞘层中的电势很大并且为负值，即 $e\phi \ll -k_{\mathrm{B}}T_{\mathrm{e}}$ 时，鞘层中的电子空间电荷会受到什么影响。此时电子将被强烈排斥。

问题：根据玻尔兹曼关系，如果电子密度减少到初始值的 1%，求 $e\phi/(k_{\mathrm{B}}T_{\mathrm{e}})$。

答案：使用方程(3.3)，问题变成求解方程 $\exp[e\phi(x)/(k_{\mathrm{B}}T_{\mathrm{e}})] = 0.01$。方程两边取自然对数可得到：$e\phi(x)/(k_{\mathrm{B}}T_{\mathrm{e}}) = \ln(0.01) = -4.6$。

说明：对于典型实验室等离子体，电子温度一般为 $1 \sim 5$ eV，所以几伏特的拒斥势就可以显著地降低电子密度。

因此，如果 $e\phi \ll -k_{\mathrm{B}}T_{\mathrm{e}}$，就可以完全忽略鞘层中的电子空间电荷。鞘层中的电势必须满足泊松方程(3.5)，此时方程中左边的电子密度为零，空间电荷只有离子成分：

$$\frac{\mathrm{d}^2\phi}{\mathrm{d}x^2} = -\frac{en_{\mathrm{i0}}}{\varepsilon_0}$$

上式从平板 $x=0$ 处到等离子体界面两次积分后，很容易得到下式：

$$\phi(x) = -\frac{en_{\mathrm{i0}}}{\varepsilon_0}\left(\frac{x^2}{2} + C_1 x + C_2\right)$$

要确定积分式中两个积分常数 C_1 和 C_2，必须给出两个边界条件。由于等离子体是导体，从鞘层的观点出发，将等离子体边界 $x=s$ 处的电场 $-\mathrm{d}\phi/\mathrm{d}x$ 设为零是合适的。由此可以求出 $C_1 = -s$。第二个边界条件是等离子体边界 $x=s$ 处电势为零，即将等离子体边界设为电势参考点，由此可得第二个积分常数 $C_2 = s^2/2$，将两个积分常数代入上式，可得鞘层中的电势分布：

$$\phi(x) = -\frac{en_{i0}}{2\varepsilon_0}(x-s)^2 \tag{3.9}$$

这个无电子的"离子点阵模型"是空间电荷鞘层的最简单模型。正像在模型描述中所陈述的那样,它有两个主要的缺点:鞘层中不包括电子,以及离子在鞘层中不会被鞘层电场加速,不能在鞘层中流动。尽管如此,这个简单模型给出了估算空间电荷鞘层区尺寸的初始办法。如果相对于等离子体,加在平板上的电势 $\phi(0)=-V_0$,由式(3.9)可得

$$V_0 = \frac{en_{i0}}{2\varepsilon_0}s^2 \tag{3.10}$$

注意 V_0 是跨越鞘层的电势幅值,根据定义,鞘层中的电势 $\phi<0$。由于净空间电荷有可能低于被加速的离子和电子的电荷,因此在给定的鞘层电势下,这个离子点阵模型实际上低估了鞘层的宽度。

练习 3.2:离子点阵模型　　将方程(3.10)两边除以 k_BT_e/e,试证明当鞘层电压为 200 V,等离子体边界的电子温度为 2 eV 时,鞘层宽度将等于德拜长度的 14 倍(设等离子体边界 $n_{i0}=n_{e0}$)。

3.1.3　Child-Langmuir 定律

在本节中,将离子流纳入等离子体鞘层模型中,但只限于负电势鞘层,且鞘层电势满足下式:$e\phi\ll-k_BT_e$,并因此忽略鞘层中的电子空间电荷。为了得到鞘层中离子密度随电势的变化函数,必须同时考虑离子的连续性方程和离子动量守恒方程,即方程(2.32)和方程(2.33)。

为了使问题简化,我们作冷离子流假设,即在没有特别说明的情况下,假设离子温度 $T_i\to0$,并且假设在空间电荷区任意位置,所有离子的运动速度等于离子流体速度 $u(x)$(这就是所谓的单一离子能量假设)。此外还假设离子均为单电荷离子。

1. 低气压(无碰撞)情形

首先考虑低气压极限,此时可以忽略离子流体运动的摩擦力($M_iu\nu_m\ll eE$)。在稳态时,作用在冷离子流体上的电场力和离子流体的惯性力平衡。对于一维情形,可以得到下面的运动方程:

$$n_iM_iu\frac{du}{dx}=n_ieE$$

问题:结合离子动量方程和 $E=-d\phi/dx$,验证离子能量是守恒的。

答案:合并上述两个方程可得

$$M_iu\frac{du}{dx}=-e\frac{d\phi}{dx}$$

积分上式可得

$$\left(\frac{1}{2}M_i u^2 + e\phi\right) = \text{constant}$$

所以总粒子能量(离子动能和离子势能)是守恒的。

如果在电势为零处粒子是静止的,则可以得到下式:

$$\frac{1}{2}M_i u(x)^2 + e\phi(x) = 0 \tag{3.11}$$

并且 $e\phi \leqslant 0$。上述方程可以和稳态离子连续性方程联立,从而求解鞘层的电势分布;离子连续性方程包含了由于离子的产生和损失造成的离子流发散,但正像前面所述,鞘层中的电离过程很弱,可以忽略不计,而对于低气压等离子体,离子-电子的复合过程主要发生在器壁表面。这说明在鞘层中,离子流是连续的,即离子流是一个常数。借助于离子电流密度,有

$$J_i = e n_i(x) u(x) \tag{3.12}$$

注意,尽管这个鞘层模型比离子点阵模型更符合实际情况,但仍然存在逻辑上的问题,例如,在方程(3.11)中,我们假设离子进入鞘层($\phi = 0$)时的初速度为零,但方程(3.12)要求离子密度和离子速度的乘积在整个鞘层区处处不为零,这就要求在等离子体边界处($\phi = 0$)离子密度为无穷大。幸运的是,由于离子在鞘层中被电场加速至很大的速度,这个速度和离子进入鞘层时的速度相比,后者可以忽略,因此,此处的计算不会带来严重的后果。后面更详细的论述将显示,离子既不是以零速度也不是以热速度进入鞘层。

联立求解方程(3.11)和方程(3.12),可以求出用电势表示的正离子密度函数:

$$n_i(x) = \frac{J_i}{e}\left[-\frac{2e\phi(x)}{M_i}\right]^{-1/2} \tag{3.13}$$

将式(3.13)代入泊松方程(3.5)(注意鞘层中电子密度 $n_e = 0$),可以得到鞘层电势微分方程:

$$\frac{d^2\phi}{dx^2} = -\frac{J_i}{\varepsilon_0}\left[-\frac{2e\phi(x)}{M_i}\right]^{-1/2} \tag{3.14}$$

注意到存在下列关系式:

$$\frac{d}{dx}\left(\frac{d\phi}{dx}\right)^2 = 2\frac{d\phi}{dx}\frac{d^2\phi}{dx^2}$$

可以先将方程(3.14)两边乘以 $2d\phi/dx$,然后从鞘层中的任意一点 $x = x_1$ 到等离子体边界 $x = s$ 积分。一般用记号 ϕ' 表示 $\phi(x)$ 对 x 的微分,上述积分结果为

$$(\phi'(s))^2 - (\phi'(x_1))^2 = 4\frac{J_i}{\varepsilon_0}\left(\frac{2e}{M_i}\right)^{-1/2}\left[(-\phi(s))^{1/2} - (-\phi(x_1))^{1/2}\right] \tag{3.15}$$

正如离子点阵鞘层模型一样，这里也可以设定两个等离子体边界处($x_1 = s$)的边界条件，即等离子体边界处的电势和电场均为零：$\phi(s) = \phi'(s) = 0$。使用这两个边界条件，可以对方程(3.15)再一次从平板表面 $x=0$ 到等离子体边界 $x=s$ 积分，注意到平板表面的电势 $\phi(0) = -V_0$，等离子体边界处为参考电势 $\phi(s) = 0$，可以得到下式：

$$V_0^{3/4} = \frac{3}{2} \left(\frac{J_i}{\varepsilon_0} \right)^{1/2} \left(\frac{2e}{M_i} \right)^{-1/4} s \tag{3.16}$$

这个关系式称为 Child-Langmuir 定律。它是在研究热电子二极管电压和电流关系时第一次被推导出的[32,33]。与等离子体鞘层不同，热电子二极管两极间充满电子空间电荷。另外还有一个不同点是，这里的鞘层宽度 s 是不固定的，依赖于平板表面与等离子体边界之间的电势差幅值 V_0 以及流过鞘层的离子流密度 J_i/e（离子流密度将在 3.2 节确定）。方程(3.16)表明，在给定的鞘层离子电流密度下，鞘层宽度随鞘层电压的 3/4 次方增加。

练习 3.3：Child-Langmuir 鞘层模型　　调整方程(3.16)，根据低气压 Child-Langmuir 鞘层模型，证明当鞘层电压为 200 V，等离子体温度为 2 eV，离子电流密度 $J_i = n_{e0} e \sqrt{k_B T_e / M_i}$ 时，鞘层宽度约为德拜长度的 25 倍。

2. 高气压（完全碰撞）情形

在低气压鞘层模型中，由于离子在鞘层中的碰撞被忽略，即离子的能量不会转移给其他粒子，所以离子在鞘层中的运动符合能量守恒。实际上，这种无碰撞近似并不总是合适的，以氩等离子体为例，在气体压强 $p \approx 1$ Pa 时，由方程(2.33)可知，离子-中性原子之间的平均自由程 $\lambda_i \approx 4$ mm。可见即使在较低的气压下，鞘层宽度很容易超过离子-中性原子碰撞自由程 λ_i。此时，在确定离子的运动时，能量守恒不再适用。在冷离子动量方程(2.33)中加入碰撞项，将会得到一个高气压极限的结果，其中离子在鞘层中所受的电场力全部被碰撞（也就是被离子流体的摩擦力）所平衡。在一维稳态鞘层中，离子所受电场力和摩擦力相等：

$$n_i M_i u \nu_i = e n_i E \tag{3.17}$$

由于作了冷离子假设，式(3.17)中忽略了离子热压强项的贡献。基于高气压下离子碰撞频率为常数，离子流体的漂移速度远小于离子的平均热运动速度，$\bar{v}_i \gg u$，因此离子碰撞频率可以用下式表示：

$$\nu_i = \bar{v}_i / \lambda_i \tag{3.18}$$

由式(3.17)可以得出，鞘层中离子流体漂移速度和鞘层电场成正比：

$$u = \frac{e}{M_i \nu_i} E = \mu_i E \tag{3.19}$$

式中，$\mu_i = e/(M_i\nu_i)$ 为离子迁移率。尽管鞘层中有碰撞，但我们仍然假设鞘层中不会发生电离及复合过程，所以鞘层中的离子流量为常数，并且离子电流各处均为 $J_i = en_i u$。现在，对于高气压极限，可以把鞘层中的泊松方程写成下面的形式：

$$\phi''(x) = -\frac{J_i}{\varepsilon_0 \mu_i \phi'(x)} \tag{3.20}$$

式中，$\phi''(x)$ 是 $\phi(x)$ 对 x 的二次微分。注意这个方程和低气压情形一样，也存在逻辑上的不一致性：假设等离子体界面（$x=s$ 处）电场（从而也是离子初速度）为零，所以为了保证有限的离子电流，此处的离子空间电荷密度必须为无穷大。

　　问题：证明在高气压下，鞘层电压具有

$$V_0 = \sqrt{\frac{8}{9} \frac{s^3 J_i}{\varepsilon_0 \mu_i}} \tag{3.21}$$

的形式。
　　答案：方程(3.20)两边乘以 $\phi'(x)$，然后在与先前相同的边界条件下积分，可以得到

$$(\phi'(x_1))^2 = \frac{2J_i}{\varepsilon_0 \mu_i}(s - x_1)$$

从 $x=0$ 到 $x=s$ 对上式积分，注意 $\phi(0) = -V_0$，$\phi(s) = 0$，即可得到式(3.21)。

　　Benilov[34] 将这种情形称为 Mott-Gurney 定律，此名称源于半导体物理学。由于鞘层中的离子流体速度总是超过离子的热速度，所以高气压极限模型常与实际情况不符。在下一节中，我们将离子迁移率看成漂移速度的函数，给出一个适用于很多等离子体工艺放电（特别是等离子体刻蚀放电）的非常有用的鞘层模型。

　　3. 中等气压（碰撞）情形

　　本节介绍中等气压区域鞘层模型，它介于分子自由流动（无碰撞）和完全碰撞之间。中等气压区域又被称为可变迁移率区域[24]。这个区域的特点是，在确定离子两次碰撞之间的运动时，主要考虑离子的流体速度，而不是离子的热速度。因此，离子的迁移率变为流体速度的函数。对于一维模型，离子迁移率为

$$\mu_i = \frac{2e\lambda_i}{\pi M_i |u|} \tag{3.22}$$

式中，λ_i 是离子-中性粒子平均自由程。利用上面完全碰撞鞘层模型中的积分方法，可以求得一个新的 Child-Langmuir 定律表达式，下式是这个归一化的表达式：

$$\frac{s}{\lambda_{De}} = \left(\frac{8}{9\pi}\frac{\lambda_i}{\lambda_{De}}\right)^{1/5} \left[\frac{n_{e0} e \sqrt{k_B T_e/M_i}}{J_i}\right]^{2/5} \left(\frac{5}{3}\frac{eV_0}{k_B T_e}\right)^{3/5} \tag{3.23}$$

在本书中式(3.23)被称为"碰撞"Child-Langmuir 定律。

练习 3.4：中等气压 Child-Langmuir 定律　　已知鞘层电压为 200 V,等离子体边界的电子温度为 2 eV,如果鞘层中的离子电流密度为 $J_i = n_{e0}\sqrt{k_B T_e/M_i}$(这个离子电流密度的表达式只是为了计算方便,没有特殊含义),离子平均自由程为 $\lambda_i = 3\lambda_{De}$,试根据中等气压(碰撞)鞘层模型证明,鞘层宽度稍大于德拜长度的 20 倍。

4. 小结

图 3.4 比较了离子点阵鞘层模型、无碰撞以及碰撞 Child-Langmuir 鞘层模型。由于后两种非离子点阵模型中离子空间电荷减少,鞘层变宽。鞘层中离子经历的碰撞次数越多(即碰撞频率越高),离子空间电荷密度降低越少,因此,高碰撞频率的鞘层宽度趋近离子点阵鞘层,其中离子点阵鞘层中的离子密度为常数。

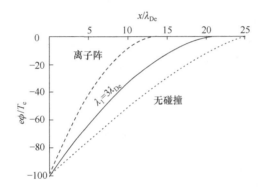

图 3.4　基于各种模型得到的空间电荷鞘层区的归一化电势分布。可以看出,碰撞使离子减速,从而增加离子对空间电荷的贡献,使鞘层宽度变窄,其中在计算碰撞鞘层的电势分布时使用了中等气压模型。对于每一种情况,所选取的参数与本书中的其他例子是一致的

方程(3.16)、方程(3.21)和方程(3.23)给出了三种不同气压范围 Child-Langmuir 定律中的三个变量:离子电流密度、鞘层电压和鞘层宽度,它们的基本性质相同,但具有不同的定标规律。在给定鞘层中的离子流密度和气压下,鞘层宽度随鞘层电压增加(对于不同的气压范围,鞘层宽度分别与鞘层电压的 3/4、2/3 或 3/5 次方成正比)。当离子流密度和鞘层电压为确定值时,鞘层宽度依赖下列关系随气压下降:完全碰撞鞘层,$s \propto p^{-1/3}$;中等气压部分碰撞鞘层,$s \propto p^{-1/5}$。上述三种鞘层模型仍然存在令人不满意的地方,即离子流是不确定的值,以及如何使鞘层-等离子体界面处的离子电流为有限值,因为所有上述三种 Child-Langmuir 鞘层模型中均假设离子进入鞘层的初速度为零,这样根据离子流连续性方程,界面处的离子密度必须为无穷大。3.2 节将要解决这些问题。

3.2　等离子体/鞘层过渡

当鞘层电压远大于电子温度时($eV_0 \gg k_B T_e$)，鞘层中的大部分区域电子密度几乎为零。但是，在等离子体/鞘层过渡区，电子密度必须和离子密度近似相等。为了研究这个过渡区，泊松方程中的空间电荷项必须同时包含电子和离子，这正是下面要做的。

3.2.1　玻姆鞘层判据：从鞘层到等离子体的过渡

现在考虑图 3.5 所示情形，图中给出了低气压准电中性等离子体和空间电荷鞘层之间的界面区，与以前一样，这里仍然使用冷离子假设。等离子体/鞘层过渡区在位置 $x=s$ 处，此处为电位参考点 $\phi=0$，并且符合等离子体准电中性条件 $n_{is}=n_{es}=n_s$。在离子点阵和 Child-Langmuir 鞘层模型中，等离子体/鞘层界面处的电场设为零，但这与离子电流不为零的情形不符。更准确的方法是，设定此处的电场只是近似为零，但不是严格地等于零，即设电势的一阶导数 $\phi' \approx 0$。

利用等温近似，可以通过玻尔兹曼关系(3.3)把电子密度与局部电势联系在一起：

$$n_e(x) = n_s \exp\left(\frac{e\phi(x)}{k_B T_e}\right) \tag{3.24}$$

对于冷离子，忽略电离过程和动量转移碰撞，则低气压离子连续性方程和能量守恒方程【译者注：原著为动量方程】如下：

$$n_i(x) u_i(x) = n_s u_s \tag{3.25}$$

$$\frac{1}{2} M u(x)^2 + e\phi(x) = \frac{1}{2} M u_s^2 \tag{3.26}$$

式中，u_s 为等离子体/鞘层界面处正离子流速度，这个速度基于在该处离子流速度不可能为零这一事实。现在的任务是确定这个速度。从式(3.26)中求出离子速度 u，然后代入式(3.25)，可以得到正离子密度随电势变化的函数：

$$n_i(x) = n_s \left[1 - \frac{2e\phi(x)}{M_i u_s^2}\right]^{-1/2}$$

结合式(3.24)，可以求出鞘层中的净空间电荷密度：

$$\rho = e n_s \left[\left(1 - \frac{2e\phi}{M_i u_s^2}\right)^{-1/2} - \exp\left(\frac{e\phi}{k_B T_e}\right)\right] \tag{3.27}$$

从图 3.5 可以清楚地看出，电势从等离子体到鞘层(随坐标 x 减小)是逐渐下降的，所以 $d\phi/dx > 0$，随着坐标 x 数值的减小，净空间电荷变正，因此 $d\rho/dx < 0$；尽管在

鞘层区离子和电子密度均降低,但电子密度降低的速度更大。所以,对于 $\phi<0$,有

$$\frac{\mathrm{d}\rho}{\mathrm{d}\phi}<0$$

根据上式,方程(3.27)对电势 ϕ 求微分,可以得到如下不等式:

$$\frac{e^2 n_s}{M_i u_s}\left(1-\frac{2e\phi}{M_i u_s}\right)^{-3/2}<\frac{e^2 n_s}{k_B T_e}\exp\left(\frac{e\phi}{k_B T_e}\right)$$

对于小电势 ϕ,将上式展开,可以得到建立稳定正空间电荷需要满足的条件:

$$\frac{e^2 n_s}{M_i u_s}\left(1+\frac{3e\phi}{M_i u_s}\cdots\right)<\frac{e^2 n_s}{k_B T_e}\left(1+\frac{e\phi}{k_B T_e}\cdots\right)$$

对于 $\phi<0$,当等离子体/鞘层界面处的离子速度满足下式时,上面的不等式成立:

$$u_s=\left(\frac{k_B T_e}{M_i}\right)^{1/2} \tag{3.28}$$

此时展开不等式中的前几项相互抵消,而后续的高次展开项总能保证不等式成立。保证不等式成立的条件式(3.28)称为玻姆判据,因物理学家玻姆于 1949 年[35]首次建立这个关系式而得名,所以从现在开始,称式(3.28)为玻姆速度,并记为 u_B。

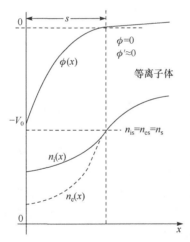

图 3.5 等离子体/鞘层过渡区附近离子电子密度和电势分布

注意,玻姆速度实际上与离子声速相等,在第 2 章中讨论低频静电波时曾经推导出这个离子声速(参见方程(2.71))。为了形成稳定鞘层,进入鞘层的离子速度必须达到声速 $u=u_B$。根据玻姆判据所形成的鞘层,似乎和离子流体沿界面方向流动时所形成的冲击波相似[36]。

问题:如果离子没有碰撞,且初速度为零,多大的电势差才能使离子的速度达到玻姆速度?

答案：方程(3.11)描述了无碰撞时离子在电场中的加速结果。在该方程中，用电势差 $\Delta\phi$ 代替方程中的电势 ϕ，并利用方程(3.28)给出的速度作为离子的最终速度，这样可以得到当离子的速度达到玻姆速度时的电势差为

$$e\Delta\phi = -\frac{1}{2}M_{\mathrm{i}}\left(\frac{k_{\mathrm{B}}T_{\mathrm{e}}}{M_{\mathrm{i}}}\right)$$

由此可知，对于无碰撞等离子体，为了形成稳定的鞘层，从等离子体中心到边界处的电势变化不需要超过 $k_{\mathrm{B}}T_{\mathrm{e}}/(2e)$，这相当于要求等离子体中心处产生的离子的初速度都等于零。实际上，电离过程在整个等离子体中都发生，这就要求从等离子体中心到边界处的电势差要高于上式，从而补偿一些相对速度较低的离子的加速。

问题：如果在离子从等离子体中心到界面的运动过程中引入动量转移碰撞，将会给玻姆鞘层判据带来什么影响？

答案：由于碰撞有降低离子流速的倾向，所以为了使离子在界面区达到玻姆速度，从等离子体中心到边界的电势差需要大于 $k_{\mathrm{B}}T_{\mathrm{e}}/(2e)$。

1. 等离子体边界的离子流密度

当鞘层中没有电离过程发生时，离开等离子体进入鞘层的离子流密度 $\Gamma_{\mathrm{i}} = n_{\mathrm{s}}u_{\mathrm{B}}$ 应该与到达极板的离子流密度相等：

$$\Gamma_{\mathrm{wall}} = n_{\mathrm{s}}u_{\mathrm{B}} \tag{3.29}$$

对于第 2 章讨论的整体模型，离开放电区的离子流密度是一个关键参数(见方程(2.40)、方程(2.45)和方程(2.47))。同时，进入空间电荷鞘层区的离子电流密度也可以用离子流密度表示为 $e\Gamma_{\mathrm{i}}$，这是因为利用 Child-Langmuir 模型计算鞘层宽度时需要知道离子电流密度的值。

到目前为止，指向等离子边界的离子流密度用等离子体边界离子密度 n_{s} 的函数表示。在无碰撞无电离鞘层模型中，等离子体中心的电势必须比等离子体界面的电势高 $T_{\mathrm{e}}/(2e)$，根据玻尔兹曼关系，这个电势差意味着等离子体中心的离子密度 n_0 必须比等离子体边界的离子密度 n_{s} 高，才能建立稳定的鞘层；n_{s} 和 n_0 的关系如下：

$$\frac{n_{\mathrm{s}}}{n_0} = \exp\left(-\frac{1}{2}\right) \approx 0.6 \tag{3.30}$$

更接近实际的情形是，等离子体中包括电离过程，离子和中性粒子发生碰撞，这种情形下，等离子体中心与等离子体边界处的电势差要比无碰撞模型大，因此，从中心区到边界等离子体密度的降低更显著。3.3 节将主要讨论这些包括电离和碰撞过程的等离子体。

2. 悬浮表面电势

现在我们已经得到了鞘层中的离子流表达式,如果与等离子体接触的表面具有负电势,从而排斥电子,最终达到稳态鞘层,流过鞘层到达物体表面的净电流为零时,就有可能求出跨越这个鞘层的电势差。这个电势差将是一个稳态电势,对于与等离子体接触的任何绝缘物体或电隔离物体,其表面上的电势都是这个势。这就是 3.1 节中引入的悬浮电势。

前面计算了到达表面的离子流密度。在第 2 章中讨论了到达表面的电子流密度(方程(2.17)),即当一个表面由于处于负电势,从而对具有电子温度为 T_e 的麦克斯韦分布电子产生拒斥作用时,只有那些能量大于 $e\Delta\phi$ 的电子可以克服拒斥势到达表面,所以到达表面的电子通量是

$$\Gamma_e = \frac{n_s \overline{v}_e}{4} \exp\left(-\frac{e\Delta\phi}{k_B T_e}\right) \tag{3.31}$$

问题:已知一个表面与等离子体接触,等离子体中的离子是质量为 M_i 的冷离子,电子能量符合麦克斯韦分布(电子温度为 T_e),若由等离子体流向表面的电子通量与离子通量相等

$$\Gamma_e = \Gamma_i$$

证明这个表面上的悬浮电势是

$$V_f = \frac{k_B T_e}{e} \frac{1}{2} \ln\left(\frac{2\pi m_e}{M_i}\right) \tag{3.32}$$

选择等离子体/鞘层界面为电势参考点。

答案:将 $\Delta\phi = -V_f$ 代入方程(3.31)和方程(3.29),并令两个方程相等,可得

$$\frac{n_s \overline{v}_e}{4} \exp\left(\frac{eV_f}{k_B T_e}\right) = n_s u_B$$

两边取自然对数,即可得到式(3.32)。注意,由式(3.32)可知,由于 $m_e \ll M_i$,所以 $V_f < 0$。

练习 3.5:**悬浮表面的离子流密度和离子能量密度** 已知氩气等离子体中的电子能量符合麦克斯韦分布,电子温度为 2 eV,等离子体中心的电子密度为 10^{16} m^{-3},等离子体中电荷交换碰撞平均自由程为 $\lambda_i \sim 10$ mm,试估算到达悬浮表面的离子通量和离子能量通量(功率密度)。

3.2.2 等离子体到鞘层过渡区

也可以从等离子体开始观察从准中性等离子体到空间电荷鞘层之间的过渡区。此时不区分电子密度和离子密度,只考虑单一的等离子体密度:

$$n_e = n_i = n \tag{3.33}$$

这个准电中性条件,也称为等离子体近似,在 3.3 节讨论等离子中的输运特性时还会用到。除了准电中性假设外,在离子流体的离子动量方程中,将以拖拽项形式涵盖碰撞过程。电离碰撞将在 3.3 节中考虑,这里必须设想等离子体是在远处的"上游"产生的,即此时所考虑的等离子体不包括电离碰撞过程。一束稳态离子流进入所研究的区域,离子流体的运动由下列因素决定:

(1) 流体连续性方程,且通量的散度为零(即没有产生离子的体积源及损失离子的漏):

$$(nu)' = 0 \tag{3.34}$$

(2) 下式给出的力平衡:

$$nM_i uu' = neE - nM_i u\nu_i \tag{3.35}$$

式中,ν_i 是离子之间以及离子与背景气体之间的动量传递(即弹性)碰撞频率。式(3.35)中含有准电中性等离子体中的电场,对这个电场需要说明如下:从鞘层的角度看,鞘层中的电场会在等离子体边界处消失;但是,在等离子体中需要一个弱电场,以降低流向等离子体边界的电子流,并维持离子流;只有如此,才能使等离子体中电离过程所产生的电子、离子与它们在表面的损失保持平衡。3.3 节将量化等离子体区域的电势分布,这个电势分布将使等离子体产生与损失之间的平衡达到自洽。等离子体中存在电场,表明等离子体不是严格符合电中性,这就是将等离子体描述成准电中性的原因,意思是等离子体中的离子和电子密度几乎相等,但不是严格相等。最后需要说明的是,电子力平衡主要是指电场($E = -\phi$)力和电子热压强梯度力之间的平衡,所以下式成立:

$$-ne\phi' = -T_e n' \tag{3.36}$$

这个关系式等价于玻尔兹曼平衡。应用方程(3.36),方程(3.34)和方程(3.35)可以改写如下:

$$un' + nu' = 0 \tag{3.37}$$

$$nuu' = -u_B^2 n' - nu\nu_i \tag{3.38}$$

联立求解方程(3.37)和方程(3.38),可以求出密度梯度和速度梯度(一阶微分):

$$u' = \frac{u^2 \nu_i}{u_B^2 - u^2} \tag{3.39}$$

$$n' = \frac{-nu\nu_i}{u_B^2 - u^2} \tag{3.40}$$

很显然,当 $u = u_B$ 时,密度和速度梯度(n', u')出现奇点,说明当离子速度达到玻姆速度时,准电中性解(也就是强迫 $n_e = n_i$)不成立。参见图 3.6,从等离子体出发,当离子的速度达到玻姆速度时,会出现伴随鞘层的界面。注意在图 3.5 中,边界位于 $x=0$ 处,等离子体中($x>0$)离子速度指向边界($u<0$),从方程(3.40)可知,离开鞘层/等离子体界面,指向等离子体方向由于 $u^2 < u_B^2$,所以密度会增加($n'>0$)。

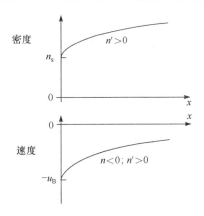

图 3.6　在等离子体/鞘层过渡区等离子体一侧的等离子体密度和离子流。体速度分布
示意图这种分布是基于一维准中性等离子体模型得到的的,而且包含了离子-中性粒子弹
性碰撞。这个模型不能解决在鞘层边界 $x=0$ 处密度及速度的奇异性问题

3.3　等离子体区:输运模型

以上章节相继讨论了等离子体鞘层和等离子体/鞘层过渡区,现在进一步离开
等离子体边界,开始关注等离子体中荷电粒子的输运,讨论仅限于由电子与中性气
体电离碰撞产生的等离子体。

等离子体中荷电粒子的输运强烈依赖于所讨论等离子体的气压范围,它决定
了连续性方程和力平衡方程(方程(2.32)和方程(2.33))中各项的相对重要性,这
种决定因素对于离子流体尤为显著。这里假设等离子体中各种粒子的温度是均匀
分布的,同时也认为气体温度和离子流体温度非常接近约束等离子体的器壁温度。
但是,显而易见,等离子体中的电子温度不能随意选取,它由 2.3 节中的整体粒子
平衡模型给出:

$$K_{iz}(T_e) = \frac{\Gamma_{wall}}{\bar{n}_e}\left(\frac{1}{n_g}\frac{A}{V}\right) \tag{3.41}$$

式中,Γ_{wall} 是离开等离子体的离子流量密度,由方程(3.29)给出;$\bar{n}_e$ 是体积为 V 及
界面面积为 A 所定义空间中的等离子体平均密度。对于一维对称等离子体区域,
等离子体密度分布可以写成如下形式:$n(x)=n_0h(x)$,其中,$h(x)$ 为密度分布轮廓
函数,由此可以得到一维对称等离子体区域平均等离子体密度:

$$\bar{n}_e = n_0 \frac{2}{l}\int_0^{l/2} h(x)\mathrm{d}x$$

本节将讨论不同气压范围中的密度分布轮廓函数 $h(x)$。长期以来,人们使用
三种模型描述等离子体放电中的荷电粒子输运问题,这三种模型对应于推导

Child-Langmuir 定律时所定义的三种气压范围。这些模型的不同之处，在于处理离子输运时所作的不同假设。首先要讨论的是低气压下的无碰撞解，这个模型早年由 Tonks 和 Langmuir 在研究放电物理中得到[37]。接下来将要讨论相反的高气压极限，这时离子经历完全碰撞。Schottky[38]对高气压情形作了描述，这比 Tonks 和 Langmuir 分析低气压放电早几年。最后，将讨论由 Godyak 和 Maximov[39]给出的中等气压模型。每种模型的目的是得到等离子体边界和中心密度比表达式，并用符号 h_1 表示，其中下标(1 表示线性)表示轴向一维模型。

因此，方程(3.41)通过电离率系数 K_{iz} 确定了电子温度，其中它依赖于如下参数：玻姆速度 u_B，气体数密度 n_g，系统几何尺度 A/V，以及等离子体边界密度与中心密度比 n_s/n_0（由方程(3.29)确定）。本书下面的有关内容将显示，等离子体电子温度仅依赖于气压和系统尺度的乘积。

3.3.1　低气压模型

在建立等离子体鞘层模型时，不需要考虑电离过程，而是设想电子和离子均由"上游"电离源提供，这些电子和离子穿过等离子体区进入鞘层，并维持鞘层中的空间电荷。但在研究等离子体区本身时，就必须考虑电离过程，只有这样才能维持电子和离子向器壁方向的通量。在一维模型中，包括电离过程的离子连续性方程是

$$(nu)' = n n_g K_{iz} \tag{3.42}$$

式中，n_g 为中性气体数密度；K_{iz} 为方程(2.27)定义的电离率系数。现在首先讨论无碰撞流体模型，接下来给出 Tonks-Langmuir 模型。当考虑一个稳态无碰撞离子流体的运动时，离子动量方程可以由离子流体的惯性和离子所受电场力之间的平衡确定：

$$n M_i u u' = n e E \tag{3.43}$$

在动量守恒方程中完全忽略碰撞项的贡献是一种人为的假设，因为此时的无碰撞流体模型要求任何一点的所有离子均具有相同速度。严格说来，应该包括新产生的离子在电场中被加速而获得一定动量的过程。但是，从易于分析的角度出发，上述简单模型是可以接受的，并且可以从这个模型中得出等离子体输运过程的本质。为了求解这个方程组（离子连续性方程和离子动量方程），必须利用方程(3.36)给出的玻尔兹曼关系式。

在求解这个方程组时，需要注意：在对方程(3.43)从中心($x=0$)到正半轴平面积分时，等离子体中心的电势及离子速度均为零，即 $\phi(0)=0$，$u(0)=0$，这样可以得到下式（积分过程中利用了关系式 $E=-\phi'$）：

$$u = \left(\frac{2e}{M_i}\right)^{1/2} (-\phi)^{1/2} \tag{3.44}$$

联立方程(3.42)和方程(3.36)可得

$$\frac{e}{T_e}\phi'u-\frac{e}{M_i u}\phi'=n_g K_{iz} \tag{3.45}$$

将方程(3.44)代入方程(3.45)，并利用条件 $\phi(0)=0$ 积分，可得下式：

$$\frac{-2e}{3k_B T_e}(-\phi)^{3/2}+(-\phi)^{1/2}=n_g K_{iz}\left(\frac{M_i}{2e}\right)^{1/2} x \tag{3.46}$$

这是等离子体中的电势分布方程。再一次利用方程(3.44)，可以将式(3.46)改写成离子速度方程，即离子速度对于离子位置的函数：

$$u-\frac{u^3}{3u_B^2}=n_g K_{iz} x \tag{3.47}$$

方程(3.47)是一个三次代数方程，从中可以得到离子速度分布函数(IVDF) $u(x)$，利用 $u(x)$ 可以求出电势分布函数 $\phi(x)$ 和等离子体密度分布函数 $n(x)$ 解析式。

在 3.2.2 节中我们曾经看到，形成稳定鞘层的条件是在鞘层/等离子体界面离子的速度为玻姆速度，即 $u=u_B$，此时速度微分及密度微分均出现奇异点。由方程(3.47)，可以确定出等离子体/鞘层过渡区的位置(也就是在 $u=u_B$ 点)为

$$x_s=\frac{2}{3}\frac{u_B}{n_g K_{iz}} \tag{3.48}$$

注意：如果鞘层的尺度远小于等离子体本身的尺度，则可取 $x_s\approx l/2$。由此可用方程(3.48)确定电子温度，这与第 2 章讨论的整体粒子平衡模型得到的结果相似。由方程(3.44)，可以求出等离子体中心(离子速度为 $u(0)=0$)与等离子体/鞘层界面之间(离子速度 $u(x_s)=u_B$)的电势差：$\phi(x_s)-\phi(0)=-k_B T_e/(2e)$。从而利用玻尔兹曼关系，可以求出无碰撞等离子体边界密度与中心密度的比值为 $h_1\equiv n_s/n_0=0.6$(这正是 3.2.1 节结尾得出的结果)。

令 $\xi\equiv 2x/(3x_s)$，可求得方程(3.47)解如下：

$$u(\xi)=2u_B\cos\left\{\frac{1}{3}\left[4\pi-\arctan\left(\frac{4}{9\xi^2}-1\right)^{1/2}\right]\right\} \tag{3.49}$$

利用式(3.49)，可以进一步通过下面两个关系式确定电势和密度对空间位置的函数：

$$\phi(\xi)=-\frac{M_i}{2e}u^2(\xi) \tag{3.50}$$

$$n(\xi)=n_0\exp\left(\frac{e\phi(\xi)}{k_B T_e}\right) \tag{3.51}$$

在上述推导过程中，离子动量方程中没有包括新产生离子给离子流体带来的动量减少，这些新产生离子初始处于静止状态，但会瞬间被离子流体拖拽，使其动量达到离子流体的动量值。当需要考虑新生离子对离子流体运动的影响时，方程(3.43)应该由下式取代：

$$nM_i uu' = neE - nM_i n_g K_{iz} u \qquad (3.52)$$

然后重复上述分析过程。给出这个方程组的完全解析解是比较繁琐的[40,41]。但是,即使没有解析解,也可以通过它进一步了解关于离子流体输运的实质。

　　问题:将方程(3.42)和方程(3.36)代入方程(3.52)可以得到

$$(nu^2)' = -u_B^2 n'$$

从等离子体中心到边界对上式积分,证明此时 $h_1 = 0.5$,并确定等离子体边界的电势。

　　答案:在等离子体中心,有 $u=0$ 及 $n=n_0$;而在等离子体边界,有 $u=u_B$ 及 $n=n_s$。利用

$$\int y' \mathrm{d}x = \int \mathrm{d}y$$

可以简化积分。由此可以得到如下结果【译者注:原文对该式推导有误】:

$$[0 - n_s u_B^2] = -u_B^2 [n_0 - n_s]$$

上式意味着下面两个所求结果:

$$h_1 = 0.5 \qquad (3.53)$$

$$\phi_s = -\ln 2 \left[\frac{k_B T_e}{e} \right] \qquad (3.54)$$

　　考虑到新生离子被加速后,得到的解与前面的解很相似,但新生离子的碰撞拖拽效应增大了等离子体中心与鞘层界面的电势差,从而导致了较小的 h_1。

　　相较于上述新生离子被瞬间加速的流体模型,Tonks 和 Langmuir 给出了一种更普遍的分析方法,从而避免了这种不合理的瞬间加速构想。在他们的分析中,用动理学原理处理新生离子,如图 3.7 所示。在分析中也使用了本节第一部分给出的假设,即离子运动过程中是无碰撞的,因此离子流中的离子能量守恒。但是,只有新生离子从它们的产生地点自由落入电场中,这些新生离子才获得能量。这意味着,在某点产生的初速度为零的新生离子,只对下游流体的运动产生影响。此时不再是一个单一的流体速度,取而代之的是流体的速度分布,这个速度分布对应于新生离子的初始位置分布。如图 3.7 所示,从坐标 0 到 x 处所产生的新生离子都会对坐标 x 处的离子密度有贡献。因此,坐标 z 处的新生离子对 x 处密度的元贡献实际上是位于 z 处的宽度为 $\mathrm{d}z$ 的微分元中电离率的函数,且 $z<x$:

$$\mathrm{d}n = \frac{n(z) n_g K_{iz} \mathrm{d}z}{u(x,z)} \qquad (3.55)$$

式中,$u(x,z)$ 表示在 z 处产生的离子到达 x 处时的速度。这个速度可由能量守恒方程求出,如下所示:

$$u(x,z) = \left(\frac{2e}{M_i}\right)^{1/2} \left[\phi(z) - \phi(x)\right]^{1/2} \tag{3.56}$$

将式(3.56)从 $z=0$ 到 $z=x$ 进行积分,可以得到 x 处的等离子体密度为

$$n(x) = \left(\frac{M_i}{2e}\right)^{1/2} \int_0^x \frac{n(z)n_g K_{iz}\mathrm{d}z}{\left[\phi(z) - \phi(x)\right]^{1/2}} \tag{3.57}$$

因为没有定义 $n(z)$,现在还不能完成式(3.57)中的积分运算。为了完成式(3.57)积分,我们需要准电中性假设,这样等离子体密度分布服从方程(3.3)给出的电子玻尔兹曼平衡,且 $n_{e0}=n_0$。由此可以得到一个电势的积分方程:

$$\exp\left(\frac{e\phi(\xi)}{T_e}\right) = \left(\frac{k_B T_e}{2e}\right)^{1/2} \int_0^\xi \frac{\exp[e\phi(\xi_1)/(k_B T_e)]\mathrm{d}\xi_1}{\left[\phi(\xi_1) - \phi(\xi)\right]^{1/2}} \tag{3.58}$$

式中, $\xi \equiv n_g K_{iz} x / u_B$; $\xi_1 \equiv n_g K_{iz} z / u_B$。起初,Tonks 和 Langmuir 得到了这个积分方程的一个指数数列解。后来,Thompson 和 Harrison[42] 找到一个用 Dawson 函数表示的紧凑解,可以用这个紧凑解估算下列重要参量,以便与流体方程解比较:

$$h_1 = 0.425 \tag{3.59}$$

$$\phi_s = -0.854\left[\frac{k_B T_e}{e}\right] \tag{3.60}$$

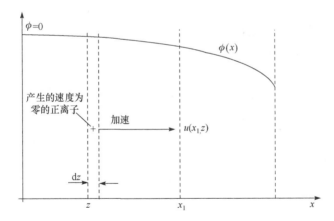

图 3.7　Tonks-Langmuir 模型的示意图。其中考虑了在势场"上游"各点初速度为零的新生离子被势场加速后的离子速度分布

图 3.8 比较了本节给出的三种等离子体密度分布,它们都是基于低气压(无碰撞)极限下的等离子体输运模型。图中实线是 Tonks 和 Langmuir 给出的解,虚线是在动量方程中考虑电离过程的流体力学解,点划线是忽略动量方程中的电离项得到的流体力学解。

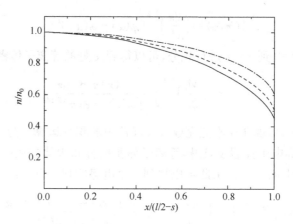

图 3.8　低气压区域等离子体密度分布。实线是 Tonks 和 Langmuir 给出的解,虚线是在动量方程中考虑电离过程的流体力学解,点划线是忽略动量方程中的电离项得到的流体力学解

3.3.2　高气压模型

1924 年,Schottky[38]建立了直流辉光放电的正柱区径向模型,研究高气压极限的等离子体输运问题,其中离子-中性粒子碰撞平均自由程远小于正柱区直径,即 $\lambda_i \ll r_0$。在这种情况下,离子运动是碰撞性的,因此离子流体中能量不守恒,此时离子的拖拽力必将起到重要的作用。离子的碰撞作用使离子流体的流速变小,在放电的主要区域,离子流体速度和离子热速度处于相同数量级。电子热运动所起作用大于任何漂移运动。如果此种情形下等离子体输运仍然由等离子体中荷电粒子的产生和器壁上荷电粒子的复合损失决定,则电场必须符合如下条件:等离子体中任意位置的电子通量等于离子通量,否则等离子体的准电中性条件就不能成立。由于在碰撞主导的等离子体输运中,电子与离子以相同的密度 n 及相同的速度 u 一起扩散,一般用专门术语"双极扩散"来描述这种扩散过程。从电子和离子动量方程导出的电子和离子等温力平衡方程为

$$0 = -neE - T_e n' - n m_e u \nu_e$$
$$0 = neE - T_i n' - n M_i u \nu_i$$

对上面两个方程进行一些调整,可以得到电子和离子的通量:

$$nu = -n\mu_e E - D_e n' \tag{3.61}$$
$$nu = n\mu_i E - D_i n' \tag{3.62}$$

式中,引入电子和离子的热扩散系数 $D_e = T_e/(m_e \nu_e)$ 及 $D_i = T_i/(M_i \nu_i)$ 用来描述热驱动运动;电场驱动的运动分别用电子和离子的迁移率 $\mu_e = e/(m_e \nu_e)$ 及 $\mu_i = e/(M_i \nu_i)$ 来表示。

现在有三个未知参量:等离子体密度 n、等离子体流体速度 u 和电场 E,所以还需要第三个方程。与以前一样,第三个方程来自连续性方程,并且包括电离源:

$$(nu)' = nn_g K_{iz} \tag{3.63}$$

利用方程(3.61)和方程(3.62),可以求出维持电子和离子通量的电场:

$$E = -\frac{D_e - D_i}{\mu_e + \mu_i} \frac{n'}{n} \tag{3.64}$$

将式(3.64)重新代回方程(3.61),可以将双极流体通量 $\Gamma = nu$ 表示为一个有效双极扩散通量:

$$\Gamma = -D_a n' \tag{3.65}$$

式中,双极扩散系数定义如下:

$$D_a = \frac{\mu_i D_e + \mu_e D_i}{\mu_i + \mu_e} \tag{3.66}$$

问题: 在通常情形下,等离子体参量满足关系 $\mu_i \ll \mu_e$,$T_i \ll T_e$,试证明此时双极扩散系数满足

$$D_a \approx \frac{k_B T_e}{M_i \nu_i} \tag{3.67}$$

并且等离子体流量密度满足不等式

$$\Gamma \ll n\mu_e E, \quad D_e n'$$

答案: 将方程(3.66)右边分子分母同除以 μ_e,由 $\mu_i \ll \mu_e$,可以得到如下近似解

$$D_a \approx \frac{\mu_i}{\mu_e} D_e + D_i$$

$$\approx \mu_i \frac{k_B T_e}{e} + D_i$$

$$\approx \mu_i \frac{k_B T_e}{e} + \mu_i \frac{k_B T_i}{e}$$

因为 $T_i \ll T_e$,上式中右边第二项可以忽略,将 $\mu_i = e/(M_i \nu_i)$ 代入,可得

$$D_a \approx \frac{k_B T_e}{M_i \nu_i}$$

由此可知,$D_a \ll D_e$【译者注:原著为 $D_a \gg D_e$,系笔误,此处更正】,因此结合方程(3.67)和方程(3.61),可以显而易见双极漂移肯定源于两种更大的运动效应之差,一种是电场漂移,另一种是热扩散,且电场漂移和热扩散之间没有达到精确平衡。

说明: 方程(3.67)可以在下列假设的基础上直接导出,即等离子体中的电子能量符合玻尔兹曼分布,离子温度为零,$T_i = 0$。

　　这样对于双极扩散,离子的"扩散"速度大于离子本身自由扩散时的扩散速度(不存在电子),而电子的表现相反,双极扩散时电子的"扩散"速度小于电子自身的扩散速度,即下面关系成立:$D_i < D_a < D_e$。之所以出现这种现象,是因为双极电场对电子和离子的作用不同,这个电场加速离子离开放电区域,相反,它对电子有约束作用。

　　为了得到等离子体密度分布,可以联立方程(3.65)和方程(3.63),从而得到一个等离子体密度的二阶微分方程:

$$n'' = -\beta^2 n \tag{3.68}$$

式中,$\beta^2 = n_g K_{iz}/D_a$。这个二阶微分方程有一个正弦函数和余弦函数的线性组合解。现在考虑一种典型的情况:等离子体被约束在两个电极之间,两个电极分别位于 $x = \pm l/2$ 处,这时的解应该是中心对称的,其中最简单的特解为

$$n(x) = n_0 \cos\beta x \tag{3.69}$$

由此可求出等离子体流量密度

$$\Gamma(x) = -D_a n'(x) \tag{3.70}$$
$$= D_a n_0 \beta \sin\beta x \tag{3.71}$$

一个合适的边界条件为:假设位于 $x = \pm l/2$ 处极板上的等离子体密度为零,且忽略极板和等离子体之间的薄鞘层区,这样可以确定式(3.71)中的参数 β:

$$\beta = \left(\frac{n_g K_{iz}}{D_a}\right)^{1/2} \approx \frac{\pi}{l} \tag{3.72}$$

这就是 Schottky 使用的边界条件,有时称式(3.72)为 Schottky 条件。

　　问题:可以由方程(3.72)确定电子温度,试解释原因。
　　答案:因为 $\beta = (n_g K_{iz}/D_a)^{1/2}$,而 D_a、u_B、K_{iz} 都是电子温度 T_e 的函数,所以方程(3.72)将系统尺度、气体密度和电子温度联系在一起(参照方程(3.48))。

　　在缺少其他更具体的信息时,可以将鞘层与等离子体之间的界面设置在离子流体速度达到玻姆速度的位置($x = l/2 - s$)。这样,可以从等离子体边界的离子通量推导出表征等离子体密度分布的参量 h_1,即等离子体边界密度与等离子体中心密度比:

$$n_s u_B = D_a n_0 \beta \sin\beta(l/2 - s) \tag{3.73}$$

所以

$$h_1 = \frac{n_s}{n_0} = \frac{\beta D_a}{u_B} \sin\left[\beta\left(\frac{l}{2} - s\right)\right] \tag{3.74}$$

当鞘层宽度远小于等离子体尺度,即 $s \ll l/2$ 时,方程(3.72)适用,代入式(3.74)可得

$$h_1 \approx \frac{\pi D_a}{l u_B} = \pi \frac{u_B}{v_i} \frac{\lambda_i}{l} \tag{3.75}$$

在"高气压"范围 $\lambda_i \ll l, h_1$ 会变小,且与 p^{-1} 成正比。由于式(3.75)中的 $u_B/\bar{v}_i$ 与电子温度和离子温度之比的平方根成正比,会给最终结果带来一些偏差。Franklin[43] 曾经根据流体方程的完全解证明:在两个极板的距离约为 3 cm 的放电条件下,当放电气压高于 10 Pa 时,离子在向极板的输运过程中不能达到玻姆速度,这实际上给包含鞘层的等离子体输运模型的有效性设置了一个气压上限。

　　起初的 Schottky 模型将极板(器壁)处的电子密度设为零。回顾一下方程(3.64),可以清楚地看出,由于 $D_e \neq D_i$,且等离子体密度梯度是有限的,所以在等离子体边界处,电场强度变为无穷大,即使那里没有形成鞘层的空间。事实上,当等离子体边界处 $n_e = 0$ 时,德拜长度为无穷大,因此,如果假设此时等离子体边界可以形成鞘层,则这个鞘层宽度将变为无穷大。另外,等离子体边界粒子通量有限,这意味着如果粒子密度为零,则粒子的速度必须为无穷大。这显然不符合等离子体边界的实际情形。

3.3.3　中等气压

　　很多工业等离子体都是在中等气压下进行放电的。在中等气压范围内,上面讨论的 Tonks-Langmuir 等离子体输运模型和 Schottky 输运模型都不适用。在这个气压范围内,离子-中性粒子碰撞平均自由程较小,但与典型的放电尺度比较,又不是特别小,即离子平均自由程小于或等于放电尺度,$\lambda_i \lesssim l$。此时,除了离子碰撞频率不再是常数,而是依赖于离子流体速度之外,在本质上等离子体流体守恒方程与 Schottky 模型是一样的。这说明了如下事实:在中等气压下,离子的热运动在离子流体的输运中不再起主导作用,因此离子在两次碰撞之间以流体速度运动,运动状态受热运动的影响很小。在此条件下,可以将离子碰撞频率通过下式与粒子平均自由程联系起来:

$$\nu_i = \frac{\pi}{2} \frac{u_i}{\lambda_i} \tag{3.76}$$

方程(3.76)取代了上一节中使用的高气压时的碰撞频率方程 $\nu_{e,i} = \bar{v}_{e,i}/\lambda_{e,i}$。在讨论中等气压 Child-Langmuir 鞘层模型时也使用了同样的处理方法(参见方程(3.22))。这表明,在中等气压范围内,可以把离子的迁移率写成如下形式:

$$\mu_i = \frac{e}{M\nu_i(u)} = \frac{2e\lambda_i}{\pi M |u(x)|} \tag{3.77}$$

可见离子迁移率是空间位置的函数。将式(3.77)代入方程(3.61)和方程(3.62),再联立方程(3.63),不能得到关于任何一个参量 n, u, ϕ 的线性微分方程,而在上一节讨论高气压模型时是可以得到的。

　　对于含可变迁移率的等离子体输运方程,Godyak[39] 曾经给出一个解。严格的求解过程非常繁琐,并且只能间接地得出等离子体密度分布。最近,Raimbault 等[44] 得出一个更普遍的解,这个解包含了中性粒子消耗效应对等离子体输运的影响,我们将在第 9 章讨论这个解。Lieberman 和 Lichtenberg[2] 曾经证明,可以用下面的公式很好地近似中等气压范围等离子体的密度分布：

$$n(x)=n_0\left[1-\left(\frac{2x}{l}\right)^2\right]^{1/2} \tag{3.78}$$

其结果如图 3.9 所示。为了比较，图中也给出了其他模型得到的密度分布。

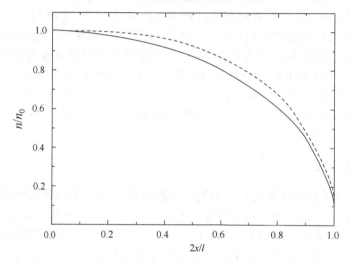

图 3.9　Raimbault 等给出的密度分布[44]（虚线）。以及 Lieberman
和 Lichtenberg 的试探解给出的密度分布[2]（实线）

　　正如以上所讨论的那样，合适的边界条件是：离子的速度在鞘层边界处（$x=l/2-s$）达到声速。利用这个边界条件，可以求出等离子体在边界处的密度与在中心处的密度之比，也就是 h_1 因子。Raimbault 等证明这个因子是

$$h_1\approx0.877\left(\frac{l}{2\lambda_i}\right)^{-1/2} \tag{3.79}$$

图 3.10 比较了分别由 Tonks-Langmuir 模型、Schottky 模型和 Godyak（可变迁移率）模型给出的等离子体密度分布。图中 Tonks-Langmuir 分布曲线是在无碰撞极限下得出的，如果放电室的几何尺度为 0.03 m，室温下氩气的无碰撞极限气压大约低于 1 Pa；对于 Schottky 模型给出的曲线，氩的放电气压为 30 Pa；对于 Godyak 模型给出的曲线，氩的放电气压为 3 Pa。

　　从图 3.10 可以看到一个普遍的趋势：在低气压时，中心区域的等离子体密度分布更为平坦，在边界区域等离子体密度下降更快。一个很值得注意的现象是，中等气压等离子体密度分布在放电中心区域比 Tonks-Langmuir 分布曲线更平坦，但在边界密度下降更快，并且 h_1 因子较小。出现这个现象的部分原因是，在 Godyak 模型中，放电中心区域的摩擦力太小，使得 $u<\bar{v}_i$。为了修正这个效应，确

保随着放电气压的增加,能够从 Godyak 模型平滑地过渡到 Schottky 模型,
Chabert 等[45]提出了如下离子碰撞频率的表达式:

$$\nu_i = \frac{\overline{v}_i}{\lambda_i}\left[1+\left(\frac{\pi}{2}\frac{u_i}{\overline{v}_i}\right)^2\right]^{1/2} \tag{3.80}$$

这个表达式可以用于输运方程的数值解。

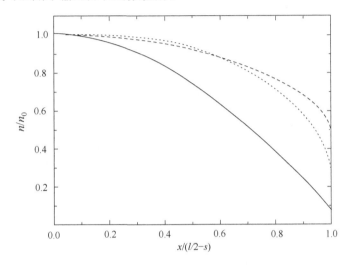

图 3.10　不同模型给出的氩等离子体密度分布。其中极板距离 $l=0.03$ m。
图中点划线对应 Tonks-Langmuir 模型($p<1$ Pa),虚线对应 Godyak 模型($p=$
3 Pa),实线对应 Schottky 模型($p=30$ Pa)

3.4 本 章 总 结

　　本节总结本章中的一些重要结果和概念,它们将在后续章节的讨论中被
用到。

3.4.1 离开等离子体的正离子流通量

　　在第 2 章中曾看到,描述约束等离子体(由任意外部电源维持)最简单的方法
是:同时考虑由方程(2.40)给出的粒子数平衡和由方程(2.47)给出的能量平衡。
求解这两个方程,需要一个离开等离子体的荷电粒子通量表达式。这个通量是平
均等离子体密度的函数,或者如本章讨论的那样,是放电中心区域等离子体密度的
函数。借助于本章所讨论的各种等离子体输运模型,可以找出一个适用于各种放
电气压范围的荷电粒子通量表达式。已经发现在平板电极放电装置中,可以用下

式来表示离开等离子体的荷电粒子通量：

$$\Gamma = h_l n_0 u_B \tag{3.81}$$

式中，n_0 是放电中心区域的等离子体密度；h_l 是等离子体边界密度与等离子体中心密度之比，这个比值与放电气压的范围有关。可以试探性地将三个气压范围结合在一起，得到下面的经验公式：

$$h_l \approx 0.86 \left[3 + \frac{1}{2} \frac{l}{\lambda_i} + \frac{1}{5} \frac{T_i}{T_e} \left(\frac{l}{\lambda_i} \right)^2 \right]^{-1/2} \tag{3.82}$$

式中，l 是极板之间的距离；λ_i 是离子平均自由程。在低气压范围，$\lambda_i \gg l$，此时公式右边方括号中的第一项是主导项；在中等气压范围，方括号中的第二项（基于 Godyak 的解）成为主导项；在高气压范围，$\lambda_i \ll l$，方括号中的最后一项成为主导项。注意 h_l 也与电子温度有关，而电子温度也是气压的函数（见 3.4.2 节）。

对于圆筒状的等离子体发生器，人们也给出了类似的 h_l 因子经验公式，如下所示：

$$h_{r0} \approx 0.8 \left[4 + \frac{r_0}{\lambda_i} + \frac{T_i}{T_e} \left(\frac{r_0}{\lambda_i} \right)^2 \right]^{-1/2} \tag{3.83}$$

式中，r_0 为柱状等离子体半径。此时器壁处的径向离子通量可以由 $\Gamma = h_{r0} n_0 u_B$ 给出。

图 3.11 给出了 h_l 因子随 l/λ_i 变化的曲线（h_l 表示轴向因子），图 3.12 给出了 h_{r0} 随 r_0/λ_i 的变化曲线（h_{r0} 表示径向因子）。图中的两条垂直虚线近似划分出不同气压范围，每个气压范围适用不同的输运模型。对于图 3.11 所示的轴向情形，两个极板之间的距离为 3 cm，这是等离子体刻蚀机的典型电极间距；此时，以氩等离子体为例，中等气压（可变迁移率）输运模型适用的气压范围从 0.13 Pa(1 mTorr) 到 13 Pa(100 mTorr)，这个气压范围是等离子体刻蚀机的典型工作窗口。对于图 3.12 所示的径向情形，管状螺旋波等离子体源或柱状感应等离子体发生器的典型半径约为 6 cm（见第 7 章和第 8 章）；同样以氩等离子体为例，从低气压到中等气压的过渡气压为 0.065 Pa(0.5 mTorr)。在多数情况下，工业等离子体发生器（如柱形感应耦合等离子体发生器）的工作气压高于这个过渡值，也就是说，工作在中等气压范围。等离子体推进器的工作气压可能低于 0.065 Pa，但是推进器中的等离子体常被外置稳态磁场磁化，所以本章讨论的等离子体输运模型不再适用。将在第 9 章讨论磁场对等离子体输运的影响。

最后需要指出的是，对于电负性等离子体和/或高密度等离子体，必须对这些 h 因子作出相应的修正（参见第 9 章）。

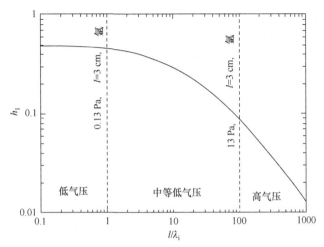

图 3.11　由经验公式(3.82)给出的等离子体边界-中心密度比因子 $h_l \equiv n_s/n_0$。其中 $T_i/T_e =$ 0.02。对于极板距离为 3 cm 的氩等离子体,图中两条虚线分别对应的气压为 0.13 Pa 和 13 Pa

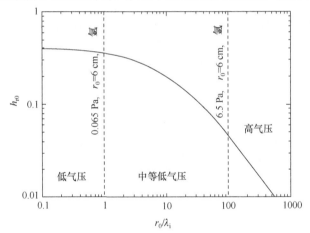

图 3.12　由经验公式(3.83)给出的柱状等离子体径向边界-中性密度比因子 $h_{r0} \equiv n_s/n_0$。对于半径为 6 cm 的氩等离子体,图中的两条虚线分别对应的气压为 0.065 Pa 和 6.5 Pa

3.4.2　电子温度

　　第 2 章中得出的一个重要结果是如下事实:在一级近似下,电子温度与等离子体密度无关(因此也与等离子体中沉积的功率无关),即电子温度只取决于工作气压和等离子体发生器尺度的乘积。在稳态下,我们感兴趣的一维情形,即方程(2.41),现在可以写成如下形式:

$$\bar{n}_e n_g K_{iz} l = 2 h_l n_0 u_B \tag{3.84}$$

方程左边表示在等离子体内部由于电离产生的粒子数,右边表示流向两个电极的粒子通量。

问题：证明 Schottky 模型中等离子体平均密度为 $\bar{n}_e = 2n_0/\pi$。
答案：对余弦分布函数从 0 到 $\pi/2$ 积分，可以得到

$$\frac{\bar{n}_e}{n_0} = \frac{2}{l}\int_0^{l/2} \cos(\pi x/l)\,\mathrm{d}x = \frac{2}{\pi}$$

注意，高气压下等离子体分布是余弦函数，低气压下分布函数会平坦化，因此有下列不等式成立：

$$\frac{2}{\pi} \leqslant \frac{\bar{n}_e}{n_0} \leqslant 1 \tag{3.85}$$

这个不等式说明，平均电子密度永远不会低于中心区域等离子体密度的 36%。因此，出于估算的目的，在方程（3.84）中令 $\bar{n}_e = n_0$ 是可以接受的。再利用方程（2.27）和方程（2.28）确定电离率，可以从方程（3.84）分离出一个强烈的温度依赖关系式：

$$\frac{k_B T_e}{e} = \varepsilon_{iz}\left[\ln\left(\frac{\ln_g K_{iz0}}{2h_1 u_B}\right)\right]^{-1} \tag{3.86}$$

注意式（3.86）中的对数运算极大地减小了令 $\bar{n}_e = n_0$ 引起的误差。但是，由于关系式的三个参量 K_{iz0}、u_B、h_1 都与电子温度 T_e 有弱的依赖关系，方程（3.86）不是一个很好的电子温度公式。所以，典型的计算电子温度的程序是迭代法：首先使用初始值 $k_B T_e/e = 3\ \mathrm{V}$ 估算 u_B 和 h_1，再利用方程（3.86）计算 $k_B T_e/e$，如此迭代运算多次，直到得出满意的数值。图 3.13 给出了利用这种方法计算的氩等离子体电子温度对于气压的函数曲线，氩等离子体位于间距为 $l = 3\ \mathrm{cm}$ 的两个极板之间。图中的实线是自洽迭代运算的结果，也就是说，此时 h_1、u_B 随电子温度 T_e 变化；虚线是非自洽运算结果，使用了如下固定数值：$u_B = 2500\ \mathrm{m \cdot s^{-1}}$ 和 $T_i/T_e = 0.02$。氩气的有关参数取自表 2.1。

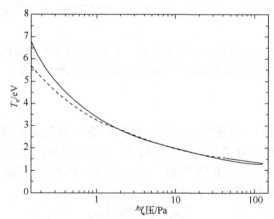

图 3.13　距离 $l = 3\ \mathrm{cm}$ 的两个极板之间产生的氩等离子体的电子温度（单位为 eV）对气压的依赖性。图中实线是自洽迭代运算结果，即 h_1、u_B 随电子温度 T_e 变化；虚线是非自洽运算结果，其中使用了如下固定数值：$u_B = 2500\ \mathrm{m \cdot s^{-1}}$ 和 $T_i/T_e = 0.02$

在有限的柱状等离子体中,粒子平衡方程可以写成如下形式:

$$n_g K_{iz} \pi r_0^2 l = u_B (\pi r_0 h_1 + 2\pi r_0 l h_{r0}) \tag{3.87}$$

式中,r_0 为柱状等离子体半径;l 为等离子体长度。根据式(3.87),可以利用上述迭代法计算柱状等离子体的电子温度。

3.4.3 悬浮电势和鞘层宽度

本章是从建立形成鞘层的必要性开始的。前面已经说明,任何电隔离的表面(如电介质或悬浮探针)与等离子体接触时,在其附近会形成一个鞘层,这个鞘层收集离子,排斥电子,从而使到达表面的净电流为零,由此导致了下面荷电粒子的通量平衡方程:

$$\frac{1}{4} n_s \bar{v}_e \exp\left(\frac{eV_f}{k_B T_e}\right) = n_s u_B \tag{3.88}$$

式中

$$V_f = \frac{k_B T_e}{2e} \ln\left(\frac{2\pi m_e}{M_i}\right) \tag{3.89}$$

是电隔离表面相对于等离子体/鞘层界面的电势差。对于氩等离子体,$V_f \approx -4.7 k_B T_e / e$。在一般情况下,典型的电子温度大约为 3 eV,悬浮鞘层电势差约为 15 V。本书后续章节所要讨论的问题之一是,如果电势中包括射频成分,这个结果将会得到怎样的修正。

最简单的鞘层模型是离子点阵模型。这个模型忽略了离子在鞘层中的加速并且将鞘层中的电子密度设为零。此时,鞘层宽度通过下式与鞘层电势差联系:

$$\frac{s}{\lambda_{De}} = \sqrt{\frac{2eV_0}{k_B T_e}} \tag{3.90}$$

离子点阵鞘层模型低估了稳态鞘层的宽度,尽管如此,它特别适用于鞘层对负电压台阶的瞬态响应。

如果一个大的稳态(负)电势作用在鞘层上,Child-Langmuir 模型通过电子温度与德拜长度(从而也与电子密度)将鞘层电压 V_0 和鞘层宽度 s 联系在一起。在讨论鞘层尺度时,同样地将气压划分为三个范围,但与输运模型对应的气压范围相比,每个气压范围均向高气压方向偏移,原因是鞘层的尺度远小于等离子体尺度。每种气压范围鞘层中的离子流都是由玻姆离子流引起的,而且假定等离子体密度范围为 $10^{15} \sim 10^{16}$ m^{-3}。

(1) 低气压无碰撞：$\lambda_i/\lambda_{De}>10$，氩等离子体中的典型气压为 $p\leqslant 30$ Pa。

$$\frac{s}{\lambda_{De}}=\left(\frac{4\sqrt{2}}{9}\right)^{1/2}\left(\frac{eV_0}{k_B T_e}\right)^{3/4} \tag{3.91}$$

(2) 中等气压：$\sqrt{T_i/T_e}<\lambda_i/\lambda_{De}<10$，氩等离子体中的典型气压为 30 Pa< $p\leqslant 4$ kPa。

$$\frac{s}{\lambda_{De}}=\left(\frac{8}{9\pi}\frac{\lambda_i}{\lambda_{De}}\right)^{1/5}\left(\frac{5}{3}\frac{eV_0}{T_e}\right)^{3/5} \tag{3.92}$$

(3) 高气压：$\lambda_i/\lambda_{De}<\sqrt{T_i/T_e}$，氩等离子体中的典型气压为 $p\geqslant 4$ kPa。

$$\frac{s}{\lambda_{De}}=\left(\frac{9}{8}\frac{\omega_{pi}}{\nu_i}\right)^{1/3}\left(\frac{eV_0}{k_B T_e}\right)^{2/3} \tag{3.93}$$

在给定鞘层电压和等离子体密度时，随着气压升高，鞘层尺度有收缩的趋势，原因是 $\lambda_i\propto p^{-1}$。

第 4 章　射　频　鞘　层

到目前为止,本书在介绍射频(RF)等离子体性质时,没有考虑物理量随时间的周期性变化以及边界条件的存在,因此只适用于直流(DC)稳态情况。在本章中,DC 条件的限制将被放宽,以便讨论由 RF 电源维持放电产生的等离子体。尽管像电场、电势等物理量是由稳态和周期性变化两部组成的,但在多个周期内来观察这些物理量,却发现它们具有 RF 稳态的性质,即在相同的放电条件下,所有相关的物理量的振荡行为可以在每一个周期内完全重复。当等离子体是靠体电离和表面损失维持时,离子响应受到其惯性的限制,所以在许多 RF 等离子体中,等离子体密度分布几乎不受时间的调制。在鞘层区域,离子空间电荷同样几乎不受影响。也就是说,等离子体密度及鞘层中的离子密度保持稳态。但是,由于电子具有很强的活动性,几乎能够做到瞬时响应,这样使得鞘层和准中性等离子体的空间尺度发生改变。通过高斯定理,电势与空间电荷分布有关,同样外加电势也可以引起改变,从而导致电子快速重新分布。鉴于等离子体需要保持准电中性,电势是在鞘层区发生快速的空间变化,而不是在等离子体区。

本章所要讨论的是在 RF 调制的边界条件下单鞘层区域中的一些现象。这种情况发生在 RF 等离子体中,其中基片被放置在一个与等离子体腔室其他结构分开的独立电极上。在某些情况下,等离子体的 RF 激励会引起等离子体电势的 RF 涨落,或者当放置基片的电极与一个独立的 RF 源连接时也会导致涨落。不管是哪种情况,在基片上方的鞘层中总会存在一个 RF 电势分量。当静电探针插入 RF 等离子体中时,也会有类似的情况发生。

首先需要考虑的是离子如何响应这种持续的变化过程,以及它与第 3 章所讨论的 DC 稳态情况有何关联。然后,将针对几种情况进行分析,并进行定量的建模。在随后的几章中,这些模型可以推广到在 RF 电场作用下的有界等离子体中。

4.1　响　应　时　间

4.1.1　DC 鞘层的 RF 调制

首先考虑的情况是等离子体被约束在一个接地的腔室中,这样可以将地电势作为参考电势。同时,假设等离子体由某些外界条件来维持,不存在任何流向器壁的电流。在容器表面和主等离子体之间自发地形成一个空间电荷鞘层,即一个净的正电荷层,这样就没有净电流通过鞘层。相对于等离子体,器壁上的电势为 V_f,

由式(3.32)给出。同样,等离子体相对于接地器壁的悬浮电势为 $V_\mathrm{p} = -V_\mathrm{f}$:

$$V_\mathrm{p} = \frac{k_\mathrm{B}T_\mathrm{e}}{e}\frac{1}{2}\ln\left(\frac{M}{2\pi m_\mathrm{e}}\right)$$

　　然后,考虑器壁上有一段被隔离的部分,即有一个独立的电极,而且维持等离子体放电的电流几乎不从该电极上流过。这样,这个被隔离的表面相对于等离子体是悬浮的;而且,尽管这个表面被隔离开来,由于它紧邻电子温度为 T_e 的同样的等离子体,所以也应视它为接地,不然等离子体中就会有净电流流出。其次,假设这个电极通过一个很大的电容与地相连,这个大电容能够隔离 DC,却允许 RF电流穿过其鞘层。为了确保没有净电流从这个电极上流出,必然要求在这个电容两端存在一个电势。其实,如果电容器接地就可以满足这种条件。对于上述说明,如图 4.1 所示,其中包含了一个电源,目前处于关闭状态: $V_1 = 0$。在本章中的后面将看到, $V_1 \neq 0$ 的结果是由电容器两端的稳态电压引起的。

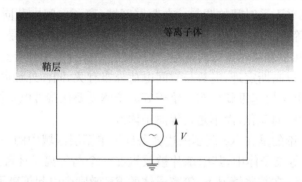

图 4.1　一个紧邻等离子体的容性耦合电极的示意图。其中等
离子体由外加电压 $V = V_1\sin\omega t$ 激励产生

4.1.2　特征频率

　　为了有助于本章的讨论,首先确定带电粒子对电场变化的响应速度。已经表明,最强的电场与空间电荷鞘层有关。根据第 3 章介绍的输运模型,可以看到,对于准中性等离子体,在一个与放电腔室尺寸相当的距离内,电势的变化大约为 $k_\mathrm{B}T_\mathrm{e}/e$,而在鞘层中,相同的电势变化所需的空间尺度却很短,与德拜长度 λ_De 相当。由此可以估算出在鞘层区域内的电场值,它应大于或者相当于 $k_\mathrm{B}T_\mathrm{e}/(e\lambda_\mathrm{De})$ 的量级。所以在鞘层附近处,可以认为电子的响应时间是在这个电场的减速作用下,一个热电子变为静止时所需的时间,或者等价地使一个静止的电子加速达到热速度时所需的时间。这样,从运动方程出发:

$$m_\mathrm{e}\frac{\mathrm{d}v}{\mathrm{d}t} = -e\frac{k_\mathrm{B}T_\mathrm{e}/e}{\lambda_\mathrm{De}}$$

在稳恒电场中,电子从静止加速到热速度 $v_e = \sqrt{k_B T_e / m_e}$ 时所需要的时间即为响应时间 τ_e。对上式进行积分,可以得到电子的响应时间为

$$\tau_e = \frac{m_e \lambda_{De}}{k_B T_e} \sqrt{k_B T_e / m_e} = \frac{\lambda_{De}}{\sqrt{k_B T_e / m_e}} = \omega_{pe}^{-1} \tag{4.1}$$

这也是一个电子($v = v_e$)穿越一个德拜距离所需的特征时间。在 2.4 节中,已经说明 ω_{pe} 是与等离子体中电磁波和静电波相关的特征频率,而这里,它与电子对等离子体/鞘层边界处的静电环境的响应有关。

对于离子,也有相似的结论,但是在鞘层附近,所关注的是玻姆速度($\sqrt{k_B T_e / M_i}$),而不是离子的热速度。离子在鞘层中或者鞘层附近的响应时间应为

$$\tau_i = \frac{M_i \lambda_{De}}{k_B T_e} \sqrt{k_B T_e / M_i} = \frac{\lambda_{De}}{\sqrt{k_B T_e / M_i}} = \omega_{pi}^{-1} \tag{4.2}$$

这大约也是一个离子在鞘层中以玻姆速度穿越一个德拜长度所需的时间。

问题:说明由式(4.1)和式(4.2)定义的电子和离子等离子体频率与下式表示是一致的

$$\omega_{pe} = \sqrt{\frac{ne^2}{m_e \varepsilon_0}}, \quad \omega_{pi} = \sqrt{\frac{ne^2}{M_i \varepsilon_0}} \tag{4.3}$$

答案:从式(4.1),有

$$\omega_{pe} = \sqrt{\frac{k_B T_e n e^2}{m_e \varepsilon_0 k_B T_e}} = \sqrt{\frac{ne^2}{m_e \varepsilon_0}} \tag{4.4}$$

由于式(4.1)与式(4.2)有相同的形式,仅有的差别是用 m_e 来代替 M_i,所以也可同样验证离子频率也相同。

练习 4.1:响应时间　计算在氩等离子体边界处离子和电子的响应时间,其中带电粒子的密度为 10^{16} m^{-3},并将结果与频率为 13.56 MHz 的正弦波的周期相比较。

为了进一步领会在随时间变化的鞘层中等离子体频率的重要性,考虑一个离子在电场中运动,其中该电场的幅值与典型的鞘层电场的幅值相当,但是以角频率 ω 作正弦变化。这样,可以把离子的运动表示为

$$\frac{d^2 x}{dt^2} = \frac{e}{M_i} \frac{k_B T_e}{e \lambda_{De}} \sin \omega t$$

式中,x 代表离子位置。该方程的解为

$$x = -x_0 \sin \omega t$$

由此可以得到

$$x_0 \omega^2 = \frac{e}{M_i} \frac{k_B T_e}{e \lambda_{De}}$$

这样,振荡幅值的标度关系为

$$\frac{x_0}{\lambda_{De}}=\frac{\omega_{pi}^2}{\omega^2}$$

(4.5)

可以看出,当电场调制频率大于离子等离子体频率时,离子振荡幅度将小于德拜距离。类似地,也可以得到电子位移的标度关系,只不过是用 ω_{pe} 来取代 ω_{pi}。接下来,人们所关注的问题是,鞘层是如何响应一个正弦调制信号的。在本章的后续部分中,将对这个问题进行更详细的分析。

问题:假设在图 4.1 中电源的输出电压为 $V_1\sin\omega t$。阐述等离子体/鞘层/极板系统在下述条件下的响应情况:①$\omega<\omega_{pi}$,②$\omega_{pi}<\omega<\omega_{pe}$,③$\omega_{pe}<\omega$;假设等离子体保持稳态,进入鞘层的离子流保持常量。

答案:①$\omega<\omega_{pi}$。鞘层电势和鞘层边界振荡缓慢,因为依据式(4.5),离子在较低频率调制下会有较大的位移。

②$\omega_{pi}<\omega<\omega_{pe}$。随着鞘层电势快速变化,离子几乎不受影响,而由于鞘层电势快速变化,电子作往返快速振荡。

③$\omega_{pe}<\omega$。在这个频率范围,不管是离子还是电子都不能对变化的电势产生反应。

说明:在 4.1.3 节中有进一步的细节描述。

问题:根据方程(4.5),说明如何利用离子运动的振荡幅值来标度 RF 电场的幅值。

答案:如果设 RF 电场是特征鞘层电场 $k_B T_e/(e\lambda_{De})$ 的 α 倍,这样就可以在式(4.5)中引入因子 α,从而使得电场对振荡幅值的依赖是线性的。

说明:一般要求描述鞘层的模型能够给出与 RF 电压的比例关系。

练习 4.2:特征频率　　估算离子等离子体频率,其中离子密度为 10^{16} m^{-3},离子质量分别为 1 amu(氢)、18 amu(水)和 40 amu(氩)。

4.1.3　频率范围

1. 低频范围($\omega\ll\omega_{pi}$)

按照式(4.2),速度为玻姆速度的离子穿过一个德拜长度所需要时间为 ω_{pi}^{-1}。所以在频率非常低的情况下,与施加的电压引起电极表面条件改变所需要的时间相比,离子(和电子)的响应时间更快。离子穿越鞘层的时间远小于振荡的周期。如果鞘层电势的振荡频率非常低,则可以把这种振荡看成由一系列的准静态组成,也就是说,在任意时刻,DC 鞘层模型都是适用的。尽管当瞬时电势低时,需要考虑电子的空间电荷,仍可以根据第 3 章介绍的离子点阵模型或 Child-Langmuir 模型估算出电流和电压。只有当鞘层电势与悬浮电势相等时(3.2.1 节),电子和离子电流会相互抵消,外电路的净电流将为零。在其他情形下,到达表面的电荷量不再平衡,电流会流过外电路,并通过地电极流回等离子体。如果与被孤立的那部分电极相比,地电极足够大,那么返回电极就能够调节返回电流,在它和等离子体之间产生一个类似的但相对小一些的电势涨落(见 10.2 节)。

2. 中等频率区域($\omega \leqslant \omega_{pi}$)

当 RF 频率接近离子等离子体频率时,离子穿越鞘层的时间与 RF 周期相当。在此情形下,离子对鞘层电场的变化并不是完全响应的,这将使得离子动力学过程变得复杂。离子在穿越鞘层时所获得的能量依赖于 RF 调制的相位和频率,所以通过控制这些 RF 参数,可以调整离子的能量分布函数,见 4.2.3 节。

3. 高频率区域($\omega_{pi} \ll \omega < \omega_{pe}$)

当 RF 振荡频率高于离子等离子体频率时,离子几乎不受干扰,而电子随着鞘层电势的变化作往返振荡。在这个频率范围内,靠近等离子体/鞘层界面处的电子能够迅速响应电容上的电量变化,并进行重新分布,其中电容器上的电荷变化是由外加驱动电压引起的。在许多 RF 激励的等离子体中,都会遇到这种情况,这正是本书要讨论的内容。

问题:考虑离子与背景气体碰撞产生的影响。

答案:当离子与背景气体发生碰撞时,将导致其动量和能量转移出去。因此,离子在表面上的能量分布也会发生变化。

说明:在第 3 章中,DC 模型考虑了此碰撞过程。

4. 大于电子等离子体频率($\omega_{pe} < \omega$)

对于这种频率,即使电子也不能瞬时响应外加电压的变化,因此没有足够的时间来维持体等离子体的瞬时准电中性。在这种情形下,就会从极板表面向等离子体激励出一个静电扰动,引起电荷分离并以波的形式传播,其中在 2.4.3 节已对这种电子等离子体波的色散关系进行了介绍。

4.2 离子动力学

4.2.1 离子在稳态鞘层中的运动

为了考虑离子在 RF 电场中的振荡,有必要建立离子在无碰撞鞘层中的运动模型。首先考虑稳态情况,并使用第 3 章介绍的 DC 鞘层模型,然后再考虑鞘层电势的 RF 调制。

通常,单个带电粒子的运动方程为

$$\frac{\mathrm{d}^2 x}{\mathrm{d}t^2} = \frac{e}{M_i} E(x)$$

注意,由于我们所考虑的是一个典型离子的运动,所以 x 为离子所在的位置以及空间坐标。

对于稳态 DC 鞘层,电场与时间无关。在 3.1.2 节中曾介绍过一种最简单的空间电荷模型,它假设鞘层中离子密度恒定($n_i = n_0 = $ 常数),没有电子($n_e = 0$)。这可以用离子点阵和阶梯模型来描述,其中离子密度不变,而且电子密度在边界处突变。这时,电场随距离线性变化。从电场为零的等离子体边界($x = s$)开始,移动到鞘层区($x < s$)鞘层电场为

$$E = \frac{n_0 e}{\varepsilon_0}(x - s) \tag{4.6}$$

这样,离子沿着 $-x$ 方向运动,其运动方程为

$$\frac{\mathrm{d}^2 x}{\mathrm{d}t^2} = \omega_{pi}^2 (x - s)$$

离子在稳态鞘层中运动是不振荡的,所以适当形式的解为

$$x = s - x_0 \sinh(\omega_{pi} t) \tag{4.7}$$

所以

$$v = -x_0 \omega_{pi} \cosh(\omega_{pi} t) \tag{4.8}$$

式中,$-x_0 \omega_{pi}$ 是离子在进入鞘层边界 $x = s$ 处的速度。这个模型是不自洽的,因为即使离子一直在加速,仍认为离子密度是不变的。对于任何阶梯模型,在边界处离子速度应该是没有下限的(因为电荷总是正的)。但这里情况有所不同,为了将这种粗糙的鞘层模型与准电中性等离子体相匹配,假设离子离开等离子体的最低速度为玻姆速度。把玻姆速度边界条件应用到离子运动方程的积分时,将给出一个描述离子运动的特征长度 $x_0 = u_B / \omega_{pi} = \lambda_{De}$。

图 4.2 给出了两个离子的运动轨迹,其中第一个离子轨迹直接由方程(4.7)给出,第二个有时间延迟,在较迟的时间进入鞘层。注意,在该图中离子是以玻姆速度从等离子体进入鞘层的($u_B = \lambda_{De} \omega_{pi}$,所以离子用 $10\omega_{pi}^{-1}$ 的时间穿行了 $10\lambda_{De}$)。同时注意,曲线迅速朝 $x = 0$ 方向变陡,说明离子的穿越时间主要取决于在等离子体/鞘层边界处的慢运动。

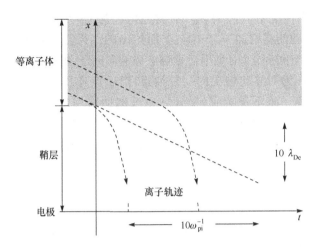

图 4.2　稳态鞘层中离子运动轨迹示意图。离子以玻姆速
度接近鞘层边界,并在鞘层中被显著加速

问题: 对于一个高偏压 $(eV_0 \gg k_BT_e)$、没有电子存在的离子点阵鞘层,推导出离子穿越这个鞘层所需时间的表示式,其中离子进入鞘层的速度为玻姆速度。

答案: 设离子穿越离子点阵鞘层所需的时间为 τ_{IM},并在方程(4.7)中令 $x=0$ 及 $x_0=\lambda_{De}$,则可以得到

$$0 = s - \lambda_{De}\sinh(\omega_{pi}\tau_{IM})$$

再结合式(A.3.1),并利用近似式 $2\sinh z \to \exp z$(当 z 较大时),最后得到

$$\tau_{IM} \approx \omega_{pi}^{-1}\ln\left(2\sqrt{2eV_0/(k_BT_e)}\right) \tag{4.9}$$

可以看出,离子穿越时间是 ω_{pi}^{-1} 的几倍。当离子速度大约是 u_B 时,离子穿越时间主要取决于离子穿过第一个德拜长度所需的时间,其后很快被加速,所以鞘层电势对离子穿越时间的影响较弱。

对于一个在稳态电场中做无碰撞运动的离子,可以由局域电势来推导出它的动能变化:

$$\Delta w = eE\Delta x$$

这样,直接对式(4.6)给出的电场进行积分,可以得到当一个离子在稳态电场中从鞘层/等离子体边界 $x=s$ 运动到 $x=0$ 时所获得的能量:

$$\int_s^0 eE\,dx = \frac{1}{2}\frac{n_0 e^2}{\varepsilon_0}s^2$$

可以看到：在稳态情况中，当一个离子在穿越电势为 $V_0 = n_0 e/(2\varepsilon_0 s^2)$ 的鞘层后（见式(3.10)），它的动能将增加 eV_0，这与上面给出的结果是一致的。空间电荷的分布将改变电场的空间变化，但是不会影响电势能向离子动能的净转移。

但须记住：作为对真实情况的一种抽象，离子点阵及阶梯模型严格地限制于瞬态情况，这时离子来不及响应（尽管它也近似地适用强碰撞的鞘层）。可以将该模型用于研究离子在鞘层中的运动，其目的是弄清在复杂情况下离子运动的一般规律。一般情况下，对于比较真实的模型，需要采用复杂的数学分析或者数值方法。

4.2.2 RF 鞘层中的离子运动

当鞘层电势以大约离于等离子体频率振荡时，有必要考虑离子穿越时间以及离子进入空间电荷区域的相位带来的影响。前面已看到，离子穿越鞘层的时间为 $\tau_{IM} \approx \omega_{pi}^{-1}$。在这种情形下，当有一个相对较小但快速增长的电势差时，将会有一些离子进入鞘层。而对于那些在电势差缓慢增长并接近其最高值时才进入鞘层的离子，很有可能在鞘层厚度变小时被鞘层边界超越。这些离开的离子在电势差较低时会再次进入鞘层。图 4.3 显示了这些不同的离子运动轨迹。当 $\omega \sim \omega_{pi}$ 时，等离子体边界的振荡速度与离子的玻姆速度相当。

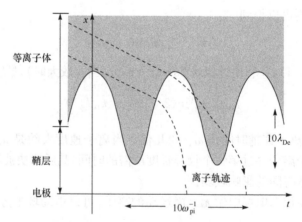

图 4.3 离子在瞬时调制鞘层中运动轨迹的示意图（$\omega \sim \omega_{pi}$）。离子以玻姆速度接近鞘层边界，而且当它进入鞘层内部时受到明显的加速

而当鞘层振荡的频率远高于 ω_{pi} 时，离子穿过鞘层的轨迹对鞘层的运动不是那么敏感。图 4.4 显示了 $\omega \sim 5\omega_{pi}$ 的情况。离子一旦进入运动的鞘层区域，由于受到时间平均电场的有效驱动而开始加速，其中该电场位于等离子体/鞘层边界扫过的区域。

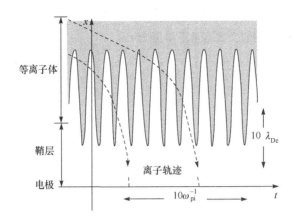

图 4.4　离子在瞬时调制鞘层中运动轨迹的示意图($\omega \sim 5\omega_{pi}$)。离子以玻姆速度
接近鞘层边界,而且当它进入鞘层内部时受到明显加速,并被振荡鞘层反复超越

4.2.3　离子能量分布函数

到目前为止,所介绍的描述电正性等离子体的无碰撞流体模型与时间变量无关。这样,无论是在等离子体中还是鞘层中,在任意位置处的离子都有相同的速度和能量,即离子能量只简单地是位置的函数。而且,该模型还隐含地假定,即使当离子与背景气体进行频繁的碰撞,离子流体仍然维持单能性。在本节中,将通过考虑等离子体的结构、鞘层调制和鞘层中的碰撞过程,对上述模型进行一些修正,并用来研究入射到基板表面上的离子能量分布,其中基板是放在真实的 RF 等离子体中。

1. DC 等离子体中的离子能量分布

在等离子体的 Tonks-Langmuir 模型中(见 3.3.1 节),没有对离子流体采用单能假设,而是认为在任意点的离子群是由这样一些离子构成的:起始时静止,从上游不同点自由落下,即各个位置产生的离子与局域电子密度成正比。所以在等离子体/鞘层边界处,离子有一个速度分布(对离子能量也是如此)。靠近边界产生的离子几乎还没有开始移动,而那些具有最大速度和能量的离子已经穿过中心和边界之间的整个电势差区域($0.854k_B T_e/e$)。

根据 3.3.1 节介绍的模型方程,可以得到等离子体/鞘层边界处离子能量分布函数(IEDF)的表示式[46],图 4.5 显示了对应的数值结果。离子进入鞘层后,由于电子密度迅速下降,不会引起离子能量分布的太大变化,这样由于静电势的变化会导致整个能量分布的移动,但分布的高度和宽度是不变的。当表面电势 V_s 低于等离子体/鞘层边界的电势时,离子能量分布函数的范围应在 eV_s 和 $eV_s +$

$0.854k_B T_e$ 之间。如同图 4.5 所显示的那样,在穿过电势为几个 $k_B T_e/e$ 的 DC 鞘层后,离子能量分布函数已经趋向于单能分布。

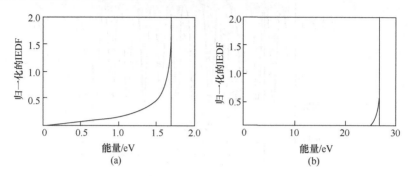

图 4.5　由 Tonks-Langmuir 模型给出的 IEDF。其中 $k_B T_e/e=2$ V。(a) 在鞘层边界处,那些最大能量的离子穿越了 $0.854k_B T_e/e$ 的电势降;(b) 离子在经过 25 V 的 DC 鞘层无碰撞加速,能量分布在整体上向高能区移动

问题: 在等离子体和鞘层区中,弹性碰撞会带来哪些影响?

答案: ①碰撞会让离子损失能量,所以图 4.5 中的峰值会减小,而低能离子数会增多,分布函数曲线下的面积维持不变。②鞘层电势使得分布函数向高能区移动,而碰撞则使能量分布向零能处延伸,但分布曲线下的面积仍保持不变。

说明: 在鞘层中,离子易获取足够的能量去激发和电离背景气体,从而会导致新的粒子产生。

问题: 在一个稳态鞘层中,能量守恒使得电势能可以转化为空间中各点离子的动能。当 RF 电场变化时,说明如何确定离子的能量。

答案: 当电场随时间变化时,在给定空间点的某个离子的能量不再只与局域电势有关。在这种情况下,如果电场的振荡周期与离子穿越时间相当,离子的能量将依赖于它在瞬变电场中的运动轨迹。所以要想知道离子能量,有必要了解它的运动轨迹,即沿着离子在局域瞬变电场中的运动,将其获得的能量进行累加。

2. 低频正弦调制

提醒: 本节应仔细区分粒子的能量 w 与角频率 ω 的符号表示。

为简单起见,首先考虑单能离子穿过鞘层的情况,其中鞘层电势是由一个大的正弦波调制的。穿过鞘层的电压从最大值到最小值缓慢变化。这样,如果调制周期远大于离子的穿越时间,与中等能量的离子相比,那些能量最大和最小的离子达到表面上的个数要多一些,其中离子的最大能量和最小能量分别对应于电势的最大值和最小值,如图 4.6 所示。可以按如下方式得到这种理想分布的曲线形状。

离子以恒定速率 $\mathrm{d}N/\mathrm{d}t$ 到达等离子体边界。假设鞘层电势差包含一个稳定的部分 V_0（将在 4.3 节中有进一步讨论）和一个幅值为 V_1 的正弦部分，$V_1 \leqslant V_0$：

$$w = e(V_0 + V_1 \sin \omega t) + M_i u_B^2/2$$

该公式把能量与时间联系一起。对于能量位于 $w \sim w + \mathrm{d}w$ 的 $\mathrm{d}N$ 个离子，可以定义 IEDF 为

$$f_i(w) = \frac{\mathrm{d}N}{\mathrm{d}w} = \frac{\mathrm{d}N/\mathrm{d}t}{\mathrm{d}w/\mathrm{d}t} = \frac{\mathrm{d}N/\mathrm{d}t}{eV_1 \omega \cos \omega t}$$

对一个高的调制电压，$V_1 \gg k_B T_e/e$，没有必要如上一节那样较真实地考虑离子在离开等离子体时的分布。但是，在低调制情况下，需要考虑在等离子体/鞘层边界处离子能量分布的单能行为（图 4.5）。

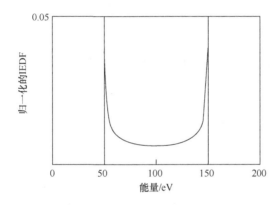

图 4.6　轰击到表面上的归一化 IEDF。其中施加在表面上的电压为一个低于等离子体电势的 100 V DC 偏压与一个幅值为 50 V 的正弦调制电压，且 DC 偏压小于等离子体势。此外，在无碰撞情况下，对于单一成分的带电粒子，有 $\omega \ll \omega_{pi}$

　　问题：低频调制下的 IEDF 是如何被以下因素影响的。①有一些窄波峰和宽波谷的调制波形；②碰撞过程？

　　答案：①对于一个非对称的波形，如果多数时间是处于最低电势区域，而极少时间是处于高电势区域，则它将产生一个非对称的 IEDF，其波形中低能部分要比高能波重要得多。

　　② 碰撞会使离子散射，变成一个较低能量的离子，由此导致其能量分布的峰值减小，且向零能区域移动。

3. 中高频率的正弦调制

当调制频率增加到离子的特征响应频率时，离子将不再完全响应 RF 电场。

需要采用数值的方法才能全面解决离子动力学问题,包括穿过鞘层电势、鞘层厚度和带电粒子流的瞬时值[47]。

在中等频率调制时,离子穿过鞘层的时间和 RF 周期相当。当气压足够高时,离子和中性粒子之间在鞘层中发生碰撞,离子的运动轨迹不仅依赖于离子进入鞘层的时刻,同样也依赖于碰撞发生的时刻。在某些情形下,IEDF 从高能向低能过渡时,会出现许多对双波峰,这与鞘层中周期变化的电场结构有关。

可以预见,增加调制频率可以使得 IEDF 变窄,即会使高能峰和低能峰更加靠近。当频率足够高时($\omega \gg \omega_{pi}$),IEDF 将很快合并成单峰状态。在这种情形下,离子穿过鞘层/等离子体边界扫过的区域需要几个 RF 周期。图 4.4 显示了经过几个周期高频振荡的离子运动轨迹。可以看到,离子从主等离子体区到达电极表面的过程中,速度一直没有变慢。而且,在这个区域中离子的运动完全由平均电场来确定,离子运动轨迹非常接近于在稳态鞘层中的轨迹(图 4.2)。文献[48]对不同的 IEDF 模型进行了评述。

问题:图 4.7 显示了一个受 RF 调制的鞘层中基板表面上的 IEDF。对调制频率及离子与中性粒子的碰撞频率 ν_{i-n} 进行评述。

答案:在无碰撞和弱碰撞状态下,只有单一的高能峰,所以这时有 $\omega \gg \omega_{pi}$;当气压升高时,分布函数向低能区移动,且当气压为 4 Pa 时,有 $\omega_{pi} \sim \nu_{i-n}$。

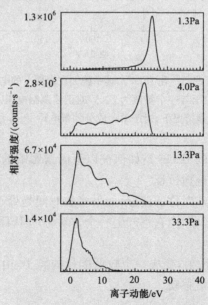

图 4.7　频率为 13.56 MHz、低输入功率(~2 W)的容性耦合等离子体中接地电极
上的氩离子能量分布[49]。其中两个平板电极的间距为 2.5 cm,电极的直径为 10 cm

　　问题：对于一个电压为 $V_1 \sin\omega t$ 的中等频率调制的鞘层，重离子在表面上的 IEDF 具有双峰结构。如何估算双峰之间的能量间隔 Δw 与 V_1, ω 和离子质量 M_i 之间的比例关系？

　　答案：鞘层中的电场将随 V_1 增加（虽然不需要严格的比例关系），离子响应的程度会随 ω/ω_{pi} 的增加而减小，这样可以试探性地给出如下关系

$$\Delta w \propto V_1 / \sqrt{M_i}\,\omega$$

　　说明：的确，在文献 [48] 中给出了这个关系。

4.3　电子动力学

　　在 4.2 节中曾经认为穿过 RF 调制鞘层的瞬时电压应该有一个 DC 电势成分。通常的情况是这样的，本节中我们将看到电子动力学的非线性行为会修改 RF 电压。

　　在一个 RF 鞘层中，电极上收集的电流除了包含电子和离子（粒子）流以外，还有来自随时间变化的电场对电流的贡献。这一额外的 RF 电流随着频率成比例地增加，这是因为它依赖于电场的变化率。极板上的电场与其表面电荷有直接的关系。由于鞘层电场从鞘层区（电场约为 V_{sheath}/λ_{De}）到准中性的等离子体区（电场约为 kT_e/el）迅速下降，这样在等离子体环境下表面电荷与鞘层的空间电荷密切相关。这就意味着，在鞘层/等离子体边界处的位移电荷直接与极板上的电场有关，也就是说，在边界处有 n_0 个电子以速度 u_s 往后推。等离子体中的相关传导电流等于电极处的位移电流：

$$n_s e u_s = \varepsilon_0 \left. \frac{\mathrm{d}E}{\mathrm{d}t} \right|_{electrode} \tag{4.10}$$

当鞘层运动是周期性的，平均位移电流为零，而平均粒子流则不需为零，尽管对于一个孤立的表面净粒子流为零。如果在表面和等离子体之间存在一个连续的 RF 调制电势，则可以由玻尔兹曼关系给出到达表面的瞬时电子通量：

$$\Gamma_e = \frac{1}{4} n_s \bar{v}_e \exp\left(\frac{eV(t)}{k_B T_e}\right) \tag{4.11}$$

本节将把这个相对简单的动力学响应关系应用到高频情况，其中电极的表面被施加一个容性耦合的 RF 调制（图 4.1）。

4.3.1　RF 偏压下的悬浮电势（$\omega \gg \omega_{pi}$）

　　根据图 4.1 可知，在任何外部 RF 振荡开始之前，在一个被电容隔离的电极

上,电子的热通量和离子的玻姆通量一定相等,其中热电子通量是由玻尔兹曼关系给出的。根据第 3 章的定义,电极表面和等离子体边界之间的电势差就是悬浮电势:

$$V_{f_{DC}} = \frac{k_B T_e}{2e} \ln\left(\frac{2\pi m_e}{M_i}\right) \tag{4.12}$$

式中,下标表示所考虑的环境为 DC 情况。

在连续的 RF 调制下,根据玻尔兹曼关系对瞬时电势的依赖性可知,到达表面上的瞬时电子通量将被调制,而离子的通量则保持不变。因为稳态电流不能流过电容,所有在一个 RF 周期内的平均电子通量应等于稳定的离子通量,否则净电流将不会为零。由于平均位移电流自动为零,所以这里无需考虑它。这样,有

$$\left\langle \frac{1}{4} n_s \bar{v}_e \exp\left[\frac{e(V_1 \sin\omega t + V_{f_{RF}})}{k_B T_e}\right]\right\rangle = n_s u_B \tag{4.13}$$

式中,电势 $V_{f_{RF}}$ 与悬浮的 RF 偏压有关,即待定的“RF 悬浮势”;尖括号表示一个周期 $2\pi/\omega$ 内的平均:

$$\langle f(t) \rangle = \left[\omega/(2\pi)\right] \int_0^{2\pi/\omega} f(t)\mathrm{d}t$$

因为在 $f(t)$ 中包含了指数函数,有必要给出下述表示式:

$$\left[\omega/(2\pi)\right] \int_0^{2\pi/\omega} \exp(a\sin\omega t)\mathrm{d}t = \mathrm{I}_0(a) \tag{4.14}$$

式中,$\mathrm{I}_0(x)$ 是零阶修正贝塞尔函数,如图 4.8 所示。对于小的自变量,该函数接近于 1,而当自变量变大时,它接近于一个纯指数形式。

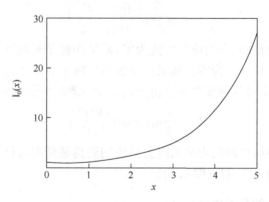

图 4.8　修正贝塞尔函数 $\mathrm{I}_0(x)$

问题:说明当存在一个穿过鞘层的 RF 电势时,它将会使悬浮电势产生一个值为 $-(k_B T_e/e)\ln[I_0(eV_1/(k_B T_e))]$ 的变化(称为 RF 自偏压)。

答案:根据式(4.13),由时间平均的通量平衡可以得到

$$\frac{1}{4}n_s \bar{v}_e \exp\left(\frac{e(V_{f_{RF}})}{k_B T_e}\right)[\omega/(2\pi)]\int_0^{2\pi/\omega}\exp\left(\frac{eV_1\sin\omega t}{k_B T_e}\right)dt = n u_B$$

将上述积分用修正贝塞尔函数表示:

$$\frac{1}{4}n_s \bar{v}_e \exp\left(\frac{e(V_{f_{RF}})}{k_B T_e}\right)I_0\left(\frac{eV_1}{k_B T_e}\right) = n u_B$$

代入 $\bar{v}_e$ 和 u_B 的一般表示式,经过整理后可以得到在 RF 偏压条件下的悬浮电势为

$$V_{f_{RF}} = \frac{k_B T_e}{e}\left[\frac{1}{2}\ln\left(\frac{2\pi m_e}{M_i}\right) - \ln I_0\left(\frac{eV_1}{k_B T_e}\right)\right] \tag{4.15}$$

与方程(4.12)比较,就可以得到悬浮电势的变化部分。

对于一个没有施加 RF 偏压的参考电极,同样也会存在由方程(4.12)给出的悬浮电势,所以有偏压和没有偏压电极之间的电势差即为方程(4.15)的第二项,此项通常被称为"自偏压"。图 4.9 显示了 RF 自偏压与所加 RF 电压幅值之间的关系。当 $V_1 < k_B T_e/e$ 时,悬浮电势接近于 DC 情况下的值,而当 $V_1 \gg k_B T_e/e$ 时,悬浮电势更加接近于 RF 电势幅值。图 4.10 显示了当极板较小而外电容很大时,DC 和 RF 电势最初是如何被分配在不同的电路元件上的。根据基尔霍夫定律,初始电压源包括外加 RF 电压和接地鞘层上的标准悬浮电势。RF 电压几乎全部反向穿过邻近鞘层,并伴有一个添加在悬浮电势上的 DC 部分的自偏压。这种自偏压也必须反向地穿过外部电容,这样才不会在从等离子体到环绕外部的回路再到等离子体的环路中有净电压存在。

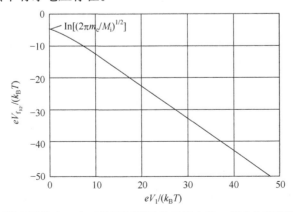

图 4.9 氩等离子体中一个正弦调制鞘层的悬浮电势。其中在高偏压下悬浮电势接近 RF 电势的幅值 V_1,而在非常低的偏压下几乎可以忽略 RF 自偏压,且悬浮电势接近 DC 悬浮电势

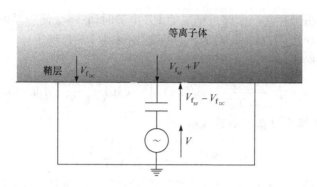

图 4.10　DC 和 RF 电势的分布。其中假定 RF 驱动电极小于接地电极,而且外电容足够大,以至于相对于电极鞘层,可以忽略它对 RF 阻抗的影响;RF 电压为 $V = V_1\sin\omega t$

在本节关于自偏压的讨论中,没有考虑鞘层的 RF 阻抗,但以后在建立完整的鞘层模型时必须考虑 RF 阻抗的存在。

4.3.2　RF 电极上的离子通量和能量

根据上面的讨论,可以估算出 RF 鞘层的厚度。更重要的是,可以估算出到达 RF 偏压平面电极上的离子动能通量。假设在图 4.10 中的等离子体是氩等离子体,气压为 1Pa(即离子与中性粒子的平均碰撞自由程约为 4 mm),平均带电粒子密度为 10^{16} m^{-3},电子温度为 2 eV。同时假设加在独立电极上的 RF 电势的幅值为 50 V,频率为 13.56 MHz。

练习 4.3:RF 鞘层的碰撞参数　仅根据电压的 DC 分量,利用离子点阵模型,估算图 4.10 中 RF 偏压电极表面的鞘层厚度,并基于以上给出的条件,说明离子是否有可能无碰撞通过此区间。

对于那些无碰撞地穿过鞘层到达电极上的离子,其所具有的动能等于静电势能。离子等离子体频率与 RF 频率之比为

$$\frac{\omega_{\rm pi}}{\omega} = \frac{\sqrt{(10^{16}\times[1.6\times10^{-19}]^2)/(1.67\times10^{-27}\times40\times8.9\times10^{-12})}}{2\pi\times13.56\times10^6} \sim \frac{1}{4}$$

所以离子几乎不能响应 RF 振荡,将以接近平均鞘层势能 $E_{\rm ion} \sim -eV_{\rm f_{RF}}$ 的能量到达电极。

练习 4.4:离子能流　对于图 4.10 所示的无碰撞等离子体,假设中心处的密度为 10^{16} m^{-3},电子温度为 2 eV,估算到达 RF 偏压电极表面上的离子能流。

4.3.3　多于一个频率的 RF 自偏压

如果这些 RF 电压是完全独立的,也就是说它们之间相位不同步,这样每个

RF 分量都会产生一个与 $\ln[I_0(a_i)]$ 成正比的自偏压,其中 a_i 是第 i 个 RF 分量的幅值。当它们之间有一个严格的相位关系时,自偏压则依赖于它们的相位差,尤其是当频率相差不是太大时(如一个基频和它的二次谐波)。对于相位锁定的谐波波形,自偏压通常会小于每个 RF 波独立的贡献之和。

问题:在一个孤立独立电极上施加一个方波调制,估算其自偏压,其中方波的幅值为 V_{sq},周期为 τ。

答案:对于方波调制,可以把方程(4.13)中的积分变为

$$\frac{1}{4}n\overline{v}_e\exp\left[\frac{e(V_{f_{RFsq}})}{k_BT_e}\right](1/\tau)\left[\int_0^{\tau/2}\exp\left(\frac{eV_{sq}}{k_BT_e}\right)dt+\int_{\tau/2}^{\tau}\exp\left(-\frac{eV_{sq}}{k_BT_e}\right)dt\right]=nu_B$$

可以简化为

$$V_{f_{RFsq}}=\frac{k_BT_e}{e}\left[\frac{1}{2}\ln\left(\frac{2\pi m_e}{M_i}\right)-\ln\left(\cosh\left(\frac{eV_{sq}}{k_BT_e}\right)\right)\right]$$

练习 4.5:剪裁 IEDF IEDF 的形状与各种参数相关。为了在施加偏压的绝缘电极上得到某一特殊能量的窄分布,说明如何利用这些参数来控制 IEDF 的精确形状。

4.4 (高频)RF 鞘层的解析模型

本节将研究 RF 鞘层结构和阻抗,其中频率范围为 $\omega_{pi}\ll\omega\ll\omega_{pe}$。有必要建立包括空间电荷分布、位移电流(与随时间变化的电场有关)以及粒子流在内的研究模型。如 DC 离子点阵模型那样,可以假设离子密度不变($n=n_0$)来简单地处理空间电荷。有时也称这种处理方法为"均匀"鞘层模型。对于更加真实的模型,必须考虑离子的运动,这时离子空间电荷是非均匀分布的。

4.4.1 RF 鞘层的等效电路

对于一个面积为 A 的电极,穿过 RF 调制鞘层的电流包括三个部分,即离子流、电子流和位移电流:

$$I_{RF}=-n_0eu_BA+\frac{n_0e\overline{v}_e}{4}A\exp\left(\frac{-eV_{sh}}{k_BT_e}\right)+I_d \tag{4.16}$$

在高频区域,回路中的稳态离子玻姆流表现为一个恒定电流源。电子流是由穿过鞘层电位的玻尔兹曼指数函数决定的,与反向偏压二极管的电流-电压特性相同。因为电容是位移电流流过的典型元件,我们提供了图 4.11 所示等效电路中的第三个平行组成部分。虽然第三部分不是通常的电容,因为电容是响应 RF 调制而变

化的,即介质(鞘层)的厚度依赖于 RF 调制的振幅。所以,下一步有必要考虑建立 RF 鞘层中空间电荷行为的模型,这样才能够详细确定这个非线性部分。

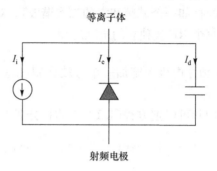

图 4.11　RF 鞘层的回路模型示意图。它是由一个恒定电流(离子流),一个反向二极管(电子流)和一个非线性电容(位移电流)构成的。离子源(及二极管)将损耗能量,且正比于通过它上面的电流及穿过它上面的同相位电压

4.4.2　RF 鞘层的常离子密度模型

　　首先考虑的是一个离子密度恒定(离子点阵或均匀)的 RF 调制鞘层模型。相对于电子,离子的表现形式为空间电荷的固定点阵,且密度不变,这与 DC 情况一样。尽管该模型不是自洽的,但无需采用数值方法,人们就可以快速地理解它。图 4.12 给出了其几何示图,其中标明了在分析中所用到的主要参量。对于这种 RF 调制的鞘层,下面的工作就是找出描述电流、鞘层电势和鞘层宽度变化的表示式。

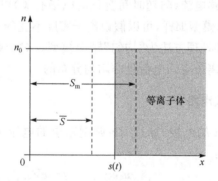

图 4.12　RF 离子阵鞘层。其中离子密度恒定,为 n_0;$s(t)$ 为瞬时鞘层宽度,这样在 $x > s(t)$ 时,有 $n_e = n_0$;s_m 是最大鞘层宽度,$\bar{s}$ 是平均鞘层宽度

　　利用高斯定理,可以得到鞘层中的电场梯度和空间净电荷之间的关系:

$$\frac{\partial E}{\partial x}=\frac{n_0 e}{\varepsilon_0}\left(1-\exp\frac{e\phi}{k_{\mathrm{B}}T_{\mathrm{e}}}\right) \tag{4.17}$$

式中，ϕ 是相对于等离子体 $(n_{\mathrm{e}}=n_0)$ 的电势。在高斯定理中，当 $|e\phi/(k_{\mathrm{B}}T_{\mathrm{e}})|\gg 1$ 时，可以忽略电子的空间电荷。如果穿过鞘层的电压降足够大，不满足 $|e\phi/(k_{\mathrm{B}}T_{\mathrm{e}})|\gg 1$ 的区域很小，上述分析几乎在任何位置都能成立，这样我们就有理由继续这样做。利用在等离子体/鞘层边界 $x=s(t)$ 处 $E=0$，这样对方程(4.17)进行简单的积分，就可以得到在鞘层中任意点的电场为

$$E(x,t)=\frac{n_0 e}{\varepsilon_0}\big[x-s(t)\big] \tag{4.18}$$

从电极 $(x=0)$ 到电子与离子密度相等的位置对电场进行积分，就可以得到任何时刻穿过鞘层的总电压(相对于电极)：

$$
\begin{aligned}
V_{\mathrm{sh}}(t) &=-\int_0^{s(t)}E(x,t)\mathrm{d}x \\
&=-\left[\frac{n_0 e}{\varepsilon_0}\left(\frac{x^2}{2}-s(t)x\right)\right]_0^{s(t)} \\
&=\frac{n_0 e}{2\varepsilon_0}s(t)^2
\end{aligned}
\tag{4.19}
$$

由方程(4.18)，可以给出鞘层中任意位置处的麦克斯韦位移电流：

$$\varepsilon_0\frac{\partial E}{\partial t}=-n_0 e\frac{\mathrm{d}s}{\mathrm{d}t}$$

由此可以看到，鞘层中的位移电流在鞘层/等离子体边界处等于传导电流，且在该传导电流中等离子体电子 $(-n_0 e)$ 以边界运动速度 $(\mathrm{d}s/\mathrm{d}t)$ 运动。当外电路中的电流在电极处进入鞘层时，它应与位移电流、离子和电子电流之和相等：

$$J(t)=-n_0 e\frac{\mathrm{d}s}{\mathrm{d}t}-n_0 e u_{\mathrm{B}}+\frac{n_0 e\bar{v}_{\mathrm{e}}}{4}\exp\frac{-eV_{\mathrm{sh}}}{k_{\mathrm{B}}T_{\mathrm{e}}} \tag{4.20}$$

式中的符号意义与图 4.12 一致，而且电子流是由到达电极表面的通量确定的。电势降 V_{sh} 是穿过鞘层的瞬时电压，且相对于电极而不是等离子体。这样的定义能使分析变得简单。注意，虽然鞘层中的电子空间电荷被忽略，电子电流并不能这么简单地被忽略，因为电子有较高的热速度。

为了求得电流、电压和鞘层宽度，方程(4.19)和方程(4.20)要与第三个方程一起联立求解，其中第三个方程至少包含一个要确定的物理量。下面考虑电压驱动和电流驱动两种鞘层调制情况。

1. 电压驱动

已经表明，鞘层的非线性改变了所加的 RF 电压，导致了自偏压的出现。所以，对于具有零平均电流的电压驱动鞘层，相对于电极表面的瞬时偏压为

$$V_{sh}(t) = V_1 \cos\omega t - V_{f_{RF}} \tag{4.21}$$

利用方程(4.19),可得鞘层边界的方程

$$s(t) = [V_1 \cos\omega t - V_{f_{RF}}]^{1/2} \left(\frac{2\varepsilon_0}{n_0 e}\right)^{1/2} \tag{4.22}$$

及平均鞘层厚度

$$\bar{s} = \left[2 \left|\frac{eV_{f_{RF}}}{k_B T_e}\right|\right]^{1/2} \lambda_{De}$$

将 $s(t)$ 的表示式代入方程(4.20),可以得到总电流密度为

$$J(t) = + (2\varepsilon_0 n_0 e)^{1/2} \frac{V_1 \sin\omega t}{[V_1 \cos\omega t - V_{f_{RF}}]^{1/2}} - n_0 e u_B$$

$$+ \frac{n_0 e \bar{v}_e}{4} \exp\frac{-e(V_1 \cos\omega t - V_{f_{RF}})}{k_B T_e} \tag{4.23}$$

方程右边的第一项因为有三角函数,其平均值为零,因为它所表示的是周期性的位移电流。根据 4.3.1 节给出的 $V_{f_{RF}}$ 定义,则第二项与第三项的平均值相互抵消。这样,有 $\langle J(t) \rangle = 0$。注意,即使电流被限制没有 DC 成分,方程(4.23)仍包含了高次谐波的频率成分,如图 4.13 所示。

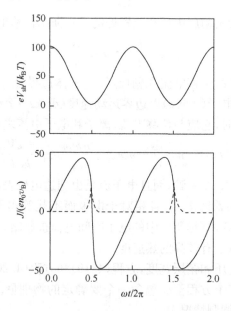

图 4.13 对于恒定密度的离子阵鞘层,在两个电压驱动。RF 调制周期内归一化的鞘层电压 $eV_{sh}/(k_B T_e)$ 及归一化的电流。实线为总电流 $J/(en_0 v_B)$,灰色的短虚线为位移电流,灰色的长虚线为电子电流,离子电流为一个稳态的值,即-1。其中,已选取 $n_0 = 10^{16}$ m^{-3},$k_B T_e/e = 2$ V,$V_1 = 100$ V。将该图与图 4.14 进行比较

　　这样,在离子点阵近似下,根据电压驱动 RF 鞘层模型,我们分别得到了电压、鞘层宽度和电流表示式,见方程(4.21)～方程(4.23)。因为电流不是一个单纯的正弦函数,$|J(t)|$ 不直接与 $\tilde{V}$ 成正比,电路概念中的稳定复阻抗在这里不再适用,即基于鞘层伏安关系的电路将是非线性的。

　　2. 电流驱动

　　另外一种 RF 调制方式是电流驱动,即通过一个容性耦合电极将电流注入等离子体中,如图 4.1 所示。一个纯正弦形式的电流被认为是最适当的选择,但是为了得到一个解析的结果,要有不同的选择。假设施加的总电流有如下形式:

$$J(t) = -J_0 \sin\omega t - n_0 e u_B + \frac{n_0 e \bar{v}_e}{4} \exp \frac{-eV_{sh}(t)}{k_B T_e} \tag{4.24}$$

可以得到鞘层宽度变化率的简单表示式:

$$n_0 e \frac{\mathrm{d}s}{\mathrm{d}t} = J_0 \sin\omega t$$

由此可以看到,鞘层宽度的变化是纯正弦变化形式,其幅值为

$$s_0 = \frac{J_0}{n_0 e \omega} \tag{4.25}$$

这样,有

$$s(t) = \bar{s} - s_0 \cos\omega t \tag{4.26}$$

可以根据容性耦合的要求来确定平均鞘层宽度 $\bar{s}$,即

$$\langle J(t) = 0 \rangle$$

将 $s(t)$ 代入基本的离子点阵模型,即方程(4.19)中,可以得到

$$V_{sh}(t) = \frac{n_0 e}{2\varepsilon_0} \left(\bar{s} - \frac{J_0}{n_0 e \omega} \cos\omega t \right)^2$$

$$= \frac{n_0 e}{2\varepsilon_0} (\bar{s} - s_0 \cos\omega t)^2$$

将该式进行展开,由此可以得到鞘层电压降的 DC 分量和随时间变化的分量:

$$V_{sh}(t) = \frac{n_0 e \bar{s}^2}{2\varepsilon_0} - \frac{\bar{s} J_0}{\varepsilon_0 \omega} \cos\omega t + \frac{J_0^2}{2\varepsilon_0 n_0 e \omega^2} \left(\frac{1+\cos 2\omega t}{2} \right) \tag{4.27}$$

$$= \frac{n_0 e}{2\varepsilon_0} \left[\bar{s}^2 - 2\bar{s} s_0 \cos\omega t + s_0^2 \left(\frac{1+\cos 2\omega t}{2} \right) \right] \tag{4.28}$$

随时间变化的分量包括驱动频率部分和它的二次谐波项。现在将这个电压代入方程(4.24),再令平均总电流为零,就可以得到 $\bar{s}$。由于出现了二次谐波项,就不能

把平均电子传导电流简化为修正贝塞尔函数形式(见 4.3.2 节),因此需要采用数值迭代的方法来计算,直至计算到净电流为零的 $\bar{s}$ 值,如图 4.14 所示。

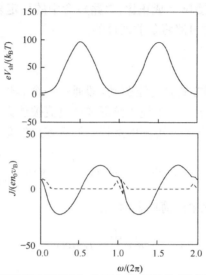

图 4.14　对于恒定密度的离子阵鞘层,在两个电流驱动 RF 调制周期内归一化的鞘层电压 $eV_{sh}/(k_B T_e)$ 及归一化的电流。实线为总电流 $J/(en_0\bar{v}_B)$,灰色的短虚线为位移电流,灰色的长虚线为电子电流,离子电流为一个稳态的值,即 -1。其中,已选取 $n_0 = 10^{16}\ m^{-3}$,$k_B T_e/e = 2\ V$,$J_0 = 75\ Am^{-2}$。将该图与图 4.13 进行比较

问题:将图 4.14 的曲线与一个纯电容的电流和电压曲线项比较,并简述鞘层阻抗的性质。

答案:对于一个纯电容,电流和电压都是正弦形式并有 90° 的相位差;看起来与图中的情况类似。但是,鞘层电压不是纯的正弦形式(甚至还有 DC 分量),而且 $|V_{sh}|$ 也不直接正比于 J_0,所以具有稳定复阻抗的回路概念不能完全适用于单一离子点阵鞘层。鞘层阻抗既是非线性的,又是含时的。

对于离子点阵鞘层近似下的电流驱动 RF 鞘层,我们已分别得到了电流和电压的表示式,见方程(4.24)和方程(4.28)。通常,需要采用数值迭代方法才能获得鞘层宽度。如果 $J_0 \gg n_0 e u_B$,电流仅在接近电压极小值的时刻才明显地表现为非正弦形式,这时会有一个电子流脉冲,可以在图 4.14 中看到这个脉冲。从数值分析中也可以看到,当 J_0 增加到大于 $0.3 \times en_0\bar{v}_e/4$ 左右时,电流偏离一个简单正弦电流不到 10%;这时,平均鞘层宽度 $\bar{s}$ 在 s_0 的 20% 之内。所以,对于大的外部正弦电流,鞘层运动形式也可假设为正弦的,但是在这种假设下,鞘层在每一周期内必须有一个瞬间消失,即意味着在这个时刻电极与等离子体之间的电势差为零,允许在那个周期累积的离子电荷被中性化。将在第 5 章中用到这种简化的处理方式。

问题：说明对于一个正弦电流波形 $J_0 \sin\omega t$ 驱动的单鞘层，其中 $J_0 \gg 0.3 \times en_0 \bar{v}_e/4$，可以将方程(4.28)简化为

$$V_{sh}(t) = V_0 \left(\frac{3}{8} - \frac{1}{2}\cos\omega t + \frac{1}{8}\cos 2\omega t \right) \tag{4.29}$$

答案：在鞘层瞬时消失时，如果 V_{sh} 在此时为零，则有 $\bar{s} = s_0 = J_0/(en_0\omega)$。将此式代入方程(4.28)，经过整理得到

$$V_{sh}(t) = \frac{J_0^2}{2\varepsilon_0 n_0 e\omega^2} \left[1 - 2\cos\omega t + \left(\frac{1+\cos 2\omega t}{2} \right) \right]$$

此式在 $\omega t = \pi$ 时有最大值，为 $V_0 = 2J_0^2/(\varepsilon_0 n_0 e\omega^2)$。对上式作进一步整理后，就可得到方程(4.29)。

在一个 RF 周期内，离子在鞘层中的平均密度为

$$\bar{n}_e(x) = \frac{\omega}{2\pi} \int_0^{2\pi/\omega} n_e(x,t)\,\mathrm{d}t$$

对于大电流驱动的鞘层，它来回扫过的区间为 $0 < x \leqslant 2s_0$，且是以正弦形式移动的，所以只要在半个周期内对其进行研究就可以了。根据方程(4.26)，在 $\omega t = 0$ 时，鞘层宽度为零，电子刚刚能到达电极上；而当 $\omega t = \pi$ 时，鞘层扩展到最大宽度。所以，对于第一个半周期，在鞘层扫过区域的任意位置 x_1，当 $s(t) \geqslant x_1$ 时，有 $n_e(x,t) = n_0$，而在其他位置，有 $n_e(x,t) = 0$，即电子密度从 n_0 转换到零。根据式(4.26)(其中 $\bar{s} = s_0$)，可以得到在 x_1 点对应的时间为

$$\omega t_1 = \arccos \left[\frac{s_0 - x_1}{s_0} \right] \tag{4.30}$$

所以

$$\bar{n}_e(x_1) = \frac{\omega}{\pi} n_0 \int_0^{t_1} \mathrm{d}t$$

$$= \frac{n_0}{\pi} \arccos \left[\frac{s_0 - x_1}{s_0} \right]$$

将电子密度对空间进行平均，就可以得到

$$\frac{1}{2s_0} \int_0^{2s_0} \bar{n}_e(x_1)\,\mathrm{d}x_1 = \frac{n_0}{2} \tag{4.31}$$

式(4.31)表明了在鞘层扫过的区域内，从空间到时间对电子密度进行整体平均的结果，它是体区等离子体密度的一半。对于这个结果，也许没有什么值得惊奇的，但它是很有价值的，可以应用到一些更复杂的模型中。

4.4.3　RF 鞘层的 Child-Langmuir 模型$(\omega \gg \omega_{\mathrm{pi}})$

4.4.2 节将具有各种粒子流的 DC 离子点阵鞘层模型进行扩展，并在此基础上来描述 RF 鞘层。这种模型是不自洽的，因为离子空间电荷不能响应局域电场。本节将取消这个限制，而且根据离子在平均电场中的运动来确定离子的空间电荷。相对于电子，离子仍表现为一个固定的空间电荷点阵，尽管现在这些电荷在空间中的分布不是均匀的。因为离子密度不再均匀，有时也把这个模型看成描述非均匀 RF 鞘层的基础。

> **问题**：在什么情况下可以假设在鞘层中离子只响应平均局域电场？
>
> **答案**：在本章开始时曾说明，离子穿越鞘层的时间是与离子等离子体频率的倒数相当的，所以当 $\omega/\omega_{\mathrm{pi}} \gg 1$ 时，离子会经过几个 RF 周期穿过鞘层；在一个 RF 周期内离子速度不会有显著的变化。所以在这个频率范围离子的运动是由平均电场决定的。

在第 3 章中曾看到，由于更加合理地考虑了稳态鞘层中离子空间电荷，得到了电流、鞘层宽度和鞘层电势差之间的 Child-Langmuir 关系。现在可以将该模型进行推广，并用来分析 RF 鞘层。假设 RF 鞘层中的离子密度由时间平均的电场来决定，其中离子以玻姆速度进入 RF 调制鞘层区域。这样，待求解的方程组为

$$\frac{\partial E(x,t)}{\partial x} = \frac{e}{\varepsilon_0} \big[n_{\mathrm{i}}(x) - n_{\mathrm{e}}(x,t) \big] \tag{4.32}$$

$$\frac{\partial \phi(x,t)}{\partial x} = -E(x,t) \tag{4.33}$$

$$n_{\mathrm{i}}(x) = n_0 \left(1 - \frac{2e}{k_{\mathrm{B}} T_{\mathrm{e}}} \langle \phi(x,t) \rangle \right)^{-1/2} \tag{4.34}$$

$$n_{\mathrm{e}}(x,t) = n_0 \exp\left(\frac{e\phi(x,t)}{k_{\mathrm{B}} T_{\mathrm{e}}} \right) \tag{4.35}$$

式中，边界条件为：在电子和离子密度相等处的电势为零，而且规定不是电压就是总电流穿过鞘层。通过解析方法来求解这些方程是很复杂的，为此需要进行一些简化。首先，假设电子密度在振荡的鞘层边界处非连续地降为零。代替方程(4.35)，则有

$$n_{\mathrm{e}}(x,t) = n_{\mathrm{i}}(x) \quad (x \geqslant s(t))$$
$$= 0 \quad\quad (x < s(t))$$

当穿过此区域的电压远大于 $k_B T_e/e$ 时,这是一个合理的近似。图 4.15 对此进行了说明,也显示了平均电子密度。需要重点注意的有两点:首先,像前面一样,对于离子,在电中性等离子体与非中性鞘层之间存在着一个清晰、固定的边界 $x=s_m$,在鞘层/等离子体边界的鞘层一边,离子看到的是平均电子密度;其次,对于电子,电中性等离子体与瞬时空间电荷鞘层之间的边界($x=s(t)$)来回移动,而且边界附近的电子密度在 RF 周期内被强烈地控制。事实上,在 RF 振荡内电子被来回扫过,它们会在移动的鞘层/等离子体边界的等离子体一边($x>s(t)$)中和离子空间电荷。像前面讨论的那样,电子在非中性区域的瞬时边界的位移决定了 RF 电流。

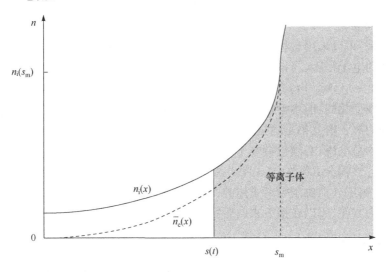

图 4.15　在 RF Child-Langmuir 鞘层附近带电粒子的密度。实线为稳态离子密度,由 $x=s(t)$ 界定的灰色区域表示瞬态电子密度,虚线为平均电子密度。离子以玻姆速度进入鞘层($x=s_m$),而且在平均势中自由地下降

1. 电压驱动

这里假设穿过鞘层的电势差包括一个余弦振荡部分和一个平均值(这种选择是为了保证净粒子流为零):

$$V_{sh} = V_1 \cos\omega t - V_{f_{RF}}$$

根据这个电势差,可以确定出离子的空间电荷分布,进而就可以计算出瞬时鞘层宽度 $s(t)$。但是,仅当知道了在一个 RF 周期内的瞬时电势,才可以计算出在任意位置处的平均电势。因此,需要数值迭代求解或者一些数学技巧。图 4.15 显示了一个数值迭代计算的结果。

　　另外,也可以采用不太严格的方法对 DC Child-Langmuir 鞘层作粗略的修正。在 RF 调制鞘层中,离子空间电荷的作用不像它在 DC 鞘层中那样有效,这是因为在 RF 电势驱动下,离子空间电荷周期性地被电子中和。下面对 RF Child-Lang-muir 鞘层的空间尺度进行一个粗略的估算。通过人为地减小每一位置上的有效离子空间电荷,即引入一个分量 α,使离子空间电荷按比例减小,可以得到平均鞘层电压和最大鞘层宽度的关系式:

$$s_{\mathrm{m}} = \frac{2}{3} \left(\frac{\varepsilon_0}{\alpha J_{\mathrm{i}}} \right)^{1/2} \left(\frac{2e}{M_{\mathrm{i}}} \right)^{1/4} (-V_{f_{\mathrm{RF}}})^{3/4} \tag{4.36}$$

式中,$J_{\mathrm{i}} = n_{\mathrm{i}}(s_{\mathrm{m}})eu_{\mathrm{B}}$;$0 < \alpha < 1$,对于比较小的外加电压,$\alpha$ 接近于 0,而相对于较大的电压,α 将接近于 1。

　　接下来,可以采用这种方法来确定出离子电荷的空间分布。这样,根据运动鞘层边界处的电子密度(与该处的离子密度相等)和鞘层边界的瞬时速度,可以确定出电流密度 $en_{\mathrm{i}}(s)\mathrm{d}s/\mathrm{d}t$,进而给出与 RF 鞘层相关的瞬时 RF 位移电流。这种电流是周期性变化的,但不会是一个简单的正弦电流,因为鞘层边界的运动速度和鞘层边缘处的离子密度都是随位置变化的。此外,对于均匀的离子点阵情况,为了确定外电路的总电流,必须包括电子电流。

　　在对容性耦合 RF 放电(见第 5 章)进行理论研究时,必须考虑两个鞘层的串联,这两个鞘层分别位于等离子体的两边。在这种情况下,采用电流驱动方式对理论分析更为方便,所以在接下来的研究中不再考虑电压驱动 RF 鞘层。

2. 电流驱动

　　对于一个电流驱动的鞘层,可以分四个步骤来分析正弦 RF 电流与平均鞘层电势及平均鞘层宽度之间的关系。

　　(1) 首先,像电压驱动那样,如果用 n_{s} 来表示 DC 鞘层边界处的密度,那么对于 RF 鞘层,用 αn_{s} 来代替 n_{s},其中 $0 < \alpha < 1$ 表示电子空间电荷的周期性修正效应。

　　(2) 其次,鞘层中随时间变化的电场与位移电流之间的关系是

$$J_0 \sin\omega t = \varepsilon_0 \frac{\partial \tilde{E}}{\partial t}$$

对于随时间变化的电场,必然会有一个谐波分量($\cos\omega t$)。但在最简单的情况下,可以假定这个电场不改变符号,这样要求在这个电场中有一个与 E 成比例的 DC 分量。可以期望这个 DC(或者平均)电场 $\bar{E} = \langle E \rangle$ 与 J_0/ω 成正比。这样,较高的频率或者较低的电流将会导致较低的平均电场。(事实上,在某些情况下,鞘层电场在 RF 周期内确实会变符号[51-55],但是这些鞘层电场的反转非常短暂,不会影响一般性的结论。)

(3) 从通常的 Child-Langmuir 关系式可以看到,当离子自由地穿过鞘层时,穿过空间电荷层的电势与由它产生的电场的四次方成正比。

问题:回顾第 3 章中的无碰撞 Child-Langmuir 鞘层的内容,说明电势与电场的四次方成正比。

答案:将方程(3.15)与适当的鞘层边界条件($\phi'(s)=0$ 和 $\phi(s)=0$)结合,可得到

$$(\phi'(x_1))^2 = 4\frac{J_i}{\varepsilon_0}\left(\frac{2e}{M_i}\right)^{-1/2}(-\phi(x_1))^{1/2}$$

这样,就证实了电场($-\phi'$)与电势的四次方成正比。

假设把这个非线性关系应用到 RF 电场,可以期望 RF 鞘层电势的幅值为

$$V_0 \propto \left(\frac{J_0}{\omega}\right)^4 \tag{4.37}$$

(4) 最后一个步骤是修正 DC Child-Langmuir 模型(见方程(3.16)),给出鞘层扫过的区域宽度与这个平均鞘层电势之间的关系。对于离子电流,假定它仍是以玻姆电流的形式出现,但要考虑电子周期性的进入对离子空间电荷的部分抵消,即要把参数 α 包括进来。所以,对于 RF Child-Langmuir 模型,可以期望平均鞘层宽度 s_m 的形式如下:

$$s_m = \frac{(J_0/\omega)^3}{6(\alpha n_s)^2 \varepsilon_0 k_B T_e} \tag{4.38}$$

Lieberman 曾对此进行过更加全面的分析[56],验证了电势与电流之间的比例关系(方程(4.37)),而且表明对于高电流驱动,有 $6\alpha^2 = 12/5$。也就是说,通过考虑对平均电场的重新推算以及随着鞘层的收缩和扩展电子引起的周期屏蔽作用,建议离子空间电荷的有效性为 $\alpha \sim 0.63$。尽管 Lieberman 在他的研究中[56]没有考虑粒子流,但仍然得到了在正弦 RF 电流驱动的鞘层瞬时电压中包含了超过四次谐波的贡献,这是由鞘层的非线性造成的。因此,与恒定离子密度模型给出的基频和二次谐波结果相比,采用更真实的理论模型来描述位于平均电场中的平衡态离子,会给出更丰富的谐波频谱。经过进一步的分析,可以得到一个穿过高电流驱动、非均匀鞘层的电压表示式,该表示式与电压标度参数有关。在后续的讨论中,将用到下列表示式:

$$H = \frac{1}{\pi\varepsilon_0 k_B T_e n_s}\left(\frac{J_0}{\omega}\right)^2 \tag{4.39}$$

以及在电压波形中的前四个傅里叶幅值

$$\frac{e\overline{V}}{k_BT_e}=\frac{3}{4}\pi H+\frac{9}{32}\pi^2H^2$$

$$\frac{eV_\omega}{k_BT_e}=\pi H+0.34\pi^2H^2$$

$$\frac{eV_{2\omega}}{k_BT_e}=\frac{1}{4}\pi H+\frac{1}{24}\pi^2H^2$$

$$\frac{eV_{3\omega}}{k_BT_e}=-0.014\pi^2H^2$$

也可以把定标参数表示为 $\pi H\approx(s_m/\lambda_{De})^2$，其中鞘层宽度应为几个德拜长度。所以实际分析中，主要感兴趣的是 $H>1$ 的情况，这时谐波效应明显。

4.5　重要结果归纳

（1）在等离子体中或邻近等离子体的区域，电子和离子有特征响应频率，分别为 ω_{pe} 和 ω_{pi}。它们与粒子密度和粒子质量比值的平方根有关。离子会在几个 ω_{pi}^{-1} 穿过空间电荷区域。

（2）对于典型的 RF 等离子体，频率应在 $\omega_{pi}<\omega<\omega_{pe}$ 区间内。

（3）在 RF 区间内，只有最轻的离子才能在整个 RF 周期内作出响应；大多数离子主要受时间平均电场作用。

（4）表面上的离子能量分布能够反映出鞘层边界附近的等离子体状态，RF 鞘层电场相对 ω_{pi} 的振荡及鞘层中的碰撞。如果 $\omega<\omega_{pi}$，在没有碰撞的情况下，离子能量分布倾向于双峰结构。碰撞会使离子向低能区移动，而对于 $\omega=\omega_{pi}$，将出现多峰结构。

（5）对于 RF 调制鞘层，会使传统的悬浮势更低。对于大的 RF 调制，修正部分几乎与 RF 电势的幅值成比例。

（6）可以把 RF 鞘层看成由一个电流源（离子流）、一个反向偏压二极管（电子流）和一个非线性电容（位移电流）组成。建立 RF 鞘层模型时，应考虑 RF 电压或 RF 电流引起的调制。由于鞘层是非线性的，一个正弦电压可以导致电流中出现高次谐波成分；反之，对于纯的正弦电流，也可以导致一个具有高次谐波的电压波形的出现。在建立 RF 鞘层时，人们可以采用不同的模型来描述离子的空间电荷。最简单的模型是假定离子密度恒定，即忽略所有的离子动力学。对于更真实的模型，离子可以仅响应平均电场，但要求 $\omega<\omega_{pi}$（为了考虑较轻离子的动力学，也可以把离子的运动包括进来，但本章对此没有进行分析）。

第5章 单频容性耦合等离子体

在过去几十年中,容性耦合等离子体(CCP)已经广泛地应用于薄膜的刻蚀和沉积。CCP是由两个平行板电极构成的,其中电极半径一般为 $r_0 \sim 0.2$ m,电极间距为 $l \sim (3 \sim 5)$ cm,并在电极上施加一个射频电源,典型的放电频率为 13.56 MHz。可以在两个电极之间产生等离子体,而且在等离子体与电极之间存在着一个空间电荷鞘层。鞘层的厚度随激励频率变化,见第4章。

在如下讨论中,要考虑一个非常重要的实际情况,即对于工业上所采用的 CCP,中性气体的压强通常低于 10 Pa。对于这种等离子体,在物理上将带来两个重要的结果。首先,在能量从电磁场转移到电子群的过程中,无碰撞过程将起主要的作用。通常的碰撞(欧姆)加热太小,不能解释实验上观察到的高电子密度现象。其次,电子能量的弛豫长度有可能大于放电系统的物理尺度(见第2章)。由此,需要在等离子体动力学及电动力学中考虑非局域效应。

> **问题**:对于典型的放电系统尺寸,当放电频率为 13.56 MHz,等离子体的密度为 $n_e \lesssim 10^{16}$ m^{-3} 时,比较电磁波的真空波长与等离子体的无碰撞趋肤深度。
>
> **答案**:真空波长 λ 为 $c/f \approx 22$ m$\gg r_0$,而无碰撞趋肤深度 δ 为 $c/\omega_{pe} > 0.05$ m$\gtrsim l$。
>
> **说明**:在这种放电情况下,可以采用静电近似来描述放电过程,而且所有的物理量仅在垂直电极方向上呈一维变化。

在本书的前几章中,已经探讨了一些确定弱电离有界等离子体性质的基本机理,其中包括碰撞过程、反应过程、电磁性质、带电粒子向边界的输运,以及边界条件。特别是,已经看到在最简单的定量分析中,即在所谓的整体模型中,可以用两个方程来描述低气压等离子体,这两个方程分别为粒子平衡方程和能量平衡方程,见方程(2.40)和方程(2.47)。对于这两个方程,需要确定在等离子体内部由反应过程引起的带电粒子的产生,以及在流向器壁处带电粒子通量的损失。对于方程(2.47),还需要知道电子从外界电源中吸收的功率。到目前为止,还没有对这些问题进行讨论。在本章及第6~8章中集中对这些问题进行讨论。

在 RF 放电中,吸收功率很强地依赖于能量的耦合方式,即能量是如何从外界电源中耦合到电场中的,其中电子要在电场中受到加速。有三种方式(模式)把 RF 电源的能量耦合到电子,即静电(E)模式、消散电磁(H)模式及电磁波(W)模式。在一般情况下,CCP 处于 E 模式状态,尽管在第6章中将看到甚高频(VHF)放电不一定处于 E 模式状态,在第7章中将看到对于感性耦合等离子体(ICP),在低功率情况下它处于 E 模式状态,但在一般情况下它处于 H 模式状态。最后,对于螺旋波等离子体,它在一般情况下处于 W 模式状态,但也可以处于 E 模式和 H 模式状态。在后面几章中,将对这些不同模式的物理过程以及模式之间的转换进行讨论。

当采用整体模型计算吸收功率时,有必要引入一种等效回路模型对放电进行描述。在等效回路模型中,可以用连接瞬时电压和瞬时电流的阻抗来描述等离子体和鞘层,其中这种阻抗是通过对等离子体区和鞘层区的局域电磁进行积分而得到的。因此,在这种分析方法中,RF 电场和磁场被 RF 电压和电流所替代,后者可以直接与实验测量进行比较。在 5.1 节和 5.2 节中,将给出阻抗的表示式。

在 5.3 节,采用整体模型来描述对称的单频容性耦合放电,同时给出容性放电的一些重要的定标公式。在 5.4 节,关注其他一些感兴趣的现象,如非对称放电、高气压放电及串联共振等。最后,在 5.5 节,对本章得到的一些重要结果进行总结,并强调 CCP 的一些主要局限性,即不能对入射到电极上的离子通量和能量进行独立的控制。在第 6 章将对这方面的内容进行详细讨论。

5.1　恒定离子密度下电流驱动的对称模型

在 20 世纪 70 年代,Godyak 建立了描述对称容性耦合等离子体的基本理论模型[39,57],有时称这种模型为均匀模型。此外,Godyak 也给出了一种比较复杂的(非均匀的)理论模型[39],后来该模型被 Lieberman 作了进一步修正[2,56,58]。非均匀模型是建立在 RF 鞘层的 Child-Langmuir 模型的基础之上的(见第 4 章)。在本章的后面,将对这种非均匀模型进行简单讨论。

考虑如图 5.1 所示的情况,其中等离子体是准电中性的,且厚度为 d;在等离子体与两个电极之间各有一个鞘层,其瞬时厚度分别为 $s_a(t)$ 和 $s_b(t)$。在半个 RF 周期内,当鞘层 a 向外扩展时,鞘层 b 则要收缩。反之亦然。

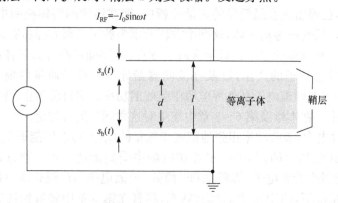

图 5.1　对称的容性放电模型示意图。为了简化分析,选取电流作为输入参数

问题:考虑两个电极之间的电流及电压分布,说明对于一个简单的理论模型,为什么通常选用电流作为控制参数,而不是电压作为控制参数?

答案:在任意时刻,穿过平行于电极的所有平面的电流都是连续的,而电压在两个不同的鞘层区及等离子体区中则是空间变化的,等离子体及鞘层对外界的响应都是非线性的。这样,如果外界回路中的电流随时间是正弦变化的,则可以确保等离子体中的电流也是正弦变化的;反之,如果外部电源的电压是正弦变化的,则并不能保证鞘层或等离子体中的电势差也是正弦变化的。

为了方便讨论,选取 RF 电流作为控制(输入)参数。这样,将采用第 4 章介绍的电流驱动鞘层模型来描述这两个鞘层。其他输入参数为:电源的频率 f(或圆频率 $\omega = 2\pi f$),中性气体压强 p(或气体密度 $n_g = p/(k_B T_g)$),以及两个电极的间距 l。同时,还需要作如下假设:

(1) 电子温度在空间中是常数(这是因为电子的能量弛豫长度远大于电极的间距)。

(2) 离子的惯性很大,可以认为它仅响应时间平均的电场($\omega \gg \omega_{pi}$)。

(3) 由于电子的惯性可以被忽略,这样电子要响应瞬时电场的作用($\omega \ll \omega_{pe}$)。

(4) 可以将系统分成三个区域:准电中性等离子体区,在该区域中带电粒子密度为常数,即 $n_e = n_i = n_0$,电场 E 几乎为零;两个鞘层区(鞘层 a 和鞘层 b),有 $n_e = 0$,$n_i = n_0$,$E \neq 0$。

(5) 可以采用静电描述,即要求 $\lambda \gg R$ 及 $\delta \gg l$。这样,两个电极之间的电压与电极的半径无关。

对于给定的 RF 电流,即 $I_{RF} = -I_0 \sin \omega t$,将在 5.1.1 节中计算穿过鞘层区和等离子体区的电压降,并分别给出它们的阻抗及容性放电的等效回路模型。为了将两个鞘层与等离子体串联起来,将对第 4 章中关于 RF 鞘层的结果作进一步扩展。

提示:不要把本章的 RF 电流的幅值 I_0 与第 4 章中的修正贝塞尔函数 $I_0(x)$ 混淆。

5.1.1　电极之间的电场及电势

图 5.2 给出了恒定离子密度模型的示意图,其中 $s_a(t)$ 是鞘层 a 与等离子体交界面的瞬时位置,即鞘层 a 的瞬时厚度;$\bar{s}$ 是鞘层的平均厚度,s_m 是鞘层的最大厚度。类似的表示可用于鞘层 b。

如第 3 章所显示的那样,在一般情况下,可以假设等离子体中的电场为零($E \equiv 0$)。尽管这种假设不是太合适,但与空间电荷鞘层中的电场相比,等离子体中的电场非常小,几乎为零。

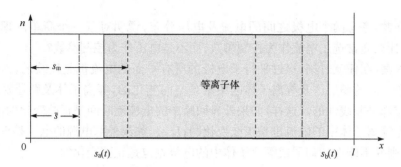

图 5.2　恒定离子密度模型的鞘层动力学示意图

　　问题:根据 RF 电流的连续性,说明在低气压放电区($\omega \gg \nu_\mathrm{m}$),当 $\omega \ll \omega_\mathrm{pe}$时,等离子体内的电场远小于鞘层内的电场。

　　答案:穿过鞘层区(sh)的 RF 电流主要是位移电流,它是由于电场的瞬时变化产生的,而在等离子体区(p),电子流体有一个不为零的有限电导率,位移电流可以被忽略。因此,由电流的连续性条件,则有

$$\varepsilon_0 \frac{\partial E_\mathrm{sh}}{\partial t} = \sigma E_\mathrm{p}$$

对于正弦变化的电流,由此可以得到

$$\left| \frac{E_\mathrm{sh}}{E_\mathrm{p}} \right| \sim \frac{\sigma}{\varepsilon_0 \omega}$$

根据方程(2.53)给出的电导率,并考虑到低气压极限,则当 $\omega \ll \omega_\mathrm{pe}$时,可以得到如下结论:

$$|E_\mathrm{sh}/E_\mathrm{p}| \gg 1$$

　　因此,当考虑鞘层区时,可以忽略等离子体区的电场。根据方程(4.18),令 $s(t) = s_\mathrm{a}(t)$,则在鞘层 a 中的电场为

$$E(x,t) = \frac{en_0}{\varepsilon_0} \left[x - s_\mathrm{a}(t) \right] \tag{5.1}$$

在 $0 \leqslant x \leqslant s_\mathrm{a}$ 的区间内,电场是指向电极的。

　　根据电流驱动模型,鞘层的运动由方程(4.26)给出。在高电流情况下,可以忽略穿过鞘层的带电粒子的传导电流。这样,如果外界电流随时间的变化是正弦的,其幅值是 I_0,均匀地分布在面积为 A 的电极上(即 $I_0 \gg 0.3 \times Aen_0 \bar{v}_\mathrm{e}/4$),则鞘层随时间的运动将是余弦的,即

$$s_\mathrm{a}(t) = \bar{s} - s_0 \cos\omega t \tag{5.2}$$

其中鞘层运动的幅值是

$$s_0 = \frac{I_0}{e n_0 \omega A} \tag{5.3}$$

实际上,在鞘层中存在一个小的离子电流,并且它在一个 RF 周期内被电子电流所中和。在现在的模型中没有考虑带电粒子的电流,如 4.4.2 节后面所讨论的那样,所以要求在某一个时刻 $s_a(t)$ 必须为零(这样当鞘层消失时,电子可以逃逸到电极上),由此得到

$$\overline{s} = s_0$$

在这个模型中,当两个鞘层以相反的相位进行扩展和收缩时,等离子体的尺度始终保持为 $l - 2s_0$。这样在靠近电极 b,等离子体/鞘层边界的运动为

$$s_b(t) = l - s_0 (1 + \cos\omega t) \tag{5.4}$$

对于两个电极之间的正弦电流驱动,两个电极之间将出现一个电势差,但在此理论模型中,电势的形式是由两个鞘层的非线性阻抗所决定的。假定位于 $x = l$ 处的电极 b 接地,在 $x = 0$ 处的未知电势为 $V_{ab}(t)$。在下面的讨论中,将给出该电势的表示式。

在 $0 \leqslant x \leqslant s_a(t)$ 区间,即在鞘层 a 内,对方程(5.1)从零开始积分,并利用边界条件 $\phi(0, t) = V_{ab}(t)$,则可以得到电极与等离子体之间的电势为

$$E_a(x, t) = \frac{e n_0}{\varepsilon_0} \left[x - s_a(t) \right] \tag{5.5}$$

$$\phi(x, t) = -\frac{e n_0}{\varepsilon_0} \left[\frac{x^2}{2} - s_a(t) x \right] + V_{ab}(t) \tag{5.6}$$

可见,电场在空间中是线性变化的,而电势则是呈二次方变化。在等离子体区,电场为零(假设(4)),电势与 x 无关。在等离子体/鞘层边界处,电势应该是连续的,其值为 $\phi(s_a(t), t)$,这样在等离子体区($s_a < x < s_b$),电势为

$$\phi_p(t) = \frac{e n_0}{2\varepsilon_0} s_a^2(t) + V_{ab}(t) \tag{5.7}$$

在 $s_b(t) \leqslant x \leqslant l$ 区间,即在鞘层 b 内,令 $s(t) = s_b(t)$,对方程(4.18)积分,并利用边界条件 $\phi(s_b(t), t) = \phi_p(t)$,则可以得到电极 b 与等离子体(在 $x = s_b(t)$)之间的电势为

$$E_b(x, t) = \frac{e n_0}{\varepsilon_0} \left[x - s_b(t) \right] \tag{5.8}$$

$$\phi(x, t) = -\frac{e n_0}{\varepsilon_0} \left[\frac{x^2}{2} - s_b(t) x + \frac{s_b^2(t)}{2} \right] + \phi_p(t) \tag{5.9}$$

最后,根据电势在 $x = l$ 处为零的条件,可以得到两个电极之间的电势差 $V_{ab}(t)$。这样,根据方程(5.9),可以得到

$$\phi_p(t) = \frac{e n_0}{2\varepsilon_0} \left[l - s_b(t) \right]^2 \tag{5.10}$$

利用方程(5.2)及方程(5.4),可以给出两个鞘层/等离子体的边界位置,并把方

程(5.7)与方程(5.10)联立,这样可以得到

$$V_{ab}(t)=\frac{en_0}{2\varepsilon_0}s_0^2(1+\cos\omega t)^2-\frac{en_0}{2\varepsilon_0}s_0^2(1-\cos\omega t)^2$$

$$=V_0\cos\omega t \tag{5.11}$$

式中

$$V_0=2en_0s_0^2/\varepsilon_0 \tag{5.12}$$

方程(5.11)给出的结果是非常有意思的。由于每个鞘层都具有其内在的非线性行为,所以在一般情况下,人们很难想象对于一个流经鞘层及等离子体的正弦电流,会导致一个余弦【译者注:原文为正弦】变化的电压。由于恒定离子密度模型是一种特殊的情况,其中对称的鞘层/等离子体/鞘层是一个线性系统,因此从这个意义上讲,正弦的电流导致一个余弦变化的电压是一个必然的结果。

正如两个电极之间的电势分布曲线所显示的那样,系统中存在着非线性行为。图5.3显示了在一个 RF 周期内不同时刻的电势空间分布。当 $\omega t=0$ 时,鞘层 a 塌缩,而鞘层 b 则扩展到它的最大厚度,即 $s_b=l-2s_0$。这时在等离子体与连接电源的电极 a 之间没有电势差。当 $\omega t=\pi$ 时,鞘层 a 完全扩展开,而鞘层 b 则完全塌缩。在 RF 周期的其他时刻,等离子体中的电势大于每个电极上的电势。事实就是如此,否则电子要迅速地损失掉,以至于等离子体难以被维持。

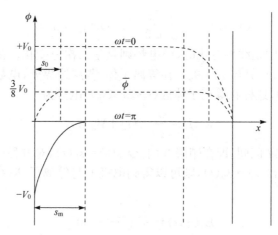

图 5.3　两个电极之间的电势 $\phi(x,t)$ 在一个 RF
周期内不同时刻的分布以及时间平均的电势分布

如 4.4.2 节所讨论的那样,每一个鞘层对正弦电流的响应都是非线性的。根据方程(5.7)和方程(5.11),可以得到鞘层 a 的电势差为

$$\phi_p(t)-V_0\cos\omega t=\frac{V_0}{4}(1-\cos\omega t)^2$$

$$=V_0\left[\frac{3}{8}-\frac{1}{2}\cos\omega t+\frac{1}{8}\cos 2\omega t\right] \tag{5.13}$$

可见,在该鞘层的电势差中分别有一个直流、基频及二次谐波分量,其中基频分量对应于对正弦电流的线性响应。类似地,鞘层 b 的电势差为电极 b 上的电势(为零)减去等离子体的电势,即

$$0-\phi_p(t)=-V_0\left[\frac{3}{8}+\frac{1}{2}\cos\omega t+\frac{1}{8}\cos 2\omega t\right] \tag{5.14}$$

在图 5.4 中画出了这些电压的变化。尽管每一个鞘层都是振荡的,但两个鞘层的厚度之和却与时间无关,这是导致非线性消失的因素之一。

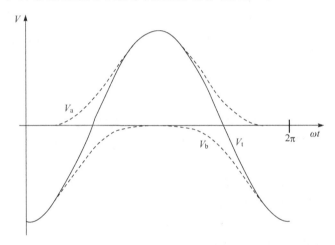

图 5.4　穿过鞘层 a 和 b 的电势差 V_a 及 V_b(见方程(5.13)
及方程(5.14))以及两者之和 $V_t=-V_{ab}=-V_0\cos\omega t$

　　问题:对于给定的电子密度 n_0,证明穿过等离子体区的电压幅值 V_0 非线性地依赖于 RF 电流的幅值 I_0。
　　答案:将方程(5.3)与方程(5.12)联立,则可以给出

$$V_0=\frac{2}{en_0\varepsilon_0\omega^2 A^2}I_0^2$$

　　看起来系统的幅值响应似乎是非线性的。然而,实际情况不是这样,因为等离子体密度是 V_0(或等价地是 I_0)的函数。在 5.3 节中将看到,根据加热机制,有 $n_0\propto V_0$,这样有 $I_0\propto V_0$。Godyak 已在实验上观察到这种变化规律[59]。

　　图 5.3 显示的等离子体区中时间平均的电势(虚线)为 $3V_0/8$,每个鞘层的平均厚度为 s_0。在现在的模型中,由于两个电极之间任意点处的离子密度都是恒定的,这样实际上是忽略了离子的运动(即使在平均电场中)。当研究入射到电极上

的离子能量时,严格地讲,现在的模型不是太合适。不过,在稍后的讨论中将假设离子穿过鞘层得到的能量等于鞘层的平均电势降。下面仍需对电子的动力学行为进一步研究,即研究能量是如何耦合到等离子体区的。为了便于研究,要利用现在的恒定离子密度和电流驱动模型,构造出一个 CCP 的等效回路模型。

5.1.2　对称 CCP 的等效回路模型

从外表上看,对于一个对称的 CCP,等离子体中的电流与两个电极间的电压降之间存在着一种特殊的关系,而且通过这个电流和电压,等离子体吸收外界电源的功率。本节的主要目的是利用标准的电子元件去设计一个电路,要求这个电路具有等价的伏安特性和相同的功率耗散,并选择电子元件的值,使之与等离子体的性质相匹配。如果能够准确地做到这一点,就无须时时求解麦克斯韦方程,而可以直接利用这个回路模型来研究放电参数的变化范围。

1. 总的鞘层区域

在 4.4.1 节中已经提到 RF 鞘层的等价回路模型,它涉及一个电流源、一个二极管及一个非线性电容。图 5.5 左边为两个鞘层及导电等离子体区串接构成的等效回路。然而,在现在的情况下可以作如下三个简化。首先,在驱动电流很高的极限下,已经忽略了带电粒子的传导电流,电流与电压之间的关系是由非线性电容来决定的。这样,只要以某种方式包括了耗散在不同元件上的功率,就可以不考虑二极管及电流源的通道。其次,已经看到,对于任意给定的高幅值的驱动电流,单个鞘层对驱动电流的响应是非线性的,但两个鞘层的结合对电流的响应则是线性的。在最初的回路模型中,为了表示功率耗散,可以用单个电容及单个电阻来模拟鞘层的这种结合。这是一个相当简单的回路模型,如图 5.5 右边所示。从如下 RF 电压与电流的关系,可以简单地计算出电容的值:

$$\frac{dV_{ab}}{dt} = -\omega V_0 \sin\omega t \qquad (根据方程(5.11))$$

$$= -\frac{2\omega e n_0 s_0^2}{\varepsilon_0} \sin\omega t \qquad (根据方程(5.12))$$

$$= -\frac{2s_0}{\varepsilon_0 A} I_0 \sin\omega t \qquad (根据方程(5.3))$$

根据外部 RF 电流的定义 $I_{RF} = -I_0 \sin\omega t$,由上面最后一个等式可以看出,两个鞘层的结合对驱动电流的响应可以用一个有效电容来表示

$$C_s = \frac{\varepsilon_0 A}{2s_0} = \frac{e n_0 \varepsilon_0 \omega A^2}{2 I_0} \qquad (5.15)$$

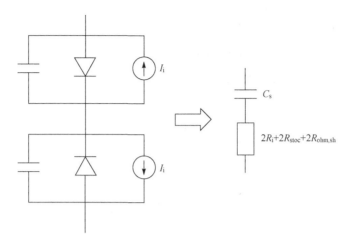

图 5.5　分别考虑两个鞘层(左边)以及将它们结合在一起(右边)所对应的回路模型

鞘层中存在着对能量耗散的三种贡献,并且可以将它们结合起来,用单个电阻与电容的串联来表示。前两种贡献,即 $2R_{ohm,sh}$ 与 $2R_{stoc}$ 来自每一个鞘层内电子的碰撞(欧姆)和无碰撞(随机)加热过程。第三种贡献,即 $2R_i$,来自离子加速穿越每个鞘层而引起的能量耗散。在后续几节将讨论这些电阻的参数化公式。这样,对于这两个结合在一起的鞘层,其复阻抗为

$$Z_s = \frac{1}{i\omega C_s} + 2(R_i + R_{stoc} + R_{ohm,sh})\qquad(5.16)$$

与电容的阻抗相比,总电阻通常是个小量。

2. 等离子体区

在 5.1.1 节求解电势分布的方程时,忽略了等离子体区的电场。接下来,从研究能量流动的观点来对等离子体区进行详细的分析。如果等离子体区的电势变化仍然很小,没有必要再对鞘层进行分析。

在第 2 章已经看到,等离子体区的等效回路是由一个电容与一个功率耗散的电阻及电子惯性的电感并联而成的。电容等效于穿过等离子体的位移电流的作用,但由于 $\omega \ll \omega_{pe}$,可以忽略这种位移电流的贡献。这样,可以把等效回路化简为一个电阻和感抗的串联。因此,穿过等离子体的电势差为

$$V_p = R_p I_{RF} + L_p \frac{dI_{RF}}{dt}\qquad(5.17)$$

为了方便,通常在回路理论中采用复数符号。借助于等离子体的复阻抗 $Z_p = R_p + i\omega L_p$,以及复的电流幅值 $\tilde{I}_{RF}$,这样穿过等离子体区的电势差的复数幅值为

$$\tilde{V}_p = Z_p \tilde{I}_{RF}\qquad(5.18)$$

3. 整个容性耦合等离子体区

对于容性放电,总的等效回路是由等离子体元件与两个鞘层元件串联而成的。图 5.6 显示了这种总的等效回路示意图。

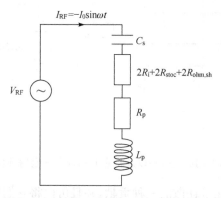

图 5.6　一个对称的容性耦合等离子体的等效回路模型

由于电子可以响应 RF 场的振荡,所以几乎所有的 RF 功率都沉积在等离子体区的电子成分中。通过碰撞和无碰撞机制(见 5.13 节),电子把所吸收的功率用来加热电子群。因为离子仅响应时间平均的电场,它们不能直接从 RF 场中得到能量,所以可以忽略 RF 场对离子的加热。然而,由于每一个鞘层的电势降都有一个直流分量,离子在鞘层中做加速运动时则需要耗散相当一部分 RF 功率。在5.1.4 节,将考虑离子的功率耗散。

5.1.3　电子引起的功率耗散

在第 2 章中,已讨论了局域瞬时的欧姆功率耗散,见方程(2.74)。为了计算等离子体中时间平均的欧姆加热功率,必须对这种局域瞬时功率的表示式在时间和空间上进行积分。为了达到这个目的,需要把放电区分成等离子体区和鞘层区。

准电中性等离子体位于 $s_{\mathrm{m}} \leqslant x \leqslant l - s_{\mathrm{m}}$ 的区间,而且在该区间,由于离子密度是恒定的,电导率 σ_{m} 也是不变的。假设电流随时间的变化是一个纯正弦形式,这样对方程(2.77)在空间上进行积分,可以得到耗散在等离子体区的总功率为

$$A \int_{s_{\mathrm{m}}}^{l-s_{\mathrm{m}}} \frac{I_0^2}{2 A^2 \sigma_{\mathrm{m}}} \mathrm{d}x = \frac{I_0^2}{2 A^2 \sigma_{\mathrm{m}}} \int_{s_{\mathrm{m}}}^{l-s_{\mathrm{m}}} \mathrm{d}x \equiv \frac{1}{2} R_{\mathrm{ohm,p}} I_0^2 \tag{5.19}$$

式中

$$R_{\mathrm{ohm,p}} = \frac{m_{\mathrm{e}} \nu_{\mathrm{m}} (l - 2 s_{\mathrm{m}})}{A n_0 e^2} \approx R_{\mathrm{p}} \tag{5.20}$$

这就是准电中性区域的电阻。

对于两个分别位于 $0 \leqslant x \leqslant s_m$ 及 $l-s_m \leqslant x \leqslant l$ 区间的鞘层，由于沉积功率的区域是随时间变化的，所以计算在鞘层区所耗散的功率是比较复杂的。在这种情况下，可以先对空间积分，然后再对时间积分，这样做会方便一些。将方程(2.76)应用到鞘层 a，这样沉积在瞬时电子鞘层($0 \leqslant x \leqslant s_m$)中的瞬时总功率为

$$P_{\text{ohm,sh}}(t) = A \int_{s(t)}^{s_m} \frac{J_0^2}{\sigma_m} \left(\frac{1-\cos2\omega t}{2} - \frac{\omega}{\nu_m} \sin\omega t \cos\omega t \right) \mathrm{d}x \qquad (5.21)$$

式中，$J_0 = I_0/A$。在推导方程(2.76)时，已经假设 RF 电流密度为 $J_0\sin\omega t$，但是为了与上面描述的情况相匹配，改变了 J_0 的符号，但这并不影响最后的结果。由于积分的区间是随时间变化的，所以为了便于积分，引入瞬时相位($\theta = \omega t$)，把对空间的积分转化为相位角的积分。这样，瞬时鞘层位置为 $s(\theta) = s_0(1-\cos\theta)$，由此得到 $\mathrm{d}x \equiv s_0\sin\theta\mathrm{d}\theta$，以及在高电流驱动极限下，有 $s_m = 2s_0$。将上面的积分式从对空间的积分转换为对时间相位的积分，则可以得到

$$P_{\text{ohm,sh}}(\theta_1) = \frac{I_0^2 s_m}{2A\sigma_m} \int_{\theta_1}^{\pi} \left(\frac{1-\cos2\theta}{2} - \frac{\omega}{\nu_m} \sin\theta\cos\theta \right) \sin\theta\mathrm{d}\theta \qquad (5.22)$$

$$= \frac{I_0^2 s_m}{2A\sigma_{\text{DC}}} \left[\frac{4}{3}(2-\cos\theta_1)\cos^4(\theta_1/2) + \frac{\omega}{3\nu_m}\sin^3\theta_1 \right] \qquad (5.23)$$

然后再对瞬时相位角 θ_1 积分，积分区间为 $0\sim2\pi$。这样得到

$$\bar{P}_{\text{ohm,sh}} = \frac{1}{3}\frac{I_0^2 s_m}{A\sigma_m} \qquad (5.24)$$

由此得到在一个鞘层内欧姆加热产生的电阻为

$$R_{\text{ohm,sh}} = \frac{1}{3}\frac{m_e\nu_m}{n_0 e^2}\frac{s_m}{A} \qquad (5.25)$$

比较方程(5.20)与方程(5.25)，可以看到：如果 $l \geqslant 8s_m/3$，等离子体区中的欧姆加热大于两个鞘层区的欧姆加热。在通常情况下，尽管鞘层的厚度远小于两个电极之间的间距，但这个关系式表明：当两个电极的间距非常小时，与等离子体区的欧姆加热相比，鞘层区的欧姆加热是不能忽略的。

除了碰撞(欧姆)加热之外，在鞘层区还存在着无碰撞加热，或称为随机加热。这种无碰撞加热机制来自于非均匀鞘层电场与等离子体电子之间的相互作用。对于密度均匀的鞘层，无碰撞加热为零，即 $R_{\text{stoc}} = 0$。将在后面的非均匀鞘层模型中对这种无碰撞加热机制进行讨论。

5.1.4 离子引起的功率耗散

对于高频放电，离子不能响应瞬时 RF 电场，但它们却可以从 DC 电场中得到能量，并把其能量沉积到电极上(当气压很高时，离子也可以把其能量转移给中性气体，导致气体加热)。与鞘层中的 DC 电势($\gg k_B T_e/e$)相比，等离子体区中的直

流电势($=k_BT_e/e$)很小,因此,鞘层区的电势起主要作用。尽管鞘层区离子的传导电流远小于 RF 位移电流,但离子在鞘层中做加速运动所耗散的功率仍然占电源所释放功率中的很大一部分。将离子流与鞘层电压降的时间平均值相乘,即可得到离子在鞘层中所耗散的功率。假定离子到达鞘层/等离子体边界的通量是玻姆通量,并利用式(5.13)及式(5.14),则可以得到

$$P_i = \frac{3}{8}en_0u_BAV_0$$

$$= \frac{3u_B}{4\varepsilon_0A\omega^2}I_0^2 \tag{5.26}$$

与前面的讨论一样,可以在等效回路中引入一个等效电阻 R_i 来表示离子所引起的功率耗散。将这个电阻与鞘层电容串联,表明 RF 电流 I_{RF} 从它上面流过,这样离子的功率耗散为

$$P_i = \frac{1}{2}R_iI_0^2$$

式中,离子的电阻为

$$R_i = \frac{3u_B}{2\varepsilon_0A\omega^2} \tag{5.27}$$

注意,R_i 与等离子体密度无关,对于给定的放电 RF 电流,离子电阻随 $1/\omega^2$ 变化。这表明随着频率的增加,耗散在离子上的功率会很快地下降。稍后,对此再进行讨论。

5.1.5　均匀离子密度模型的局限性

均匀离子密度模型能够描述真实 CCP 放电的一些主要特征,但是这种恒定离子密度分布模型也有如下不足:

(1) 假定离子以玻姆速度进入鞘层,并在自由穿过鞘层过程中获得能量,但离子在鞘层中的空间电荷分布却保持恒定。

(2) 过高地估算了离子在鞘层中的空间电荷量。对于一个比较真实的模型,鞘层应该是比较厚的。

(3) 对于两个恒定离子密度的鞘层,尽管它们每一个对 RF 电流的响应都是非线性的,但将它们结合起来,会导致两个电极之间的电压是以余弦形式变化的,即在现在的模型中,电流驱动与电压驱动是等同的。对于比较真实的模型,两个电极之间的电压与 RF 电流的响应应该是非线性的,甚至对单频放电,这种非线性效应会导致一些高次谐波出现。不过,对于两个对称的鞘层,若将它们的高次谐波合并在一起,还是会明显地小于单个鞘层的高次谐波。

(4) 对于这种平坦的离子密度分布,它完全抑制了电子的随机加热机制,而在

相对真实的模型中这种加热机制是存在的。

到目前为止,基于这种恒定(均匀)离子密度模型,我们已经确定了 CCP 等效回路中不同的元件。这样,人们就应该能够建立一个描述全部放电区的整体模型。在建立这个整体模型之前,将根据相对真实的非均匀离子密度分布模型,重新考虑回路的一些参数。

5.2 非均匀离子密度的电流驱动模型

图 5.7 显示了非均匀容性放电的示意图。注意,为了与第 3 章的结果保持一致,已把坐标原点移到平面中间的位置。在这个模型中,所采用的计算方法类似于均匀模型所采用的方法,然而由于数学处理过程较为复杂,这里不作详细介绍。下面将采用比较真实的离子密度分布来讨论一些效应,尤其是讨论 RF 鞘层中的随机加热(无碰撞耗散)效应,而在均匀离子密度模型中是无法得到这种效应的。随机加热是 CCP 物理的一个重要问题。有两种主要的研究方法,但是这里将采用 Tuner 等所建立的流体力学描述方法[60,61]。另外一种方法是基于所谓的“费米加速”模型,通常被称为硬壁模型。Lieberman 及 Lichtenberg 对这种模型进行了详细的描述[2]。在 5.2.3 节的结尾处,将对这两种模型进行定量的比较。最后,对这些可以用在 CCP 整体模型中的新的回路元件进行总结,并与均匀离子密度模型得到的结果进行比较。

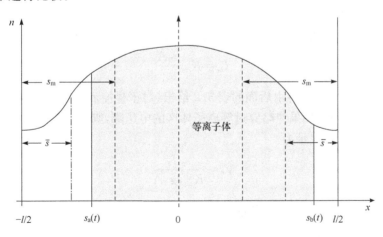

图 5.7 非均匀模型示意图

5.2.1 鞘层阻抗和 RF Child 定律

与均匀模型相比,最重要的修正之一是改变 RF 电流、电压与鞘层厚度之间的

关系。在第 4 章的结尾处,已经给出了无碰撞鞘层的 RF 电流(电压)、鞘层厚度与电子密度之间的定标关系[56]:

$$s_m = \frac{5}{12e(h_1 n_0)^2 \varepsilon_0 k_B T_e} \left(\frac{I_0}{A\omega}\right)^3 \tag{5.28}$$

这个表示与方程(4.38)给出的形式相同。对于中等气压范围内的碰撞鞘层,则有如下关系式[58]:

$$s_m = 0.88 \left(\frac{\lambda_i}{\varepsilon_0 k_B T_e \omega^3 e h_1^2 A^3}\right)^{1/2} \frac{I_0^{3/2}}{n_0} \tag{5.29}$$

可以将这些关系式与均匀鞘层的结果(方程(5.3))进行比较。注意,在现在的模型中,离子密度分布是非均匀的,但是对称的,如图 5.7 所示。在上面的关系式中,n_0 是放电中心处电子及离子密度。为了考虑等离子体密度的准电中性分布,在选定鞘层/等离子体边界条件时,引入了因子 h_1。在第 3 章已对因子 h_1 进行了讨论。

在 4.4.3 节,已经讨论了穿过非均匀鞘层的电压降对 RF 电流的响应。这时鞘层电压降对 RF 电流的依赖是非线性的,而且它包含了从基频(ω)到 4 倍频(4ω)的各阶谐波分量。然而,与均匀模型不一样,对于非均匀离子密度模型的 CCP,由于每个鞘层中产生的谐波不能完全相互补偿,两个反相位运动鞘层的电压降之和不再是一个纯余弦【译者注:原文为正弦】的变化形式,这是因为在非均匀模型中等离子体区的宽度不再是一个常数。然而,已经证明[39,56],将两个鞘层的电压降相加,将不会出现偶次谐波,而且三次谐波分量仅占基频分量的 4%。因此,两个鞘层的电压降之和基本上是余弦【译者注:原文为正弦】形式的,而且用一个电容器来模拟两个鞘层的串联仍是合理的。这样对应的有效电容为[56]

$$C_s = K_{cap} \frac{\varepsilon_0 A}{s_m} \tag{5.30}$$

式中,K_{cap} 是一个常数,将由后面的表 5.2 给出(对于碰撞和无碰撞鞘层,这个常数的形式是不同的)。如果忽略穿过等离子体区的电压降,则可以将两个电极之间电压降的幅值近似地表示为

$$V_0 \approx \frac{s_m I_0}{K_{cap} \omega \varepsilon_0 A} \tag{5.31}$$

5.2.2　欧姆加热及离子功率耗散

在计算等离子体区的欧姆加热时,要注意到电子密度是 x 的函数。令 $n(x) = n_0 f(x)$,在该区中由欧姆加热引起的时间与体积平均的功率耗散为

$$\frac{I_0^2}{2A} \frac{m_e \nu_m}{n_0 e^2} \int_{-(l/2-s_m)}^{(l/2-s_m)} \frac{dx}{f(x)} = \frac{1}{2} R_{ohm} I_0^2 \tag{5.32}$$

式中,$l-2s_m$ 是准电中性等离子体的宽度。根据 Schottky 模型,电子密度分布为

$f(x) = \cos(\pi x/l)$(仅适用于高气压情况),完成式(5.32)中的积分后,可以得到

$$R_{\text{ohm}} = \frac{1}{A} \frac{m_e \nu_m}{n_0 e^2} \frac{4l}{\pi} \tanh^{-1} \left[\tan\left(\frac{\pi(l - 2s_m)}{4l} \right) \right] \tag{5.33}$$

与恒定离子密度模型相比,非均匀等离子体的电流电阻增加,这是因为只有在放电中心处等离子体的密度才为 n_0。将相关常数代入式(5.33),采用余弦形式的电子密度分布,并假设鞘层厚度约占电极间距的 10%,此时等离子体的电阻是恒定离子密度模型下电阻的两倍。

当气压比较低时,电子密度分布比较平坦,这时可以近似地采用由方程(5.20)给出的电阻。

可以采用与均匀模型相同的方法,来讨论鞘层区中的欧姆加热。然而,对于非均匀鞘层模型,计算过程相当繁琐。后面的表 5.1 给出了由这种模型所得到的结果[62-64]。

问题:在均匀离子密度模型中,如果准中性等离子体区的宽度仅占两个电极间距的三分之一,可以发现鞘层区中的欧姆加热与等离子体区中的欧姆加热相当。那么对于非均匀模型给出的离子密度分布,将会产生什么变化?

答案:非均匀鞘层模型中的电子密度明显地低于恒定离子密度鞘层中的电子密度,使得电导率降低(电阻增加)。这意味着在非均匀鞘层模型中,鞘层加热比较明显,这样仅当鞘层很薄及准中性等离子体占据两电极间大部分空间时,等离子体区的欧姆加热才能与鞘层区的欧姆加热相当。

再次将离子进入鞘层的通量与穿过鞘层的平均电位降相乘,可以得到在单个鞘层中的离子功率耗散为

$$P_i = \overline{V} \cdot \overline{I}_i \tag{5.34}$$

式中,鞘层的平均电位降及正离子流分别为

$$\overline{V} = K_s V_0 = K_s \frac{s_m I_0}{K_{\text{cap}} \omega \varepsilon_0 A} \tag{5.35}$$

$$\overline{I}_i = e n_0 h_1 u_B A \tag{5.36}$$

K_s 由表 5.2 给出(对于均匀鞘层,这个常数大约为 3/8)。因此,与离子功率耗散相对应的电阻为

$$R_i = \frac{2 K_s e n_0 h_1 u_B s_m}{K_{\text{cap}} \omega \varepsilon_0 I_0} \tag{5.37}$$

5.2.3　随机(无碰撞)加热

实验结果已表明,欧姆加热不足以解释低气压容性耦合等离子体中电子功率

的吸收及实验上观察到的高电子密度现象[65,66]。这说明电子是通过无碰撞加热得到能量的，这是由局域鞘层电场与等离子体中的电子相互作用导致的，其基本特征是电子的热速度远大于鞘层边界的运动速度。这意味着在一个很短的时间间隔内(鞘层中的电场几乎不随时间变化)，电子在鞘层中得到能量。在与鞘层作用后(当它离开鞘层时)，电子将释放其能量。类似的相互作用也存在于低气压感性放电的趋肤层内，并导致电场的反常穿透和无碰撞感性加热。人们已对这种现象进行过一些理论研究，而且目前它仍是一个较为活跃的研究领域。Godyak[67] 率先采用所谓的"硬壁"模型对此进行了研究[67]，后来 Lieberman 又进一步对此进行了完善[56](也可以参考文献[68]和[69])。把这种随时间变化的鞘层边界看成一个刚性势垒(即硬壁)，它将反射来自等离子体的电子。考虑平行于鞘层运动方向的速度分量，这样单个电子的反射速度为

$$v_r = -v + 2v_s \tag{5.38}$$

式中，v 是电子的入射速度；$v_s(t) = u_0 \cos\omega t$ 是鞘层边界的速度。电子与向前运动(朝着等离子体运动)的鞘层作用后，可以获得能量；而与向后收缩的鞘层作用后，则损失能量。因此，为了计算转移到电子群中的净能量，有必要对速度分布及时间进行平均。在单位间隔 dt、速度范围 $v \sim v+dv$ 内，单位面积上与运动鞘层作用的电子数为 $(v-v_s)f_{es}(v,t)dvdt$，其中 $f_{es}(v,t)$ 是鞘层边缘处，速度平行于鞘层运动方向的电子速度分布函数。将电子的个数与每单位时间内获得的净能量相乘，则单位面积上电子得到的能量为

$$dS_{stoc} = \frac{1}{2}m_e(v_r^2 - v^2)(v - v_s)f_{es}(v,t)dvdt \tag{5.39}$$

考虑到 $f_{es}(v,t)$ 随着鞘层的振荡而变化，对式(5.39)积分时，需要考虑适当的积分范围。Lieberman[2,56] 假定 $f_{es}(v,t)$ 是一个移动的麦克斯韦分布，并考虑到鞘层振荡的速度远小于电子的热速度，即 $v_s \ll \bar{v}_e$，则对式(5.39)积分并对时间平均后，可以得到单位面积上的随机加热为

$$\bar{S}_{stoc,hardwall} = \frac{3\pi}{32}n_s m_e \bar{v}_e u_0^2 H \tag{5.40}$$

式中，n_s 是离子鞘层边界处(即最大鞘层边界处)的电子密度；H 是非均匀鞘层的参数，见方程(4.39)。

硬壁模型是非常吸引人的，因为借助于这种模型，可以对电子与鞘层电场相互作用过程进行动理学计算。但是，也应该注意到，这种模型并不是完全自洽的，因为它违反了在瞬时鞘层边界处 RF 电流的守恒。为了弥补这种不足，人们提出了另外一种研究方法。Turner 及其合作者提出了一种动理学流体(压缩加热)模型，用来描述无碰撞加热过程[60,61,70]。在 Surendra 与 Graves[71] 以及 Surendra 与 Dalvie[72] 等的早期工作中，也曾触及过这种模型。这种模型的基本思想是，随着鞘

层的扩展与收缩,电子流体也要作周期性的压缩与扩展,这样将产生净的加热。根据这种模型,很容易看出在均匀鞘层模型中加热一定为零,这是因为没有压缩过程出现(密度不变化)。这种模型关注的区间是由最大鞘层厚度所界定的准中性区,即严格地讲,这种模型没有涉及瞬时鞘层,但是可以用于描述具有时间平均鞘层厚度的等离子体。

在 Turner 模型中,将 Vlasov 方程(适用于描述无碰撞等离子体的动理学方程)的前三个矩相结合,可以得到如下电子流体方程:

$$\frac{\partial}{\partial t}\left(\frac{1}{2}nk_{B}T\right)+\frac{\partial}{\partial x}\left(\frac{3}{2}nk_{B}Tu+Q\right)-u\frac{\partial}{\partial x}(nk_{B}T)=0 \qquad (5.41)$$

式中,n、u 及 T 分别是电子流体的密度、流速及温度;Q 是电子流体的热通量。这里有四个变量,因此为了求解这个问题,原则上讲还需要另外三个方程。首先注意到,由于假定离子密度分布是与时间无关的,以及由准电中性条件,可以认为电子流体密度 n 也是与时间无关的,已经在 RF 鞘层模型中讨论过这一点。需要注意的是,现在的目的是研究在时间平均鞘层中准电中性部分的电子流体的压缩过程。此外,还可以合理地假设电子的温度 T 是不依赖于空间变量的,这是由于电子的热导率很高,以及鞘层厚度相对很小。在热流通量 Q 的作用下,电子温度随时间变化。为了求解方程,Turner 及其合作者进一步作了如下假定[60,61,70]:

(1) 可以忽略流到电极上的电子热流通量;

(2) 当电子进入及离开鞘层区时,可以分别用密度及温度来描述在离子鞘层边界处(最大鞘层扩展处)电子的随机通量及热通量;

(3) 等离子体区中的电子温度是不变的,为 T_{b}。

根据这些假定,可以将鞘层/等离子体交界面处的热流通量表示为

$$Q=\frac{1}{2}n_{s}\,\bar{v}_{e}k_{B}T_{b}\left(\frac{T}{T_{b}}\right)\left(1-\frac{T}{T_{b}}\right) \qquad (5.42)$$

根据热流通量的这个表示式及上面的假定,可以将方程(5.41)化简成如下关于 T 的一阶常微分方程:

$$\frac{u_{0}}{\bar{v}_{e}}\left[(1+\cos\theta)\frac{1}{T_{b}}\frac{\partial T}{\partial\theta}+2\,\frac{T}{T_{b}}\sin\theta\ln\left(\frac{n_{es}}{n_{s}}\right)\right]+\frac{T}{T_{b}}\left(\frac{T}{T_{b}}-1\right)=0 \qquad (5.43)$$

式中,$\theta=\omega t$ 是相位;n_{es} 是瞬时鞘层边界处的密度,这样 n_{es}/n_{s} 是 θ 的函数,由鞘层模型确定。可以采用数值方法来求解这个方程,并给出电子温度在鞘层中的振荡行为及流进等离子体中的热流通量。图 5.8 显示了归一化的电子温度在一个 RF 周期内的变化情况。在一个周期的开始部分,鞘层内电子温度大于等离子体区的电子温度,从而导致热流通量向等离子体流动;而在随后的时间内,情况则相反。对一个周期进行平均,则发现有流进等离子体的一个净的热通量。可以发现单位面积上这种无碰撞加热[61,70]为

$$\overline{S}_{\text{stoc, fluid}} = \frac{\pi}{16} n_s m_e \ \overline{v}_e u_0^2 \left(\frac{36H}{55+H} \right) \tag{5.44}$$

很容易看出,当 $H \ll 55$ 时,该表示式与 Lieberman 等采用硬壁模型得到的结果具有相同的参数定标规律。这两种模型的定量差别为(对于中等范围的 H 值)

$$\frac{\overline{S}_{\text{stoc, fluid}}}{\overline{S}_{\text{stoc, hardward}}} = \frac{72}{165} \approx 0.4 \tag{5.45}$$

在本书中,这两种模型都将被采用,依赖于所挑选的原始文献。需要指出的是,这两种模型给出的结果没有太大的差别。由于无碰撞加热仍然是一个比较活跃的研究领域,在将来还有可能要对这种模型进行一些修正。

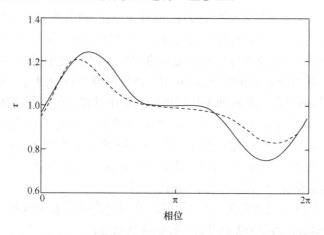

图 5.8 　归一化的电子温度 $\tau = T/T_b$ 在一个 RF 周期内的变化情况。
其中虚线是 PIC 模拟的结果[73],而实线则是由方程(5.43)给出的结果

由于鞘层以速度 $v(t) = u_0 \cos\omega t$ 振荡,所以可以将电流的幅值表示为 $I_0 = en_s u_0 A$。这样对于无碰撞鞘层,利用 $s_m/s_0 = 5\pi H/12$,方程(5.40)变为

$$\overline{S}_{\text{stoc}} = \frac{9}{40} m_e \ \overline{v}_e \left(\frac{\omega s_m I_0}{eA} \right) \tag{5.46}$$

与容性放电的等效回路模型中所对应的电阻为

$$R_{\text{stoc}} = \frac{2 \overline{S}_{\text{stoc}} A}{I_0^2}$$

$$= \frac{9}{20} m_e \overline{v}_e \left(\frac{\omega s_m}{eI_0} \right) = \frac{9}{20} \left(\frac{m_e \ \overline{v}_e}{e^2 n_s A} \right) \left(\frac{\omega s_m}{u_0} \right) \tag{5.47}$$

注意:也可以采用碰撞鞘层的定标关系来计算这个电阻,只是结果有稍微的差别(表 5.2)。

5.2.4　与均匀模型的比较

表 5.1 给出了均匀和非均匀模型中等效回路的各个元件的值。如先前提到的那样,这些元件的取值是电子密度、鞘层厚度及 RF 电流的函数。然而,这三个量之间是有联系的(即等价的直流鞘层 Child-Langmuir 定律)。表 5.1 中没有出现电子密度,这是因为已经利用鞘层定律,即方程(5.23)对应的均匀鞘层的厚度及方程(5.28)和方程(5.29)对应的非均匀鞘层的厚度把电子密度替换掉了。尽管表中的一些表示式显得繁杂,但在求解能量平衡时,若采用这些表示式则很方便。特别是这里隐含一个重要的事实,即这些能够把能量从电场转移到电子群上的主要电阻(R_{stoc} 及 R_{ohm})都是以 $1/n_0$ 来标度的。

表 5.1　不同模型中等效回路的元件表示式

部件	均匀模型	非均匀模型
C_{s}	$\dfrac{\varepsilon_0 A}{s_{\text{m}}}$	$K_{\text{cap}}\dfrac{\varepsilon_0 A}{s_{\text{m}}}$
R_{stoc}	0	$K_{\text{stoc}}(m_{\text{e}}k_{\text{B}}T_{\text{e}})^{1/2}\left(\dfrac{\omega s_{\text{m}}}{eI_0}\right)$
$R_{\text{ohm,sh}}$	$\dfrac{2}{3}m_{\text{e}}\nu_{\text{m}}s_{\text{m}}\left(\dfrac{\omega s_{\text{m}}}{eI_0}\right)$	$k_{\text{ohm,sh}}m_{\text{e}}\nu_{\text{m}}s_{\text{m}}\left(\dfrac{\omega s_{\text{m}}}{eI_0}\right)$
R_{t}	$\dfrac{3}{2}\left(\dfrac{u_{\text{B}}}{\varepsilon_0 A\omega^2}\right)$	$K_{\text{t}}\left(\dfrac{s_{\text{m}}eI_0}{M_{\text{i}}\varepsilon_0^3 A^3\omega^5}\right)^{1/2}$
R_{ohm}	$m_{\text{e}}\nu_{\text{m}}(l-2s_{\text{m}})\left(\dfrac{\omega s_{\text{m}}}{eI_0}\right)$	$K_{\text{ohm}}h_l m_{\text{e}}\nu_{\text{m}}(l-2s_{\text{m}})\left(\dfrac{\omega}{eI_0}\right)^{3/2}(A\varepsilon_0 s_{\text{m}}k_{\text{B}}T_{\text{e}})^{1/2}$
L_{p}	$R_{\text{ohm}}/\nu_{\text{m}}$	$\nu_{\text{m}}R_{\text{ohm}}$

表 5.2 显示了本节所引入的各种系数,它们都来自不同的积分。虽然在本节中并没有给出其中一些系数,但可以从所引用的文献中找到它们的数值。

表 5.2　非均匀模型的等效回路部件中的一些常数

常数	无碰撞鞘层	碰撞鞘层
K_{cap}	0.613	0.751
K_{stoc}	0.72	0.8
$K_{\text{ohm,sh}}$	0.33	0.155
K_{ohm}	1.55	$1.44\sqrt{s_{\text{m}}/\lambda_{\text{i}}}$
K_{s}	0.42	0.39
K_{i}	0.87	$0.9\sqrt{\lambda_{\text{i}}/s_{\text{m}}}$

5.3　整 体 模 型

这里采用"整体"一词的意思是：基于分析与推理,把模型中所有相关的物理量都对空间变量进行积分。到目前为止,所讨论的内容都是针对对称的单频 CCP,而且存在四个外部(控制)参数,它们分别是中性气体压强 p、电极间隙 l、驱动频率 ω 及 RF 电流 I_{RF}。根据方程(5.31),很容易将电流驱动转化为比较直观的电压驱动。对于描述 CCP 的整体模型,有三个整体变量,它们分别是电子温度 T_e、等离子体中心处的电子密度 n_0 及 RF 鞘层扫过区域的尺度,即最大鞘层厚度 s_m。

为了确定这三个变量,则需要三个对应的方程,即粒子平衡方程、功率平衡方程及 RF 鞘层定律(或 RF Child 定律),其中对于无碰撞鞘层和碰撞鞘层,RF 鞘层定律分别由方程(5.28)和方程(5.29)给出。

从等离子体工艺的观点来看,通过求解这些方程,可以估算出一些重要的物理量,如入射到电极上的离子通量及离子能量。在 5.3.1 节,首先将这些方程联立,介绍求解这些方程的一种简单过程。其次,分析外部参数对等离子体状态参数的影响。最后,考虑所有的功率耗散,并对整体模型进行推广,使它能够包含外界匹配网络,这与工艺腔室紧密相关。

5.3.1　基本方程

假设电极的面积为 A,则对应的等离子体的体积为 $A(l-s_m)$。根据方程(3.84),稳态的粒子平衡方程为

$$n_g \bar{n}_e K_{iz}(l-s_m)=2h_1 n_0 u_B \tag{5.48}$$

式中,$K_{iz}=K_{iz0}\exp[-e\varepsilon_{iz}/(k_B T_e)]$ 是电离常数,见方程(2.27),ε_{iz} 为电离势。注意,这里为了简化讨论,没有考虑等离子体中的再结合过程。对于电正性放电,这种简化是一个很好的近似,因为可以忽略电子-离子的再结合过程。此外,这里也没有考虑多步电离过程。

问题:在本节的后续部分都将假定 $\bar{n}_e=n_0$,这种近似有效的范围是什么?
答案:在 3.4.2 节中,已经证明 $2/\pi \leqslant \bar{n}_e/n_0 \leqslant 1$,这样令轴心处的密度与平均密度相等,对密度定标关系的影响不会太大,但对其数值精确度的影响大约为 $\pm 30\%$。

当鞘层厚度很薄,即 $s_m \ll l$ 时,粒子平衡方程与电子密度无关,利用这个方程可以确定电子温度,而且与其他两个变量没有关系。这一点已在第 3 章中进行了讨论。然而,对于许多工业上所使用的容性放电,放电间隙非常小(2~3 cm),这样

在方程(5.48)中不能把 s_m 忽略掉。可以预期,随着 RF 电流的增加,鞘层的厚度也增加,这将导致等离子体区的体积减小,但边界上的通量损失并没有改变。这样,为了把等离子体维持在一个较小的产生体积内,电离率必须增加,从而导致电子温度的增加。

利用等效回路模型,即方程(2.45)和方程(3.29),可以把稳态的电子功率平衡方程表示为

$$\frac{1}{2}(R_{ohm}+2R_{stoc}+2R_{ohm,sh})I_0^2 = 2h_1 n_0 u_B \varepsilon_T(T)A \tag{5.49}$$

该方程的左边为等效回路模型中的吸收功率。在电子的能量平衡方程中,没有包括离子穿过鞘层时所引起的功率耗散,它在等效回路模型中是通过 R_i 来表示的。

5.3.2　随外部控制参数变化的定标关系

利用简单的作图法,可以对放电平衡进行分析。对于两种不同的 RF 电流幅值 I_0,图 5.9 显示了电子从电场吸收的功率 $P_{abs}(n_0)$ 以及电子群引起的功率损失 $P_{loss}(n_0)$。在方程(5.49)中,由于主要电阻与密度的比例关系为 $1/n_0$,这样对于给定的电流幅值,则有 $P_{abs}(n_0) \propto 1/n_0$(忽略 $R_{ohm,sh}$ 及密度对 $l-2s_m$ 的依赖)。另外,电子群引起的能量损失率随 n_0 线性地增加,而且电子温度决定其增加的斜率。两条曲线 $P_{abs}(n_0)$ 及 $P_{loss}(n_0)$ 的交叉点给出了平衡状态下的密度。在这种情况下,损失的功率正好等于电子从 RF 电源中得到的功率。特别是从图 5.9 中可以看出,当 RF 电流幅值增加时,平衡点朝着较高的电子密度处移动。这种绘图分析法对理解一些比较复杂动力学的物理过程是非常有用的。这些复杂的动力学包括模式转换、回滞及不稳定性,在随后的几章中将对它们进行讨论。

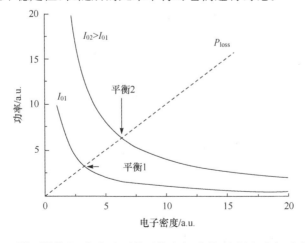

图 5.9　对于两种不同的 RF 电流,电子的吸收功率(实线)和损失功率(虚线)随电子密度变化的情况。其中电子温度是固定不变的,图中的交叉点为稳态等离子体的平衡点

为了得到定量的结果,需要同时求解方程(5.48)、方程(5.49)与方程(5.28)(或方程(5.29))。通常的做法是,先选取一个s_m,然后通过求解粒子平衡方程得到T_e,再将功率平衡方程与鞘层定律联立求解,就可以得到n_0及I_0[63]。在某些极限情况下,有可能得到该方程组的解析解。下面将对此进行讨论。

1. 电子温度

电子温度基本上是由粒子平衡方程确定的,它仅随施加的电压缓慢地增加,这是因为当鞘层厚度增加时,等离子体区的体积要减小。在低气压(<1 Pa)及低密度情况下,温度随电压的增加是比较明显的,因为这时鞘层厚度较大。需要指出的是,由于在这个简单的模型中忽略了其他一些机制,它们有可能会导致电子能量及有效电子温度的变化。在这些被忽略的机制中,多步电离是特别重要的。

2. 等离子体密度

首先考虑这样一种情形:①与两个电极之间的间距相比,鞘层厚度很小($s_m \ll l$);②在功率吸收中,随机加热占主导地位。在低气压(典型的值为低于几帕)下,这些假设是有效的。在这种情况下,对于给定的气压及两个电极之间的间距,电子的温度可以由方程(5.48)来确定,那么对于给定气压及极板间距,可以确定出$\varepsilon_T(T_e)$的值。利用表5.1给出的R_{stoc}表示式及方程(5.31),就可以很容易地得到

$$n_0 = \left[\frac{\varepsilon_0 K_{stoc} K_{cap}(m_e M_i)^{1/2}}{4e\varepsilon_T(T_e)h_1} \right] \omega^2 V_0 \tag{5.50}$$

在这种情况下,电子密度随施加的 RF 电压线性地增加,而且与放电频率的平方成正比。在相反的极限下,即在等离子体中欧姆加热占主导地位(如高气压放电),可以进行相同的分析。

问题:证明在等离子体区中当欧姆加热占主导地位时,有$n_0 \propto \omega^2 V_0^{1/2}$。

答案:当欧姆加热占支配地位时,由功率平衡方程,可以得到$R_{ohm}I_0^2/2$正比于n_0。利用表5.1给出的欧姆电阻R_{ohm}的表示式(非均匀模型),可以得到$\omega^{3/2}(s_m I_0)^{1/2} \sim n_0$。再利用方程(5.31),即可以得到$n_0 \propto \omega^2 V_0^{1/2}$【译者注:与原文的叙述不同】。

3. 鞘层厚度

给出鞘层厚度随外界参数的定标变化也是非常有意义的。首先考虑无碰撞鞘层,将方程(5.28)与方程(5.31)相结合,可以得到$s_m^4 \propto V_0^3 n_0^{-2} h_1^{-2}$。根据方

程(5.50),有 $h_1 n_0 \propto \omega^2 V_0$,所以可以得到

$$s_{\mathrm{m}} \propto \frac{V_0^{1/4}}{\omega} \qquad (5.51)$$

对于给定的频率,鞘层厚度随电压缓慢地增加;而对于给定的电压,鞘层厚度则随频率增加明显地减小。注意,这里所考虑的是无碰撞鞘层,鞘层厚度与气压无关。然而,在中等气压下,则需要使用碰撞鞘层定律,即方程(5.29)。因此,采用相同的推导过程,可以得到

$$s_{\mathrm{m}} \propto \left(\frac{V_0}{p\omega^4}\right)^{1/5} \qquad (5.52)$$

碰撞鞘层的厚度随 RF 电压幅值及频率的变化趋势与无碰撞情况下相似(仅在定标上稍微有差别),但随中性气体压强 p 的增加而减小(注意 $\lambda_i \propto 1/p$)。

方程(5.51)及方程(5.52)给出的两个定标规律是基于随机加热占主导地位的假定,但对于等离子体工艺中典型的气体压强,这个假定是有问题的。为了评估这些定标规律的有效性,图 5.10 显示了三个方程的数值解,其中给出了电子密度、鞘层厚度及电子温度随 RF 电压幅值的变化情况。这里放电频率为 13.56 MHz,氩气的压强为 19.5 Pa,电极半径为 15 cm,放电间隙为 3 cm。如定标规律式(5.51)及式(5.52)所期望的那样,鞘层厚度随电压缓慢地增加,导致电子温度的增加也非常缓慢。这里气压相对较高($\lambda_i < s_{\mathrm{m}} < l$),欧姆加热应该变得明显。然而,电子密度随电压的增加几乎是线性的,与无碰撞加热给出的结果(方程(5.50))是一致的。

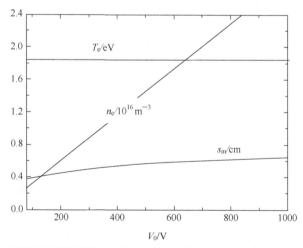

图 5.10　电子密度,鞘层厚度,以及电子密度随 RF 电压幅值的变化。其中放电频率为 13.56 MHz,氩气的压强为 19.5 Pa,电极半径为 15 cm,放电间隙为 3 cm

为了更好地理解上面所观察到的现象及不同加热机制的相对重要性,图 5.11 显示了在相同的条件下不同的耗散功率随 RF 电压的变化情况。甚至在这个相对

高的气压下,等离子体区中的欧姆加热也不是主要的。当电压在 200～1000 V 时,在鞘层边界处的随机加热占主导地位。然后随着电压的增加,在相对厚的鞘层内的欧姆加热将超过随机加热。从图 5.11 还可以看到,与随机加热相比,等离子体区中的欧姆加热对电压的依赖性很弱,而鞘层中的欧姆加热则对电压的依赖性最强。

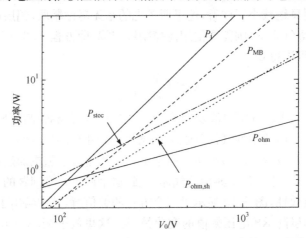

图 5.11　非均匀模型给出的各个耗散功率随 RF 电压幅值的变化。其中放电频率为 13.56 MHz,氩气的压强为 19.5 Pa,电极半径为 15 cm,放电间隙为 3 cm。将在 5.3.4 节中对匹配箱的耗散 P_{MB} 进行讨论

4. 放电间隙宽度及气压

电极间隙及气压主要影响电子温度。表 5.3 显示了电极间隙的变化对等离子体的影响,其中电压固定为 200 V,放电频率为 13.56 MHz,电极的半径为 $r_0 =$ 15.0 cm,氩气的气压为 19.50 Pa(与图 5.10 中的参数相同)。在固定气压下,增加放电间隙,导致电子温度下降及电子密度增加。这是由于损失减少(h_1 降低)的缘故。实际上,在第 2 章已经指出,当放电区内部的带电粒子的产生与极板表面上的损失达到平衡时,电子温度是由压强及系统的尺寸决定的。在放电电压不变的情况下,随着电极间隙的增加,鞘层尺度稍微地增加。电流随放电间隙的增加稍微地降低,但它与鞘层厚度的乘积 $I_0 s_m$ 则保持不变,如方程(5.31)所要求的那样。

表 5.3　对于给定的电压 $V_0 = 200$ V,电极间隙的变化对等离子体参数的影响

$l/10^{-2}$ m	$k_B T/e$/eV	$s_m/10^{-2}$ m	$n_0/10^{16}$ m^{-3}	I_0/A
3.00	1.83	0.47	0.60	1.72
6.00	1.63	0.49	0.80	1.62
9.00	1.53	0.51	0.94	1.57

其中频率为 13.56 MHz,电极的半径为 $r_0 = 15.0$ cm,气压为 19.50 Pa。

习题 5.1:整体模型 表 5.4 显示了气压对等离子体的影响,其中电压固定为 200 V(与图 5.10 中的参数相同)。对表中列出的结果进行解释,即为什么在放电间隙一定的条件下,降低气压会导致电子温度的增加、电子密度的减小以及鞘层厚度的增加?

表 5.4 对于给定的电压 $V_0 = 200$ V,气压的变化对等离子体参数的影响

p/Pa	$k_B T/e$/eV	$s_m/10^{-2}$ m	$n_0/10^{16}$ m^{-3}	I_0/A
1.33	4.00	0.76	0.10	0.86
6.65	2.25	0.58	0.32	1.37
19.50	18.3	0.47	0.60	1.72
33.25	1.69	0.41	0.85	1.94

其中频率为 13.56 MHz,电极的半径为 $r_0 = 15.0$ cm,电极间隙为 $l = 3.00$ cm。

5.3.3 与数值模拟的比较

将零维的整体模型给出的电子密度和频率的定标规律与一维的流体模拟以及 PIC 模拟进行比较,将是非常有用的。

> **问题**:在半导体器件制备过程中,确定能够增加等离子体与表面相互作用速率的参数。
> **答案**:反应速率很有可能与等离子体密度成正比。根据方程(5.50),四个参数(p, l, ω, V_0 或 I_{RF})中的频率及电源的输出电压或电流应该很强地影响表面的处理时间。

许多研究者已经指出[12,73,74],为了提高等离子体密度,可以增加放电频率,尽管这种方法可能导致其他一些物理量发生变化。例如,当增加频率时,若保持等离子体密度不变,则两电极之间的电压将要降低(为了保证 $\omega^2 V_0$ 为常数),由此可以降低离子的轰击能量。在单频 CCP 中,离子通量(正比于等离子体密度)以及离子能量(正比于鞘层电压)不能独立地变化。

图 5.12 比较了整体模型给出的结果与一维流体力学模拟[76-78]及一维蒙特卡罗/粒子模拟[79]给出的结果。可以看到,对于所有的模拟方法,电子密度都是随驱动频率增加的。整体模型给出的结果与 PIC 的模拟结果符合得非常好,而流体力学模拟给出的密度较低,而且随频率的比例关系较弱。产生这种结果的原因是,在流体力学模型中没有考虑鞘层中随机加热的物理过程以及忽略了电子的惯性项。随着频率的增加,这两个被忽略的因素将变得重要。

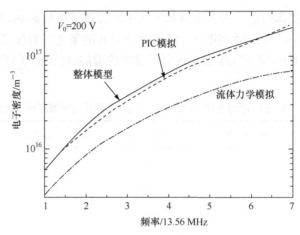

图 5.12　分别由 PIC 模拟,流体力学模拟,以及整体模型给出的电子密度随驱动频率的
变化[75]。其中 RF 电压的幅值为 $V_0 = 200$ V,氩气的压强为 19.5 Pa,电极的间隙为 3 cm

5.3.4　带有匹配箱的整体模型

CCP 的等效回路可以描述 RF 电源的电负载。为了能够使负载(具有等离子体的放电腔室)匹配成一个具有 50 Ω 输出阻抗的标准发生器,系统必须包括一个匹配网络或匹配箱。对一个 CCP 进行完整的电学分析,应该包括匹配箱及真实电学系统的其他元件。典型的匹配回路是由两个可变电容器和一个电感器组成的,如图 5.13 所示。该图还包括了比较真实的回路耗散 R_{loss}、杂散串联电感 L_{stray} 以及对地的杂散电容 C_{stray}。电感器的线圈是回路电阻的主要来源,这在 RF 驱动下特别明显。因此,为了快速散发产生的热量,匹配箱通常还要包括一个冷却风扇。除了电感器外,还有其他一些电感,这是因为在面向电极表面的等离子体中存在着特

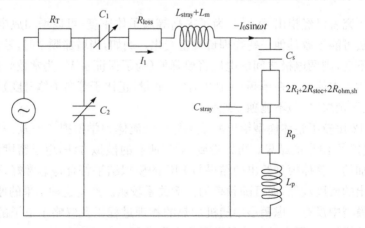

图 5.13　容性耦合等离子体发生器的电学回路模型。包括匹配箱和杂散元件

殊的电流通道,即在功率反馈及接地回路中存在着电感。必须把电荷提供给任意具有给定电势的导体上,而且这些电势是位于一些彼此靠近且被电介质隔开的大面积之间,这样就会形成很大的电容。在 CCP 中,施加 RF 电源的电极通常被同轴地套上有几毫米厚的绝缘体层和接地金属层。

匹配回路自身是由一个电感 L_m 以及两个可变电容 C_1 和 C_2 组成的,其中两个电容是可调的,以实现阻抗匹配。对于输出阻抗为 50 Ω(电阻)的 RF 功率发生器,为了达到匹配,基本上要求被匹配的负载也具有 50 Ω。如果认为 C_2 是发生器输出回路中的一部分,可以简化对实际回路的分析,这样做相当于重新定义匹配条件:将 C_2 归入总输出负载,只考虑总负载与电源之间的匹配,这和匹配箱与等离子体负载分开考虑等效,后者使电路分析变得复杂。

问题:当匹配回路与一个空载的 CCP 腔室连接时,说明如何确定 C_{stray}、L_{stray} 及 R_{loss}。

答案:(1) 最容易测量的量是 C_{stray}。使用传统的低频电桥,就可以测量匹配网络的输入端与接地之间的电容,但要求电源发生器不与 C_2 连接。这是由于 C_1 与 C_{stray} 及由两个平行板电极构成的电容($\epsilon_0 A/l$)之间是串联的,其中两个电极构成的电容代表了正常运行下等离子体的等效回路中的元件。

(2) 仍然将电源发生器与 C_2 断开,以及没有等离子体存在,这样通过观察电感与净电容的固有共振,就可以得到总的回路电感。

(3) R_{loss} 是最难直接测量的,这是因为对于主要的激发频率,它是电路的净电阻。在 RF 驱动下,趋肤效应使得电阻是频率的函数。重复步骤(2),也许是测量 R_{loss} 的一种灵巧的方法,即为了在激励频率下出现回路共振,将 C_1 或 C_{stray} 增大。这样用矩形脉冲信号来激励回路,根据每个脉冲触发后固有共振的衰减时间,就可以确定出电阻。

确定出消耗在匹配箱中的功率是特别重要的。很明显,这个量依赖于等离子体发生器的设计,例如,通过选取 C_{stray} 及 L_{stray} 的值,就可以决定电源的输出电流。对于给定的等离子体发生器设计,耗散功率也依赖于外界放电参数,如气压、频率及 RF 电压的幅值。下面将讨论驱动频率的影响。

回路中电阻 R_{loss} 关系到导体、匹配箱以及匹配箱后面的一些元件上的耗散。RF 电流在这些导体的趋肤层内流动,即在一个很小的面积内流动。对于频率 13.56 MHz,铝的趋肤层深度大约为 22 μm。此外,如方程(2.58)所示,趋肤深度随 $\omega^{-1/2}$ 变化,这意味着导体的 RF 电阻随频率的平方根增加。因此,人们可以期望耗散在匹配箱中的功率随驱动频率增加。但这结论不是固定不变的,因为在较高的频率下,RF 电流也倾向于变大。图 5.14 比较了总回路(图 5.13)中不同的功率耗散随驱动频率的变化情况,其中电压的幅值固定为 $V_0=200$ V(图 5.14(a)),

电子密度固定为 $n_e = 10^{17}\,\mathrm{m}^{-3}$（图 5.14(b)）。

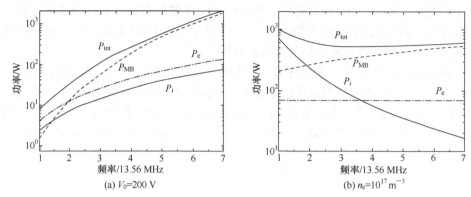

图 5.14　不同耗散功率随驱动频率的变化。其中电压固定为 $V_0 = 200$ V((a))，电子密度固定为 $n_e = 10^{17}\,\mathrm{m}^{-3}$((b))，氩气的压强为 19.5 Pa，电极间隙为 3 cm，取 $R_{\mathrm{loss}} = 0.5\ \Omega$（对于 13.56 MHz，实际上它依赖于放电系统）。当电源发生器与负载匹配时，耗散在发生器内部输出回路中的功率等于 P_{tot}

在图 5.14(a) 中，电压被固定为常数，而频率则是增加的，这样电子密度随频率的平方增加（这与图 5.12 中的情况相对应）。沉积在电子中的功率 P_e 也相应地增加。在恒定电压 V_0 下，尽管时间平均的鞘层电压不变，但离子流随电子密度线性地增加，这样离子功率也随频率增加。最后，可以看到与其他耗散功率相比，耗散在匹配箱中的功率随频率的增加比较迅速，这是由于随着 RF 电流的增加，损耗电阻随频率的平方根增加；相反，由于等离子体密度快速地增加，等离子体电阻随频率的增加而减小。在甚高频情况下，由 RF 电源释放出来的功率大部分都耗散在匹配箱及外界回路中。

在图 5.14(b) 中，电子密度被固定为常数。这时，电子功率及 RF 电流基本上保持不变（因为 n_e 为常数）。然而，离子轰击电极所耗散的功率则下降很快，这是由于鞘层电位下降的缘故。的确，由于鞘层的阻抗为容性的，在固定电流的情况下，当频率增加时，鞘层的电压下降。这表明通过提高频率，可以增强对等离子体的耦合，即降低由离子在鞘层中加速造成的功率损失，而增加电子所消耗的功率。由于 RF 电流基本为常数，在外电路中的功率耗散仅通过趋肤效应才能增加。再一次强调，在高频情况下，大部分功率主要耗散在等离子体外部的回路中。

问题： 图 5.11 表明，与电子加热所耗散的功率相比，匹配箱中的功率耗散随施加电压增加得较快。对这种结果进行解释。

答案： 在等效回路中，RF 电流通过 R_p、$R_{\mathrm{ohm,sh}}$ 以及 R_{loss}，也通过杂散电容。尽管 R_{loss} 与施加的电压无关，但与电子加热相关的电阻导随 $1/n_0$ 衰减。这样增加电压，电阻就会下降。综合这些因素，就可以解释图中所观察到的结果。

5.4　其他放电参数范围及放电位形

到目前为止,仅考虑的是电极对称的 CCP 以及低气压放电。在通常情况下,接地电极是与放电真空腔室的器壁连接在一起的,这样使得接地的面积远大于施加 RF 功率的电极。对这种非对称电极的放电,将在接下来的小节中进行讨论。另外一个重要的问题是高气压放电,对于这种放电,从电极发射的二次电子对电离过程及电子的功率平衡将产生重要的作用。最后,讨论鞘层电容和等离子体电感之间的串联共振。

5.4.1　非对称放电

考虑一个非对称的 CCP,其中两个电极的面积不相等:A_a 是电极 a 的面积,A_b 是电极 b 的面积。由于两个电极的面积不同,则与它们相对应的鞘层 a 和鞘层 b 的厚度及电势降也不相同,否则流经这两个鞘层的 RF 电流将不同。实际上,由于电流守恒,流经这两个鞘层的电流将相等。

对于恒定离子密度模型,根据方程(5.3),RF 电流的连续性要求

$$s_{0,a}A_a = s_{0,b}A_b$$

由于在这个模型中 $s_m = 2s_0$,则有

$$s_{m,a}A_a = s_{m,b}A_b$$

这样对于面积较大的电极,其前面的时间平均鞘层厚度较小。利用方程(5.12),以及用方程(5.13)的直流分量取代鞘层厚度,可以确定电压的比率

$$\frac{\overline{V}_a}{\overline{V}_b} = \left(\frac{A_b}{A_a}\right)^2 \tag{5.53}$$

这样电极的面积越小,则与其对应的鞘层的直流(或 RF)电压降越大。事实上,两个鞘层的电压降不同意味着在非对称 CCP 的两个电极之间存在着一个直流自偏压,而对于对称的 CCP,则不会出现这种自偏压。直流偏压为

$$\overline{V}_b - \overline{V}_a = \overline{V}_b\left[1 - \left(\frac{A_b}{A_a}\right)^2\right]$$

原则上讲,当非对称性很大时,几乎所有的 RF 电势都降在较厚的鞘层中,这样离子通过该鞘层后轰击到表面上的能量几乎等于 RF 电势能的幅值。图 5.15 为一个非对称 CCP 的电势分布示意图。

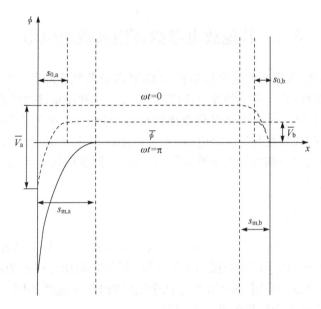

图 5.15　对于一个非对称的容性放电,两个电极之间的瞬时电势 $V(x,t)$ 在一个 RF 周期内两个不同时刻的空间分布以及时间平均的电势 $\bar{\phi}(x)$。其中 $\bar{V}_\mathrm{b} - \bar{V}_\mathrm{a}$ 是自偏压

问题:由恒定离子密度模型给出的电压与电极面积之间的定标关系有可能存在一定的不足,其原因是采用了不真实的离子电荷空间分布假定。除此之外,在均匀 CCP 模型中还有哪些假设影响这种定标关系的正确性?

答案:在建立电流驱动的 CCP 模型时,为了方便讨论,没有自洽地确定自偏压(它可以适当地平衡粒子流),而是假定在某一个时刻瞬时鞘层消失。对于非对称的 CCP,尽管这种假定可以适用于小面积电极附近的鞘层,但对于大面积电极附近的鞘层,这种假定情况与实际情况相差太大。这是因为对于小面积电极,RF 电流密度以及电压比较大,而对于大面积电极,电流密度则相对要小。另一个是假定两个电极之间的等离子体是均匀的,但实际上各处的等离子体很难保持一样。

利用比较现实的非均匀鞘层模型,即方程(5.28),由 RF 电流的连续性可以得到

$$\frac{A_\mathrm{b}}{A_\mathrm{a}} = \left(\frac{s_\mathrm{m,a}}{s_\mathrm{m,b}}\right)^{1/3} \tag{5.54}$$

再将该式与方程(5.31)结合起来,可以得到面积比率与电压比率之间的四次方的定标关系。然而,实验测量显示它们之间的定标关系并没有这么强。如果把一些重要的因素包括进来,可以缩小这种不一致性:

（1）忽略粒子流是一个很严重的问题，至少对于大面积电极。根据第 4 章的讨论可以知道，RF 增强的悬浮电势决定了等离子体与接地之间的直流电势，尽管得到了用修正贝塞尔函数表示的基本形式，但仍需要假设一个正弦的 RF 等离子体势。完全基于粒子流，人们已对电压与面积的定标关系进行了计算[80]。但是这种分析是有缺陷的，原因是假设了离子及电子的损失率是瞬时平衡的。实际上，它们在一个 RF 周期内才能达到平衡。

（2）在非均匀的 CCP 模型中，已假定了等离子体区是对称的，中心处的密度为 n_0，边界处的密度为 $h_1 n_0$，但是对于非对称的 CCP，这种假设不能成立。可以认为同轴圆筒形状的 CCP 是一种最简单的非对称 CCP。通过对这种 CCP 的分析可以知道，内外鞘层边界处的密度并不相等，这样对于内外两个电极，需要引入不同的密度比率因子 h_1[2]。

（3）实际上，对于一个在金属真空腔室中的 CCP 放电，定量地确定其有效接地面积是很困难的，原因是真空腔室总存在一些法兰及凹状屏蔽电极结构。

（4）借助于扰动的感性电流通道，仅有一个适当的接地点与所谓的接地面相连接。确实，在一些情况下，也许会有一些 RF 电流通过接地面，但无需断开接地点。

对于非对称的 CCP，很难得到一个关于电极面积的比率与直流偏压之间的普适定标关系。不过，对于强驱动、非对称性明显的 CCP，有一点是很清楚的，即轰击到小电极上的离子能量较高。这就是反应性离子刻蚀的原理。

5.4.2　高气压情况

当中性气体的压强从几帕变化到几百帕时，一些在先前的讨论中被忽略的因素就有可能变得重要了。

1. 电子能量分布函数

为了说明放电气压对电子能量分布函数（electron energy distribution function，EEDF）的影响，首先根据 Godyak 和 Piejak[66] 对单频容性耦合氩气放电的实验测量结果，观察一下电子能量分布函数的变化情况。图 5.16 显示了当气压从 9.3 Pa 变化到 400 Pa（0.07～3 Torr）时，所谓的半对数电子能量概率函数（electron energy probability function，EEPF）的变化情况。EEPF 是电子能量分布函数被电子能量的平方根除，即 $f(\varepsilon)/\varepsilon^{1/2}$。对于麦克斯韦分布，在半对数的坐标系中 EEPF 为一条直线（见第 10 章）。首先，从图中可以明显地看到，EEPF 远离麦克斯韦分布。在先前的讨论中，总是假设电子群服从麦克斯韦能量分布。很明显，这种假设虽然简单，但不严格，所以需要通过数值模拟结果来验证实验结果是否可靠。其次，在中等气压范围内，有个一个明显的跳变行为。在低气压下，分布函数有一个高能尾；而在高气压情况下，分布函数成为一个穹顶形分布，而且高能电子数明显地减少。

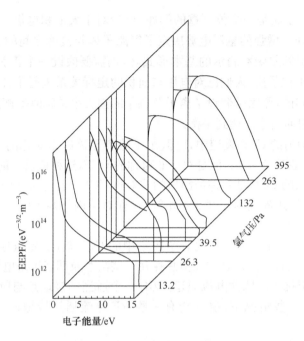

图 5.16　单频容性耦合放电中电子能量概率函
数(EEPF)随气压的变化[66]。其中放电气体为氩

　　Godyak 和 Piejak 认为分布函数的这种变化行为是由电子的加热机制变化引
起的[66],即在低气压放电下,随机加热占主导地位,而在高气压放电下,欧姆加热
则占主导地位。实验上观察到的分布函数的跳变行为发生在 65 Pa 左右,与 5.3
节中利用整体模型所期望的结果类似,其中对于一个对称的 CCP,由该模型给出
了无碰撞加热和随机加热的转换机制。

2. 二次电子

　　在直流放电中,二次电子的作用很重要,这是因为等离子体中的离子在阴极鞘
层中不能携带所有的电流。另外,对于 RF 放电,在一般情况下不考虑二次电子发
射现象发生。不过,Godyak 及其合作者指出,电极上发射的二次电子可能修正了
电子能量分布函数[81]。甚至对于碰撞鞘层,离子到达电极上时具有足够的动能及
内能,可以使 10% 左右的离子与电子再结合,从而使电子从电极表面上释放出来。
在鞘层电场的作用下,二次电子被加速进入等离子体中。可以将二次电子的发射
通量表示为

$$\Gamma_{se} = \gamma_{se} \Gamma_i \tag{5.55}$$

式中,γ_{se} 是二次电子发射系数;Γ_i 是离子的通量。注意在高频情况下,尽管离子通
量与时间无关,但在一个 RF 周期内,二次电子的加速度是随时间变化的,这样它

们的能量及密度是随电源的频率作涨落变化的。

　　二次电子可以参与电离过程,它们也有可能是对功率耗散的重要组成因素[39,82,83]。可以采用 CCP 的整体模型来讨论二次电子发射效应,如见文献[62]、[82]、[83]。为了使二次电子对放电的功率平衡产生明显的影响,需要满足如下两个条件:首先,这些二次电子在鞘层中必须得到足够的能量。鞘层电压越大(或功率越大),二次电子发射效应越明显。其次,在这些二次电子逃逸出放电区或被热化之前,必须能够参与电离过程(例如,它们经历一系列非弹性碰撞过程)。在低气压下,二次电子产生的电离效应不够明显。图 5.17 显示了等离子体密度随 RF 电压幅值的变化情况,其中为容性氢气放电,放电频率为 3.2 MHz,气压为 400 Pa(3 Torr),电极间隙为 7.8 cm。图中的虚线为 Godyak 和 Khanneh 获得的实验结果[82],而其他三条曲线是由 Belenguer 和 Boeuf[84]利用流体模型计算出的结果,且对应于不同的 γ_{se} 值。在 400 V 左右存在一个跳变,这对应二次电子维持放电的阈值电压,有时称这种跳变为 γ 模式跳变。

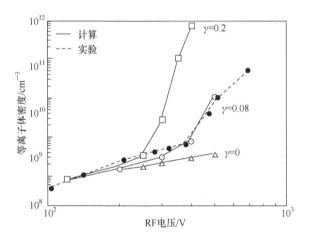

图 5.17　对于不同的 $\gamma(\equiv\gamma_{se})$ 值,等离子体密度随
RF 电压的变化[84]。其中显示出明显的 γ 模式跳变

　　上述工作是针对低频放电进行的,其中放电电压及气压都比较高。对典型的刻蚀等离子体,放电气压在几帕左右,放电频率高于 13.56 MHz,二次电子通常不起明显作用,除非刻意地进行二次电子增强放电[83]。然而,在第 6 章我们将讨论多频驱动放电,其中低频频率有时可以低于通常的 13.56 MHz。对于这样的放电系统,二次电子可能发挥作用。

5.4.3　串联共振

　　从第 4 章及本章的讨论可以清楚地看到,尽管人们可以选择某一个特定的电源频率来激励等离子体,但鞘层的非线性行为会导致谐波现象的出现,从而将较宽的频段引入系统中。在这种情况下,有必要检查一下是否存在有可能被激励的"内在模式"。在本节中,将对这种现象进行简单的讨论。

如本章已讨论过的那样,一个容性耦合放电的等效回路是由代表各种能量耗散的电阻与一个电容 C_s 及电感 L_p 串联而成的,其中电容可以表示两个鞘层(该处的静电能较高)的结合,而电感则是由等离子体中电子的惯性引起的。在这个等效回路中存在一个串联共振,其中共振频率为 $\omega_{res} = (L_p C_s)^{-1/2}$。借助于这种共振,可以把鞘层的静电能转化为电子群的 RF 振荡动能。根据方程(2.82)及方程(5.30),可以得到

$$\omega_{res} = \left(\frac{\mathrm{d}K_{cap}}{\omega_{pe}^2 s_m} \right)^{-1/2} \approx \omega_{pe} \sqrt{\frac{s_m}{d}} \tag{5.56}$$

对于典型的电子密度 $n_e = 10^{16} \ \mathrm{m}^{-3}$ 及对称的平板 CCP,串联共振频率一般在 $0.1 \sim 0.5 \ \mathrm{GHz}$,远大于电源的驱动频率。

尽管对于传统的等离子体工艺装置,其放电频率并不靠近串联共振的频率,但可以选择合适的串联共振,使得功率沉积得到增强[85]。在低密度等离子体中,有可能会满足串联共振条件。对于 13.56 MHz 的容性耦合放电,这时通过降低等离子体频率,可以使得串联共振的频率在 100 MHz 以外。为了能在高密度情况下也会出现串联共振现象,根据方程(5.52)给出的定标关系 $s_m \propto \omega^{-1}$,人们必须提高驱动频率。

图 5.18 显示了由整体模型计算的电子密度随 RF 电压的变化情况,其中出现了串联共振。在低电压情况下,对于给定的电压,电子密度有两个值。换句话说,当增加电源的输出功率时,电子密度随之变化,并经过一个电压最小的点,它对应于串联共振。对于这种共振现象,Godyak 和 Popov 在实验上已证实[86]。如所预期的那样,在共振处的电子密度随驱动频率增加。对于 10 倍的传统 RF 激励频率,即 135.6 MHz,发生共振处的电子密度为 $n_e = 10^{16} \ \mathrm{m}^{-3}$【译者注:原文误为 $n_e = 10^{16} \ \mathrm{cm}^{-3}$】,这对应于等离子体处理工艺的典型密度。非常有趣的一点是,通过增加等离子体的密度值,放电阻抗的电抗部分 X_1 在穿过共振处时,其值从正变为负,如图 5.19 所示。这意味着在低密度情况下,放电的阻抗几乎是感性的,即电子惯性产生的电感起主要作用;而在高密度情况下,阻抗则变为容性的,即鞘层电容起主要作用。

由于很难阻止能量在一个系统的自然模式中积累,这样也许不难发现:由鞘层的非线性产生的谐波将几乎不可避免地要在一定程度上激发串联共振[87],这就是第 10 章将要讨论的一种诊断方法的基础。反过来,已经发现这种自激发有时可以增强电子的加热[88,89]。对于 13.56 MHz 的放电,也许初看起来这种加热过程只单独地与电流及电压有关。

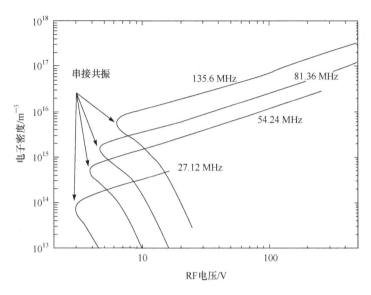

图 5.18　电子密度随 RF 电压的变化情况。其中有串联共振出现

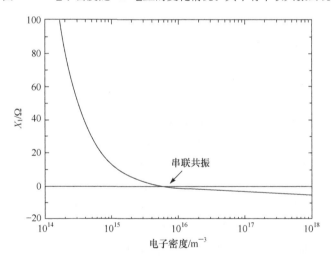

图 5.19　放电阻抗的虚部随电子密度的变化。其中放电
频率为 13.56 MHz，共振处的电子密度约为 $n_e = 10^{16}$ m^{-3}

5.5　重要结果归纳

（1）采用等效回路方法来描述容性放电，其中等效回路是由一个电容与一个电感以及几个电阻串联而成的。尽管每一个鞘层是非线性的（会产生驱动频率的

高次谐波),但把一个对称系统的两个鞘层结合在一起,则几乎是线性的,这就是为什么可以采用单个电容来模拟两个鞘层。电子在鞘层中的加热以及离子朝电极加速运动耗散了大部分功率。对于小间隙放电,电子在鞘层中的加热可以超过其在等离子体区中的加热。在刻蚀等离子体的气压范围内(0.1~20 Pa),无碰撞(随机)加热起主导作用,这时可以用电阻来模拟这些耗散效应。由于等离子体中不会出现谐波现象,所以可以用一个电阻和电感的串联来模拟等离子体,其中电阻来自于电子与中性粒子的弹性碰撞,即欧姆加热,而电感则来自于电子的惯性。

(2) 当放电频率为 13.56 MHz 时,鞘层的阻抗远大于等离子体的阻抗,几乎所有的电压都降在鞘层中。

(3) 使用等效回路描述,可以把匹配箱包括在整体模型中。耗散在匹配箱中的功率比较明显(甚至有可能超过释放到等离子体中的功率),而且随着施加电压及频率明显增加。

(4) 增加 RF 电源的输出功率,可以提高等离子体密度及鞘层电压,前者决定了轰击到电极上的离子通量,而后者决定了轰击离子的能量。离子通量和能量不能独立地控制,这就是单频 CCP 的最大限制。第 6 章将对这个问题作进一步讨论。

(5) 提高驱动频率,可以在等离子体密度保持不变的情况下,使得鞘层电压下降,或者在鞘层电压保持恒定的同时,使得等离子体密度增加。

(6) 增加气压或电极间隙,在固定电压的情况下,可以增加电子密度及减小电子温度。

(7) 鞘层厚度随电压而增加,随驱动频率而明显减小,但随中性气体的气压适度地减小,其典型的定标关系为 $s_m \propto [V_0/(p\omega^4)]^{1/5}$。

(8) 对于非对称放电(即两个电极的面积不相等),在较小电极前面的鞘层电压较大,而在较大电极前面的鞘层电压则较小。

(9) 在高气压及高电压 CCP 中,二次电子起着重要的作用。

(10) CCP 可以把能量储存在鞘层的静电场中以及等离子体的电子惯性中,但当发生串联共振时,能量可以在这两个储存器中转换。

第6章 多频容性耦合等离子体

从第5章的讨论可以看到,对于单频容性耦合放电,离子的通量和能量不能独立地变化。为了克服这种限制,可以采用感性放电,其中等离子体是由外部线圈中的 RF 电流产生的,而在放置晶圆的基片台上单独施加另外一个电源。第7章将对这种放电进行讨论。

采用双频 CCP,也有可能在一定程度上对离子通量和能量进行独立的控制。图 6.1 给出了这种设想可行性的实验和理论证据[90]:对于一个对称的 CCP,在三种不同的单频放电情况下,离子的能量随接地电极上离子通量的变化。图中的数据点是由平面探针及安装在地电极上的减速场分析器测量的结果[75,90,91](有关这些测量方法的细节见第10章),而实线则是由类似于第5章介绍过的整体模型给出的结果。如所预期的那样,对于每一个放电频率,通量-能量的变化轨迹是一条单一的曲线。在放电频率为 13.56 MHz 的情况下,很明显离子的能量较高,而通量较低。在放电频率为 81.36 MHz 的情况下,结果却相反。在刻蚀工艺中,为了增强化学反应,通常要求离子的能量要超过 100 eV,但是不能高于 500 eV,这是为了避免对刻蚀表面或光刻胶掩膜造成物理损伤。对于单频 CCP,很难找到这种处理参数的窗口。因此,双频激发放电的思想是非常有价值的,即离子的能量由低频

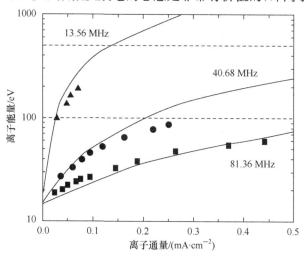

图 6.1 在对称的单频容性氩放电情况下,离子轰击到电极上的通量-能量变化关系[90]。工作气压为 2 Pa (15 mTorr),符号表示实验结果,而实线是由类似于第5章介绍的整体模型给出的结果

来控制,而离子的通量则由高频来控制。Goto 等[92]首次提出这种双频放电思想,但后来的研究表明[93],对于这种双频放电,在一些情况下很难实现这种独立控制的设想。在本章将会看到,通过双频鞘层中的电子加热机制,两个频率会产生耦合作用。

　　本章的主要内容如下:在 6.1 节,采用与第 5 章相同的方法来研究双频容性放电,其目标是对于任意给定的一组输入参数,建立一个可以描述等离子体参数的整体模型;在 6.2 节,讨论当 RF 激发的波长与电极的尺寸相当或小于电极尺寸时,单一甚高频激发产生的电磁效应,并对双频(或多频)CCP 中的电磁效应进行分析。

> **问题:**如果放电系统的电极直径为 30 cm,在什么情况下应该考虑电磁效应?
>
> **答案:**在真空中,1 GHz 的频率对应的波长是 30 cm。当频率接近或高于 100 MHz时,不能再认为该电极上的电势是均匀分布的。
>
> **说明:**对于在高频放电下的 CCP,必须考虑趋肤深度效应。

6.1　静电近似下的双频 CCP

　　与单频放电一样,对于双频容性放电,整体模型也是建立在粒子平衡和能量平衡基础之上的,其中电源的属性是通过粒子的能量平衡体现出来的。因此,人们需要考虑在双频激励下电能是如何转移到电子群上的。

　　由于仍然可以用一个电阻和感抗的串联(即线性元件)来描述等离子体,这样可以把两个独立电源输出的电流进行简单的叠加。不像单频情况那样,在双频情况下将两个鞘层结合起来是很复杂的,并不能简单地把它们看成一个电容器,因为两个鞘层的非线性本质将导致双频在鞘层中产生很强的耦合。

　　根据前几章的研究经验,最好是直接采用电流驱动模式,即把电流表示成基频的分量(ω)和高频的正弦分量(ω_h)之和:

$$I_{RF}(t) = -I_0\sin\omega t - I_h\sin\omega_h t = -I_0(\sin\omega t + \beta\sin\alpha\omega t) \tag{6.1}$$

式中,$\alpha \equiv \omega_h/\omega$;$\beta \equiv I_h/I_0$。如果高频电流是一个确切的谐波,即 $\alpha = 2, 3, 4, \cdots$,则两个电流分量的相对相位是重要的。但是在一般情况下不是这样的,将在 6.1.4 节中给出一种特例。

　　在如下讨论中,我们仍采用先前的定义式来表征电流的强度及电子的 RF 运动的幅度:

$$H = \frac{1}{\pi\varepsilon_0 k_B T_e h_1 n_0}\left(\frac{I_0}{A\omega}\right)^2 \tag{6.2}$$

$$s_0 = \frac{1}{e h_1 n_0}\left(\frac{I_0}{A\omega}\right) \tag{6.3}$$

6.1.1　等离子体区中电子的加热

再次将等离子体区定义为两个电极之间总保持为准电中性的那部分区域,它的空间尺度为 $l-2s_m$。在这个区域中,电流以一个平均速率把能量转移到电子群,其中这个平均速率由等离子体区电阻确定。单位体积内对时间平均的功率为

$$\overline{S}_{ohmDF}=\frac{1}{2}\frac{m_e\nu_m(l-2s_m)}{e^2A^2n_0}I_0^2(1+\beta^2) \tag{6.4}$$

式中,用 n_0 来表示等离子体的平均密度。在等离子体区,两个频率没有耦合,这是因为当对欧姆加热项进行时间平均时,由于 $(\sin\omega t\times\sin\alpha\omega t)$ 的平均值为零,在最后的表达式中不会出现频率项。如单频情况一样,对于典型等离子体刻蚀工艺条件,等离子体区中的欧姆加热要小于鞘层区中的加热。

6.1.2　双频鞘层中的电子加热

为了确定等离子体尺度 $(l-2s_m)$ 及鞘层的瞬时厚度 $(s(t))$,需要建立双频鞘层模型。在 $\beta/\alpha\ll1$ 的极限下,Robiche 等[94]及 Franklin 等[43]对此进行了研究。该极限所对应的条件为:高频电源的频率稍微高一些,高频电流与低频电流之比很小;或者高频电源的频率很高,而且两个电源的电流相当。在这个极限下,有效射频 Child-Langmuir 定律为

$$\frac{s_m}{s_0}=2\left(1+\frac{\beta}{\alpha}\right)+\frac{5\pi H}{12}\left(1+\frac{9}{5}\frac{\beta}{\alpha}\right)$$

当电流很高时 $(H\gg24/(5\pi))$,可以将上式近似为

$$\frac{s_m}{s}\approx\frac{5\pi H}{12}\left(1+\frac{9}{5}\frac{\beta}{\alpha}\right) \tag{6.5}$$

问题:回顾第 5 章已讨论的两个单频的情况,指出方程(6.5)右边括号内的因子所对应的物理过程。

答案:这个问题的关键所在是确定通过鞘层的电流。与单频情况一样,与电子在等离子体/鞘层边界处运动相关联的总电流为

$$I_{RF}(t)=en_i(s)\frac{ds}{dt}$$

借助于方程(6.1),把边界处的密度作为一个常数,则经过一个简单的积分后,就可以得到在 s_m 中的因子 $(1+\beta/\alpha)$。

说明:如果认为在准电中性等离子体与鞘层瞬时边界处的电子密度是变化的,将增加问题的复杂性,并将引入额外的数值因子,这时只能借助于数值分析才能处理这个问题。

对于双频鞘层,用下式表示时间平均的鞘层电位降是一种很好的近似:

$$\frac{e\overline{V}}{k_B T_e} = \frac{1}{2}\left[1 + \pi H\left(\frac{3}{4} + \frac{\beta}{\alpha}\right)\right]^2 - \frac{1}{2}$$

当电流很高时,上式变为

$$\frac{e\overline{V}}{k_B T_e} = \frac{\pi^2}{2} H^2 \left(\frac{3}{4} + \frac{\beta}{\alpha}\right)^2 \tag{6.6}$$

问题:从方程(6.1)及方程(6.2),推出第5章得到的单频结果。

答案:令 $\beta = 0$,并利用方程(6.2)及方程(6.3),则可以得到

$$s_m = \frac{5\pi}{12} \frac{1}{\pi\varepsilon_0 k_B T_e (h_1 n_0)} \left(\frac{I_0}{A\omega}\right)^2 \frac{1}{e(h_1 n_0)} \frac{I_0}{A\omega}$$

及

$$\frac{e\overline{V}}{k_B T_e} = \frac{\pi^2}{2}\left[\frac{3}{\pi\varepsilon_0 k_B T_e (h_1 n_0)}\right]^2 \left(\frac{I_0}{A\omega}\right)^4$$

再经过整理及插入一些数值因子后,可以发现上面的结果与方程(5.28)及方程(5.35)等价。

如果低频的频率远高于离子等离子体频率,这样可以不考虑离子穿越鞘层的时间效应,因为这种时间效应将使离子的能量分布复杂化。这样,可以简单地认为离子到达电极的平均能量为 $w_i = e\overline{V}$。

Turner 及 Chabert 对双频鞘层中电子的加热机制进行了研究[64,95,96]。与第5章描述的过程相同,他们对无碰撞(随机)加热和碰撞(欧姆)加热进行了计算。由于这方面的计算非常复杂,这里不作详细的推导,直接给出相关结果。无碰撞加热的结果为[95]

$$\overline{S}_{stocDF,fluid} = \frac{\pi}{16} n_s m_e \overline{v_e} u_0^2 \left(\frac{36H}{55+H}\right)(1+1.1\beta^2) \tag{6.7}$$

式(6.7)是对单频情况下的流体模型的双频推广。当 $\beta = 0$ 时,式(6.7)则可以退化为方程(5.44)。Kawamura 等[69]将硬壁模型推广到双频情况,在所感兴趣的参数范围内得到如下结果:

$$\frac{\overline{S}_{stocDF,fluid}}{\overline{S}_{stocDF,hardwall}} \approx 0.3 \tag{6.8}$$

它接近于单频情况下得到的比率 0.4。再次看到,对 RF 电流(或电压)进行定标时,两种模型给出的结果基本相同。因此,下面介绍对一些重要的定性结果进行定标时,与所采用无碰撞加热模型没有关系。回顾方程(5.44)的推导过程,可以知道双频鞘层并不是将两个独立的高低频鞘层进行简单的叠加。下面的简答题进一步论述了这个观点。

问题：设两个电源的频率分别为 ω 和 $\alpha\omega$，以及后者的电流幅值与前者的电流幅值之比为 β，利用方程(5.44)，写出对应的等价随机加热项。然后在 $H\gg1$ 的情况下，将这两个随机加热项之和与方程(6.7)进行比较。

答案：对于低频随机加热项 $\overline{S}_{stoc,1}$，可以由方程(5.44)（或当 $\beta=0$ 时由方程(6.7)）直接给出；而对于高频随机加热项，其表示式为

$$\overline{S}_{stoc,h}=\frac{\pi}{16}n_s m_e\,\overline{v}_e\beta^2 u_0^2\left[\frac{36H\,(\beta/\alpha)^2}{55+H\,(\beta/\alpha)^2}\right] \tag{6.9}$$

当 H 充分大时，则有

$$\frac{\overline{S}_{stocDF,fluid}}{\overline{S}_{stoc,h}+\overline{S}_{stoc,1}}\approx\frac{1+1.1\beta^2}{1+\beta^4/\alpha^2} \tag{6.10}$$

这个比率数值大于 1，它说明在双频共同激发下，鞘层内的无碰撞电子加热被增强。

对于给定的频率比率 α，当 $\beta\approx\sqrt{\alpha}$ 时，由方程(6.10)给出的最大增强近似地为 $(1+\alpha)/2$。如果取 $\alpha=11$（如两个电源的频率分别为 13.56 MHz 和 149.16 MHz），则最大增强约 6 倍。可以看出，这种增强效应是很明显的。

在双频鞘层中，可以计算出欧姆加热项为[64]

$$\overline{S}_{ohmDF,sh}=n_s m_e u_0^3\left(\frac{\nu_m}{\omega}\right)F_0(\alpha,\beta,H) \tag{6.11}$$

式中，$F_0(\alpha,\beta,H)$ 是一个关于三个变量形成的复杂函数。我们会再次发现，由于鞘层的非线性行为，交叉项起主要作用，这样双频的结合也可以使得欧姆加热得到增强，非线性导致的这种增强效应并不出奇。

相位分辨的发射光谱仪(PROES)实验测量已经证实了双频的耦合效应以及这种耦合效应对电子加热的影响[97,98]。为此，如下将对双频鞘层中电子加热增强效应的机理作进一步的定性分析。借助于鞘层的快运动，高频电源才能单独地对电子加热有明显的贡献，但是这种加热仅限于较小的离子密度范围，因为对于单一的高频放电，鞘层的厚度很小。相反，对于低频电源，可以在较大的离子密度范围内对加热有贡献，这是因为在这种情况下，鞘层的厚度（或电位）很大。但是由于鞘层运动很慢，产生的加热效果并不明显。尽管双频放电通过低频鞘层的高电位差与高频鞘层的高加热效率的协同作用，可以实现独立地控制离子的通量和离子能量，但两个频率之间的耦合效应却降低了这种独立控制的能力。在 6.1.3 节，将对这个问题进行研究。

6.1.3　双频 CCP 的整体模型

现已经具备建立双频容性放电整体模型的必要知识。与单频情况类似，粒子

的平衡方程为

$$n_g K_{iz}(l - s_m) = 2h_1 u_B \tag{6.12}$$

式中,鞘层厚度由双频 Child-Langmuir 定律确定,即由方程(6.5)给出。功率平衡方程为

$$\bar{S}_{ohmDF} + 2\bar{S}_{stocDF} + 2\bar{S}_{ohmDF,sh} = 2h_1 n_0 u_B \varepsilon_T(T_e) \tag{6.13}$$

为了计算等离子体参数,即 n_0、T_e 及 s_m,Levif[99] 对方程(6.5)、方程(6.12)及方程(6.13)等三个方程进行了求解。求解的方法与 6.1.2 节介绍的方法相似,即首先选取一个鞘层厚度 s_m,然后利用方程(6.12)计算 T_e,最后求解方程(6.5)及方程(6.13),确定 H 及 n_0。对于三种不同的高低频电流的比率 β,图 6.2 显示了电子密度随低频电流密度幅值 $J_0 = I_0/A$ 的变化,其中工作气体为氩气,气压为 1.33 Pa,电极间距为 5 cm,低频电源的频率为 13.56 MHz,高频电源的频率为 149.16 MHz,即 $\alpha = 11$。可以清楚地看到高频电流分量带来的影响:当 J_0 固定时,电子密度随 β 的增加而增加,而且流到电极上的离子通量也随之增加。PIC 模拟表明,如果考虑电极上的二次电子发射效应,当增加低频电流[100]或电压[101]时,等离子体的密度也随之增加。

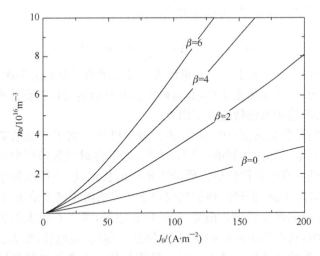

图 6.2　对于不同的比率 β,电子密度随低频电流密度 $J_0 = I_0/A$ 的变化。工作气体为氩气,气压为 1.33 Pa,电极的间距为 5 cm,低频的频率为 13.56 MHz,高频的频率为 149.16 MHz,即 $\alpha = 11$

在相同的条件下,鞘层的尺度 s_m 却随 β 的增加而减小,如图 6.3 所示。这是因为对于固定的 J_0,电子密度随 β 的增加而增加,由此导致参数 H 减小。然而,确切的定标关系并不是这么简单,稍后我们将在低气压极限下对此进行讨论。

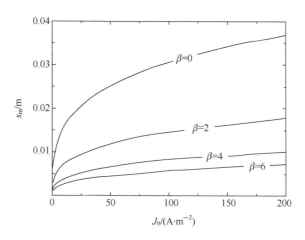

图 6.3　鞘层尺度随低频电流密度幅值 $J_0 = I_0/A$ 的变化。其他条件同图 6.2

　　问题：由图 6.4 可以看出，在相同放电状况下，随着 β 的增加，电子的温度减小。对这种现象进行解释。

　　答案：因为鞘层的尺度随着 β 的增加而减小，由此导致放电的等离子体区增加，这样只有电子温度较低时才可能维持等离子体。

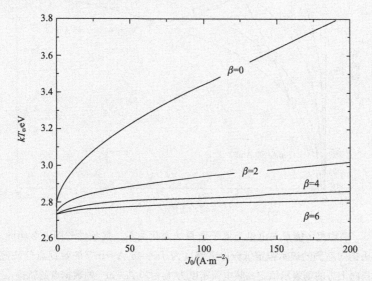

图 6.4　电子温度随低频电流密度幅值 $J_0 = I_0/A$ 的变化。其他条件同图 6.2

　　这些结果对等离子体处理工艺有着实际的参考价值。首先，电子温度是决定气体分子离解程度的一个重要物理量。其次，鞘层的尺度变化将改变比率 s_m/λ_i

（其中 λ_i 为离子与中性粒子的平均碰撞自由程），即改变离子在鞘层中的碰撞行为，这将强烈地影响入射到电极上的离子能量分布。

在目前所进行的理论分析中，都是把 $J_0 = I_0/A$ 及 β 作为输入参数。实际上，RF 电流并不是实验方案中的控制参数。实验人员通常是利用 RF 电源的功率作为控制参数。不幸的是，在第 5 章已看到，从电源中输出的功率并不是完全地转移给电子。这些使得理论与实验的比较变得相当复杂。

如本章前面对单频情况的讨论那样，有必要观察一下双频鞘层模型给出的离子通量/能量的变化图。图 6.5 显示了这种变化，其条件与图 6.2 相同。$\beta = 0$ 的曲线对应于频率为 13.56 MHz 的单频情况，可以与图 6.1 中由 Perret 等给出的结果进行比较。这两条曲线稍微有几点差别：①气压稍微不同；②在图 6.1 中，采用硬壁模型来计算无碰撞加热，而在图 6.5 中，采用的是无碰撞流体模型；③在图 6.1 中，计算离子能量时考虑了 RF 电压中的直流悬浮势，而在图 6.5 中却没有包含这种悬浮势。不过，它们的一般变化趋势还是相似的，即在单独 13.56 MHz 的频率下，中等能量的离子通量不高。

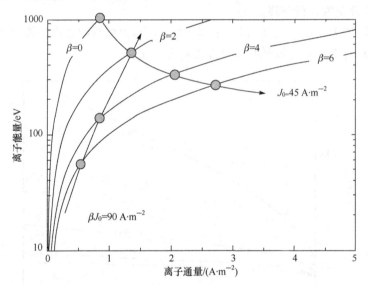

图 6.5　平均离子能量与电极上离子通量的变化关系。其条件与图 6.2 相同。图中箭头指向右侧的表示恒定低频电流密度为 $J_0 = 45\ \mathrm{A \cdot m^{-2}}$ 的数据点的轨迹，而箭头指向上方的则表示恒定高频电流密度为 $J_0 = 90\ \mathrm{A \cdot m^{-2}}$ 的数据点的轨迹；$\alpha = 11$

从单频曲线（13.56 MHz 及 $\beta = 0$）上 j_0 的一点开始，然后增加频率为 149.16 MHz 的 RF 电流，这样有可能将参数的研究范围扩展到大部分图示区域。然而，如果只改变一个 RF 电流的分量，不可能在该图中进行水平或垂直的移动。图 6.5 显示了分别固定低频和高频电流为 $J_0 = 45\ \mathrm{A \cdot m^{-2}}$ 和 $\beta J_0 = 90\ \mathrm{A \cdot m^{-2}}$ 时的变化轨迹。对于每一个固定的参数,离子能量和通量都发生了变化。在双频容性放电情况下,显然存在双频耦合效应;假如没有双频耦合效应,就有可能一个轨迹是垂直的,另外一个轨迹是水平的。

为了对上述重要结果进行定量化的描述,有必要对一个简化的解进行定标分析,其中要求随机加热占主要地位,以及参数 H 满足 $24/(5\pi) \ll H \ll 55$。一般地,在低气压(大约 1 Pa)和高功率下,这个简化的解才有效。在这个极限下,使用 Child-Langmuir 定律和无碰撞加热表示式,并根据 H 及 s_0 的定义,可以得到

$$H = \frac{1}{2\sqrt{8}}\left(\frac{36}{55}\right)\left(\frac{12}{5}\right)^2 \left(\frac{m_e k_B T_e}{\pi^2 e^2}\right)^{1/2} \left(\frac{\omega^2 s_m^2}{u_B \varepsilon_T}\right)(1+1.1\beta^2)\left(1+\frac{9}{5}\frac{\beta}{\alpha}\right)^{-2} \quad (6.14)$$

及

$$n_e = \left(\frac{5\pi H}{12}\right)^2 \left(\frac{\pi \varepsilon_0 k_B T_e}{e^2 h_1}\right)\left(\frac{H}{s_m^2}\right)\left(1+\frac{9}{5}\frac{\beta}{\alpha}\right)^2 \quad (6.15)$$

将式(6.14)和式(6.15)结合起来,最后可以将电子密度表示成 I_0 及 β 的函数

$$n_e = \left[\frac{1}{2\sqrt{8}}\left(\frac{36}{55}\right)\left(\frac{m_e}{\pi k_B T_e}\right)^{1/2}\left(\frac{I_0^4}{\varepsilon_0 A^4 \omega^2 e^3 h_1^3 u_B \varepsilon_T}\right)(1+1.1\beta^2)\right]^{1/3} \quad (6.16)$$

由于电极上的离子流密度为 $J_i = eh_1 n_e u_B$,以及离子的能量由方程(6.6)给出,则可以得到如下标度关系式:

$$J_i \propto I_0^{4/3} \omega^{-2/3}(1+1.1\beta^2)^{1/3} \quad (6.17)$$

$$E_i \propto I_0^{4/3} \omega^{-8/3}\left(\frac{3}{4}+\frac{\beta}{\alpha}\right)^2 (1+1.1\beta^2)^{-2/3} \quad (6.18)$$

$$s_m \propto I_0^{1/3} \omega^{-5/3}\left(1+\frac{9}{5}\frac{\beta}{\alpha}\right)(1+1.1\beta^2)^{-2/3} \quad (6.19)$$

显然,这三个量是 I_0 及 β 的函数。式(6.17)表明电极上的离子流(通量)不仅依赖于 I_0,还依赖于高频电流 βI_0。类似地,式(6.18)表明离子能量与 β 有关。最后,式(6.19)表明,在 I_0 固定的情况下,鞘层的尺度随着 β 的增加而减小。图 6.5 和图 6.3 对这些定标关系进行了很好的解释。

6.1.4 进一步控制离子能量

通过控制等离子体与电极之间的电压波形,可以实现对入射到表面上的离子能量的控制。借助于一个独立的等离子体源(如 ICP 源或螺旋波源),就可以对等离子体与表面之间的电压波形进行剪裁,这种方法最为简单。由于这种方法可以把等离子体的产生与鞘层的电位降分离开,人们可以自由地选取能够调控离子能量分布的电压波形。例如,已有报道:将一个长周期(2 μs)的稳态偏压(加速离子)与一个 200 ns 的短的正脉冲进行叠加[50]。后者的脉冲太快,以至于离子不能响应。这样就可以实现单能的 IEDF。

尽管双频激励不能使离子通量和能量完全解耦,但一些额外的变量(如频率比及电流的幅值比)作为一种有用的手段,可以用来选择参数空间。当两个频率呈谐波关系时,可以利用两个波形的相位差来实现进一步的控制。当高频是低频的偶次谐波时,可以产生一种令人迷惑的简单效应[102]。在这种情况下,当一个瞬时对称的多频电压波形(即含有一个或多个谐波)施加到一个对称的平行板 CCP 上时,则两个电极附近的鞘层却是非对称的。为了使带电粒子通量保持平衡,则要求在电极上形成自偏压(与非对称电极的单频激励情况相同),自偏压的幅值及符号依赖于两个波形的相位。在最简单的情况下,如果两个波形的频率分别为 ω 及 2ω,则自偏压及离子能量几乎是两个波形相位角的线性函数。如果令相位角在 $0\sim 2\pi$ 变化,明显的非对称性及偏压可以从一个电极移动到另外一个电极。这个引人注目的简单结果却出乎人们的意料。针对双频对称的 CCP,人们进行了广泛的理论研究,而且实验和模拟均证实这种现象的存在[103]。

6.2　高频情况下的电磁模式

提示:首先,应注意到在 6.1 节中 J_0 是用来表示电流密度的,但在本节 $J_0(x)$ 及 $J_1(x)$ 是用来表示贝塞尔函数的。其次,在前面几章中,上标"′"是表示对一个量的导数,但在本节却用它表示一个物理量单位长度的量值,如 Z' 表示传输线每单位长度上的阻抗。如第 2 章研究波一样,k_B 用来表示玻尔兹曼常量,而 k 及 k_z 用来表示波数。

静电模型不能用于描述放电频率非常高的 CCP,因为在这种情况下,尽管可以获得较高的电子密度,但是当激发波长 λ 与电极的半径可比时,等离子体的趋肤深度 δ 也将变得与两个电极的间距相当。这些条件界定了从静电模式到电磁模式的变化。本节将对这种电磁效应进行综述[21,63,90,91,104-119]。

图 6.6 显示了在电磁模式下运行的平行板放电示意图。为了能够理解该图的意思,可以把放电室看成一个充满等离子体负载的波导(或腔),而不是两个施加了振荡电压的平行板电极。尽管这两个电极是导电材料构成的,但是在电磁模式下,两个电极之间的电势差在空间上不再是不变的,认识到这一点是非常重要的。图中的箭头表示波在系统中的传播方向。在真空或介质区,波几乎是横波,且以光速传播。对于 $\omega\ll\omega_{pe}$(通常是这样),波将不能在等离子体中传播,而是沿着鞘层(介质)与等离子体(导体)的交界面传播,并以一个特征衰减长度进入等离子体,其中这个特征长度就是第 2 章给出的趋肤深度。由于系统的对称性,波在等离子体与电极的交界面上径向朝内传播,并形成驻波。当电磁场不能完全穿透等离子体时,即趋肤深度有限时,将看到 RF 电流不是垂直于电极流动,因此电场有一个平行于电极的分量 E_r。根据上面所描述的现象,Lieberman 等[108]把电磁效应分为三种

类型:①驻波效应;②趋肤效应;③边缘效应。下面将对这些效应的起源进行解释。从表面处理工艺的角度考虑,驻波效应是最为重要的,因为它可以在典型的放电条件下出现,而且可以导致非常严重的空间非均匀性。

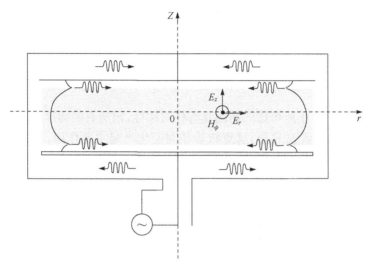

图 6.6　对于容性放电在电磁模式运行状态下的波的传播示意图

在如下讨论中,我们首先讨论高频情况下一个平行板真空容器中的电磁效应,并且先采用电磁场理论对其直接进行分析,然后再利用回路模型进行研究。在给定频率下,当电极的半径与电磁波的波长相当时,需要考虑电磁场(或等价地考虑电压及电流)在系统中传播所需要的时间,即中心处的电场要滞后于边缘处的电场。这意味着把回路模型看成分布式的传输线模型是比较适合的,而在第 5 章中则是采用局部回路元件(即分离元件)来解释这种模型的。其次,对于具有典型尺寸的实验室 CCP,当两个电极之间存在一个低密度的等离子体时,电磁波的传播将会变慢,并形成驻波。最后,对于更一般的情况,即等离子体密度很高时,趋肤效应将变得重要。

需要说明的一点是,对于 CO_2 激光器的容性放电过程,人们也对这种电磁效应进行了研究[120,121]。尽管所考虑的基本现象是类似的,但是 CO_2 的工作气压相对较高(在 10^4 Pa 量级),这使得功率耗散的机制不同。此外,激光器放电腔室的形状基本上如同一个长矩形的棱柱,而等离子体处理腔室的形状则是圆柱形的或立方形的。最后,与气体放电激光器不同,在等离子体处理腔室中电子密度较高,趋肤效应成为重要因素。

6.2.1　高频电容器

图 6.7 显示的是一个柱形电容器的示意图,其中在两个平板之间是真空。假

设两个平板的直径远大于它们之间的间距。当 RF 电流通过外界回路把电荷从一个电极转移到另一个电极上时,在两个电极之间将产生一个幅值为 E_z 的轴向电场。这里将不考虑边缘效应。根据麦克斯韦方程组可以知道,一定存在一个幅值为 B_θ 的角向磁场。这样才能满足真空情况下的法拉第定律及安培定律:

$$\nabla \times \boldsymbol{E} = -\frac{\partial \boldsymbol{B}}{\partial t}$$

$$\nabla \times \boldsymbol{B} = \frac{1}{c^2} \frac{\partial \boldsymbol{E}}{\partial t}$$

对于现在的情况,由于所考虑的问题具有柱对称性,则所有的物理量与角向变量无关。此外,由于轴向距离很短,这意味着径向变化将起主导作用。这样,可以对上面的方程进行简化,得到如下关于轴向电场的方程:

$$\frac{c^2}{r} \frac{\partial}{\partial r} \left(r \frac{\partial E_z}{\partial r} \right) = \frac{\partial^2 E_z}{\partial t^2} \tag{6.20}$$

事实上,这是一个在圆柱中沿着径向传播的波动方程。该方程的解包含朝内和朝外传播的行波,它们相遇时就会在电场中产生驻波结构。

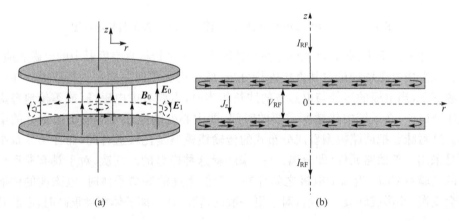

图 6.7　平行板之间的电磁场(a)及电极中的电流和两个电极之间的电压(b)

对于瞬时变化的电场,用指数形式来表示随时间的变化,即

$$E_z = \mathrm{Re}\left[\widetilde{E}_z \exp(\mathrm{i}\omega t) \right]$$

则可以把方程(6.20)简化成

$$\frac{\partial^2 \widetilde{E}_z}{\partial r^2} + \frac{1}{r} \frac{\partial \widetilde{E}_z}{\partial r} + k_0^2 \widetilde{E}_z = 0 \tag{6.21}$$

这是一个标准的零阶第一类贝塞尔函数 $\mathrm{J}_0(k_0 r)$ 的方程,其中 $k_0 = \omega/c$ 为真空中的波数,如图 6.8 所示。这样,可以把电场表示为

$$\widetilde{E}_z \approx E_0 J_0(k_0 r) \tag{6.22}$$

只保留贝塞尔函数展开式中的前两项，则给出

$$\widetilde{E}_z \approx E_0 \left(1 - \frac{k_0^2 r^2}{4}\right) \tag{6.23}$$

借助于上面给出的两个麦克斯韦方程，可以得到磁场的表示式：

$$\widetilde{B}_\theta = -B_0 J_1(k_0 r) \tag{6.24}$$

式中，$B_0 = E_0/c$ 及 $J_1(k_0 r)$ 是一阶贝塞尔函数（图 6.8）。同样对一阶贝塞尔函数进行展开，只保留其主要项，则给出

$$\widetilde{B}_0 = -\left(\frac{\omega r}{2c^2}\right) E_0 \tag{6.25}$$

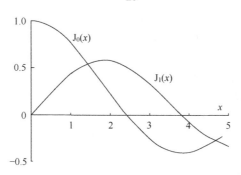

图 6.8 零阶第一类贝塞尔函数

可以看出，轴向电场幅值的变化是由贝塞尔函数来描述的。当 $k_0 r = 2.405$ 时，贝塞尔函数经过零点（节点）；而方程 (6.23) 给出的两项展开式，其零点在 $k_0 r = 2$，稍微小一些。对于现在所考虑的平行板位形，不再具有纯（静电的）电容的特性。的确，只要电场稍微有一点非均匀性，纯电容的属性就被阻止。为了明确频率对非均匀性问题的影响程度，可以把电场从边缘到中心处的非均匀度为 10% 时作为一个界定条件。

问题：如果两个平行板之间的间隙处于真空状态，且平板的直径为 $2r_0 = 30$ cm，当从轴心处到边缘处电场的值下降为 10% 时，估算一下对应的频率为多少。

答案：根据方程 (6.23)，当

$$(\pi r_0 / \lambda)^2 = 0.1 \tag{6.26}$$

时，边缘电场的值将下降到其在轴心处的 90%。对于半径为 $r_0 = 15$ cm 的平板，当频率超过 $f_0 = c/(10 \times r_0) \approx 200$ MHz 时，可以期望非均匀度要大于 10%。

说明：这个结果与平行板的间距无关。

　　对于半径为 1 m 的电极,频率的上限约为 30 MHz。需要注意的是,上面的计算是假定两个电极之间的间隙为真空状态时得到的。在 6.2.2 节将看到,当两个电极之间存在等离子体时,波长会明显地变短,因此频率的上限也将明显地下移。

　　上面是用驻波效应来描述非均匀性,这是因为传播的电磁波是从边缘处进入"电容器",并形成一个驻波。在中心处,电场凸起(有一个最大值),而磁场则有一个节点。等价地,两个电极之间的 RF 电压在中心处也是凸起的,而在电极上流动的 RF 电流在中心处则有一个节点。注意,RF 电流仅在一个很薄的层内流动,如图 6.7(b)所示。

　　在回路模型中,是用电压及电流来取代电场及磁场的。在甚高频情况下,电流是随空间变化的,与单位长度上的电感及电容的变化有关。可以用传输线模型来描述 RF 电压及电流的径向分布(文献[122]对传输线模型进行了详细的描述),如图 6.9 所示。在很短的间距 dr 内,可以用 Z' 及 Y' 来表示单位长度上的阻抗及导纳,其中上标"'"表示单位长度。由于感抗的存在,穿过这个小间距的 RF 电压降为 $IZ'dr$,流过这个线段上的电流同样会降低 $VY'dr$,其中该电流要流经电容器。因此,可以得到如下传输方程:

$$\frac{dV}{dr} = -Z'I \tag{6.27}$$

$$\frac{dI}{dr} = -Y'V \tag{6.28}$$

单位长度上的阻抗 Z' 来自于电感,这是因为当电流在两个平板上流动(方向相反)时会遇到感抗。由电磁分析,可以给出

$$Z' = i\omega\mu_0 \frac{l}{2\pi r} \tag{6.29}$$

类似地,Y' 是来自于单位长度上的电容

$$Y' = i\omega\varepsilon_0 \frac{2\pi r}{l} \tag{6.30}$$

注意到:这个传输线是无耗散的,以及 $|Y'Z'| = k_0^2$。将方程(6.27)对 r 求导一次,并将方程(6.28)代入,则可以得到如下关于电压的贝塞尔方程:

$$\frac{d^2V}{dr^2} + \frac{1}{r}\frac{dV}{dr} + k_0^2 V = 0 \tag{6.31}$$

该方程的解为

$$V(r) = V_0 J_0(k_0 r) \tag{6.32}$$

它满足对称性要求,即当 $r=0$ 时,有 $dV/dr=0$。如果令 $V_0 = E_0 l$,这个解与由麦克斯韦方程得到的解等价。

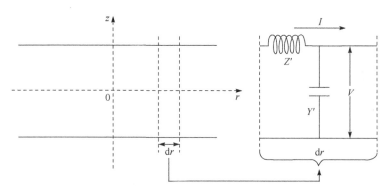

图 6.9　甚高频情况下平行板电容器的传输线模型示意图。
其中显示了在 r 与 $r+dr$ 径向间隔内的分布电感及分布电容

在上述讨论的基础上,现在可以探讨一下当两个电极之间有等离子体时产生的修正。似乎驻波效应仍然可以引起电势的非均匀性,而且这种非均匀性将进一步影响等离子体参数的均匀性。借助于非局域功率沉积,可以把电压的径向非均匀性转移到等离子体上,但是在低气压和高气压两种情况下,这种非均匀性的转移过程有很大的差别。

6.2.2　甚高频情况下的低密度 CCP

首先考虑等离子体的气压充分高,以至于可以认为功率沉积过程是局域的,即可以借助于传输线模型,计算在每一个等离子体/鞘层薄板中的功率平衡,其中等离子体/鞘层的宽度为 dr,且为碰撞鞘层。假定电子密度足够低,以至于趋肤层的深度远大于两个电极之间的间距。在这种情况下,磁场不受等离子体存在的影响。这样,两个电极之间的电场及 RF 电流几乎垂直于电极(沿着 z 轴)。

传输线的单位长度上的串联阻抗 Z' 保持不变,仍由方程(6.29)给出,这是因为电极上的电流及磁场不受等离子体存在的影响。然而,传输线的平行分支将受到明显的修正。对于每一个薄板,都需要采用第 5 章给出的等价回路来描述,如图 5.6 所示。现在用鞘层的电容来取代真空情况下的简单电容,并与电阻及等离子体的电感串联。由于等离子体对功率有耗散,这表明现在的模型是针对一个有损耗的传输线。在一般的情况下,等离子体的感抗并不重要,除非是在极高频率下进行放电。

尽管实质上是用电阻来模拟功率耗散,进一步用来计算电子密度,但在确定驻波的波长时,它所起的作用并不大。的确,采用第 5 章介绍的静电近似方法,可以看出并行的导纳在本质上是鞘层电容的导纳。根据方程(5.30),有

$$Y' = i\omega\varepsilon_0 K_{cap}\frac{2\pi r}{s_m} \tag{6.33}$$

关于 K_{cap} 的值,可以参见表5.2。因此,在等离子体存在的情况下,波数变为 $k^2 = |Y'Z'| = k_0^2 K_{cap}l/s_m$,这样有

$$\lambda = \lambda_0 \left(\frac{s_m}{K_{cap}l}\right)^{1/2} \tag{6.34}$$

可见,在等离子体存在时的波长明显地小于真空情况下的波长,这是因为鞘层的尺度远小于电极的间隙,即 $s_m \ll l$。典型地,在等离子体存在时,波长减小到原来的 $1/3\sim1/5$。

方程(6.34)体现了影响波长减小的主要物理因素,即波长的减小与鞘层的尺度 s_m 有关,而鞘层的尺度又与施加在两个平板上的电压幅值、频率、电子温度及气压等参数有关。为了把波长表示成外部参数的函数,可以把传输线模型,即方程(6.27)和方程(6.28),与粒子平衡和能量平衡,以及与 Child-Langmuir 定律进行耦合[63,111]。这样,对于碰撞鞘层,单位长度上的导纳可以表示为

$$Y' = i\omega\varepsilon_0 \frac{2\pi r}{l}\alpha V^{-5/2} \tag{6.35}$$

$$\alpha = \left[\frac{K_{cap}^2 K_{stoc}^2 m_e T_e^2 \omega^4 l^5}{12.32\lambda_i e u_B^2 \varepsilon_T^2}\right]^{1/5} \tag{6.36}$$

注意,Y' 是 V_0 的函数,这样方程(6.27)和方程(6.28)变成两个非线性耦合的方程组。在这种情况下,无法得到关于 $V(r)$ 及 $I(r)$ 的解析表达式(不像真空情况那样)。不过,对于 α 中所有的系数,均采用适当的值来表示,这样在等离子体存在的情况下,可以得到一个关于驻波波长($\equiv 2\pi/k$)定标的实用公式

$$\frac{\lambda}{\lambda_0} \approx 40 V_0^{1/40} f^{-2/5} l^{-1/2} \tag{6.37}$$

式中,λ_0 是真空中的波长(单位为 m);V_0 是 RF 电极中心处的电压(单位为 V);f 是驱动频率(单位为 Hz);l 是两个电极之间的间距(单位为 m)。如所预料的那样,在等离子体存在的情况下,波长小于真空中的波长($\lambda/\lambda_0 < 1$),而且随着频率的增加,这种波长变短效应更为明显,如图6.10所示。方程(6.37)也表明,随着两电极间距的增加,波长变短效应也得到增强。有趣的是,增加电压却产生相反的效应,如图6.11所示,这是因为随着电压的增加,鞘层的尺度增加,这使得电极间隙中等离子体区的范围减小。

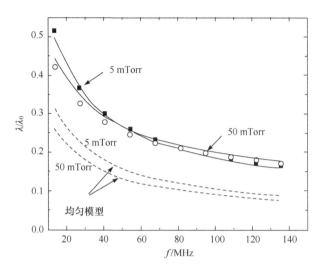

图 6.10 在等离子体存在情况下波长随驱动频率的变化[63]。实线是现在的理论模型给出的结果,而虚线是由均匀模型给出的结果

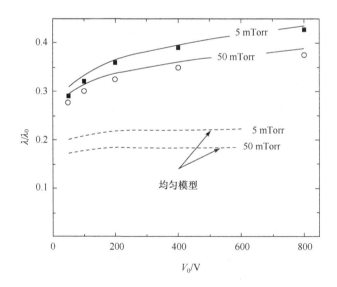

图 6.11 等离子体存在时波长与电极中心处 RF 电压的变化情况[63]

将传输线方程,粒子平衡和能量平衡方程,以及 RF 鞘层的 Child-Langmuir 定律耦合,并进行数值求解。其数值解结果如图 6.12 所示,即显示了在容性放电下,电子密度、鞘层尺度及电子温度随径向距离的变化情况,其中放电气体为氩,电极的间隙为 4 cm,电极半径为 20 cm,驱动频率为 80 MHz,放电气压为 20 Pa。驻波效应非常明显,因为在小于电极半径的范围内,电子密度及鞘层厚度都经历了一个

最小值,同时电压和电流也分别经历了一个零点和最大值。在这种情况下,功率平衡完全是局域的,并且忽略了粒子及能量的径向扩散过程。

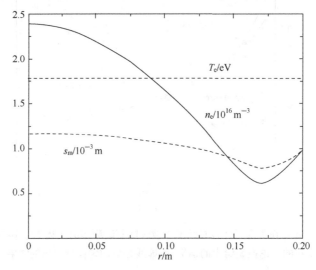

图 6.12　对于容性氩放电,电子密度、电子温度及鞘层厚度随径向距离的变化。
其中电极间隙为 4 cm,电极半径为 20 cm,驱动频率为 80 MHz,放电气压为 20 Pa

问题:由于在上述模型中,认为功率平衡是局域的,且忽略了粒子的径向扩散,这样是否会过高或过低估算等离子体的径向非均匀性?

答案:这种模型过高地估算了非均匀性,因为能量及粒子的径向输运将降低密度的梯度。

1. 与实验比较

在如下实验[91]中,通过对电极上离子通量径向分布的测量,从而可以间接地显示出驻波效应。该实验采用气压为 20 Pa 的氩气进行放电,两个正方形平板(40 cm×40 cm)电极的间距为 4.5 cm,横向被一个厚度为 4 cm 的聚四氟乙烯介质所约束。可见,这种放电是对称的。下电极上施加三种不同的 RF 电源,其工作频率分别为 13.56 MHz、60 MHz 及 81.36 MHz。在接地电极上安装 64 个平面静电探针的阵列,并利用该探针阵列测量入射到该电极上的离子通量。图 6.13 显示了在上述三种放电频率下离子的通量分布情况,其中放电功率比较低,为 50 W。在这种低功率放电情况下,趋肤深度大于电极的间隙,与上面的模型假设一致。在放电频率为 13.56 MHz 的情况下,离子的通量相当均匀(虽然在电极的边缘稍微高一些),但对于 60 MHz 和 81.36 MHz,离子的通量在中心处最大,呈现出穹顶形分布。图 6.14 显示了电子密度径向分布的实验结果与理论模型的比较,其中实心方形符号表示实验测量结果,虚线是由传输线模型给出的结果,而实线则是由电势的径向分布估算出的结果(这里波长为真空情况下的波长)。如所预期的那样,理论模型过高地估算了电子密度的非均匀性。在有等离子体存在的情况下,驻波结构的特征长度明显地小于真空情况下的波长,这与理论模型的预测是一致的。

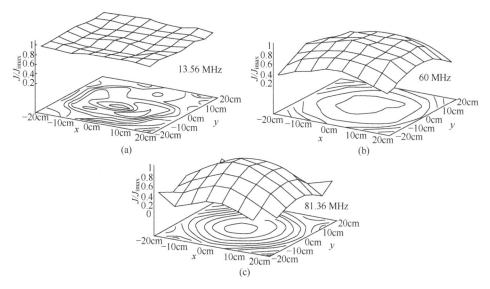

图 6.13　电极上离子的通量分布图。其中放电频率分别为 13.56 MHz、60 MHz 及 81.36 MHz,放电气压和功率分别为 28 Pa 和 50 W,两电极的间距为 4.5 cm,电极的尺寸为 40 cm×40 cm

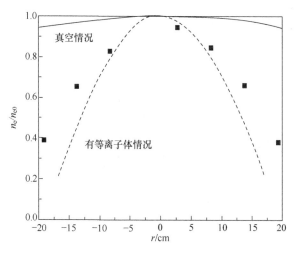

图 6.14　放电频率为 81.36 MHz 的情况下,实验测量结果与传输线模型的比较。其中等离子体密度的非均匀性是由驻波效应引起的。图中的实心方形符号是测量结果(从图 6.13(c)中截取),虚线是由传输线模型给出的结果,而实线则是由电势的径向分布估算出的结果(这里波长为真空情况下的波长)

2. 介质透镜对均匀性的改善

对于大面积、甚高频放电的等离子体处理工艺,由于存在着固有的空间非均匀性,所以驻波效应是一个非常严重的问题。利用一个特殊形状电极来形成一个介质透镜[109],可以很巧妙地解决这个难题,如图 6.15 所示。其指导思想是,通过与这个透镜进行匹配,可以减小有效放电间隙,从而使电场保持不变,这样可以对电极上电势的径向下降起补偿作用。利用上面介绍的传输线模型,可以对所要设计的透镜形状进行计算[111]。图 6.15 的右边显示了修正的传输线模型。

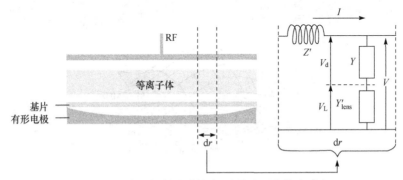

图 6.15　为了抑制驻波效应,由基片下方的有形电极来形成一个透镜(左),以及等价传输线模型(右)

对于介质透镜的引入,等效地增加了一个导纳 Y'_{lens},它与等离子体/鞘层平板(或真空)的导纳 Y' 串联。对于圆柱形几何,假定不存在趋肤效应($\delta \gg l$),透镜的导纳及电极的串联阻抗为

$$Y'_{lens}(r) = i\omega\varepsilon_0\varepsilon_r \frac{2\pi r}{x(r)} \tag{6.38}$$

$$Z'(r) = i\omega\mu_0 \frac{\xi(r)}{2\pi r} \tag{6.39}$$

式中,$x(r)$ 及 ε_r 分别是透镜的厚度和介电常数;$\xi(r) = l + x(r)$ 是电极的间距。注意,这里我们要求 $d\xi/dr \ll 1$(即有形电极的曲率很小)。如果令 $V_L(r)$ 为穿过透镜的 RF 电压,则穿过电极上的电压为

$$V(r) = V_g(r) + V_L(r) \tag{6.40}$$

式中,$V_g(r)$ 是穿过间隙 l 的电压降,而在这个间隙内可以存在放电(等离子体或鞘层)或是真空。放电平板的导纳为

$$Y'(r) = i\omega\varepsilon_0 \frac{2\pi r}{l} f(V_g) \tag{6.41}$$

式中,f 是均匀电势 V_g 的任意函数。对于真空情况,有 $f(V_g) \equiv 1$,而对于有等离子体情况,则 $f(V_g) = \alpha V_g^{-1/5}$。

问题：为了得到径向均匀的放电,其合适的条件是什么?

答案：如果要求放电是径向均匀的,则电压 V_g 在径向上的分布也应该是均匀的,即 $dV_g/dr=0$。

把不同的导纳表示式代入传输线模型,并利用均匀放电条件 $dV_g/dr=0$,在经过一些代数运算后,可以得到如下关于电极间距的微分方程[111]：

$$\frac{d^2\xi}{dr^2}=\left[\frac{1}{\xi}\frac{d\xi}{dr}-\frac{1}{r}\right]\frac{d\xi}{dr}-\varepsilon_r k_0^2\xi \tag{6.42}$$

对其积分后,可以得到

$$\xi(r)=l+x(r)=[l+x(0)]\exp\left(-\frac{\varepsilon_r k_0^2 r^2}{4}\right) \tag{6.43}$$

因此,为了使穿过放电区域的电压在径向上的分布是均匀的,介质透镜的形状应该是一个高斯型的,这样才可以抑制驻波效应。在真空及有等离子体存在的两种情况下,文献[115]利用麦克斯韦方程,对透镜的形状以及穿过透镜和电极的电压进行了计算,发现在有无等离子体两种情况下,透镜的形状及穿过透镜和电极的电压分布都是高斯型的。此外,在有等离子体存在时,穿过透镜的电压明显地增加,这是因为等离子体阻抗远低于真空情况下的阻抗。事实上,在等离子体存在时,$V_L(r)$ 增加了一个因子 $f(V_g)=\alpha V_g^{-1/5}$,这是一个远大于 1 的因子。因此,鞘层电压的非线性并不影响电极的形状,但是它将改变穿过透镜的电压幅值。如果透镜内是真空(或低压气体),而不是介质,这种高电压将会带来问题,因为在基片的下方可以产生等离子体。

图 6.16 显示了介质透镜对离子通量的影响[110]。可以看出,在平行板电极情况下,驻波效应严重影响了离子通量的均匀性;而在有介质透镜时,离子的通量变得相当均匀。

问题：在中等电子密度范围内,等离子体增强化学气相沉积通常处于这个范围,有望可以用透镜概念来抑制驻波。解释一下,为什么这种概念对高密度和多频等离子体源是无效的。

答案：当趋肤效应变得明显时,即在较高的等离子体密度下,透镜概念不再有效,这是因为这时有平行电极的电场分量。透镜的形状取决于驻波结构,而后者依赖于电源的频率。这样,用现在的方法得到的透镜不能与多频电源匹配。

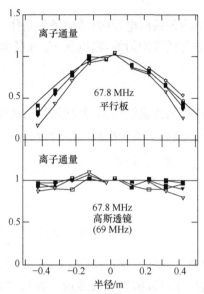

图 6.16　利用有形电极及透镜概念来抑制驻波效应的实验证据[110]

6.2.3　甚高频 CCP 的一般理论模型

在 6.2.2 节,已假设趋肤深度远大于电极的间隙,而且认为放电气压充分高,以至于功率平衡是局域的。本节将不受这些假设的限制,建立甚高频容性放电更一般的理论模型。

当趋肤深度有限时,电场不再垂直于电极,它有径向和轴向分量。对于低电子密度情况,趋肤深度大,可以忽略电场的径向分量。但当电子的密度足够高时,以至于趋肤深度小于放电的间隙,这时必须考虑电场的径向分量的存在。尽管轴向电场是静电的,至少在低频情况下可以这样认为,但径向电场在本质上却是一个电磁感应场,它与电极上的电流相关。因此,由这种电场转移到等离子体电子中的功率是与感性加热机制相联系的。对于感性放电,当由感性耦合电流沉积的功率大于由静电场驱动的电流沉积的功率时,可以认为这种放电处于 H 模式状态。在相反的极限下,放电处于 E 模式状态。本节将看到,甚高频 CCP 放电将经历 E 模式到 H 模式的转换。

对于低气压放电,将考虑非局域功率沉积效应。在这种情况下,可以认为电场在径向上的分布具有很强的空间非均匀性,但电子温度以及电离率却是空间均匀的。在推测电子温度与小尺度变量 z 无关这一结论时,已经使用过这种近似。

本节的研究内容如下:首先,对于均匀的电子密度及恒定的鞘层尺度,根据麦克斯韦方程组,确定电磁场的形式;其次,将传输线模型应用于更一般的参数区域,并给出电磁波的色散关系;最后,根据功率平衡、粒子平衡及射频 Child-Langmuir 定律,确定 RF 电压、RF 电流及等离子体参数的自洽解。

1. 电磁场及色散关系

再次考虑两个圆形的平行板电极,电极的半径为 r_0,它们的间距为 l,如图 6.17 所示。该图的右边显示的是传输线模型,稍后对此进行讨论。在等离子体(宽度为 d)与两个电极之间各存在一个鞘层,并认为等离子体是一个局域均匀且不随时间变化的介质,其中等离子体的相对介电常数(方程(2.52))为 $\varepsilon_p = 1 - \omega_{pe}^2 / [\omega(\omega - \mathrm{i}\nu_m)]$。

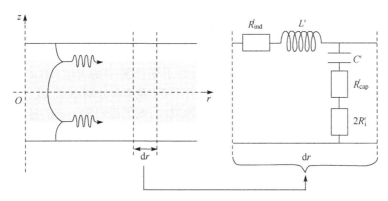

图 6.17　建立在电磁模型基础之上的传输线模型的示意图

问题:在鞘层的运动频率与电磁波的频率相同的情况下,能否忽略鞘层的运动,即认为鞘层及等离子体是不随时间变化的?

答案:尽管每一个鞘层的厚度都是振荡的,但它们振荡的相位差是 180°。因此,可以粗略地认为总的鞘层厚度及总的鞘层电容是不随时间变化的,即认为两个鞘层所占据的总空间体积是不变的。

说明:这种模型忽略了瞬时鞘层的非线性行为,这种非线性行为可以导致高次谐波出现。

在相对介电常数为 ε 的介质中,用谐波展开(即与前面的做法一样,物理量随时间的瞬时变化用 $\mathrm{e}^{\mathrm{i}\omega t}$ 来表示),可以由麦克斯韦方程组确定出角向磁场 B_θ 和对应的电场分量 E_z 及 E_r:

$$-\frac{\partial \widetilde{B}_\theta}{\partial z} = \frac{\mathrm{i}\omega}{c^2/\varepsilon} \widetilde{E}_r \qquad (6.44)$$

$$\frac{1}{r}\frac{\partial (r\widetilde{B}_\theta)}{\partial r} = \frac{\mathrm{i}\omega}{c^2/\varepsilon} \widetilde{E}_z \qquad (6.45)$$

$$\frac{\partial \widetilde{E}_r}{\partial z} - \frac{\partial \widetilde{E}_z}{\partial r} = -\mathrm{i}\widetilde{B}_\theta \qquad (6.46)$$

式中,$\widetilde{E}_z$是容性电场(垂直于电极);$\widetilde{E}_r$是感性电场(平行于电极)。根据方程(6.44)及方程(6.45),分别把$\widetilde{E}_r$及$\widetilde{E}_z$代入方程(6.46),则可以得到在等离子体区及鞘层区角向磁场的二维柱坐标波动方程:

$$\frac{\partial^2 \widetilde{B}_\theta}{\partial z^2}+\frac{\partial^2 \widetilde{B}_\theta}{\partial r^2}+\frac{1}{r}\frac{\partial \widetilde{B}_\theta}{\partial r}+\left(\frac{\omega^2}{c^2/\varepsilon}-\frac{1}{r^2}\right)\widetilde{B}_\theta=0 \qquad (6.47)$$

由于在鞘层区几乎没有电子存在,这样在甚高频放电情况下,可以取$\varepsilon=1$;而在等离子体区,取$\varepsilon=\varepsilon_p$。

方程(6.47)的解是关于独立变量r、z及t的简单函数的组合,可以表示为

$$B_\theta(r,z,t)=\mathrm{Re}\left[H(\sqrt{\varepsilon}\omega r/c)\widetilde{B}_\theta(z)\exp\mathrm{i}\omega t\right]$$

式中,$H(\sqrt{\varepsilon}\omega r/c)$是第一类及第二类贝塞尔函数的线性组合,它们与时间变量结合在一起,描述了径向上传播的波,非常类似于平面波中的$\exp\{\mathrm{i}(\omega t\pm kz)\}$。在6.2.1节中已经看到:$B_\theta$与$z$无关,而且对于$E_z$及$B_\theta$,分别由$J_0$及$J_1$给出了驻波剖面的特征。在现在的情况下,当驻波形成时,电场沿径向r上的分布是不均匀的(E_z在中心处最大,而E_r则在远离中心处最大)。下面对传输线模型进行描述时,将考虑驻波及径向非均匀性。对于边缘效应,将在本章的结尾处进行考虑。

利用在$z=0$和$z=\pm l/2$处的边界条件$\widetilde{E}_r=0$,以及$\widetilde{E}_r$、$\widetilde{B}_\theta$与$\varepsilon\widetilde{E}_z$在$z=\pm d/2$处(即鞘层与等离子体的交界面)连续的条件,可以分别得到在等离子体区和鞘层区中依赖于变量z的解,即$\widetilde{E}_r(z)$、$\widetilde{B}_\theta(z)$及$\widetilde{E}_z(z)$。推导过程非常繁杂,这里只简单地给出结果[21],可以通过微分来验证这些解的正确性。在等离子体区,这些场的形式为

$$\widetilde{E}_r(z)=-\frac{A\alpha_p\cosh(\alpha_0 s)}{\mathrm{i}\omega\varepsilon_0\varepsilon_p}\sinh(\alpha_p z) \qquad (6.48)$$

$$\widetilde{B}_\theta(z)=\mu_0 A\cosh(\alpha_0 s)\cosh(\alpha_p z) \qquad (6.49)$$

$$\widetilde{E}_z(z)=\frac{Ak\cosh(\alpha_0 s)}{\mathrm{i}\omega\varepsilon_0\varepsilon_p}\cosh(\alpha_p z) \qquad (6.50)$$

在鞘层区,它们的形式为

$$\widetilde{E}_r(z)=\frac{A\alpha_p\cosh(\alpha_p d/2)}{\mathrm{i}\omega\varepsilon_0}\sinh[\alpha_0(l/2-z)] \qquad (6.51)$$

$$\widetilde{B}_\theta(z)=\mu_0 A\cosh(\alpha_p d/2)\cosh[\alpha_0(l/2-z)] \qquad (6.52)$$

$$\widetilde{E}_z(z)=\frac{Ak\cosh(\alpha_p d/2)}{\mathrm{i}\omega\varepsilon_0}\cosh[\alpha_0(l/2-z)] \qquad (6.53)$$

式中,A为任意的幅值。在上面的表示式中,k是沿径向r传播的波数,而α_0及α_p分别是鞘层区和等离子体区中沿轴向z传播的波数,它们之间的关系为$k^2-\alpha_p^2=k_0^2\varepsilon_p$及$k^2-\alpha_0^2=k_0^2$。上述函数有效地描述了在$z$方向上衰逝场的结构。根据上面这些方程,能够确保$\widetilde{B}_\theta(z)$及$\varepsilon\widetilde{E}_z(z)$在鞘层/等离子体边界处是连续的,但对于$\widetilde{E}_r$在该边界处的连续性,被当成一个限制性的条件。利用这个限制性条件,可以得到

波数与频率之间的关系,即波沿着等离子体与鞘层交界面传播,且与驻波效应相关的表面波的色散关系为

$$\alpha_0 \varepsilon_p \sinh(\alpha_0 s)\cosh(\alpha_p d/2)+\alpha_p \cosh(\alpha_0 s)\sinh(\alpha_p d/2)=0 \qquad (6.54)$$

在所要考虑的参数范围内,即 $|\alpha_0 s|\ll 1$,$|kc/\omega_p|\ll 1$,以及 $\omega\ll\omega_p$,可以把表面波的色散关系简化为

$$\frac{k^2}{k_0^2}=1+\frac{\delta}{s}\left(1-\mathrm{i}\frac{\nu_m}{\omega}\right)^{1/2}\tanh\left[\frac{d}{2\delta}\frac{1}{(1-\mathrm{i}\nu_m/\omega)^{1/2}}\right] \qquad (6.55)$$

式中,$\delta=c/\omega_p$ 是与等离子体惯性相关的趋肤深度。仅当 $(\omega_p/\omega)^2\gg\max(1+d/(2s),s/\delta)$ 时,方程(6.55)才成立,这个条件对任意的趋肤深度都满足。在低压气压极限下,即 $\nu_m\ll\omega$,可以把色散关系简化为

$$k^2\approx k_0^2\left[1+\frac{\delta}{s}\tanh\frac{d}{2\delta}\right] \qquad (6.56)$$

根据这个色散关系,可以看出:当趋肤深度很大时,波长为

$$\lambda\approx\lambda_0\left[1+\frac{d}{2s}\right]^{-1/2}\equiv\lambda_0\ (s_m/l)^{1/2} \qquad (6.57)$$

该表示式与方程(6.34)相似,但 K_{cap} 没有出现在方程(6.57)中,这是因为现在把鞘层看成一个真空区域,没有考虑电子在鞘层中的周期性穿透,这显然不是一个比较理想的模型。在相反的极限下,即当趋肤深度很小时,色散关系为

$$k^2\approx k_0^2(1+\delta/s) \qquad (6.58)$$

问题:当 $\delta\to 0$ 时,可见波长将退变到真空波长。请对此进行解释。

答案:当趋肤深度无限小时,等离子体的行为类似于一个理想金属导体。在这种情况下,波在每一个鞘层(没有电子存在)的传播,如同在传统的金属波导中传播一样。这样,波长就是真空中的波长,且与放电间隙(鞘层)尺度无关。

借助于这种对电磁场的分析,可以推导出传输线模型,如图 6.17 的右边所示,其中 $Z'=R'_{ind}+\mathrm{i}\omega L'$,$Y'^{-1}=R'_{cap}+R'_i+(\mathrm{i}\omega C')^{-1}$,$L'$ 是单位长度上的串联电感,C' 是单位长度上的并联电容。此外,R'_{ind}、R'_{cap} 和 R'_i 是损耗项,它们是小量,在如下讨论中作为扰动项处理。

通常,用单位长度上的电导率来表示图 6.17 中电容分支的损耗。这意味着尽管 R'_{ind} 的单位是 $\Omega\cdot\mathrm{m}^{-1}$,而 R'_{cap} 和 R'_i 的单位是 $(\Omega^{-1}\cdot\mathrm{m}^{-1})^{-1}$,即 $\Omega\cdot\mathrm{m}$。在量纲检验时需要特别注意这些物理量的单位变化。

对于传输线模型,一般是用行波的能流计算传输线中的电压和电流[122]。然而,在所考虑的参数范围内,方程(6.48)~方程(6.53)给出的鞘层电场几乎是横向的,也就是说它们垂直于波的传播方向,而且远大于等离子体中的电场。在这种情况下,对于一个单一径向传播的波,电压的幅值近似地为

$$\widetilde{V}=-2\int_0^{l/2}\widetilde{E}_z(z)\mathrm{d}z$$

电流的幅值为

$$\tilde{I} = 2\pi r \mu_0 \, \tilde{B}_\theta \quad (z = l/2)$$

传输线的特征阻抗为

$$\tilde{V}/\tilde{I} = \sqrt{L'/C'}$$

此外,还有 $k = \omega \sqrt{L'C'}$。这样,利用方程(6.56),可以得到 L' 及 C' 的表示式

$$L' = \mu_0 \frac{s}{\pi r} \left(1 + \frac{\delta}{s} \tanh \frac{d}{2\delta} \right) \left(1 - \frac{\omega^2}{\omega_p^2} \frac{\delta}{s} \tanh \frac{d}{2\delta} \right) \tag{6.59}$$

及

$$C' = \frac{\varepsilon_0 \pi r}{s} \left(1 - \frac{\omega^2}{\omega_p^2} \frac{\delta}{s} \tanh \frac{d}{2\delta} \right)^{-1} \tag{6.60}$$

因为 $\omega \ll \omega_p$,在如下讨论中可以忽略方程(6.59)和方程(6.60)中含有 $(\omega/\omega_p)^2$ 的项。当 δ 很大时,如所预期的那样,方程(6.59)将退化到真空情况下的结果。

问题:观察一下方程(6.60),可以看到,当电源的频率与等离子体密度的频率比等于某一个特定值时,C' 的值可以为无穷大。对这种现象进行解释。

答案:传输线的并联分支是按如下方式来构造的。由于电子的惯性,没有把感抗明显地计算出来,但是却把它隐藏在 L' 及 C' 的表示式中。换句话说,C' 既包括了鞘层的电容,又包括了电子的惯性电感。当 $1/(\omega C') = 0$ 时,如第 5 章所描述的那样,放电是在串联共振下进行的。

可以由功率损耗来计算传输线中的电阻。由感应电场 $\tilde{E}_r(z)$ 引起的单位长度上的功率损耗为

$$\mathrm{Re}\left[\int_0^{d/2} \tilde{J}_r(z) \, \tilde{E}_r^*(z) \mathrm{d}z \right] 2\pi r = \frac{1}{2} \, |\tilde{I}|^2 R'_{\mathrm{ind}}$$

(*表示复共扼)。由上式可以得到单位长度上传输线的串联电阻(感性电阻)为

$$R'_{\mathrm{ind}} = \frac{1}{2\pi r \sigma_m \delta} \left[\frac{\sinh(d/\delta) - (d/\delta)}{1 + \cosh(d/\delta)} \right] \tag{6.61}$$

式中,$\sigma_m = e^2 n_e / (m_e \nu_m)$ 是等离子体的电导率。当趋肤深度很大时 $(n_e \to 0)$,R'_{ind} 随 n_e 线性地增加;反之,当 $n_e \to \infty$ 时,R'_{ind} 随 $1/n_e^{1/2}$ 线性地减小。这与由放置在介质窗上面的 RF 线圈驱动的感性放电时的等离子体电阻相似,见第 7 章。

类似地,根据容性电场 $\tilde{E}_z(z)$ 引起的欧姆加热,可以得到并联电阻为

$$R'_{\mathrm{ohm}} = \frac{\delta}{2\pi r \sigma_m} \left[\frac{\sinh(2d/\delta) + 2d/\delta}{1 + \cosh(2d/\delta)} \right] \tag{6.62}$$

与感性电阻不同,R'_{ohm} 总是随 n_e 的增加而减小。在低气压下,鞘层中的随机加热及欧姆加热起主导作用。由于这两种加热是在鞘层中发生的,它们都与趋肤效应无关。根据第 5 章得到的相关表示式(更详细的讨论可以参见文献[21]),为了估算这些功率损耗(无碰撞鞘层),我们引入如下电阻:

$$R'_{\text{stoc}} = \frac{4K_{\text{stoc}}(m_e k_B T_e)^{1/2} s^2}{e\varepsilon_0 \pi r |\widetilde{V}|} \tag{6.63}$$

$$R'_{\text{omh,sh}} = \frac{2K_{\text{cap}} K_{\text{ohm,sh}} m_e \nu_m s^3}{e\varepsilon_0 \pi r |\widetilde{V}|} \tag{6.64}$$

式中,常数由表 5.2 给出(注意:所定义鞘层的最大厚度为 $s_m = 2sK_{\text{cap}}$)。这里使用硬壁模型来计算随机加热电阻。最后,有 $R'_{\text{cap}} = R'_{\text{ohm}} + R'_{\text{stoc}} + R'_{\text{ohm,sh}}$。对于离子在鞘层中运动产生的功率损耗,相应的电阻为[63]

$$R'_i = \frac{4K_v e h_1 n_e u_B s^2}{\omega^2 \varepsilon_0^2 \pi r |\widetilde{V}|} \tag{6.65}$$

到现在为止,L'、C'、R'_{ind}、R'_{cap} 及 R'_i 均表示成 n_e、s 及 $|\widetilde{V}|$ 的函数。为了自洽地计算等离子体参数及电压,必须将传输线方程与粒子平衡方程和功率平衡方程,以及 RF 鞘层的 Child-Langmuir 定律联立在一起求解。考虑如下两种极限情况:①电子能量的迟豫长度远大于放电半径(低气压)时的非局域功率沉积;②在相反极限下(高气压)的局域功率沉积。

2. 非局域功率沉积:整体的 E-H 模式转换

在非局域情况下,电子密度的径向分布不是由沉积功率的径向分布来确定,而是通过求解具有恒定电离率的输运方程来确定的(见第 3 章)。在低气压情况下,Chabert 等[21]建议可以采用如下电子密度的径向分布:

$$n_e(r) = n_{e0}\left[1 - (1-h_{r0}^2)\frac{r^2}{r_0^2}\right]^{1/2} \tag{6.66}$$

它是由 Godyak 给出的在柱坐标下的一个很好的近似解[39],其中 $h_{r0} = 0.80(4 + r_0/\lambda_i)^{-1/2}$ 是冷离子等离子体在边缘及中心处的密度比率,见方程(3.83)。

需要根据整体的功率平衡,即 $P_e = P_{\text{loss}}$,来确定腔室中心处的密度 n_{e0},其中

$$P_e = \frac{1}{2}\int_0^{r_0} R'_{\text{cap}}\left|\frac{d\widetilde{I}^2}{dr}\right| dr + \frac{1}{2}\int_0^{r_0} R'_{\text{ind}} |\widetilde{I}^2| dr \tag{6.67}$$

是吸收功率,它包括容性加热(第一项)和感性加热(第二项),其中前者是由纵向电场 E_z 产生的加热,而后者则是由径向电场 E_r 产生的加热。在二维柱坐标系下,损耗功率为

$$P_{\text{loss}} = 2n_{e0} u_B (\pi r_0^2 h_1 + 2\pi r_0 d h_{r0})\varepsilon_T(T_e) \tag{6.68}$$

它是电子温度 T_e 的函数,可以用整体粒子平衡来确定:

$$n_g K_{\text{iz}} \pi r_0^2 d = u_B (\pi r_0^2 h_1 + 2\pi r_0 d h_{r0}) \tag{6.69}$$

对于一个对称的放电系统,边界条件是 $V(r)|_{r=0} = V_0$ 及 $I(r)|_{r=0} = 0$(在 $r = r_0$ 处,没有边缘效应的驻波)。在实际求解中,具体方法如下:①对于给定的 V_0,先假设一个 n_{e0} 的值,根据粒子平衡方程计算电子温度 T_e;②将 $n_e(r)$ 的表示式代入 Child-Langmuir 定律,可以得到 $s(r, V)$;③求解传输线方程,可以得到 $V(r)$ 及 $I(r)$;④计算出 P_e 及 P_{loss},并画出它们随 n_{e0} 的变化图。这样 P_e 和 P_{loss} 两条曲

线的交叉点,就对应着平衡状态。

　　图 6.18 显示了功率随 n_{e0} 的变化关系,其中电极的半径为 $r_0 = 15$ cm,两个电极之间的间距为 $l=4$ cm,放电气压为 4 Pa,放电频率为 200 MHz,图 6.18(a) 的电压为 $V_0 = 60$ V,图 6.18(b) 的电压为 $V_0 = 800$ V。对于采用这种简单作图来分析放电平衡的方法,已在图 5.9 中进行了介绍。当考虑了感性加热时,这个图是等价的。在低电压情况下,容性加热(E 模式)起支配作用;而在高电压情况下,感性加热(H 模式)则起支配作用。因此,在整个电压上升过程中,放电经历了 E-H 模式转换。与感性放电不同,这里模式转换是光滑的,没有明显的界限。为简单起见,可以定义 $P_{ind} = P_{cap}$ 作为模式转换发生的条件。

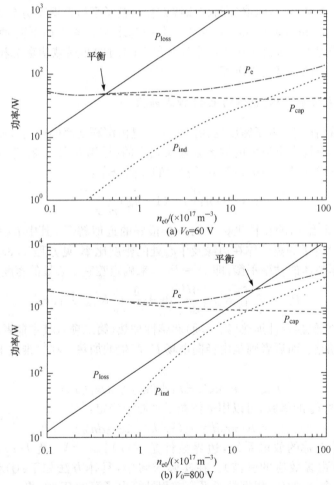

图 6.18　沉积功率及损耗功率随中心处的电子密度 n_{e0} 的变化情况。其中电极的半径为 $r_0 = 15$ cm,两个电极之间的间距为 $l=4$ cm,放电气压为 4 Pa,放电频率为 200 MHz,(a) 的电压为 $V_0 = 60$ V,(b) 的电压为 $V_0 = 800$ V

对于某个特定的电子密度值,不会发生 E-H 模式转换,但这种转换也依赖于频率。为了分析驱动频率所起的作用,我们必须注意:由于驻波效应,电压及电流不是径向均匀的。电压在中心处最大,并随径向距离的增加而下降,而电流在中心处为零。在如下讨论中,用 $r=r_1$ 表示电压在径向上最小值的位置(电流在该处最大)。当 $r_1 \gg r_0$ 时,驻波效应弱,但当 $r_1 \leqslant r_0$ 时,则驻波效应强。

对于不同的频率,图 6.19 显示了在平衡点处感性与容性功率的比率随 n_{e0} 的变化情况(V_0 变化,n_{e0} 也随之变化)。首先考虑 $r_0 = 0.15$ m,即驻波效应适中的情况($r_1 > r_0$)。在频率为 27 MHz 的情况下,感性加热很小,但随着频率的增加,感性加热显著增加。当频率在 170 MHz 以上时,发生 E-H 模式转换。对于 $r_1 \gg r_0$ 的情况,可以从如下一个简化的解析表示式来理解这种功率之比对频率的依赖性。假定密度及电压是均匀的,即 $n_e(r) = n_{e0}$,$V(r) = V_0$,以及 $R'_{cap} \approx R'_{stoc}$,则当感性加热很小时($P_{ind} \ll P_{cap}$),平衡态的功率之比为[21]

$$\frac{P_{ind}}{P_{cap}} \approx \nu_m h_1^{1/2} r_0^2 \omega \left[\frac{\sinh(d/\delta) - d/\delta}{1 + \cosh(d/\delta)} \right] \tag{6.70}$$

根据这个近似结果,可以对图 6.19(a)中大部分的变化过程作出解释。在给定密度下,的确看到感性加热随频率增加,而且当频率固定时,在低密度情况下,比率随密度的增加而增加;但在高密度情况下,比率达到一个饱和值。方程(6.70)也预示着感性加热随电极半径增加。只要驻波效应较弱,上述结论就可以很好地成立(对于 60 MHz 的放电频率,通过对 $r_0 = 0.15$ m 和 $r_0 = 0.25$ m 的两种情况进行比较,就可以看出这一点)。

当驻波效应很强,即 $r_1 \leqslant r_0$ 时,情况将变得更为复杂。例如,图 6.19(b)显示了在 250 MHz 情况下比率 P_{ind}/P_{cap} 的值远小于 150 MHz 情况下的值,这与上面讨论的结果相反。为了进一步地了解这种强驻波效应,图 6.20 显示了比率 P_{ind}/P_{cap} 随频率的变化情况,其中平衡密度为 $n_{e0} = 5 \times 10^{17}$ m^{-3}。可以看到,当 $r_1 \geqslant r_0$

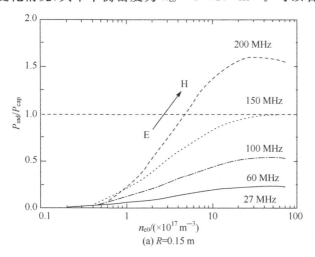

(a) $R = 0.15$ m

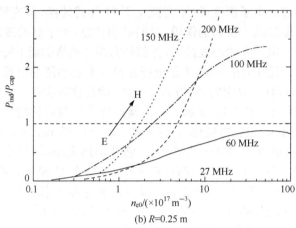

(b) $R=0.25$ m

图 6.19　对于几种不同的频率,感性与容性功率之比 $P_{\text{ind}}/P_{\text{cap}}$ 随平衡态下的 n_{e0} 的变化情况。(a) $r_0=15$ cm;(b) $r_0=25$ cm。其他条件与图 6.18 相同。该结果取自文献[21],在该文献中,频率的单位为 MHz,R 等价于本书中的 r_0

时,比率随着频率的增加而增加;当 $r_1 \approx r_0$(实际上 r_1 略小于 r_0)时,比率达到最大值;当 $r_1 \leqslant r_0$ 时,比率开始下降。这是因为在 $r_1 \leqslant r_0$ 的情况下,电压有一个节点,而且当 $r \geqslant r_1$ 时,它再次增加,如同容性加热变化那样;电流在 $r \geqslant r_1$ 的区域下降,如同感性加热变化那样。

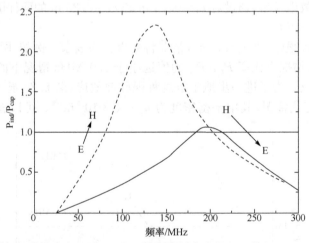

图 6.20　感性与容性功率之比 $P_{\text{ind}}/P_{\text{cap}}$ 随频率的变化情况。其中 $n_{\text{e0}}=5\times10^{17}$ m^{-3},虚线和实线分别对应于 $r_0=0.25$ m 及 $r_0=0.15$ m 的结果,其他条件与图 6.18 相同。该结果取自文献[21],在该文献中,频率的单位为 MHz,R 等价于本书中的 r_0

3. 局域沉积功率:空间的 E-H 模式变换

当气压比较高时,能量的迟豫长度要小于放电腔室的半径,功率沉积是局域的,而非整体的。在这种情况下,电子密度的空间分布是由局域电压和电流决定的。由于鞘层厚度的变化,电子温度也是半径的函数。局域功率平衡为 $P_{\mathrm{e}}'=P_{\mathrm{loss}}'$,式中

$$P_{\mathrm{e}}'=\frac{1}{2}R_{\mathrm{cap}}'\left|\frac{\mathrm{d}\tilde{I}}{\mathrm{d}r}\right|^2+\frac{1}{2}R_{\mathrm{ind}}'|\tilde{I}|^2 \tag{6.71}$$

$$P_{\mathrm{loss}}'=4\pi rh_1 n_{\mathrm{e}}u_{\mathrm{B}}\varepsilon_{\mathrm{T}}(T_{\mathrm{e}}) \tag{6.72}$$

其中电子温度由局域粒子平衡方程确定。

$$n_{\mathrm{g}}K_{\mathrm{iz}}d=2h_1 u_{\mathrm{B}} \tag{6.73}$$

注意,由于 RF 电压随 r 变化,这里的 d 及 T_{e} 都是 r 的函数。

图 6.21 显示了电子密度的径向分布,其中放电频率为 200 MHz,放电气压为 20 Pa,电极的半径为 15 cm。随着 n_{e0} 的增加,电子密度由中等密度时的分布形式逐渐过渡到高密度分布形式,其中,在中等密度下($n_{\mathrm{e0}}=1.5\times10^{17}\ \mathrm{m^{-3}}$),驻波效应对密度分布形式起主导作用;而在高密度情况下($n_{\mathrm{e0}}\approx10^{18}\ \mathrm{m^{-3}}$),趋肤效应起主导作用。这种现象在图 6.22 中表现得更清楚,它给出了感性与容性功率的比率随半径的变化情况,其中放电参数和图 6.21 相同。在低电压下(50 V,它对应于 $n_{\mathrm{e0}}=1.5\times10^{17}\ \mathrm{m^{-3}}$),在几乎所有的径向位置内,放电处于容性 E 模式状态。在高电压下,在放电区的外围,以感性加热为主;而在放电中心处,放电仍处于 E 模式状态。在这种情况下,随着向外的径向移动,放电经历了一个空间上的从 E 模式到 H 模式的转换。这一现象已被数值模拟[123]所证实。

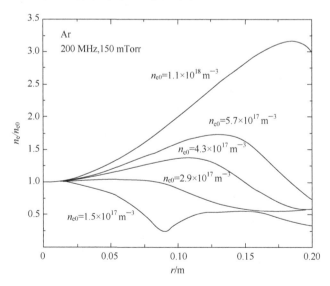

图 6.21　对于不同的中心处密度 n_{e0}(对应于不同的 RF 电压),归一化的电子密度 $n_{\mathrm{e}}/n_{\mathrm{e0}}$ 的径向分布[21]。其中放电频率为 200 MHz,放电气压 20 Pa,电极半径为 $r_0=0.15\ \mathrm{m}$

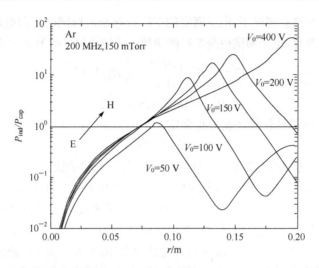

图 6.22　感性与容性功率之比 P_{ind}/P_{cap} 的径向变化情况[21]。与图 6.21
的条件相同。在高电压下,可以很清楚地看到空间上的 E-H 模式转换

　　Perret 等[91]已经在实验上观察到空间上的 E-H 模式转换及感性加热,如
图 6.23所示。在放电功率下,放电处于 E 模式状态,驻波效应确定了离子通量的
剖面分布形状(如同一个穹顶)。随着功率的增加,在边缘处的感性加热变得明显。
在腔室中心处,放电处于 E 模式状态;而在边缘处,放电处于 H 模式状态。

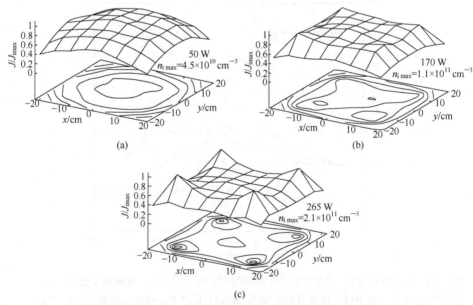

图 6.23　放电频率为 60 MHz 时,在不同的放电功率下,离子通量
在电极表面上的分布图。其中电极的边缘处观察到了感性加热[91]

6.2.4 进一步的考虑

1. 离子能量的均匀性

已经看到,当放电频率高到足以产生驻波效应时,在 CCP 放电中入射到电极表面上的离子通量分布具有很强的空间非均匀性。然而,从 Perret 等的实验结果[90]可以知道,在相同的条件下离子的能量分布仍保持均匀。他们利用减速场分析仪(RFA)测量了离子的速度分布函数(IVDF,与测量 dN/dv 等价,见第 10 章)。在他们的实验中,放电频率为 81 MHz,放电气体为氩气,放电气压为 2 Pa,由此获得的离子通量大约为 3 A·m^{-2}($n_s \sim 10^{16}$ m^{-3})。对于一个方形的 CCP 放电,当分析仪分别位于电极的中心、边缘及拐角处时,对入射到分析仪上的数据进行了比较。

> **问题:**图 6.24 显示了由 Perret 等测量到的离子能量分布函数[90]。从这些测量到的数据,可以得到如下信息吗?
> (1) 鞘层的碰撞行为;
> (2) 时间平均的等离子体势;
> (3) 驻波效应;
> (4) 入射到电极表面上的离子能量变化。
> **答案:**(1) 由于不存在低能离子,说明这是一个无碰撞的鞘层。
> **说明:**离子-中性粒子的平均自由程($\lambda_i \approx 2$ mm)远大于鞘层的尺度($s=9$ mm)。

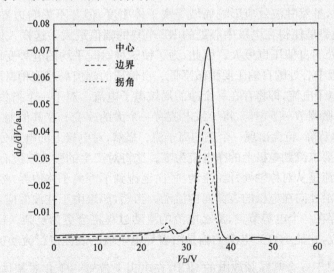

图 6.24 对于放电频率为 81.36 MHz 的容性放电,在接地电极的中心、边缘及拐角处的离子速度分布函数[90]。水平坐标是离子的有效动能,即 $M_i v^2/(2e)$

（2）探测到的离子最大能量就是对应的时间平均的等离子体势能。这个势能在所有的位置都相同。

（3）这里给出了一些关于离子密度分布的信息：IVDF 曲线下的面积在中心处最大，而在拐角处最小，这说明在中心处有较多的离子产生，而在远离中心处，则产生的离子较少。这可能是由于驻波效应对电极上 RF 电压影响的缘故。

（4）因为 IVDF 的峰值（约 35 V）与分析仪所在的位置无关，这说明离子穿过鞘层后得到的能量在整个电极上是相同的，尽管 RF 电压及离子通量具有很强的非均匀性。

初看起来，人们对离子能量的这种均匀性分布感到不可思议，因为人们也许能够预料到，在边缘处有一个比较小的时间平均（直流）的等离子体势存在。由于驻波效应，RF 电压在边缘处很小。然而，由于等离子体的直流电导率太大，很难维持一个大的电势差存在。相反，为了降低这种电势差，则要求在等离子体中有一个很大的径向电流。Perret 等[90]估算出：当放电气压为 2 Pa 时，等离子体中的直流电势差 $\Delta \bar{V} \leqslant 0.1$ V；而当气压为 20 Pa 时，$\Delta \bar{V} \leqslant 1$ V。

根据上面的讨论已经知道，这种时间平均的等离子体势应该是空间均匀的，其变化值小于 1 V。接下来的问题是，这种电势差的绝对值是多少。这里仍然要求对于一个稳态的 CCP，在一个 RF 周期内流到一个电极上的净电流必须为零。首先注意到，由方程（4.15）给出的 RF 自偏压与鞘层/等离子体边界处的等离子体密度无关，因此，虽然驻波效应影响局域等离子体密度，但并不影响边界的通量。然而，驻波的趋势是使得在电极中心处的 RF 电势的幅值最大。这样人们可以期望，在电极中心处的自偏压也最大。因此，为了使这种时间平均的电势变得空间均匀，必须要求电极中心处的自偏压要稍微降低。自偏压的幅值局域地稍微降低，并不能完全地抑制电子电流，即将存在一个净的局域电子电流。对于一个指数形式分布的电子通量，稍微调节一下电势，将导致电流有一个大的改变。在其他地方，稍微降低鞘层的 RF 电势降，将会出现一个正的离子流。显然，对电极上的电势分布进行调节时，其原则是要求流到电极上的净电流为零。这将对产生的驻波效应有一个小的修正，即要求电流是从对称轴处开始流动，径向地流到了等离子体边界，然后在较大的半径处折返，沿径向在电极的表面向内流动。当然，如果由于驻波效应，在电极半径以内的地方存在一个电势节点，那么电流的流动过程将会更为复杂。Howling 等对此进行了研究，并显示直流电流的确是沿着导电电极的表面进行流动的。

问题：对于一个甚高频放电的 CCP，在电极上放置一个介质基体，说明这对电极表面上的离子通量变化有什么影响。

答案：由于介质基体的存在，不允许直流电流在电极中流动，所以离子的能量分布是不均匀的，而且在驻波的节点处离子的通量较低，见文献[41]。

2. 边缘效应与非对称放电

除了驻波及边趋肤效应外,还必须考虑有限空间尺度带来的效应。在一般的情况下,研究边缘效应是困难的,因为边缘效应与约束电极边缘处等离子体的方法紧密相关。Lieberman 等[108]采用电磁模型对这种效应进行了研究,并在等离子体与介质(或真空)的径向交界面处引入了衰逝波。通过引入这种衰逝波,可以把真空区和等离子体区中的波动方程的解连接起来。其假设是,所有的 RF 电流都要在等离子体中流动,它反过来又限定了在等离子体边界处($r=r_0$)的磁场与变量 z 无关。这个结果使得感性电场 E_r 在 $r=r_0$ 为零,而轴向(容性)电场在该处有一个峰值。因此,边缘效应使得等离子体电离率在边缘处较高,它将与趋肤效应进行竞争。

Howling 等研究了大面积反应腔室中边界的非对称性效应[112,113],他们的研究表明,为了维持非对称侧壁处电流的连续性,RF 电流的再分布将对 RF 电势造成一个扰动,而且这种扰动是径向朝内传播的。这种效应被称为"电报效应",因为可以采用传输线(电报)方程来计算这种扰动的特征衰减长度。由于电极的非对称性,则要求电磁场方程的解是由两部分构成的,即一部分是对称电极对应的解,另一部分则是由非对称性效应产生的解,见方程(6.48)~方程(6.53)。这种由非对称性效应产生的附加解,会引起一个与电报效应相关的传播模式。通常,主要是针对薄膜沉积工艺的高气压放电等离子体开展这方面的研究,因为在这种等离子体中电阻效应变得重要。的确,当波朝着等离子体内部传播时,为了使波能够被吸收,等离子体电阻需要足够地大。在高电阻率极限下,波不能达到放电的中心,因此不能形成驻波,这样功率沉积从边缘到中心是下降的[118]。

3. 多频激励与非线性效应

到目前为止,只讨论了在单频情况下的容性放电的电磁行为。目前尚未见到将上面的理论模型推广到多频激励的情况。在本章的前面已经指出,低频电源的存在可以使鞘层的尺度变大。对于任意给定的电极尺寸,由于可以用$(s_m/l)^{1/2}$来标度驻波的变化,增加一个频率则有可能抑制甚高频 CCP 的非均匀性。

Miller 等[119]测量了高频容性放电中的 RF 磁场,发现从边缘到中心磁场确实是衰减的,这与本章先前的分析是一致的。然而,他们也发现,不像本章所假设的那样,波远不是一个纯粹的正弦波。因此,鞘层的非线性效应产生了高次谐波,需要借助更复杂的电磁模型才能对此进行分析。

6.3　重要结果归纳

(1) 在单频放电情况下,不可能独立地控制离子的能量和通量,这是因为这两个量都依赖于吸收的功率。这样,采用单频放电很难使离子能量和离子通量解耦。采用两个独立的双频电源放电,尽管不能实现完全解耦,却可以对扩展离子能量-通量的参数空间提供额外的自由度。

(2) 对于甚高频放电或大面积CCP,人们需要考虑波动现象,从而说明RF功率如何进入两个电极之间的等离子体空间。为了研究波动相关的电磁问题,可以把系统看成一个径向变化的传输线,并等效成一个回路。研究结果表明,在给定的电源频率下,当CCP的半径超过真空情况下电磁波波长的百分之几时,就会发生驻波效应,并导致很强的径向非均匀性出现。通过引入一个具有径向结构的介质透镜,可以明显地降低径向的非均匀性,原因是它可以补偿驻波效应。

(3) 根据RF电场的径向分布,也可以对非均匀性进行分析,因为RF电场可以改变功率耦合的性质。对于较大的放电腔室半径,功率耦合可以从轴向电场占主导地位的状态(即所谓的E模式)转变到由径向电场占主导地位的状态(即所谓的H模式)。

(4) 将电磁场的解与流体方程相结合,从而可建立甚高频放电的整体模型。

第7章 感性耦合等离子体

容性耦合等离子体存在一些内在的不足。尽管甚高频 CCP 可以具有很高的密度（典型地，$n_e \approx 10^{17}$ m^{-3}），但其空间均匀性将是一个主要的问题。而且，即使在多频驱动放电条件下，离子的能量和离子的通量也不能完全独立地变化，但感性耦合放电在一定的程度上可以避免这些限制。正因为如此，感性耦合放电已在等离子体处理工艺及等离子体光源等方面得到了广泛的应用。

自 19 世纪末，人们就已经认识到感性放电现象。它的放电原理是利用线圈中的 RF 驱动电流，在等离子体中感应出一个 RF 电流。从电磁学的观点来看，线圈中的电流产生一个变化的磁场，变化的磁场又进一步地感应出电场，这与第 6 章中所讨论的 H 模式类似。然而，在激励 H 模式方面，线圈比一对平行板更有效。有趣的是，线圈也可以与等离子体进行静电耦合，这意味着感性放电也可以在 E 模式下运行，也就是说这种放电可以在 E 模式和 H 模式之间转换。与甚高频容性耦合放电相比，这种放电模式转换通常比较陡峭，尤其是对电负性气体放电，在放电模式转换过程中会出现很强的回滞效应[18]和不稳定性[20,124-126]。

利用施加在另外一个电极上的偏压电源，可以独立地调控入射到基片表面上的离子能量，该基片放置在一个浸泡在感性耦合等离子体中的电极上。如第 4 章所描述的那样，借助于这种自偏压效应，很容易在基片与等离子体之间产生一个容性耦合的电压。由偏压电源转移到等离子体中电子上的功率有限，只能稍微地影响等离子体密度（以及离子通量）。正是由施加在线圈上的 RF 功率用来控制离子的通量。

根据反应器的几何形状设计，用于等离子体处理工艺的感性耦合等离子体（ICP）反应器可以分成两种类型，如图 7.1 所示。对于图 7.1(a)所示的反应器，首先由缠绕在柱状介质管上的线圈来产生等离子体，然后等离子体从介质管扩散到置有基片的处理腔室中。这种腔室的几何形状类似于第 8 章将要介绍的螺旋波等离子体处理腔室的结构。图 7.1(b)给出的是另外一种腔室的结构，其中平面螺旋线圈放置在等离子体上方的介质窗上，而且介质窗与基片台的距离明显地小于腔室的半径。这种几何结构的反应器通常用于微电子工业中的等离子体刻蚀工艺。

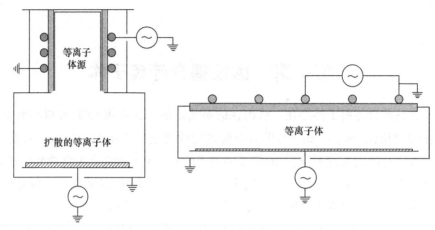

(a) 带有扩散腔室的柱形线圈耦合的等离子体源　　　　(b) 平面线圈耦合的等离子体源

图 7.1　感性耦合等离子体发生器

提示:

(1) 对于短柱形状的反应器,不能采用一维模型进行描述,因为它不能深入地描述腔室内部发生的过程。因此,在本章只采用一维模型描述具有长柱形状腔室的反应器,并给出一些重要的定标关系。大多数一般性的原理同样适用于扁平型的几何腔室结构。

(2) 因为本章将涉及电磁波,因此在如下讨论中,k_B 表示玻尔兹曼常量,而 k 表示波数。

等离子体中产生的 RF 电流,或等价地感应电磁场,仅可以在厚度为 δ 的趋肤层内流动,其中对于无碰撞等离子体($\nu_m \ll \omega$)和碰撞等离子体($\nu_m \gg \omega$),趋肤层的厚度 δ 分别由方程(2.57)和方程(2.58)给出。在本章将看到,由于非局域效应,趋肤层厚度有时是不同的,以及由于几何效应,电场也是非均匀的。

> **问题:** 在没有明显的容性耦合存在的情况下,介质窗下面形成的鞘层电位可以用悬浮电位来确定,即 $eV_s = e(V_p - V_s) \approx 5k_B T_e$,这样鞘层的厚度仅有几个德拜长度。比较典型的悬浮鞘层厚度与无碰撞趋肤深度。
>
> **答案:** 由第 3 章的讨论,有 $\lambda_{De}/\delta = v_e/c$,这样趋肤层的深度远大于德拜长度,这是因为电子的热速度远小于光速。

与容性耦合等离子体不同,在 ICP 中器壁边界鞘层的厚度一般远小于趋肤层的厚度,而且当感性耦合放电处于 H 模式时,发生在鞘层内的物理过程具有较小的重要性。然而,当系统在低电流(低功率)区运行时,线圈与等离子体之间的静电耦合将起支配作用。在这种情况下，则不能忽略鞘层的影响。

通常可以采用一个类似于变压器的模型来描述感性耦合放电。的确，有时称这种等离子体为变压器耦合等离子体(transformer-coupled plasma，TCP)。在7.3 节，将采用这种变压器模型进行分析。根据 Thompson 的早期工作[241]，这种变压器模型的分析是基于感性放电的电磁理论描述。通过求解在一个理想几何位形中的麦克斯韦方程组，可以计算出由线圈、介质管及等离子体组成系统中的电场及 RF 电流。然后可以进一步地计算出在等离子体中的吸收功率及系统的总阻抗。

注释: 7.1 节将用到与虚宗量贝塞尔函数有关的知识，这里对其性质进行介绍。如果 x 是实变量，则有

$$J_0(ix)=I_0(x)$$
$$J_1(ix)=iI_1(x)$$

式中，$I_0(x)$ 及 $I_1(x)$ 是修正贝塞尔函数。当 x 趋于变大时，它们随指数形式增加。此外，当 $x\to\infty$ 时，有

$$\frac{I_1(x)}{I_0(x)}\to 1$$

另一方面，当 $x\to 0$ 时，有

$$I_0(x)\approx 1$$
$$I_1(x)\approx \frac{x}{2}$$

遗憾的是，当变量既有实部又有虚部时，上面这些式子将不再成立。

在 7.1 节中，将把变压器模型看成电磁模型的分解，其中驱动电流的线圈可以看成变压器的初级，而等离子体中的 RF 电流回路则可以看成变压器的次级。这种分解不是唯一的，在选取最合适分解的过程中，电磁模型将起指导作用。在 7.2 节，我们将介绍以容性耦合(E 模式)为主的低功率运行模式及 E-H 模式转换。随后，将介绍感性放电的整体模型，其中把感性的电磁模型及容性耦合模型结合起来确定粒子数及功率平衡。在 7.7 节，将对本章最重要的内容进行小结。

为了抑制容性耦合及得到较好的功率耦合效率，本章最后还要介绍其他一些方案。同时还要讨论其他一些问题，如电磁场的反常穿透及无碰撞功率吸收(随机感性加热)。此外，还要介绍一些导致谐波产生及有质驱动现象的非线性效应。

7.1　电 磁 模 型

假设在一个内半径为 r_0，外半径为 r_c，长度为 $l\gg r_0$ 的介质管内，有一均匀分

布的等离子体,其介电常数为 ε_p(即均匀等离子体密度)。介质管被 N 匝均匀分布的线圈所缠绕,而且线圈中的正弦 RF 电流为

$$I_{RF}(t)=\mathrm{Re}[\bar{I}_{RF}e^{i\omega t}]$$

式中,$\bar{I}_{RF}$ 是复电流的幅值。在如下讨论中,通常采用 H,而不是 $B(=\mu_0 H)$。这种模型的示意图如图 7.2 所示。

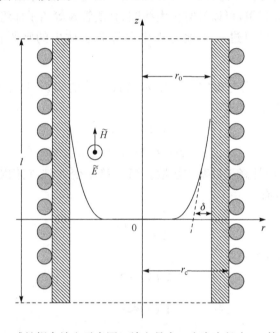

图 7.2　感性耦合放电示意图。放电是在一个内半径为 r_0,外半径为 r_c,长度为 $l\gg r_0$ 的介质管内进行的,其中感应电场沿角向,而感应磁场则沿轴向。对于高密度等离子体,感应电场和磁场均在趋肤层内衰减

对于长柱几何形状,磁场是沿 z 轴,而电场是沿角向,即沿 θ 角。电磁场服从麦克斯韦方程组,即

$$-\frac{\partial \widetilde{H}_z}{\partial r}=i\omega\varepsilon_0\varepsilon\widetilde{E}_\theta \tag{7.1}$$

$$\frac{1}{r}\frac{\partial(r\widetilde{E}_\theta)}{\partial r}=-i\omega\mu_0\widetilde{H}_z \tag{7.2}$$

其中,在等离子体中 $\varepsilon=\varepsilon_p$,而在介质管中 $\varepsilon=\varepsilon_t$。将这两个方程联立,可以得到如下关于 $\widetilde{H}_z$ 的贝塞尔方程:

$$\frac{\partial^2 \widetilde{H}_z}{\partial r^2}+\frac{1}{r}\frac{\partial \widetilde{H}_z}{\partial r}+k_0^2\varepsilon\widetilde{H}_z=0 \tag{7.3}$$

7.1.1　等离子体中的电磁场

在等离子体中,可以得到电磁场的表示式如下:

$$\widetilde{H}_z = H_{z0} \frac{J_0(kr)}{J_0(kr_0)} \tag{7.4}$$

$$\widetilde{E}_\theta = -\frac{ikH_{z0}}{\omega\varepsilon_0\varepsilon_p} \frac{J_1(kr)}{J_0(kr_0)} \tag{7.5}$$

式中,$H_{z0} \equiv \widetilde{H}_z(r=r_0)$;$k \equiv k_0 \sqrt{\varepsilon_p}$是等离子体中的复波数。$k_0 \equiv \omega/c$是自由空间中的波数。把$H_{z0}$作为一个实数,由它给出了磁场在等离子体边缘处的参考值。同时注意贝塞尔函数J_0及J_1的变量是复数。对于不同的电子密度,图7.3显示了由方程(7.4)和方程(7.5)给出的电磁场的幅值。在低电子密度情况下,等离子体的趋肤深度大($\delta \gg r_0$),且在柱半径的尺度内磁场H_z几乎为常数。这种解接近于在自由空间的解。然而,电场E_θ是非均匀的,从柱的边缘到中心,它随r的变化是线性下降的。在高电子密度情况下,有$\delta \ll r_0$,此时电场和磁场在等离子体趋肤深度内几乎都是指数下降的。

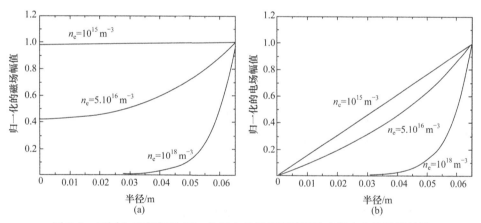

图 7.3　不同电子密度下,归一化的电磁场幅值随圆柱半径变化的计算结果

　　问题:解释为什么在等离子体密度非常低(或没有等离子体存在)的情况下电场从柱的边缘到中心是衰减的,其中等离子体的趋肤深度是无限的。然后给出电场衰减的特征长度。

　　答案:根据问题对称性的要求,电场必须在中心处为零,而在边界处有限。这样,其衰减的特征尺度为柱的半径r_0。从图7.3可以看到,当电子的密度为$n_e = 5 \times 10^{16}$ m^{-3}时,电场随半径变化的形式与自由空间中的线性衰减没有明显的差别。

7.1.2　介质管中的电磁场

根据 $\widetilde{H}_z$ 满足的贝塞尔方程(7.3),可以得到介质管中的电磁场,此时波数 $k_1 = k_0\sqrt{\varepsilon_t}$ 为实数。在这种情况下电磁场的表示式相当繁杂,但注意到,对于感性放电的典型频率,有 $k_1 r_0 \ll 1$,这样可以对其进行很大的简化。

对于 $k_1 r_0 \ll 1$,介质管中的磁场几乎是常数,因此有

$$\widetilde{H}_z \approx H_{z0} \quad (r_0 < r < r_c) \tag{7.6}$$

注意,由于在介质管中有位移电流流动,严格地讲磁场不是常数。在 7.1.3 节,将分别估算在线圈、介质管及等离子体中的 RF 电流。如果在介质管中的磁场是常数,则根据法拉第定律的积分形式 $\oint \widetilde{E}_\theta dl \equiv \partial/\partial t \iint \widetilde{B}_z dS$,可以得到

$$\widetilde{E}_\theta(r_c) = \widetilde{E}_\theta(r_0)\frac{r_0}{r_c} - \mathrm{i}\omega\mu_0 H_{z0}\left(\frac{r_c^2 - r_0^2}{2r_c}\right) \tag{7.7}$$

问题:对于放电频率为 13.56 MHz,半径 $r_0 = 6.5$ cm,$\varepsilon_t = 4.5$,计算 $k_1 r_0$ 的值并描述介质管中的磁场形式。

答案:首先注意到

$$k_1 r_0 = \frac{2\pi \times 13.56 \times 10^6}{3 \times 10^8} \times \sqrt{4.5} \times 0.065 = 0.04$$

因为波数 k_1 是实的,所以可以期望磁场的形式为 $\widetilde{H}_z \sim J_0(k_1 r)$。事实上,由于电磁场在等离子体与介质管的交界面上必须连续,磁场的形式要稍微复杂一些。然而,只要 $k_1 r_0 \ll 1$,则贝塞尔函数 $J_0(k_1 r) \approx 1$,并且磁场几乎与管的半径无关。

7.1.3　RF 电流

对 RF 电流密度从等离子体中心到等离子体边界($r = r_0$)进行积分,可以得到在等离子体中流动的总电流

$$\widetilde{I}_p = l\int_0^{r_0} \widetilde{J}_\theta dr \tag{7.8}$$

通常 RF 电流密度与电场之间的关系为 $\widetilde{J}_\theta = \mathrm{i}\omega\varepsilon_0\varepsilon_p\widetilde{E}_\theta$,这样利用方程(7.5),上述积分可以简化为

$$\widetilde{I}_p = lH_{z0}\frac{1}{J_0(kr_0)}\int_0^{kr_0} J_1(kr)\mathrm{d}(kr) = lH_{z0}\left[\frac{1}{J_0(kr_0)} - 1\right] \tag{7.9}$$

这里再次提醒:k 是个复波数,它是电子密度的函数。在所感兴趣的等离子体密度范围内,$\widetilde{I}_p$ 的实部和虚部均为负,而且实部远大于虚部。等离子体电流也可以由

安培定律计算。沿着图 7.4 所示的环路 1 进行积分,可以得到

$$\widetilde{I}_{\mathrm{p}} = l\widetilde{H}_z(0) - lH_{z0} = lH_{z0}\left[\frac{1}{\mathrm{J}_0(kr_0)} - 1\right] \tag{7.10}$$

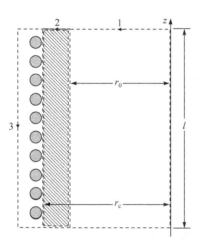

图 7.4　等离子体(1)、介质管(2)及线圈(3)中电流的安培积分环路

类似地,分别沿着环路 2 和环路 3 进行积分,可以得到介质管中流动的位移电流和线圈中的电流

$$\widetilde{I}_{\mathrm{t}} = lH_{z0} - l\widetilde{H}_z(r_{\mathrm{c}}) \tag{7.11}$$

$$N\widetilde{I}_{\mathrm{RF}} = l\widetilde{H}_z(r_{\mathrm{c}}) \tag{7.12}$$

将这三种电流相加,可以得到

$$\widetilde{I}_{\mathrm{p}} + \widetilde{I}_{\mathrm{t}} + N\widetilde{I}_{\mathrm{RF}} = \frac{lH_{z0}}{\mathrm{J}_0(kr_0)} \tag{7.13}$$

这里要注意,$\widetilde{I}_{\mathrm{t}}$ 及 $\widetilde{I}_{\mathrm{RF}}$ 均为正(对于 $\widetilde{I}_{\mathrm{t}}$,因为 $\widetilde{H}_z(r_{\mathrm{c}}) > H_{z0}$)。如上面讨论的那样,由于在介质管中磁场几乎是均匀的,所以流经介质管的电流可以忽略。从现在开始,我们就指定 $\widetilde{I}_{\mathrm{t}} = 0$。结合方程(7.11)及方程(7.12),以及利用 $\widetilde{I}_{\mathrm{t}} = 0$,可以得到等离子体边缘处的磁场 H_{z0} 与线圈中 RF 电流 $\widetilde{I}_{\mathrm{RF}}$ 之间的关系:

$$H_{z0} = \frac{N\widetilde{I}_{\mathrm{RF}}}{l}$$

注意:由于这里忽略了介质管中的电流,$\widetilde{I}_{\mathrm{RF}}$ 变成一个实数(由于参考相位选取的缘故),即它等于线圈中电流的幅值 I_{coil}。这样本章从现在开始,就有

$$H_{z0} = \frac{NI_{\mathrm{coil}}}{l} \tag{7.14}$$

对于高密度等离子体,由于有 $kr_0 \gg 1$【译者注:原文为 $kr_0 \ll 1$,有误】及复变量的贝塞尔函数指数增长,则有

$$\tilde{I}_p + NI_{coil} \approx 0 \qquad (7.15)$$

在等离子体趋肤层内感应电流的流动方向与线圈中的电流反向,这样抵消了线圈在等离子体内部产生的磁场。

7.1.4 谐波场的 Poynting 定理

对于随时间简谐振荡的电磁场,利用 Poynting 定理可以得到系统的总阻抗,这个总阻抗包括电抗和电阻两个分量[127]。在半径为 r_c 的圆柱内,输入的复功率等于耗散功率和电磁场的储存功率之和,它可以定量地表示为

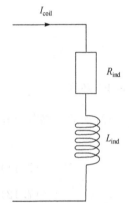

$$\tilde{P} = -\frac{1}{2}\tilde{E}_\theta(r_c)\tilde{H}_z(r_c)2\pi r_c l = \frac{1}{2}Z_{ind}I_{coil}^2 \qquad (7.16)$$

式中,Z_{ind} 是系统的复总阻抗。根据式(7.16),立即可以得到它的电阻和电抗分量(图 7.5):

$$R_{ind} = \frac{2\mathrm{Re}[\tilde{P}]}{I_{coil}^2} \qquad (7.17)$$

$$X_{ind} = \frac{2\mathrm{Im}[\tilde{P}]}{I_{coil}^2} \qquad (7.18)$$

忽略介质管中的位移电流,且认为 $\tilde{H}_z(r_c) = H_{z0}$,这样由式(7.7)可以得到 $r = r_c$ 的电场。利用方程(7.14),可以得到

图 7.5　等离子体负载与线圈构成的等效回路

$$\tilde{P} = \mathrm{i}\frac{\pi N^2 I_{coil}^2}{l}\left[\frac{kr_0 \mathrm{J}_1(kr_0)}{\omega\varepsilon_0\varepsilon_p \mathrm{J}_0(kr_0)} + \frac{1}{2}\omega\mu_0(r_c^2 - r_0^2)\right] \quad (7.19)$$

7.1.5 功率耗散:电阻

1. 电磁计算

由方程(7.19)的实部,可以得到系统中时间平均的耗散功率为

$$P_{abs} = \mathrm{Re}[\tilde{P}] = \frac{\pi N^2}{l\omega\varepsilon_0}\mathrm{Re}\left[\frac{\mathrm{i}kr_0 \mathrm{J}_1(kr_0)}{\varepsilon_p \mathrm{J}_0(kr_0)}\right]I_{coil}^2 \qquad (7.20)$$

对于线圈电流为 3A 及不同的频率比率 ν_m/ω(正比于气压),图 7.6 显示了吸收功率随电子密度的变化情况。在氩等离子体中,$\nu_m/\omega = 0.1$ 对应的气压近似地为 0.27 Pa。在低密度区,吸收功率随 n_e 线性地增加,并达到一个最大值,然后在高密度区而随 $n_e^{-1/2}$ 衰减。导致吸收功率这种行为的原因如下:在低密度区,等离子体的存在对电磁场没有修正;在高电导率区,随着密度的增加,电磁场的吸收发

生在等离子体边界的一个趋肤层内。

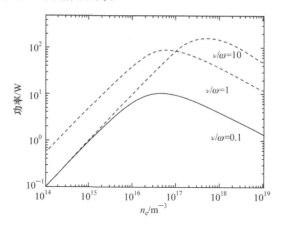

图 7.6 对于三种不同的频率,吸收功率随电子密度的变化。
其中固定线圈的电流为 $I_{\text{coil}} = 3$ A 及 $r_0 = 0.065$ m, $l = 0.3$ m

问题:比较 ICP 的半径与无碰撞趋肤深度,其中电子密度与图 7.6 中的吸收功率峰值($\nu_m/\omega = 0.1$)相对应。

答案:由方程(2.57),无碰撞趋肤深度为

$$\frac{r_0}{\delta} = r_0 \omega_{\text{pe}}/c = \frac{6.5}{2.6} = 2.5$$

解释:当等离子体密度很低时,电磁场可以穿透等离子体的大部分区域,仍会出现吸收功率的峰。对于这一点,人们也许并不感到奇怪。

稍后将在 7.2.1 节中讨论在高电子密度情况下的定标关系。注意:在低密度情况下,当 $\nu_m/\omega \ll 1$ 时,吸收功率随碰撞频率 ν_m 线性地增加(即对数坐标系中曲线向上平移);但在相反极限 $\nu_m/\omega \gg 1$ 下,吸收功率随 ν_m 下降。由于方程(7.20)的表示式比较复杂,不能很快地看出这种随 ν_m(或等价于气压)的定标规律。然而在 7.1.6 节中,在对一个带有损耗介质负载的简单螺线管进行分析时,就可以理解这种定标行为。在进行这种分析之前,可以从吸收功率中给出电阻的定义式:

$$R_{\text{ind}} = \frac{2P_{\text{abs}}}{I_{\text{coil}}^2} = \frac{2\pi N^2}{l\omega\varepsilon_0} \text{Re}\left[\frac{ikr_0 \text{J}_1(kr_0)}{\varepsilon_p \text{J}_0(kr_0)}\right] \tag{7.21}$$

2. 低密度极限近似

在低电子密度情况下,电磁场类似于自由空间中螺线管的场。根据法第定律,电场沿一个半径为 r 的圆环积分等于穿过圆环的磁通量对时间的导数:

$$-\frac{\mathrm{d}\Phi}{\mathrm{d}t} = \oint E\mathrm{d}l = 2\pi r E_\theta \tag{7.22}$$

引入复数记号,磁通量及其对时间的导数可以分别表示为 $\widetilde{\Phi} = \mu_0 \widetilde{H}_z \pi r^2$ 及 $\mathrm{i}\omega\widetilde{\Phi}$。这样对于任意圆环的半径,在低密度极限下环向电场为

$$\widetilde{E}_\theta = -\frac{\mu_0 r}{2l} \mathrm{i}\omega N I_{\mathrm{coil}} \tag{7.23}$$

在等离子体中电流密度与电场的关系为 $\widetilde{J}_\theta = \mathrm{i}\omega\varepsilon_0\varepsilon_p\widetilde{E}_\theta$。在低气压区,即 $\nu_\mathrm{m}/\omega \ll 1$,则有 $\varepsilon_p \approx -\omega_\mathrm{p}^2/\omega^2$,可以得到

$$\widetilde{J}_\theta = -\frac{n_e e^2}{m_e}\frac{\mu_0 r}{2l} N I_{\mathrm{coil}} \tag{7.24}$$

这样可以将耗散功率表示为

$$P_{\mathrm{abs}} = \int_0^{2\pi}\int_0^{r_0}\int_0^l \frac{|\widetilde{J}_\theta|^2}{2\sigma_{\mathrm{dc}}} r\mathrm{d}\phi\mathrm{d}r\mathrm{d}z = \frac{n_e e^2 \nu_\mathrm{m}\mu_0^2\pi r_0^4}{4m_e l} N^2 I_{\mathrm{coil}}^2 \tag{7.25}$$

进而有

$$R_{\mathrm{ind}} = \frac{n_e e^2 \nu_\mathrm{m}\mu_0^2\pi r_0^4 N^2}{2m_e l} \tag{7.26}$$

由此可以看到,在低密度情况下吸收功率随 n_e 线性地增加。在更严格的电磁计算中,这种吸收功率(耗散电阻)与电子密度变化的简单标度关系掩盖在等离子体介电常数 ε_p 中了。同时也要注意到,当频率比 ν_m/ω 从 0.1 到 1 变化时,吸收功率正比于 ν_m,即正比于气压。

在高气压极限下,有 $\varepsilon_p \approx -\omega_\mathrm{p}^2/(\mathrm{i}\omega\nu_\mathrm{m})$。在这种情况下,有

$$P_{\mathrm{abs}} = \frac{n_e e^2 \omega^2 \mu_0^2\pi r_0^4}{4m_e l\nu_\mathrm{m}} N^2 I_{\mathrm{coil}}^2 \tag{7.27}$$

$$R_{\mathrm{ind}} = \frac{n_e e^2 \omega^2 \mu_0^2\pi r_0^4 N^2}{2m_e l\nu_\mathrm{m}} \tag{7.28}$$

可以看到,在高气压情况下,吸收功率反比于碰撞频率 ν_m,即反比于气压。这与图 7.6 所示的严格数值计算是一致的,其中随着频率比 ν_m/ω 从 1 增加到 10,吸收功率是下降的。

7.1.6 功率储存:电感

由复功率的虚部,可以确定出系统的电抗。当忽略介质管中的位移电流时,在本质上电抗就是一个感抗,由电感 L_{ind} 确定,即

$$X_{\mathrm{ind}} = L_{\mathrm{ind}}\omega = \frac{2\mathrm{Im}[\widetilde{P}]}{I_{\mathrm{coil}}^2}$$

$$= \frac{\pi N^2\omega\mu_0}{l}(r_c^2 - r_0^2) + \frac{2\pi N^2}{l\omega\varepsilon_0}\mathrm{Im}\left[\frac{\mathrm{i}kr_0 \mathrm{J}_1(kr_0)}{\varepsilon_p \mathrm{J}_0(kr_0)}\right] \tag{7.29}$$

问题:线圈自身的电感是什么?

答案:单位电流的磁通量就是线圈的电感,即 $L_{coil} = \mu_0 N \pi r_c^2 H_{z0} / I_{coil}$。因为 $H_{z0} = N I_{coil} / l$,则

$$L_{coil} = \frac{\mu_0 \pi r_c^2 N^2}{l} \tag{7.30}$$

利用线圈电感的表示式,一个柱状 ICP 的电感为

$$L_{ind} = L_{coil} \left(1 - \frac{r_0^2}{r_c^2} \right) + \frac{2\pi N^2}{l\omega^2 \varepsilon_0} \mathrm{Im} \left[\frac{ik r_0 \mathrm{J}_1(k r_0)}{\varepsilon_p \mathrm{J}_0(k r_0)} \right] \tag{7.31}$$

这种电感是由两部分组成的,其中一部分是磁能储存电感,它与式(7.31)右边的两项(不仅第一项)均相关;另一部分则是来自于电子惯性的贡献(第二项)。由于电子惯性产生的电感为 R_{ind}/ν_m,这样磁能储存电感是

$$L_m = L_{ind} - \frac{R_{ind}}{\nu_m} \tag{7.32}$$

有必要分析一下在高低电子密度下 L_{ind} 的行为。图 7.7 显示了当 $\nu_m/\omega = 1$ 时电感随电子密度的变化情况。在低电子密度极限下,有 $L_m \approx L_{coil}$,即等离子体对电感没有影响。而在高电子密度极限下,有 $L_{ind} = L_{coil}(1 - r_0^2/r_c^2)$。在这个极限下,线圈产生的磁通量部分地被等离子体中电流所产生的磁通量抵消。在 7.3 节,可以采用变压器模型来模拟这种情况。最后,由图 7.7 可以看出电子惯性的贡献比较明显(即 L_{ind} 与 L_m 的差)。

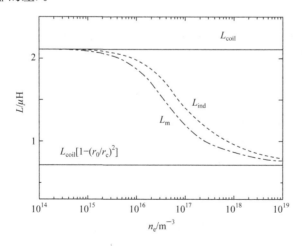

图 7.7　总电感 L_{ind} 与磁储存电感 L_m 随电子密度的变化。
其中 $\nu_m/\omega = 1, N = 5, r_0 = 0.065 \text{ m}, r_c = 0.08 \text{ m}, l = 0.3 \text{ m}$

7.1.7　电磁模型的小结

对于由一个充满无限长柱状介质管的等离子体与 RF 电流 I_{coil} 组成的系统,可以根据麦克斯韦方程组来计算电磁场,其中 RF 电流是在缠绕介质管的 N 匝线圈中流动。得到的主要结果如下:

(1) 在介质管中磁场几乎为常数并且可以忽略在管中流动的位移电流,则有

$$H_{z0} = \frac{NI_{coil}}{l} \tag{7.33}$$

式中,H_{z0} 是等离子体边缘处的磁场。

(2) 在低电子密度情况下,在等离子体中磁场几乎为常数,而从柱的边缘到中心处,电场几乎是线性衰减的,其中在柱的中心处的电场为零。

(3) 在高电子密度情况下,电场和磁场几乎都是从边缘处呈指数形式的衰减,其中衰减的特征长度为趋肤深度 δ。

(4) 在低电子密度情况下,耗散在等离子体中的功率随电子密度线性地增加,且达到一个最大值。然后在高电子密度情况下,耗散功率随电子密度的平方根衰减。当 $\delta \ll r_0$ 时,吸收功率有最大值。利用复数 Poynting 定理,可以根据电磁场来构建一个等价的系统总回路,它由一个电阻和电感组成:

$$R_{ind} = \frac{2\pi N^2}{l\omega\varepsilon_0} \mathrm{Re}\left[\frac{\mathrm{i}kr_0 J_1(kr_0)}{\varepsilon_p J_0(kr_0)} \right]$$

$$L_{ind} = L_{coil}\left(1 - \frac{r_0^2}{r_c^2} \right) + \frac{2\pi N^2}{l\omega^2\varepsilon_0} \mathrm{Im}\left[\frac{\mathrm{i}kr_0 J_1(kr_0)}{\varepsilon_p J_0(kr_0)} \right]$$

通过 k 及 ε_p,电阻与电感都依赖于电子密度。在低电子密度情况下,得到了 R_{ind} 的一些简化表示式。在 7.2 节将看到,在高电子密度极限下也可以得到一些简化的表示式。注意:为了考虑线圈自身的功率耗散,必须将一个外电阻 R_{coil} 加到 R_{ind} 上,将在第 8 章这样处理。

到目前为止,所介绍的知识足以用于研究感性放电模式,我们将在 7.4 节中对此进行研究。然而,首先采用类似于变压器的模型进行研究是有益的,有关文章及教科书对此已进行了详细的介绍。在 7.2 节和 7.3 节中,将对这种变压器模型进行介绍。

7.2　等离子体自身的阻抗

如果将线圈对总阻抗 Z_{ind} 的贡献扣除,从而得到等离子体本身阻抗的表示式,这将是非常有用的。这是朝着 7.3 节的变压器模型分解迈出的第一步。为了达到这个目的,需要假设流经等离子体回路的电流仅存在于等离子体自身(这是一种理

想情况),其中用 7.1.3 节符号 $\tilde{I}_p$ 来标记。等离子体的电阻和电感可以分别由吸收功率及电流自身产生的磁通量来确定。

7.2.1　等离子体电阻

由等离子体电流(I_p)和等离子体中的吸收功率

$$P_{abs}=\frac{1}{2}R_p\,|\,\tilde{I}_p\,|^{\,2}$$

以及方程(7.9)、方程(7.14)和方程(7.20),可以得到等离子体的电阻为

$$R_p=\frac{2P_{abs}}{|\,\tilde{I}_p\,|^{\,2}}=\frac{2\pi}{l\omega\varepsilon_0}\mathrm{Re}\left[\frac{ikr_0\mathrm{J}_1(kr_0)}{\varepsilon_p\mathrm{J}_0(kr_0)}\right]\left|\,\frac{1}{\mathrm{J}_0(kr_0)}-1\,\right|^{-2} \tag{7.34}$$

图 7.8 显示了等离子体电阻及电流的幅值随电子密度的变化情况,其中 $\nu_m/\omega=0.1$ 以及如前面讨论的那样选取 $N=5$, $I_{coil}=3$ A, $r_0=0.065$ m 和 $l=0.3$ m。可以看出,与 R_{ind} 不同,R_p 随电子密度的下降呈现出很强的增加趋势。从数学方面考虑,这是因为在低密度下,有复波数 $k\to0$,由此导致了 $\mathrm{J}_0(kr_0)\to1$。从物理上考虑,因为当电子密度为零时,电导率为零。当等离子体密度很高时,趋肤深度小,$\delta\ll r_0$,电场在边缘处以指数形式衰减。由于电导率的增加快于趋肤层的收缩,则等离子体电阻下降。对于高的等离子体密度,下面将分别给出在高气压和低气压极限下(分别对应于 $\nu_m\ll\omega$ 和 $\nu_m\gg\omega$)电阻的一些有用的表示式。

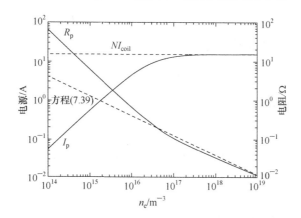

图 7.8　等离子体电阻及电流的幅值随电子密度的变化情况。其中 $\nu_m/\omega=0.1$。这里取 $N=5$, $I_{coil}=3$ A, $r_0=0.065$ m,$l=0.3$ m

在低电子密度区,等离子体电流很小,而且一开始随电子密度增加。当密度充分高时,电流将位于趋肤层内,并且趋于一个饱和值。利用安培定理,有 $H_{z0}=I_p/l=NI_{coil}/l$,这个饱和电流值为 $I_p=NI_{coil}$。注意在这个区域,等离子体电阻正比于先前定义的总电阻

$$R_p = \frac{R_{ind}}{N^2} \tag{7.35}$$

根据变压器的等效回路模型,也可以得到类似的关系式。在继续进行讨论之前,需要说明,Piejak 等[128]已对等离子体电流及等离子体电阻随放电功率的变化情况进行了测量,并发现了类似于上面提到的现象,即在中等电子密度情况下,随着电子密度的变化,电阻减小,而电流增加。

在高电子密度情况下,利用贝塞尔函数在低气压($\nu_m \ll \omega$)和高气压($\nu_m \gg \omega$)两种极限下的表示式,则可以对等离子体电阻作一些近似。

1) 低气压极限

在低气压情况下($\nu_m \ll \omega$),可以把等离子体介电常数的平方根近似地表示为

$$\sqrt{\varepsilon_p} \approx \pm \frac{\omega_{pe}}{\omega}\left(\frac{\nu_m}{2\omega} + i\right) \tag{7.36}$$

利用修正贝塞尔函数的性质以及它在 $kr_0 \to \infty$ 时的极限值(见本章的引言),则可以得到

$$R_p \approx \frac{2\pi k_0 r_0}{l\omega\varepsilon_0} \mathrm{Re}\left[\frac{-1}{\sqrt{\varepsilon_p}}\right] \tag{7.37}$$

根据方程(7.36),有

$$\mathrm{Re}\left[\frac{-1}{\sqrt{\varepsilon_p}}\right] \approx \frac{\nu_m}{2\omega_{pe}} \tag{7.38}$$

再根据无碰撞情况下趋肤深度 $\delta = c/\omega_{pe}$ 及等离子体电导率的定义(见方程(2.54)),则可以将等离子体的电阻写成如下形式:

$$R_p = \frac{\pi r_0}{\sigma_m l\delta} \tag{7.39}$$

图7.8显示了由方程(7.39)给出的结果(点虚线)。可以看到,在高电子密度情况下,这种近似结果与由方程(7.34)给出的精确结果符合得较好。

> **问题:**对于 RF 电流在横截面为 $l\delta$、长度为 $2\pi r_0$ 的单匝线圈中流动,可以得到等离子体的电阻为 $R_p = 2\pi r_0/(\sigma_m l\delta)$。为什么由方程(7.39)给出的实际结果是它的 1/2?
>
> **答:**耗散功率依赖于电流的平方,即它的空间分布正比于 $e^{-2x/\delta}$,导致了有效横截面减半。

2) 高气压极限

在相反的高气压极限下($\nu_m \gg \omega$),有

$$\sqrt{\varepsilon_p} \approx \frac{\omega_{pe}}{\sqrt{2\nu_m\omega}}(1+i) = X(1+i) \tag{7.40}$$

对于高密度情况，X 也很大。尽管要经过一些复杂的数学推导，但在这种情况下根据虚宗量贝塞尔函数在大变量下的渐近行为，还是可以作一些简化。这样可以得到高气压下等离子体的电阻为

$$R_p = \frac{\pi r_0 \omega_{pe}}{\sigma_m l c}\left(\frac{2\omega}{\nu_m}\right)^{1/2} \tag{7.41}$$

问题：利用方程（2.58），证明这时等离子体电阻可以表示为 $R_p = 2\pi r_0/(\sigma_m l \delta_{coll})$。

答案：根据 $\delta_{coll} = \sqrt{2/(\mu_0 \sigma_m \omega)}$，可以把它重新写成

$$\delta_{coll} = \sqrt{\frac{2}{\mu_0}\frac{m_e \varepsilon_0}{n e^2}\frac{\nu_m}{\omega}}$$

这样有 $\delta_{coll} = \delta(2\nu_m/\omega)^{1/2}$，再将其代入方程（7.41），就可以得到所要证明的结果。

7.2.2 等离子体电感

在等离子体的电流通道上既存在电阻，又存在电感。如先前所述，电感来自于电子惯性的贡献，$L_p = R_p/\nu_m$，见方程（2.82）和方程（2.83）。流经等离子体的电流回路同样可以产生一个磁通量，由此给出另外一个电感，记为 L_{mp}。在高电子密度区，由于 RF 电流位于一个很窄的趋肤深度内，所以很容易计算出 L_{mp}。在这种情况下，磁通量和磁场分别为 $\Phi = \mu_0 \widetilde{H}_z \pi r_0^2 = L_{mp}\widetilde{I}_p$，$\widetilde{H}_z = \widetilde{I}_p/l$，这样可以得到

$$L_{mp} = \frac{\mu_0 \pi r_0^2}{l} \tag{7.42}$$

在低电子密度区，式（7.42）不再成立，因为在这种情况下电流不再局域在一个趋肤层内。在低密度情况下，由电场驱动产生的电流可以从中心到边缘处呈现出线性衰减。在这种极限下，电感 L_{mp} 的值大约是由式（7.42）给出的一半。

在高电子密度区，经过进一步的分析可以给出

$$\frac{L_p}{L_{mp}} = \frac{m_e}{n_e e^2 \mu_0 r_0 \delta} \tag{7.43}$$

即在高电子密度情况下，由电子惯性导致的电感并不重要。考虑到 $\delta \approx c/\omega_{pe}$，这样对于放电柱半径为 10 cm，有 $L_p/L_{mp} \approx 5.3\times10^6/(r_0 n_e^{1/2})$。分别取 $n_e = 10^{16}$ m^{-3} 及 $n_e = 10^{17}$ m^{-3}，则进一步可以得到 $L_p/L_{mp} \approx 0.5$ 及 $L_p/L_{mp} \approx 0.17$。

有必要对等离子体的感抗与电阻进行比较。在高电子密度区，可以忽略电子惯性产生的感抗，则有

$$\frac{L_{mp}\omega}{R_p} = \frac{r_0}{\delta}\left(\frac{\omega}{\nu_m}\right) \quad (\omega \gg \nu_m) \tag{7.44}$$

$$\frac{L_{mp}\omega}{R_p}=\frac{r_0}{\delta}\left(\frac{2\omega}{\nu_m}\right)^{1/2}\quad(\omega\ll\nu_m) \tag{7.45}$$

式中，$\delta=c/\omega_p$ 是无碰撞趋肤深度。可见在低气压和高频情况下，即 $\omega\gg\nu_m$，等离子体的电阻小于其感抗。仅当 $\omega\ll\nu_m$ 时，才可以得到相反的结果，这是因为趋肤深度远小于半径 r_0。

7.3　变压器模型

感性放电的变压器模型是由 Piejak 等提出来的[128]。在这种模型中，线圈和等离子体构成一个变压器，其中等离子体被看成空心变压器的单匝次级线圈。初级线圈的电感和电阻分别为 L_{coil} 及 R_{coil}。这两个量定义了线圈的 Q 因子，即 $Q\equiv\omega L_{coil}/R_{coil}$。线圈的电阻、电感及 Q 因子可以由实验测量得到，也可以由理论估算出来。在 7.1.6 节，已经推导出线圈的电感。

> **问题**：对于一个由长为 2.75 m、直径为 6 mm 铜线制成的线圈，以及驱动频率为 13.56 MHz，计算该线圈的电阻、电感及 Q 因子。铜的电导率为 $\sigma_{copper}=59.6\times10^6\ \Omega^{-1}\cdot m^{-1}$；线圈的长度为 0.3 m，缠绕成 5 匝，半径为 0.08 m。
>
> **答案**：电流流过的横截面为 $2\pi\times0.003\ m\times\delta=0.0188\ m\times\delta$，其中 $\delta=[2/(\omega\mu_0\sigma_{copper})]^{1/2}=1.77\times10^{-5}\ m$。这样电阻为 $R_{coil}=2.75/3.34\times10^{-7}\times\sigma_{copper}=0.138\ \Omega$。对于 $N=5,r_c=0.08\ m,L_{coil}=2.1\ \mu H$，则 $Q\approx1300$。

通过互感 M，线圈与单匝等离子体环耦合在一起，其原因是初级线圈中的电流可以在次级线圈中感应出电压，反之亦然。在这里，假设 M 是一个实数。后面将对这个假设进行讨论。可以把图 7.9 左边所示的耦合回路转换成一个由电阻 R_s 和电感 L_s 组成的单一回路，如图 7.9 右边所示。对于上述回路，根据基尔霍夫定律，则有

$$\widetilde{V}_{coil}=i\omega L_{coil}I_{coil}+R_{coil}I_{coil}+i\omega M\widetilde{I}_p \tag{7.46}$$

$$\widetilde{V}_p=i\omega L_{mp}\widetilde{I}_p+i\omega MI_{coil}=-\widetilde{I}_p\left[R_p+iR_p\left(\frac{\omega}{\nu_m}\right)\right] \tag{7.47}$$

$$\widetilde{V}_{coil}=(i\omega L_s+R_s)I_{coil} \tag{7.48}$$

根据这种变换，可以得到

$$R_s=R_{coil}+M^2\omega^2\left\{\frac{R_p}{R_p^2+[\omega L_{mp}+R_p\ (\omega/\nu_m)^2]}\right\} \tag{7.49}$$

$$L_s=L_{coil}-M^2\omega^2\left\{\frac{L_{mp}+R_p/\nu_m}{R_p^2+[\omega L_{mp}+R_p\ (\omega/\nu_m)^2]}\right\} \tag{7.50}$$

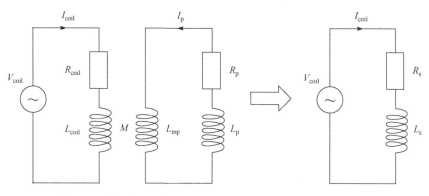

图 7.9 感性放电的变压器模型。利用初级回路的电流,已将次
级回路等效为相关电感和电阻整合到初级回路中,如右图所示

为了使变压器模型能精确地描述感性放电,必须在整个密度范围内令 R_s 等于 $R_{coil}+R_{ind}$ 以及 L_s 等于 L_{ind},其中根据电磁模型可以得到 R_{ind} 及 L_{ind}。在 7.2 节中研究等离子体自身的阻抗时,已得到 R_p 及 L_{mp} 的表示式,这样原则上只剩下 M 是未知的量。从方程(7.47)可以看出,互感遵从如下关系:

$$M^2\omega^2 = \{R_p^2 + [\omega L_{mp} + R_p \, (\omega/\nu_m)^2]\}\frac{|\widetilde{I}_p|^2}{I_{coil}^2} \tag{7.51}$$

将这个表示式分别代入方程(7.49)及方程(7.50),则可以得到

$$R_s = R_{coil} + R_p\frac{|\widetilde{I}_p|^2}{I_{coil}^2} \tag{7.52}$$

$$L_s = L_{coil} - \left(L_{mp} + \frac{R_p}{\nu_m}\right)\frac{|\widetilde{I}_p|^2}{I_{coil}^2} \tag{7.53}$$

为了提供一个 ICP 的整体模型,必须在变压器模型中确切地考虑功率吸收。为此,利用如下关系:$R_p\,|\widetilde{I}_p|^2 = R_{ind}I_{coil}^2$,可以得到

$$R_s = R_{coil} + R_{ind} \tag{7.54}$$

$$L_s = L_{coil} - L_{mp}\left(\frac{R_{ind}}{R_p}\right) - \frac{R_{ind}}{\nu_m} \tag{7.55}$$

这样,正如所期望的那样,电阻 R_s 完美地与电磁模型相匹配。尽管在电子密度很高或很低的情况下,L_s 与 L_{ind} 有相同的极限值,却发现在整个电子密度范围内 L_s 并不等于 L_{ind}。在高电子密度情况下,有 $R_{ind} = N^2R_p$,以及惯性项 R_{ind}/ν_m 是个小量,则电感变为

$$L_s \approx L_{coil}(1 - r_0^2/r_c^2) \tag{7.56}$$

在低电子密度极限下,由于 $R_{ind} \rightarrow 0$,则有 $L_s \approx L_{coil}$,正如图 7.7 所示。对于整个电子密度范围内,图 7.10 显示了由变压器模型得到的电感 L_s 与由电磁模型得

到的电感 L_{ind} 的比较。在中等电子密度区,差别最大。

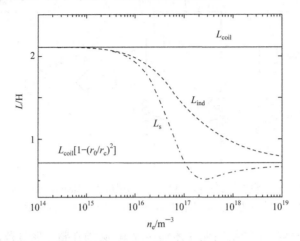

图 7.10　由变压器模型给出的电感 L_s 及由电磁模型给出的感
抗 L_{ind} 随电子密度的变化情况。其中 $\nu_m/\omega=1$, $N=5$,
$r_0=0.065$ m, $r_c=0.08$ m, $l=0.3$ m

　　问题:(1) 不正确的电感模型会带来什么后果？(2)为了解决 L_s 与 L_{ind} 的差别,需要考虑什么因素？
　　答案:(1) 这与后面将要介绍的整体模型没有因果关系,因为对于一个正确的等离子体模型,主要考虑的问题是吸收的功率。然而,如果要计算线圈的电压降,将成为问题,因为线圈的电压降依赖于阻抗中的电抗部分。(2)为了解决这个问题,有必要考虑一个复的互感抗系数,即 M 有虚部。

　　在如下讨论中,仍视 M 是一个实量。互感系数是电子密度的函数,这意味着变压器的耦合系数也要发生变化。变压器的耦合系数的定义为 $M^2/(L_{coil}L_{mp})$。当互感很弱时,耦合系数将很小,在理想耦合情况下,它将接近于 1。如果一个变压器是由两个相互套着的长螺线管组成的,则耦合系数是内层线圈的半径 r_0 与外层线圈半径 r_c 之比。图 7.11 显示了感性放电变压器的耦合系数随电子密度的变化情况,其中 M 是由方程(7.51)计算出来的。在高电子密度情况下,有 $M^2/(L_{coil}L_{mp}) \rightarrow r_0/r_c$,原因是这时电流是在趋肤层内流动,等离子体恰似一个单匝的内部线圈。在低电子密度情况下,耦合很差,这是因为在等离子体中感应出的电流在整个半径上分布。

　　注意,在高电子密度情况下,有 $L_s \approx L_{coil}(1-r_0^2/r_c^2)$。如果介质窗无限薄,则有 $r_0^2/r_c^2 \approx 1$,由此得到 $L_s \approx 0$。这是对应于理想变压器情况,因为在这种情况下,变压器的次级感抗完全抵消了初级的感抗,以至初级回路呈现出纯电阻的行为。

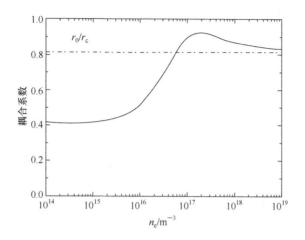

图 7.11　耦合系数随电子密度的变化情况

为了得到较好的耦合效果,通常要求介质窗的厚度足够薄,这样线圈与等离子体之间的距离尽量地小,使得耦合效率最大化。

下面对本节介绍的变压器模型作一小结。可以采用变压器模型来模拟感性耦合放电,其中把等离子体看成一个空心变压器的单匝次级线圈,而变压器的初级则是由线圈自身构成的。在这个模型中,必须把完整的系统分解成线圈自身及等离子体环两部分,其中在等离子体环中 RF 电流的分布方式依赖于电子密度。在这种分解中,还需要选择一个为实数的互感系数。由此,可以得到:

(1) 随着电子密度的增加,等离子体电阻连续地衰减,而在高电子密度情况下,等离子体电流增加到一个饱和值 $I_p = NI_{coil}$。

(2) 一旦被转换成初级回路,电阻 R_s 要从低密度 n_e 情况下开始增加,达到一个最大值后,最终在高密度 n_e 时衰减(类似于电磁模型中的 R_{ind})。

(3) 为了能够得到上述结果,在变压器模型中互感系数必须是电子密度的函数。

(4) 严格地讲,在所考虑的电子密度取值范围内,为了模拟变换回路的电阻及感抗,必须知道复的互感系数(M 有一个实部和虚部)。为了得到一个感抗的近似表示式,这里已假设 M 是一个纯实数。不过,这个假设是可以接受的,因为只要电阻是正确的,就可以保证功率吸收是正确的。

(5) 作为一个一般性的结论,有必要指出:在高电子密度情况下,变压器模型是成立的。但在低密度或中等密度情况下,这个模型是否正确,还需仔细斟酌。

7.4　纯感性放电的功率转换效率

从现在开始,我们再回到在电磁模型中定义的 R_{ind} 及 L_{ind}。可以把 RF 发生器输出的功率分成两部分,一部分是耗散在线圈上的功率 P_{coil},另一部分则是耗散在等离子体中电子上的功率 P_{abs}:

$$P_{coil} = \frac{1}{2} R_{coil} I_{coil}^2 \qquad (7.57)$$

$$P_{abs} = \frac{1}{2} R_{ind} I_{coil}^2 \qquad (7.58)$$

引入功率转换效率:

$$\zeta \equiv \frac{P_{abs}}{P_{abs} + P_{coil}} = \left(1 + \frac{R_{coil}}{R_{ind}}\right)^{-1} \qquad (7.59)$$

它是一个非常重要的量。当 R_{ind} 最大时,功率耦合效率将达到最大值。根据线圈的 Q 因子及电磁场的分布,可以将 R_{ind} 重新写为

$$R_{ind} = R_{coil} \left(\frac{2Q}{k_0 r_0} \frac{r_0^2}{r_c^2}\right) Re\left[\frac{iJ_1(kr_0)}{\sqrt{\varepsilon_p} J_0(kr_0)}\right] \qquad (7.60)$$

则有

$$\frac{R_{coil}}{R_{ind}} = X\left(\frac{2}{Q}\frac{r_c^2}{r_0^2}\right) \qquad (7.61)$$

这里已引入如下一个量:

$$X = k_0 r_0 \left[4Re\left[\frac{iJ_1(kr_0)}{\sqrt{\varepsilon_p} J_0(kr_0)}\right]\right]^{-1} \qquad (7.62)$$

它是电子密度的函数。这样,可以将功率耦合效率表示为

$$\zeta = \left[1 + X\left(\frac{2}{Q}\frac{r_c^2}{r_0^2}\right)\right]^{-1} \qquad (7.63)$$

对于给定的线圈设计,功率转换效率依赖于电子密度(通过 X),反过来电子密度又依赖于 RF 电流的幅值。当量 X 达到最小值时,记为 X_{min},转换效率则最大。

在低频及高气压极限($\nu_m \gg \omega$)下,如典型的荧光灯,则有 $X_{min} \approx 1$,它与比率 ν_m/ω 无关,这样功率转换效率为

$$\zeta_{m,hp} = \left(1 + \frac{2}{Q}\frac{r_c^2}{r_0^2}\right)^{-1} \qquad (7.64)$$

在一般情况下,由于 Qr_0^2/r_c^2 远大于 1,则功率转换效率可以很高(当线圈的电阻很小,以及 Q 因子趋于无穷大时,功率转换效率接近于 1)。此外,可以很明显地看出:对于高的转换效率,r_0/r_c 应该接近 1。

对于用于等离子体刻蚀技术的低气压感性放电,$\nu_m \ll \omega$,这样有 $X_{min} \approx 2\omega/\nu_m$,以及功率转换效率为

$$\zeta_{m,lp} = \left[1 + \frac{4}{Q}\frac{r_c^2}{r_0^2}\left(\frac{\omega}{\nu_m}\right)\right]^{-1} \qquad (7.65)$$

很容易看出,$\zeta_{m,lp} < \zeta_{m,hp}$。这种放电效率的典型值在 50%～80%,低于高气压荧光灯放电的效率。特别是在本章后面将看到,当使用铁氧体芯增强放电时,荧光灯的放电效率可以达到 98%。这是因为当 ω/ν_m 很大时,电抗功率与电阻功率之比很高,这样需要 RF 电流很高,使得等离子体中的功率吸收能够保持在一个特定的基准上。这就导致了在线圈中有较高的功率耗散。

Piejak 等[128]对于最大功率转换效率给出了详细的分析,并得到如下公式:

$$\zeta_m = \left[1 + \frac{2}{Q} \frac{r_c^2}{r_0^2} \left(\frac{\omega}{\nu_m} + \sqrt{1 + \frac{\omega^2}{\nu_m^2}} \right) \right]^{-1} \tag{7.66}$$

式(7.66)与实验观察符合得很好。

7.5　容　性　耦　合

前面对 RF 等离子体进行了一些讨论,其主要目标之一是建立一个能够把外电流、电压与空间平均的等离子体特征量联系起来的整体模型。为了达到这个目的,不仅要考虑等离子体的感性电流,还要考虑电流的容性部分。为了在线圈中产生 RF 电流,必须在它两端施加一个 RF 电压。线圈上高压点处的电压可能会足够地大,以致驱动产生的容性 RF 电流才从介质管(或窗)流经鞘层、等离子体,最后流到地电极。

　　问题:线圈两端的电压幅值是多少?
　　答案:电压幅值近似地为 $V_{coil} \approx \omega L_{ind} I_{coil}$。考虑到 $L_{ind} \approx L_{coil}$,以及对于半径为 $r_c = 0.08$ m,长度为 $l = 0.3$ m 的 5 匝线圈,其电感为 $L_{coil} = 2.1$ μH(根据方程(7.30)),这样对于线圈电流为 $I_{coil} = 10$ A,驱动频率为 13.56 MHz,则得到 $V_{coil} = 1800$ V。

这种容性耦合将影响到一部分功率的沉积。然而在第 5 章已经看到,在给定电流情况下,沉积的功率以 $1/n_e$ 的形式进行衰减。因此,仅在低电子密度情况下容性耦合才比较明显。对于甚高频容性放电,在高电子密度情况下,感性加热将起主导作用。容性放电是用来激发容性(静电,E)模式,但在高频驱动放电(高电子密度)情况下,放电也可以在感性(电磁,H)模式下运行。相反,对于感性放电,目的是要求它在高电子密度情况下能在 H 模式下运行,但当放电低功率较低(低电子密度)时,它也可以在 E 模式下运行,即这两种放电可以进行模式转换。

ICP 的复杂几何结构使得线圈内部的电压分布是不均匀的,这样很难适当地建立容性耦合的模型,除非对电磁场进行三维数值计算,而且这种容性耦合也依赖于设计。为了从物理上进行解释,可以采用一种简化的模型[125],如图 7.12 所示。

对于感性分支,可以用先前讨论的电感及电阻来模拟。类似地,对于容性分支,可以用串联的电容及电阻来模拟,其中在电阻中包括了电子的欧姆加热和随机加热效应。电容是介质管的电容(一个确定的值)与鞘层电容的串联之和,其中鞘层电容随等离子体的参数变化。在很多情况下,介质管(或窗)的电容要远小于 RF 鞘层的电容,因此鞘层电容起主要作用。

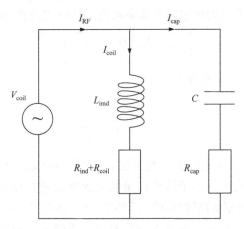

图 7.12　带有容性耦合的感性放电的简化回路模型[125]。
其中 R_{cap} 包括了电子的容性加热(欧姆加热及随机加热)

　　由于容性分支的阻抗总是大于感性分支的阻抗,所以有 $I_{coil} \approx \tilde{I}_{RF} \approx \tilde{V}_{coil}/(i\omega L_{ind})$。几乎在整个运行区域,有 $R_{ind} + R_{coil} \ll \omega L_{ind}$ 及容性分支的电阻与电容器的阻抗相比是个小量,则 $\omega R_{cap}C \ll 1$。这样,对于有容性耦合存在的感性放电,电子吸收的功率为

$$P_{abs} \approx \frac{1}{2}\left[R_{ind} + (\omega^2 L_{ind}C)^2 R_{cap}\right]I_{coil}^2 \qquad (7.67)$$

　　问题:在方程(7.67)中,为什么没有包括线圈的电阻?
　　答案:如果需要估算耗散在系统中的功率,则需要考虑线圈的电阻。然而,我们这里只是关注电子的吸收功率,为 7.6 节建立整体模型做准备。这样,在方程(7.67)中就没有包括线圈耗散的功率。

　　在方程(7.67)中,两个电阻都是电子密度的函数。前面已对感性部分的电阻 R_{ind} 进行了讨论,见方程(7.21)。而对容性部分的电阻 R_{cap},很难精确地对其进行描述,但可以把它分解成欧姆部分和随机部分,且两者随 $1/n_e$ 变化。根据文献[20]和[125],有

$$R_{ohm} = \frac{m_e \nu_m l_{cap}}{e^2 n_e A_{cap}} \qquad (7.68)$$

$$R_{\text{stoc}} = \left(\frac{m_e \tilde{v}_e}{e^2 n_e A_{\text{cap}}}\right)\left(\frac{e V_{\text{coil}}}{k_B T_e}\right)^{1/2} \tag{7.69}$$

$$R_{\text{cap}} = R_{\text{ohm}} + R_{\text{stoc}} \tag{7.70}$$

式中，l_{cap} 及 A_{cap} 分别是容性 RF 电流流经的长度及面积。很难估算出这些量，因为它们与腔室的设计密切相关。

对于固定线圈的电流，图 7.13 显示了吸收功率随电子密度的变化情况，其中虚线和实线分别对应于纯感性放电和具有容性耦合的感性放电情况。与前面的讨论一样，这里仍假设半径为 $r_c=0.08$ m，长度为 $l=0.3$ m 的 5 匝线圈缠绕在一个内半径为 $r_0=0.065$ m 的圆筒上。放电气体为氩气，气压为 $p=1.33$ Pa，流经线圈的 RF(13.56 MHz)电流为 3 A。固定总电容(介质管电容与鞘层电容之和)为 $C=10$ pF，这里不考虑鞘层尺度随线圈中 RF 电流及电子密度的变化。容性耦合参数是 $A_{\text{cap}}=0.15$ m²，$l_{\text{cap}}=0.15$ m。在低电子密度情况下，感性部分的功率随电子密度的变化先线性地增加，在经过一个最大值后，随电子密度的平方根而下降，正像本章前面所讨论的那样。在低电子密度情况下，容性部分的吸收功率占主导地位，但是随着电子密度增加，容性耦合功率迅速衰减，并以 $1/n_e$ 的形式下降。

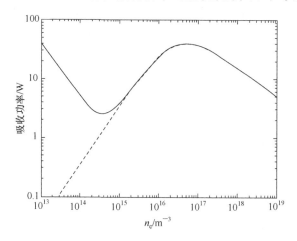

图 7.13　对于固定线圈电流，吸收功率随电子密度的变化。其中虚线和实线分别对应于纯感性放电和具有容性耦合的感性放电，$k_B T_e/e=2.47$ V

7.6　整体模型

为了建立带有容性耦合的感性放电的整体模型，必须同时求解 n_e 及 T_e 两个变量所满足的粒子平衡方程和动量平衡方程。

　　问题:前几章在建立整体模型时使用了射频 Child-Langmuir 定律。为什么这里不需要用到这个定律?

　　答案:已经证明,紧靠线圈的鞘层很窄,且这个鞘层中的物理过程对电子吸收功率没有多大贡献,因此,鞘层尺寸不是整体模型的关键变量。

　　对于柱形几何结构,粒子平衡方程为

$$n_g K_{iz} V = 2u_B (h_1 \pi r_0^2 + h_{r0} \pi r_0 l) \tag{7.71}$$

式中,$V = \pi r_0^2 l$ 是等离子体的体积,而其他量有着它们各自通常的含义。通过求解方程(7.71),可以计算出电子的温度。一旦确定出电子的温度,则可以将损失功率表示为

$$P_{loss} = 2n_e u_B (h_1 \pi r_0^2 + h_{r0} \pi r_0 l) \varepsilon_T (T_e) \tag{7.72}$$

这里再次强调,所有的量都有它们通常各自的含义。利用功率平衡式 $P_{abs} = P_{loss}$,可以确定出平衡状态下的电子密度,其中 P_{abs} 由方程(7.67)给出。由于 R_{ind} 的表示式(方程(7.21))太复杂,很难给出 n_e 的严格解析式。然而,如同前面几章那样,可以通过在相同的坐标轴上画出吸收功率和损失功率随电子密度的变化情况来确定其解。图 7.14 显示了用这种方法给出的解,其中所用的条件与图 7.13 完全相同。对于 1.33 Pa 的放电气压,电子温度为 $k_B T_e / e = 2.47$ V。平衡态的电子密度由两个功率曲线的交叉点给出,即 $n_e \approx 6 \times 10^{16}$ m^{-3}。

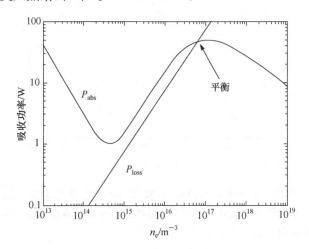

图 7.14　吸收功率和损失功率随电子密度的
变化情况。其中所涉及的参数与图 7.13 相同

7.6.1　电子密度随线圈电流的变化

　　根据上面介绍的确定电子密度的方法,一旦线圈电流给定,就可以计算出平衡

电子密度,如图 7.15 所示,其中所用的参数与前几个图相同。固定气压为
1.33 Pa,则对应的电子温度保持在 $k_B T_e/e = 2.47$ V。

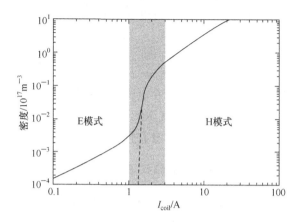

图 7.15　在带有容性耦合的感性放电情况下,处于平衡状态
的电子密度随线圈电流的变化情况。其中虚线对应容性耦
合为零的结果;在 1~3 A 的灰色区域是 E-H 模式转换区域

1. E-H 模式转换

人们很容易区别如下三个放电区域。对于低线圈电流情况,放电处于 E 模
式,即在吸收功率达到最小值之前,吸收功率的曲线与损失功率的曲线存在交叉
点。在高线圈电流的情况下,两种功率曲线的交叉点发生在吸收功率达到最大值
之后,即放电处于 H 模式。在灰色区域(电流在 1~3 A),交叉点出现在最大和最
小吸收功率之间,即 E-H 转换区。注意,电子密度在这个区域的增加明显快于在
其他两个放电模式区域的增加,这是因为图 7.14 中两条曲线的斜率(它们非常相
似)均为正的区域存在着平衡交叉点。

图 7.15 中的虚线表示在没有容性耦合的情况下计算出的电子密度。正如前
面所提到的那样,在低线圈电流情况下,平衡状态不存在。为了维持感性放电模
式,要求线圈电流超过 1.2 A。在感性放电模式下,电子密度快速地超过
10^{16} m^{-3}。在高电子密度情况下,容性耦合不起作用,这将允许对整体模型进行简
化,以便更深入地理解感性放电的物理过程。

2. 在高密度情况下的低气压及高频极限

假设电子的密度足够高,以至于可以忽略容性耦合效应。已经看到,在高密度
区域,趋肤深度很小,感性分支的电阻为 $R_{ind} = N^2 R_p$。这样功率平衡式为

$$\frac{1}{2}R_{ind}I_{coil}^2=\frac{1}{2}N^2R_pI_{coil}^2=2n_eu_B(h_1\pi r_0^2+h_{r0}\pi r_0l)\varepsilon_T(T_e) \qquad (7.73)$$

使用由方程(7.39)给出的 R_p 的近似式,可以得到感性放电模式下电子密度的表示式:

$$n_e=\left[\frac{\pi r_0N^2\nu_m\ (m_e/\varepsilon_0)^{1/2}}{4u_B(h_1\pi r_0^2+h_{r0}\pi r_0l)e\varepsilon_T(T_e)lc}\right]^{2/3}I_{coil}^{4/3} \qquad (7.74)$$

它是线圈电流的函数。由此可以看出,在电流固定的情况下,电子密度随线圈的匝数和气压的增加而增加。的确,ν_m 随气压而线性增加,h_1 和 h_{r0} 则随气压而减小。值得注意的是,这里与驱动频率的效应没有直接的关系。

3. 在高密度情况下的高气压及低频极限

在相反极限 $\nu_m\gg\omega$ 下,电阻 R_p 由方程(7.41)给出。因此,考虑到在高密度区有 $R_{ind}=N^2R_p$,则电子密度可以表示为

$$n_e=\left[\frac{\pi r_0N^2\ (2\omega\nu_m)^{1/2}\ (m_e/\varepsilon_0)^{1/2}}{4u_B(h_1\pi r_0^2+h_{r_0}\pi r_0l)e\varepsilon_T(T_e)lc}\right]^{2/3}I_{coil}^{4/3} \qquad (7.75)$$

再次看出,当电流固定时,电子密度随线圈的匝数和气压的增加而增加,但随气压的变化则较弱。在这种高压极限下,可以看到电子密度与驱动频率有关:在固定线圈电流的情况下,电子密度随频率稍微地增加。

4. 频率效应

根据前面得到的定标关系式,可以看出:在高电子密度情况下,驱动频率对感性模式下的物理量影响很小。这一点与熟知的容性放电模式明显不同。为了研究在较大的电子密度范围内的频率效应,图 7.16 显示了在平衡状态下对于三种不同

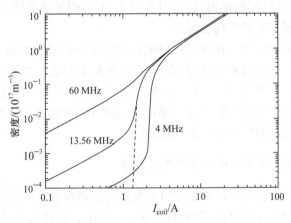

图 7.16　对于不同的驱动频率,平衡态电子密度随线圈电流的变化情况

的驱动频率(即 4 MHz、13.56 MHz 及 60 MHz),电子密度随线圈电流的变化情况。计算过程中所用到的参数与图 7.15 相同。前面得到的定标关系被证实:在高电子密度情况下,驱动频率几乎不起作用,这里可以将感性放电看成一个变压器。相反,对于容性放电模式,频率效应比较明显。在低频情况下,容性耦合明显地被降低,这一点可以从先前两章的内容看出。

5. 实验观察到的现象

首先,在中等功率(或密度)情况下,许多实验已证实:当功率(或密度)增加时,线圈的电流不随功率变化,甚至会减小[129]。这明显地与上面得到的定标关系相矛盾。事实上,方程(7.74)与方程(7.75)描述的是图 7.15 中的大电流极限情况。在这个区域,线圈的 RF 电流随电源的输出功率增加。实际上,许多实验的工作区域都处在图 7.15 中的灰色区域。当容性耦合被忽略时(图 7.15 中的虚线),电子密度快速地上升,但是 RF 电流几乎不变。事实上,在这个区域有 $R_{ind} \propto n_e$,即耗散的功率也正比于电子密度。这样根据功率平衡关系,就要求 RF 电流像实验观察到的那样,与电子密度无关。

7.6.2　功率转换效率

当包括容性耦合效应时,功率转换效率为

$$\zeta = \frac{P_{abs}}{P_{coil} + P_{abs}} \approx \frac{R_{ind} + (\omega^2 L_s C)^2 R_{cap}}{R_{coil} + R_{ind} + (\omega^2 L_s C)^2 R_{cap}} \tag{7.76}$$

图 7.17 显示了放电气压为 1.33 Pa 时的功率转换效率,其中计算所用到的参数与前面一样。线圈电感为 $L_{coil} = 2.1\ \mu H$,线圈电阻为 $R_{coil} = 0.137\ \Omega$,角频率为 $\omega = 2\pi \times 13.56\ MHz$,以及 $Q \approx 1300, r_0 = 0.81 r_c$。这里再次提醒,图 7.17 中的灰色区域是 E-H 转换区域,其左边为容性耦合的区域(低 RF 电流),而右边是感性耦合区域。最大功率转换系数出现在感性模式的开始,此后,则在较高 RF 电流(或 RF 功率)情况下减小。在感性放电电阻 R_{ind} 的最大值处,当达到功率平衡时,转换效率最大。由方程(7.65)估算出的最大转换效率为 $\zeta = 0.988$,这与图 7.17 给出的结果符合得很好。

说明:与实验结果相比,上述计算出的功率转换效率过高,主要是由于过高地估算了 Q 因子。由于线圈匝数之间的所谓邻近效应,R_{coil} 的实际值要大于这里给出的估算值。比较现实的 Q 值是在 $100 \sim 300$。如果取 $Q = 200$,则最大效率为 $\zeta_m = 0.927$,这非常接近实验测量到的值。实验观察到的转换效率对电子密度依赖关系的形式是相似的。

从图 1.17 也可以看出,功率转换效率的最小值出现在 E-H 转换区域的下边界处,也就是说,在吸收功率的最小值处达到平衡。在容性模式中,感性电阻几乎

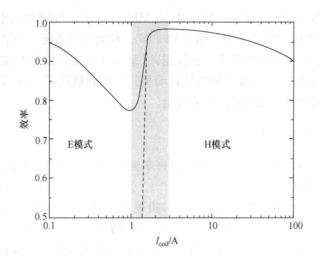

图 7.17　对于具有容性耦合的感性放电,功率转换效率随线圈电流的变化情况。其中虚线是无容性耦合情况下的转换效率;1~3 A 的灰色区域对应于 E-H 模式转换的区域

为零,即 $L_{ind} \approx L_{coil}$,这样转换效率可以近似地表示为

$$\zeta \approx \left[1 + \frac{R_{coil}}{(\omega^2 L_{coil} C)^2 R_{cap}} \right]^{-1} \tag{7.77}$$

因为 $R_{cap} \propto 1/n_e$,所以在容性模式下,转换效率随电子密度的增加而下降。

问题:在感性放电中,离子耗散功率吗?

答案:的确,在线圈前面的鞘层中,离子可以耗散一些功率。

说明:在上面计算功率转换效率时,没有考虑离子产生的功率耗散,主要是因为与容性放电相比较,在感性放电中离子对功率耗散的贡献相对很小。这里需要说明的是,离子到达基片的能量可以由一个施加偏压的第三电极来控制,如一个独立的 RF 电源(参见第 4 章)。

问题:在感性放电中,需要匹配箱吗?

答案:是的,需要一个匹配箱,这是因为等离子体电阻不是 50 Ω。与容性放电一样,可以把匹配箱与外界回路连接在一起。

说明:损失在匹配箱中的功率可能很大,特别是在耦合效率很小的情况下。

7.7　重要结果归纳

(1) 位于介质窗外部的线圈中的 RF 电流可以产生感性放电。为了计算电磁场,可以利用麦克斯韦方程组来模拟这种放电,并由此推导出基于坡印亭定理的等效回路模型。较普遍的做法是,在采用变压器模型来模拟这种放电时,把等离子体回路电流看成变压器的次级。

（2）当 $\nu_m \gg \omega$ 时,感性放电有着很高的功率转换效率。而在 $\nu_m \ll \omega$ 时,功率转换效率则降低,这是由于无效功率比较大,为了维持相同的等离子体密度,必须要求线圈电流较高(将导致更多的功率损失)。对于高的耦合效率,等离子体与线圈之间的距离(即介质窗的厚度)必须很小。

（3）尽管设计出来的感性放电是为了激发电磁模式(H 模式),但在低 RF 电流(功率)情况下,它可以在 E 模式下运行。由此引起 E 模式到 H 模式的转换。这种放电模式的转换在甚高频容性放电情况下更为明显。

（4）当感性放电运行类似一个变压器时,驱动频率效应在高电子密度情况下不是很重要。然而,频率对容性耦合却有着很大的影响。

（5）原则上讲,对于 ICP,离子的能量和通量可以近似独立地变化,这是因为由线圈产生的等离子体与基片台上施加的偏压是独立进行的。

7.8　进一步考虑

在以上几节的讨论中,忽略了感性放电中非常重要的一些方面。我们将在本节讨论。首先介绍一些技术方面的问题,同时对一些微妙的物理机制也进行讨论。

7.8.1　降低容性耦合的方法

出于多方面的考虑,非常有必要降低容性耦合。降低容性耦合可以避免在 E-H 模式转换过程中的放电不稳定性(见第 9 章),减小由于离子穿越鞘层后的加速对介质窗的溅射。此外,从科学的观点来看,降低容性耦合可以减小等离子体势的涨落,因为这种等离子体势的涨落将使得电诊断复杂化。

有几种可以降低容性耦合的方法。例如,可以在较低频率情况下驱动线圈中的电流进行放电。此外,还可以在线圈与地电极之间连接一个电容器,如图 7.18 所示。图中,为了便于示范,人为地把线圈的感抗分成两部分。可以看到,为了简化处理,这里没有包括线圈的电阻及等离子体的负载,因为它们对总阻抗的影响不大。在线圈一端与接地电极之间的电容器的电压降与线圈自身的电压降有着 $180°$ 的相位差。因此,如果选择电容器的电容为

$$L_{coil} C \omega^2 = 2 \tag{7.78}$$

则在线圈的中间存在一个电压节点(虚拟接地点),如图 7.18 所示。这样,对于相同的线圈电流,线圈两端的电压是没有电容器时的一半。

降低容性耦合的另一种典型的方法是在等离子体与线圈之间引入一个法拉第屏蔽,如图 7.19 所示。这种屏蔽的效果是使线圈与法拉第屏蔽之间的静电场局域

化,但不影响感应电磁场。这种法拉第屏蔽要接地,目的是为容性电流提供一个通道,使其不能进入等离子体中。把法拉第屏蔽设计成如图所示的形状(间距和开口),其目的是防止角向 RF 电流的流通。这样感应电磁场受到的影响很小。法拉第屏蔽可以非常有效地降低容性耦合。实际上,在等离子体处理工艺中,过度地降低容性耦合可能会带来一些问题,因为很难进行放电点火。

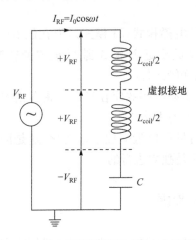

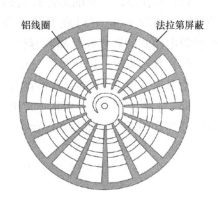

图 7.18　放电回路示意图。其中电容器位于线圈与接地极之间。为了便于示范,人为地把线圈的电感分为两部分

图 7.19　从介质窗一侧观看到的平面线圈的法拉第屏蔽示意图[130]

7.8.2　铁芯增强感性耦合

使用铁芯可以增强感性放电的耦合效率。具有铁芯的变压器可以在低频(工频或声频)状态下工作,而用在等离子体处理工艺中的传统的感性放电通常没有这种铁磁芯,因此只能在较高频率(典型的频率为 13.56 MHz)下放电。相反,许多基于 ICP 的紧凑型荧光灯就是使用了内部局域线圈及铁芯来增强放电。这些荧光灯的放电频率为 2.65 MHz,即照明领域中的一种特许频率。

铁芯有着很高的磁导率,它通常可以作为一个磁通量聚集器[131],如图 7.20 所示。铁芯将磁通量集中起来,并进入等离子体负载中。借助于本章介绍的变压器分析方法,可知此时线圈与等离子体之间的互感会增加。为了将铁芯的增强效应包括进来,Lloayd 等对变压器模型进行了修正[132]。铁芯的主要效应是降低了线圈电流,从而使得功率损失也降低,如图 7.21 所示。在较大的放电功率下,对于具有铁芯的感性耦合放电,其相对功率损失要小一个量级,功率转换效率可以达到 99%。

在中低频情况下(典型的值低于 4 MHz),铁芯的效果最为明显,这是因为在高频情况下铁磁材料的磁导率会下降。不像容性放电那样,感性放电的趋势可能

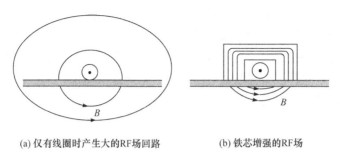

(a) 仅有线圈时产生大的RF场回路　　　　(b) 铁芯增强的RF场

图 7.20　铁芯对磁力线影响的示意图[131]

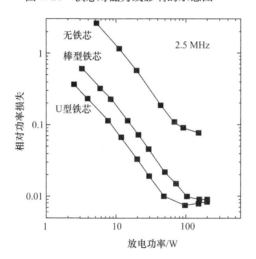

图 7.21　在有无铁芯情况下,感性放电的相对功
率损失随放电功率的变化情况[133]

是频率降低,而不是频率增加。这样最大的优点是可以避免第 6 章讨论的驻波
效应。

7.8.3　反常趋肤深度及无碰撞加热

像容性放电一样,在低气压下 ICP 中也存在一个放电区域,其中欧姆功率吸
收不是主要的过程。在容性放电中,电子通过 RF 鞘层的时间小于鞘层运动的周
期。类似地,对于感性放电,感应电场被局域在一个趋肤层内,如果电子穿过这个
趋肤层的时间小于 RF 周期,这样电子将从感应电场中获得净能量。相关的条
件是[134,135]

$$\omega\delta \leqslant \left(\frac{k_B T_e}{m_e}\right)^{1/2} \tag{7.79}$$

在这样的条件下,由于电子的快速热运动,在某一位置和某一时刻的电场变化将影

响后续的时间内其他地方的等离子体。这样,在等离子体中的电流密度与电场的关系不能用通常的欧姆定律来描述,即 $\tilde{J}_\theta \neq i\omega\epsilon_0\epsilon_p \tilde{E}_\theta$。电场及 RF 电流在趋肤层内的空间分布并不是按照通常的指数衰减规律来变化的,而且这两个量之间的相位差也是变化的。这种反常趋肤效应隐含着一些有趣的现象,如在 20 世纪 90 年代后期及最近已被广泛研究的无碰撞加热和负功率吸收。Godyak 对这些效应进行了全面的评述[136]。

图 7.22 显示了由 Godyak 和 Piejak[137,138] 测量到的电场及 RF 电流在 ICP 中的空间分布,其中放电气体为氩气,放电气压为 0.133 Pa。所采用的测量方法是通过一个小的金属环来探测 RF 磁场的空间变化。实验测量是在平面 ICP 装置上进行的(图 7.1(b))。正像先前对 ICP 的讨论那样,在没有等离子体时,电场从介质窗开始呈指数形式的衰减,即存在一个电场衰减的几何长度。当突然产生等离子体时,衰减长度变短,与经典的等离子体趋肤效应一致。然而,当功率大于 100 W 时,电场快速地衰减,并达到第一最小值的位置(对于 100 W,该位置稍微大于 6 cm),然后再次增加,并进入较深的等离子体中。这是一个典型的电场反常穿透

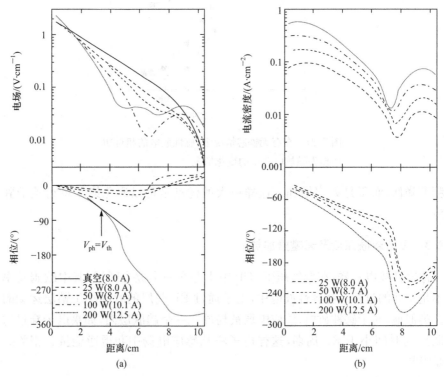

(a)　　　　　　　　　　　(b)

图 7.22　放电气压为 0.133 Pa 时,电场(a)及 RF 电流密度(b)在 ICP(氩气)中的空间分布,同时也显示了它们的相位分布(其中电场的相位是在真空情况下得到的)

行为。Cunge 等[139]也观察到这种现象,最近 Hagelaar 使用流体力学模拟方法也对此进行了计算[140]。与电场分布类似,RF 电流密度(图 7.22(b))的空间分布也呈现出这种反常结构,但具有不同的最小值的位置和不同的相位变化。这表明电场与 RF 密度的空间变化并不同步,这两个物理量之间有一定的相位差,而且是空间变化的。由此导致一些负功率吸收区域的存在[141],这意味着电磁场从局部等离子体中获得能量。

尽管电磁场穿透是反常的,即不是按指数形式来衰减,但可以定义一个反常趋肤深度[2, 135]:

$$\delta_{\text{eff}} \approx \left(\frac{\bar{v}_{\text{e}} c^2}{\omega \omega_{\text{pe}}^2} \right)^{1/3} \tag{7.80}$$

这是一个有效穿透长度。

问题:反常趋肤深度是大于还是小于无碰撞趋肤深度 $\delta \equiv c/\omega_{\text{pe}}$? 说明它对驱动频率的依赖性。

答案:$\delta_{\text{eff}} \leqslant \delta$ 的条件等价于 $\bar{v}_{\text{e}}/\omega \leqslant c/\omega_{\text{pe}}$。对于放电频率为 13.56 MHz,有 $\omega = 8.5 \times 10^7 \text{ s}^{-1}$,如果等离子体的电子密度为 $n_{\text{e}} = 10^{17} \text{ m}^{-3}$,电子温度为 $k_{\text{B}} T_{\text{e}}/e = 3 \text{ V}$(即 $\bar{v}_{\text{e}} \approx 10^6 \text{ m} \cdot \text{s}^{-1}$ 及 $\omega_{\text{pe}} \approx 1.8 \times 10^{10} \text{ s}^{-1}$),则有 $\delta_{\text{eff}} \leqslant \delta$。通过完整的计算,可以得到 $\delta = 1.67 \text{ cm}$,$\delta_{\text{eff}} = 1.48 \text{ cm}$,这说明两者的大小不同,且反常趋肤深度小于无碰撞趋肤深度。

电磁场的反常穿透区域通常就是无碰撞加热起主导作用的区域(当频率很低时,这也许不是真实的,因为尽管电磁场的穿透是反常的,但无碰撞加热却可以被忽略)。Godyak 等[142]已从实验上证实了这种现象,他们测量了沉积在等离子体中的 RF 功率,并与计算出的欧姆功率进行了比较。他们的实验结果表明:在低气压下,无碰撞加热功率比欧姆加热功率大一个量级。由于等离子体中的电子与趋肤层电场的随机相互作用,研究无碰撞加热的方便做法是定义一个有效碰撞频率。Lieberman 及 Lichenberg 对这个随机频率进行了估算[2],它可以表示为

$$\nu_{\text{stoc}} \approx \frac{\bar{v}_{\text{e}}}{4\delta_{\text{eff}}} \tag{7.81}$$

这样很容易定义一个有效碰撞频率,$\nu_{\text{eff}} = \nu_{\text{stoc}} + \nu_{\text{m}}$。在这些情况下,高密度等离子体的电阻为

$$R_{\text{p}} = \frac{\pi r_0}{\sigma_{\text{eff}} l \delta_{\text{eff}}} \tag{7.82}$$

式中,$\sigma_{\text{eff}} \equiv n_{\text{e}} e^2 / (m_{\text{e}} \nu_{\text{eff}})$ 是新的电导率的表示式。最后为了完整,需要注意在感性放电中,无碰撞加热可以明显地改变电子能量分布的形状[143]。

7.8.4　非线性效应

本章最后一个议题是感性放电中的非线性效应,这种非线性大多起源于电子流体的洛伦兹力,该力是由 RF 磁场产生的。包括这种力后,电子的动量守恒方程为

$$nm\left[\frac{\partial \boldsymbol{u}}{\partial t}+(\boldsymbol{u}\cdot\nabla)\boldsymbol{u}\right]=nq(\boldsymbol{E}+\boldsymbol{u}\times\boldsymbol{B})-\nabla p-m\boldsymbol{u}\left[n\nu_{\mathrm{m}}+S+L\right] \quad (7.83)$$

很显然,由于洛伦兹力正比于电子的漂移速度和磁场的乘积,即$\boldsymbol{F}_{\mathrm{L}}\propto\boldsymbol{u}\times\boldsymbol{B}$,它将引起一个非线性响应,其具体的表现形式为:将产生二阶谐波电流和所谓的有质动力的直流分量。由此,有人提出:RF 感应电磁场可以降低等离子体的电导率,并导致一个非线性的趋肤层深度[144],但后来证明这种效应并不存在[145]。

> **问题**:在本章已介绍了多少不同形式的趋肤深度?
>
> **答案**:许多! 对于经典的趋肤深度,根据气压的不同,它有两种形式,即低气压下的方程(2.57)和高气压下的方程(2.58)。此外,在低气压下,非局域(无碰撞)效应可以导致反常鞘层穿透,见方程(7.80)。最后,应当注意,即使在没有等离子体存在的情况下,由于几何空间效应,电场总是从天线开始进行衰减。

已经证明,二次谐波电流对电子加热没有明显的贡献,而直流有质动力对等离子体密度分布形式有明显的影响。这种有质动力可以把冷电子从趋肤层内推出去。由于作用在冷电子和热电子上的有质动力不同,电子的能量分布函数要受到影响;在趋肤层内,冷电子被耗尽的情况可以在电子的能量分布函数上得到体现。

对于低气压和低频驱动放电,由于洛伦兹力可以与静电力相当,这些非线性效应将变得重要。Godayk 已证明[136],对于平面线圈,磁场的主要分量是沿径向的,而 RF 漂移速度则是沿角向的:$B_r=-E_\theta/(\delta\omega)$ 及 $u_\theta\approx eE_\theta/[m_{\mathrm{e}}\,(\omega^2+\nu_{\mathrm{eff}}^2)^{1/2}]$。这样正比于 $B_r u_\theta$ 的洛伦兹力则有如下形式:$F_{\mathrm{L}}\propto E_\theta^2/[\delta\omega\,(\omega^2+\nu_{\mathrm{eff}}^2)^{1/2}]$。由于电场对驱动频率和气压的依赖性很弱,这样当驱动频率和气压减小时,洛伦兹力则增加。典型地,对于气压为几帕及频率为 13.56 MHz 的放电,非线性效应则不明显。然而,对于 0.45 MHz 的低频放电,这些非线性效应则非常明显[136]。

第 8 章　螺旋波等离子体

对 RF 激励的等离子体施加一个静磁场,将会产生两个主要的结果。首先,在垂直于磁力线方向上,等离子体输运被降低。在第 9 章对此进行讨论,将会看到磁力线降低了等离子体横向通量。因此在给定功率下,通过施加静磁场,可以提高等离子体密度。更普遍地,通过施加外磁场,可以调节等离子体通量的均匀性,修正电子温度及电子的能量分布函数。这些可以通过改变磁场的拓扑位形来实现。对于磁增强的反应性离子刻蚀腔室(即磁场平行于电极的容性耦合腔室)的物理设计,就是利用上述一些性质。在一些情况下,人们可以通过设计,使磁场以低速旋转,这样能够对等离子体参数的非对称性进行适当的平均。

其次,静磁场能够使电磁波在低频(即 $\omega \ll \omega_{pe}$)情况下传播。这类电磁波通常称为螺旋波,它在等离子体处理工艺及空间等离子体推进技术中特别重要。螺旋波属于哨声波范畴的一部分。哨声波的音调可以在几秒内从几千赫兹下降到几百赫兹,这种现象在 20 世纪初期就被报道。当 Hartree[146] 和 Appleton[147] 首次提出磁化等离子体中波的传播理论后,人们对哨声波的这种信号的可能起源进行了研究。对于发生在地球某处上方大气层内的闪电,可以产生一个局部电磁扰动脉冲。然后,这种具有较宽频谱的电磁波以一定的速度沿着地磁场的磁力线传播,而且传播的速度与波的频率有关,频率越低,传播速度越慢。在地磁场的另一点接收到这些电磁波的信号需要几秒的时间,而且随着后续低频信号的到达,这些信号被转换成一个音调递减的声波,与哨声波类似。

为了描述电磁波在金属内部自由电子等离子体中的传播,法国科学家 Aigrain 首先提出螺旋波这个词[148]。随后在 20 世纪 60 年代,人们研究了类似的电磁波在气体等离子体中的传播。在 1970 年,Boswell 提出可以利用这种电磁波的能量来维持放电[149]。本章的主要内容是介绍 Boswell 和 Chen[150] 及 Chen 和 Boswell[151] 发表的两篇综述文章,以及这个领域的研究进展。由于波在沿着 z 轴方向传播时可以旋转,并使得电子做螺旋运动,由此给出"螺旋波"这一名称。波的电磁场有着如下形式:

$$E, B \sim \exp[\mathrm{i}(\omega t - k_z z - m\varphi)] \tag{8.1}$$

式中,m 是角向模数;k_z 是纵向波数;φ 是方位角。贯穿本章的分析,假定静磁场 B_0 沿 z 方向。将在 8.2.2 节讨论螺旋波电场的径向结构。

在螺旋波放电等离子体中,波的能量是通过碰撞或无碰撞加热的方式转移到等离子体电子上的。螺旋波的传播特征表明,与感性加热(局域在趋肤层内)或容性加热(几乎局域在 RF 鞘层内)相比,这种波的加热穿透较深。这样可以在大体积等离子体内或长等离子体柱内实现高的电离率。由于天线是通过 RF 电压来激励的,这样螺旋波等离子体也可以在低功率的容性(E)模式下运行。此外,天线中流动的 RF 电流可以在天线的周围感应出电磁场,并激发出如第 7 章所描述的感性(H)模式。这种 H 模式通常在中等功率范围内明显。当功率足够大时,以至于螺旋波可以在高密度等离子体中传播,等离子体最终在 W 模式下运行,其中 W 表示传播的螺旋波模式。因此,在螺旋波等离子体中,会出现 E-H-W 模式转换。由于对天线的共振耦合,已经观察到在 W 模式内的进一步的模式转换。所有这些现象都会导致电子密度随输入功率发生突变,而且这种突变对等离子体处理工艺是非常不利的,除非对等离子体源进行适当的设计,以控制这些模式跳变。

问题:由平行板驱动的是容性放电,而由线圈驱动的是感性放电。解释一下这里为什么使用"天线"一词。

答案:为了发射传播的电磁波,天线有着特殊的设计。要根据指定的波长和模式来选取天线的形状。

由于有效的波加热及增强的等离子体约束,螺旋波放电腔室适合于产生高密度的等离子体[152,153],并可以应用于等离子体推进器[15-17]。螺旋波放电腔室也可以用于不同的等离子体处理工艺,如氧化硅薄膜沉积[154]、硅[155]及碳化硅[9,11]的快速刻蚀等。图 8.1 显示了典型的螺旋波等离子体处理腔室结构示意图。在扩散腔室的上方,放置缠绕螺旋天线的放电管,同时在扩散腔室的底部放置一个支持晶片的基台。当沿着 z 轴方向的静磁场的幅值在放电区域最大时,等离子体几乎都是在这个区域内产生,然后扩散到下面的腔室中,而且由于发散磁场的作用,等离子体密度快速衰减。暴露在扩散等离子体中的基片台的面积可以远大于放电管的截面。通过改变磁场的位形或施加一个由永久磁铁排列构成的多极约束,也可以调节晶片表面上方的等离子体均匀性。另外,为了集中磁力线,沿着 z 方向的磁场幅值可以保持为常数,甚至在腔室的底部磁场的值更大。在这种情况下,基片台附近的等离子体密度很高。然而,其代价是造成等离子体不均匀。发散磁场情况下,已经发现伴随着等离子体的扩散,将发生一些复杂的输运现象,如双层的形成及不稳定性。在第 9 章中将对此进行讨论。

在本章中,将由浅入深地介绍螺旋波的一些性质。首先介绍波在一个无限大的均匀等离子体中传播的波,而且波的传播方向沿着静磁场 B_0 的方向。根据色散关系的一般表示式,对不同波的性质进行描述,并给出螺旋波的定义。同时将这些波与第 2 章介绍的非磁化等离子体中传播的简单电磁波相比较。然后介绍电磁波在等离子体柱中的传播,其中波的传播方向并不是沿着对称轴,并给出边界条件

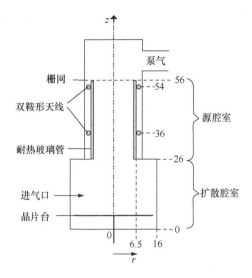

图 8.1　螺旋波等离子体处理腔室示意图。其中在扩
散腔室的顶部放置带螺旋状天线缠绕的放电管,而在
扩散腔室的底部放置一晶片台。图中已对腔室的径
向和轴向尺寸(cm)进行了标注

及波数的本征值;在 8.2.3 节讨论等离子体密度均匀性假定的合理性。用一种简
单、理想的方式来处理天线的耦合,这样可以得到螺旋波模式存在的条件。一旦了
解了这些波的性质,可以进一步讨论波的能量吸收以及电子群的波加热。在本章
的最后部分,将介绍 E-H-W 模式转换。

提示:

(1) 在本章中,"模式"一词被用于描述几个不同的现象,这里需要注意它所描
述的对象。首先,由于波在传播时要发生旋转,可以通过引入一个模数 m 来描述
电磁场角向的变化。其次,不同的能量耦合机制,即容性耦合(E)模式、感性耦合
(H)模式及螺旋波(W)模式之间存在着转换。最后,当纵向波数(或等价地密度)
取离散值时,天线与螺旋波之间可以发生共振耦合。因此,在 W 模式内存在几个
纵波模式,可以用模数 χ 来描述。

(2) 由于本章讨论的是波,为了避免混淆,玻尔兹曼常量用 k_B,而波数则用 k
来表示。

(3) 在本章中,m 被用于表示角向的模数,电子的质量则用 m_e 表示。

不像先前几章那样,对于螺旋波等离子体处理腔室,将不采用整体模型来描
述。有如下两个原因:①功率平衡关系很复杂,而且人们对螺旋波加热等离子体电
子的机制还没有完全理解;②腔室的几何形状涉及复杂的输运现象,粒子的平衡关

系也很复杂。Lieberman 及 Boswell[156]曾提出描述螺旋波等离子体处理腔室的整体模型,但他们忽略了无碰撞功率吸收,对腔室的几何形状也作了简化。

8.1　在无界等离子体中的平行传播

这里不准备对电磁波在磁化等离子体中的传播(见文献[157])作详细介绍。本节的主要目的是研究磁化等离子体中电磁波的传播模式,其研究方法与第 2 章中对非磁化等离子体的研究方法相同。通过对等离子体的电子及离子流体力学方程线性化,可以给出等离子体介电常数的表示式。当等离子体中存在一个静磁场时,等离子体对电磁场的响应将变成各向异性,人们不得不引入一个等离子体介电张量。这样,电磁波的色散关系将依赖于波矢量对静磁场的取向。这种各向异性来自在垂直于粒子运动方向上的洛伦兹力。在洛伦兹力的作用下,带电粒子以各自的回旋频率围绕磁力线旋转,其中电子和离子的回旋频率分别为 $\omega_{ce} \equiv eB_0/m_e$ 及 $\omega_{ci} \equiv eB_0/M_i$。注意,由于 $\omega_{ci}/\omega_{ce} = m_e/M_i \ll 1$,离子的旋转频率很低。

问题:假设静磁场为 5 mT,计算电子和氩离子的回旋频率。
答案:$\omega_{ce} = 8.9 \times 10^8 \ s^{-1}$,$\omega_{ci} = 1.2 \times 10^4 \ s^{-1}$。

为了考虑这种各向异性,可以将波分成两类:沿着磁场方向传播的波和垂直于磁场方向传播的波。对于螺旋波,它几乎是沿着磁力线方向传播的。这里假设静磁场沿着 z 轴方向。对于无碰撞(低气压、无电阻)情况及波矢量平行于静磁场 B_0 方向(即 $k \equiv k_z$),采用冷等离子体近似($T_e = T_i = 0$),以及略去含有小于 1 的 m_e/M_i 项,这样可以得到这两种波的色散关系:

$$n_{ref,R}^2 = \frac{k^2 c^2}{\omega^2} = 1 + \frac{\omega_{pe}^2}{\omega\omega_{ce}\left(1 + \dfrac{\omega_{ci}}{\omega} - \dfrac{\omega}{\omega_{ce}}\right)} \tag{8.2}$$

$$n_{ref,L}^2 = \frac{k^2 c^2}{\omega^2} = 1 - \frac{\omega_{pe}^2}{\omega\omega_{ce}\left(1 - \dfrac{\omega_{ci}}{\omega} + \dfrac{\omega}{\omega_{ce}}\right)} \tag{8.3}$$

由方程(8.2)给出的是右旋波(RHP)的色散关系,其中沿着静磁场 B_0 方向观看,波电场是顺时针旋转的。而由方程(8.3)给出的是左旋波(LHP)的色散关系,这是因为沿着静磁场 B_0 方向观看,波电场则是逆时针旋转的。图 8.2 给出了色散关系的示意图,其中 $\omega_{ce} \ll \omega_{pe}$。

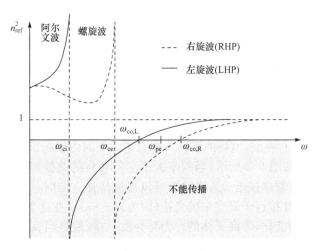

图 8.2　在无限大磁化等离子体中左旋波和右旋波的折射率的
平方随频率的变化关系。其中波是沿着磁场 B_0 方向传播的

问题: 在第 2 章曾得到了非磁化等离子体的介电常数 ε_p 及相应的等离子体折射率 $n_\mathrm{ref}=\sqrt{\varepsilon_\mathrm{p}}$。等离子体的折射率是各向同性的,即与空间的方向无关,而且当忽略电子与中性粒子碰撞引起的耗散效应时,可以将它表示为 $n_\mathrm{ref}^2=1-\omega_\mathrm{pe}^2/\omega^2$。由于波 $\omega<\omega_\mathrm{pe}$ 情况下不能传播,所以 ω_pe 被视为一个截止频率。首先,在方程(8.2)及方程(8.3)中令 $B_0=0$,确认一下能否回到非磁化情况下的表示式。其次,指出图 8.2 中的截止频率,为什么波低于这些截止频率仍能传播?

答案: 当令方程(8.2)及方程(8.3)中的 $B_0=0$,即 $\omega_\mathrm{ce}=\omega_\mathrm{ci}=0$ 时,可以得到无磁化情况下的色散关系,$n_{\mathrm{ref,R}}^2=n_{\mathrm{ref,L}}^2=1-\omega_\mathrm{pe}^2/\omega^2$。对于右旋波和左旋波,它们的截止频率分别为 $\omega_\mathrm{co,R}$ 和 $\omega_\mathrm{co,L}$。当 $\omega_\mathrm{ce}<\omega<\omega_\mathrm{co,R}$ 时,右旋波不能传播。类似地,当 $\omega_\mathrm{ci}<\omega<\omega_\mathrm{co,L}$ 时,左旋波不能传播。然而,应注意在频率分别小于 ω_ce 及 ω_ci 时,波仍能传播,这是因为存在着折射率为实数的其他解。

当折射率为虚数,即 $n_\mathrm{ref}^2<0$ 时,说明波是衰减的,即波不能传播,对应的截止频率由 $n_\mathrm{ref}^2=0$ 给出。从方程(8.2)及方程(8.3)可以得到左旋波和右旋波的截止频率分别为

$$\omega_\mathrm{co,R}=\frac{1}{2}\left[\omega_\mathrm{ce}+\sqrt{\omega_\mathrm{ce}^2+4(\omega_\mathrm{pe}^2+4\omega_\mathrm{ce}\omega_\mathrm{ci})}\,\right] \tag{8.4}$$

$$\omega_\mathrm{co,L}=\frac{1}{2}\left[-\omega_\mathrm{ce}+\sqrt{\omega_\mathrm{ce}^2+4(\omega_\mathrm{pe}^2+4\omega_\mathrm{ce}\omega_\mathrm{ci})}\,\right] \tag{8.5}$$

当 $\omega_\mathrm{ce}\ll\omega_\mathrm{pe}$ 时,这些截止频率接近于电子等离子体的频率。

问题:当 $n_{ref}^2 \to \infty$ 时,将发生什么现象?

答案:当 $n_{ref}^2 \to \infty$ 时,将发生共振现象,即波的相速度趋于零。在共振时,带电粒子的旋转频率与波的频率相同,以至于它们所感受的是一个准恒定场,这就导致了共振能量吸收。

对于左旋波,电场的旋转方向与离子绕磁力线的旋转方向一致,这样共振频率为 ω_{ci}。相反,对于右旋波,电场的旋转方向与电子绕磁力线的旋转方向一致,因此共振频率为 ω_{ce}。如图 8.2 所示,当频率大于它们各自的共振频率时,左旋波和右旋波被截止。随着频率接近 ω_{pe},这些波可以再次传播。同时,可以看到当 ω 趋于无穷时,波的相速度接近于真空中的光速(因为 $n_{ref}^2 \to 1$)。在这个极限下,带电粒子不能响应波电场的变化,等离子体的行为与介质一样(最终当 $n_{ref} \approx 1$ 时,就与真空一样)。再次注意,由于 $n_{ref} \leqslant 1$,波的相速度大于光速。

实际上,螺旋波就是低频右旋波。因此,我们对方程(8.2)的进一步讨论要限制在 $\omega < \omega_{ce}$ 的区域。考虑到 $\omega_{ce} \ll \omega_{pe}$ 及 $\omega \ll \omega_{pe}$,则可以得到如下色散关系:

$$n_{ref,R}^2 = \frac{\omega_{pe}^2}{\omega\omega_{ce}\left(1 + \frac{\omega_{ci}}{\omega} - \frac{\omega}{\omega_{ce}}\right)} \tag{8.6}$$

在这个频率范围内,存在着三种类型的波,它们在空间科学、磁聚变能科学及等离子体处理等领域中具有重要性。对方程(8.6)中不同的主导项进行核查,可以对频率的范围作进一步的细分。为了简单起见,从现在开始用 n_{ref} 取代 $n_{ref,R}$。

8.1.1　阿尔文波

考虑频率小于 ω_{ci},有 $\omega/\omega_{ce} \ll 1$,则色散关系变为

$$n_{ref}^2 = \frac{\omega_{pe}^2}{\omega_{ce}(\omega_{ci} + \omega)} \tag{8.7}$$

当频率非常低时($\omega \ll \omega_{ci}$),这就给出了所谓的阿尔文波。由于这种波的相速度与频率无关,它是无色散的。它的相速度,也就是所谓的阿尔文速度的表示式为

$$v_\phi = \frac{c}{n_{ref}} = v_A = \frac{c}{\omega_{pe}}\sqrt{\omega_{ci}\omega_{ce}} = c\frac{\omega_{ci}}{\omega_{pi}} \tag{8.8}$$

阿尔文波可以用来加热托卡马克装置中的离子,也可以在地磁层中观察到。

8.1.2　电子回旋波

当频率接近 ω_{ce} 时,色散关系在 $\omega_{ci}/\omega \ll 1$ 的情况下变为

$$n_{ref}^2 = \frac{\omega_{pe}^2}{\omega\omega_{ce}\left(1 - \frac{\omega}{\omega_{ce}}\right)} \tag{8.9}$$

从图 8.2 可以看出,在 $\omega=0.5\omega_{ce}$ 处 n_{ref}^2 有一个最小值(对应的相速度最大)。对于 $\omega>0.5\omega_{ce}$ 或 $\omega<0.5\omega_{ce}$ 时,波的性质是不同的[150,151,157]。电子回旋波 ($\omega>0.5\omega_{ce}$) 可以加热托卡马克装置中的电子。在共振处 ($\omega=\omega_{ce}$),电子绕着磁力线的旋转与波电场同步。尽管这时电子在波电场的作用下可以在多个回旋轨道内做加速运动,但它们实际感受的波电场则是一个准稳态的场。这种结果导致一个非常有效的共振加热。在设计一些等离子体处理装置时,就采用这种电子回旋共振(electron cyclotron resonance,ECR)原理。通常使用的激发频率为 2.45 GHz,在共振处所对应的磁场为 0.0875 T。从等离子体处理的角度来看,ECR 等离子体源有几个缺点。首先,需要相当高的静磁场。其次,电子能量分布函数是各向异性的,且具有一个高能电子尾(电子与波的有效作用导致的)。在刻蚀工艺中,这些高能电子的出现会带来一些问题,因为它们可以造成微电子器件中超大规模集成电路的充电损伤。最后,由于电子与中性粒子的碰撞可以降低共振效应,这种等离子体源必须在非常低的气压下工作。

问题:对于电子温度为 5 eV 的氩等离子体,电子与中性粒子的弹性碰撞频率大约为 $\nu_m=1.5\times10^{-13}\times n_g$ s^{-1},其中 n_g 是中性粒子的密度。为了能够得到有效 ECR 放电,放电气压的条件是什么?

答案:对于所选取的放电气压,应该使电子与中性粒子的碰撞频率远小于电子的回旋频率,即 $\nu_m \ll \omega_{ce}/(2\pi)=2.45$ GHz。这样,就要求 $n_g \ll 1.6\times10^{22}$ m^{-3};在气体温度为 300 K 时,对应的气压为 $p \ll 60$ Pa。对于典型的 ECR 等离子体处理装置,其工作气压为 $p \leqslant 1$ Pa。

8.1.3　螺旋波

电子回旋波的低频极限(即 $\omega<0.5\omega_{ce}$)就是螺旋波。对于这种波,一方面,与离子回旋频率比较,由于它的频率很高,离子不能响应波电场的变化;另一方面,与电子回旋频率比较,由于它的频率很低,所以电子的惯性很小,即 $\omega_{ci} \ll \omega \ll \omega_{ce}$。螺旋波的色散关系为

$$n_{ref}^2=\frac{\omega_{pe}^2}{\omega\omega_{ce}} \tag{8.10}$$

在设计螺旋波放电装置时,要求频率为 13.56 MHz 的螺旋波能够在等离子体中传播。对于氩气放电,典型的条件是 $n_e=10^{18}$ m^{-3} 及 $B_0=5$ mT。这样,一些重要的频率是

$$\omega_{ci}=1.2\times10^4\,\text{s}^{-1}$$
$$\omega=8.5\times10^7\,\text{s}^{-1}$$
$$\omega_{ce}=8.9\times10^8\,\text{s}^{-1}$$
$$\omega_{pe}=5.7\times10^{10}\,\text{s}^{-1}$$

可见满足条件 $\omega_{ci} \ll \omega \ll \omega_{ce} \ll \omega_{pe}$。

8.2　柱状等离子体中传播的螺旋波

在螺旋波放电腔室中,由于等离子体被约束在一个有限的空间内,波的传播过程远比前面讨论的内容复杂。由于边界条件的限制,等离子体中会出现驻波及非轴向传播的波,也就是说此时波不能严格地沿着平行于磁场的方向传播。在本节,我们将分析波的传播方向与磁场 B_0 的夹角不为零(即 $\theta \neq 0$)的情况。同时,也讨论边界条件对等离子体中电磁波场的影响及由不同类型的天线来激发波的方法。

8.2.1　在无限大等离子体中非轴向传播的波

假设螺旋波在无限大磁化等离子体中传播,传播方向与静磁场的夹角为 θ,则波的色散关系为[150]

$$n_{ref}^2 = \frac{\omega_{pe}^2}{\omega(\omega_{ce}\cos\theta - \omega)} \tag{8.11}$$

注意,当 $\theta = 0$ 及 $\omega \ll \omega_{ce}$ 时,式(8.11)可以退回到先前得到的色散关系,见方程(8.10)。显然,当 $\theta \neq 0$ 时,存在着一个限制波传播的角度,由下式给出:

$$\theta_{res} = \arccos\left(\frac{\omega}{\omega_{ce}}\right) \tag{8.12}$$

可见当 $\theta = \theta_{res}$ 时,发生共振(因为 $n_{ref}^2 \to \infty$)。因此,波矢量被限制在 $\theta < \theta_{res}$ 的锥角内。以上面参数为例,即驱动频率为 13.56 MHz 及电子回旋频率为 $\omega_{ce} = 8.9 \times 10^8 \text{ s}^{-1}$,则相速度的共振锥角为 $\theta_{res} = 1.4748$ rad(或等价地 $\theta_{res} = 84.5°$)。图 8.3

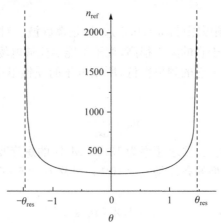

图 8.3　折射率随角度(单位为 rad)的变化情况。波的传播被限制在相速度共振锥角 θ_{res} 内。所对应的参数为 $f = 13.56$ MHz, $B_0 = 0.005$ T 及 $n_e = 10^{18}$ m^{-3}

显示了折射率随角度的变化情况。当 θ 接近 θ_{res} 时,折射率趋于无穷大(共振)。当 θ 大于 θ_{res} 时,折射率变成虚数,波被衰减。然而,后面将看到,其他条件可以将波的能量限制在一个更小的角度内。

在无损介质中波的能流是沿着群速度的方向传播的,其中群速度的方向不一定与波矢的方向重合[157]。群速度的矢量方向就是所谓的"射线方向"。相对波矢量的方向,射线方向的变化有一个限制角,即波的能量被限制在这个锥形角内(图 8.4)。为了得到不同角度之间的关系,首先令 ψ 是射线方向与静磁场之间的夹角。Stix(文献[157],第 4 章)给出了波矢量方向与射线方向的夹角 α,其定义式为

$$\tan\alpha=\frac{1}{n_{\text{ref}}}\frac{\partial n_{\text{ref}}}{\partial\theta} \tag{8.13}$$

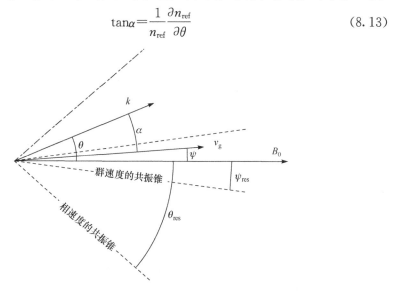

图 8.4　波群速度矢量及相速度矢量的示意图。其中对于群速度和相速度,分别存在一个限制的共振锥角 θ_{res} 和 ψ_{res}

问题:参考图 8.4,根据近似 $\omega_{\text{ce}}\cos\theta\gg\omega$,可以得到

$$\psi=\theta-\arctan\left(\frac{\tan\theta}{2}\right)$$

答案:在这个近似下,有

$$n_{\text{ref}}^2=\frac{\omega_{\text{pe}}^2}{\omega\omega_{\text{ce}}\cos\theta}$$

则可以得到

$$\tan\alpha=\frac{1}{n_{\text{ref}}}\frac{\partial n_{\text{ref}}}{\partial\theta}=\frac{1}{2}\tan\theta$$

再根据 $\psi=\theta-\alpha$,即可以得到上面的结果。

图 8.5 显示了射线方向与磁场方向的夹角 ψ 随 θ 的变化情况。在 $\theta \approx 0.95$ rad 时,射线方向角达到它的最大值 $\psi_{res} \approx 0.33$ rad(大约为 20°)。这就给出了群速度的共振锥。因此,波的能流方向被限制在 $\psi < 20°$ 的角度范围内。的确,已经观察到螺旋波(更一般地哨声波)倾向于沿着磁力线传播。图 8.4 对此进行了总结,即波群速度矢量及相速度矢量的示意图,其中对于群速度和相速度,分别存在一个限制的共振锥角 θ_{res} 和 ψ_{res}。

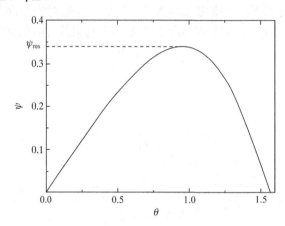

图 8.5　射线方向(群速度的方向)与磁场方向的夹角 ψ 随 θ 的变化。当 $\theta \approx 0.95$ rad 时,ψ 达到最大值 $\psi_{res} = 0.33$ rad。射线方向的角度限制表明螺旋波具有沿着磁场方向传播的趋势

在作进一步的讨论之前,应注意:对于上面所考虑的极限 $\omega_{ce} \cos\theta \gg \omega$,可以将色散关系表示为

$$kk_z = \frac{e\mu_0 n_e \omega}{B_0} \tag{8.14}$$

利用 $k = k_z / \cos\theta$,若将电子等离子体频率和电子回旋频率表示为电子密度的函数,上面的色散关系可以进一步地表示为 $k^2 = \omega_{pe}^2 \omega \cos\theta / (c^2 \omega_{ce})$。在本章的后面,将用到这种色散关系。

8.2.2　等离子体柱内的电磁场及边界条件

在一个有限的系统中,k 及 k_z 的取值要满足电磁场的边界条件。对于给定的等离子体密度,电磁波传播的方向依赖于系统的尺寸。考虑螺旋波在一个半径为 r_0 的均匀等离子体柱内传播,且沿 z 轴方向有一个恒定的静磁场,这样通过求解麦克斯韦方程组,可以得到电磁场的径向结构。磁场的分布如下[153]:

$$\tilde{B}_r = A[(k+k_z)J_{m-1}(k_r r) + (k-k_z)J_{m+1}(k_r r)] \tag{8.15}$$

$$\tilde{B}_\phi = iA[(k+k_z)J_{m-1}(k_r r) - (k-k_z)J_{m+1}(k_r r)] \tag{8.16}$$

$$\widetilde{B}_z = -2iAJ_{m1}(k_r r) \tag{8.17}$$

式中，A 是任意的幅值；m 是角向的模数；k 是波数；k_z 及 k_r 分别是波矢的轴向（纵向）和径向的分量（图 8.6），且有

$$k_r^2 + k_z^2 = k^2 \tag{8.18}$$

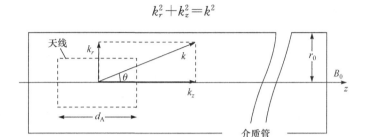

图 8.6　在螺旋天线缠绕放电管中波矢量的示意图

J_m 是 m 阶贝塞尔函数。如图 8.7 所示[153]，横向电场的结构变化很复杂，它很强地依赖于角向模数 m。图 8.7(a) 显示了在波的传播过程中，对于 $m=0$ 的模数电场结构的演化结果。左边第一个图显示在该状态下电力线完全是沿着径向的，电场是一个纯静电场。相反，后面的第三个图显示出电力线完全是角向的，说明电场是纯电磁的。在这两者之间，电力线的取向是螺旋的。注意，静电场在第一个状态（左边）和第二个状态（右边）之间改变符号，它们相差半个波长。对于 $m=\pm 1$ 模式，电场结构的演化图案更为复杂（图 8.7(b)），但注意到：随着波的传播，尽管电场结构的图案在旋转，但它的形式没有改变。在中心处，径向分量的静电场很强，且在半个波长处改变符号。

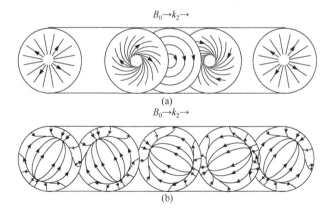

图 8.7　对于不同的螺旋波模式（(a) $m=0$ 及 (b) $m=\pm 1$），径向电场的电力线在传播过程中的演化图案。该图由 Lieberman 及 Lichtenberg[2] 摘自于文献[153]

在 $r=r_0$ 处的边界条件取决于腔室器壁的电学性质。对于绝缘体材料，它要求磁场的角向分量在边界处为零；而对于导体材料，则要求电场的角向分量为零，即 $\widetilde{E}_\phi=0$。对于现在所考虑的问题，这两种边界条件是等价的，有 $\widetilde{B}_r=0$。由此可以得到如下关系[153]：

$$mk\mathrm{J}_m(k_rr_0)+k_z\mathrm{J}_m'(k_rr_0)=0 \qquad (8.19)$$

根据方程(8.19)，可以确定出 k_z 及 k_r 的本征值。在这个方程中，J_m' 是 J_m 对它的宗量的一阶导数。对于 $m=0$ 模式，无论 k_z 取什么值，该条件给出了径向波数的唯一取值，即 $k_rr_0=3.83$。然而，对于高阶角向模数，只有对方程(8.19)进行数值求解，才能确定出波数 k_r 随 k_z 的变化关系。对于 $m=1$ 的模式，可以发现径向波数要满足 $2.4<k_rr_0<3.83$ 的限制条件，且当 $k_z\ll k_r$ 及 $k_z\gg k_r$ 时，分别有 $k_rr_0=3.83$ 及 $k_rr_0=2.4$。

> **问题**：如果波在一个圆柱体内传播，且传播方向与圆柱体的对称轴有一个有限的夹角，则至少对于长圆柱体，波最终要在径向上遇到边界。当波遇到边界时，会发生什么情况？
> **答案**：波有可能从圆柱的边界上反射回来，然后进一步地向等离子体柱内传播。

8.2.3　非均匀等离子体

> **问题**：假设等离子体密度是均匀的，这现实吗？
> **答案**：可能不现实。在第 3 章中已经看到，对于一个受约束且由放电维持的等离子体，通常在中心处等离子体密度最大，并朝着边界衰减。

Blevin 与 Christiansen[158]首次研究了非均匀等离子体密度对电磁场及螺旋波色散关系的影响，最近 Chen 等[159]及 Breizman 和 Arefiev[160]对此又作了进一步的分析。正如所预期的那样，人们发现即使在螺旋波到达边界之前，等离子体的密度梯度对它仍有导向作用，即波的电磁场主要分布在中心处，该处的等离子体密度也最大。同时，Breizman 和 Arefiev[160]提出螺旋波的局域化能够增强碰撞功率吸收。

8.2.4　天线耦合

已经有几种类型的天线用于等离子体实验及等离子体处理设备。图 8.8 显示了几种最常用于激励螺旋波的天线示意图。最简单的天线是单匝线圈（图 8.8(a)），它的激励过程与角向模式无关（$m=0$）。然后，由这个单匝线圈（与感性放电类似）产生的电磁场与电磁波场耦合（图 8.7(a)中的环行图案）。在实际中，在单匝线圈的端点(没有在图 8.8 中显示出来)将产生一个准静态的电场,这种静电场也可以与波电场的径向分量(图 8.7(a)的径向图案)耦合。图 8.8 所设计的其他三种天线能够激励出 $m=\pm1$ 的模式。已经发现,对于 $m=-1$ 的模式,它的耦合效果不好,不能传播到远离天线以外的区域。相反,$m=+1$ 模式的耦合很好,可以非常有效地产生等离子体。1970 年,Boswell[149] 提出了双鞍形天线(图 8.8(b))。1978 年,名古屋大学的研究者[161] 提出了一种简化的方案,即平面极化的名古屋天线(图 8.8(c))。20 世纪 80 年代,名古屋大学的 Shoji[162] 提出了扭曲状名古屋天线(图 8.8(d))。

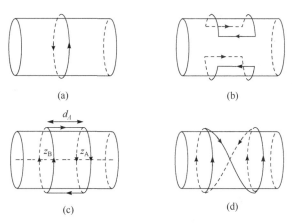

图 8.8　最常用的几种类型的螺旋波天线的示意图(a) 是单圈($m=0$)天线,(b)～(d)三种天线可以激励出 $m=1$ 的模式

尽管很难对天线进行详细的理论分析,但可以对它的特性进行简单的描述:天线的长度对选取离散的纵向波长或波数 k_z 是至关重要的。例如,对于给定的轴向波长($\lambda=2\pi/k_z$),使用一对等价的单匝线圈,当每个线圈中的电流方向相反且它们在轴向上相距为半个波长时,就可以激励出 $m=0$ 的模式。对于图 8.8 中不同的 $m=1$ 的天线结构,其轴向长度 d_A 的选取方法与此相似,从而确定 k_z[2]。对于高阶模式,有可能使天线的长度与半波长的任意奇数倍相匹配。这样,存在一个纵向模数,其定义为

$$k_z=(2\chi+1)\pi/d_A \tag{8.20}$$

在本章开始已提到,χ 不同于角向模数 m。对于天线激励的每一个纵向模式 χ,现在已经得到计算其特性的所有必要信息。

8.3　螺旋波模式存在的条件

对于给定的参考条件,如静磁场为 $B_0=0.005$ T,驱动频率为 13.56 MHz,等

离子体半径为 $r_0 = 0.065$ m,天线长度为 $d_A = 0.15$ m,下面可以计算每一个纵向模式 χ 的特性。

在现在的情况下,已知的外部参数是 B_0、ω、r_0 及 d_A,而待求的未知量是 k、k_z、k_r 及 n_e。这些未知的量可以由色散关系(方程(8.14))、波矢量的幅值之间的关系(方程(8.18))、圆柱的边界条件(方程(8.19))及轴向波数 k_z 的模数(方程(8.20))等来确定。

8.3.1　$m=0$ 的情况

首先,对于给定的天线长度,根据方程(8.20),可以计算出 k_z,如对于 $\chi=0$,有 $k_z = 20.9$ m^{-1};对于 $\chi=1$,有 $k_z = 62.8$ m^{-1};等等。对于 $m=0$ 的角向模式,径向波数与 k_z 无关,这样根据方程(8.19),可以得到 $k_r r_0 = 3.83$,进而有 $k_r = 58.92$ m^{-1}。其次,根据方程(8.18),就可以确定出总 k 的值。最后,利用色散关系式(8.14),就可以计算出电子密度。表 8.1 对不同的 χ 模式的特性进行了总结。出现第一螺旋模式所对应的电子密度为 3.82×10^{17} m^{-3},高阶模式($\chi \geqslant 1$)则要求对应较高的电子密度。注意,在 $\chi=0$ 模式与 $\chi=1$ 模式之间,电子密度有一个很大的跳跃。当电子密度小于 $n_e = 3.82 \times 10^{17}$ m^{-3} 时,放电有可能是在感性的 H 模式下进行的,因为这时不满足螺旋波传播的条件。然而,应该注意到,此时电子密度的大小与静磁场 B_0 有关。如果人们想在低密度情况下来激发第一个螺旋波模式,B_0 的值应该较小。另外,对于高密度下传播的模式,则应增加 B_0。表中给出的 θ 值是波矢量与静磁场之间的夹角。注意,对于高密度等离子体(高 χ 模式),波矢量的方向最好朝静磁场的方向倾斜。如 8.2.1 节指出的那样,由于波的群速度的方向与其相速度的方向不同,波的能量是在一个角度内传播的。可以证明,波能量传播的角度总是小于 20°。

表 8.1　当角向模数 $m=0$,$B_0 = 0.005$ T,$f = 13.56$ MHz,$r_0 = 6.5$ cm 时,纵向模式 χ 的特性

χ	$k_z/$m^{-1}	$\lambda_z/$m	$k_r/$m^{-1}	$k/$m^{-1}	$\theta/(°)$	$n_e/$m^{-3}
0	20.9	0.3	58.92	62.53	70.43	3.82×10^{17}
1	62.8	0.1	58.92	86.14	43.16	1.58×10^{18}
2	104.7	0.06	58.92	120.16	29.37	3.67×10^{18}
3	146.6	0.043	58.92	158	21.9	6.76×10^{18}
4	188.8	0.033	58.92	197.49	17.36	1.09×10^{19}

8.3.2　$m=1$ 的情况

在这种情况下,仅有的差别在于圆柱的边界条件,即方程(8.19),它限制了 k_z 及 k_r 之间的关系。表 8.2 对 $m=1$ 的情况下不同模式 χ 的特性进行了总结。

表 8.2　当角向模数 $m=1$, $B_0=0.005$ T, $f=13.56$ MHz, $r_0=6.5$ cm 时,纵向模式 χ 的特性

χ	k_z/m^{-1}	λ_z/m	k_r/m^{-1}	k/m^{-1}	$\theta/(°)$	n_e/m^{-3}
0	20.9	0.3	53.3	57.2	68.5	3.5×10^{17}
1	62.8	0.1	47.4	78.7	37	1.44×10^{18}
2	104.7	0.06	46.1	114.4	23.7	3.5×10^{18}
3	146.6	0.043	45.7	153.3	17.3	6.6×10^{18}
4	188.8	0.033	45.5	194	13.6	1×10^{19}

现在已经知道了螺旋波的传播条件,接下来有必要考虑波的能量是如何被等离子体中的电子成分吸收的。为了使气体能够充分地电离,从而有效地产生等离子体,要求波能够对电子进行有效的加热。当波被吸收的特征长度很短时,可以认为波加热的效率特别高。

8.4　波功率的吸收:加热

在前面几章已经提到,对于低气压容性和感性放电,无碰撞加热占据电子加热过程中的主导地位。对于低气压螺旋波维持的中等密度的等离子体(典型的条件是 $\chi=0$),无碰撞加热也是占主导地位,因为碰撞频率太低,不足以有效地进行电子的欧姆加热[150,151]。在讨论可能的电子加热机制之前,首先借助一个包含可能功率耗散因素(碰撞及无碰撞)的有效碰撞频率,对沿着 z 轴的特征吸收长度 α_z 进行计算。

问题:对一个长度为 0.5 m 由螺旋波维持的等离子体柱(图 8.1),它的吸收长度大概是多少?

答案:为了能对电子进行有效的加热,波的能量必须在一个与实验装置长度可比的或短一些的特征长度内被吸收,即 $\alpha_z \leqslant 0.5$ m。

问题:如果吸收长度远大于系统的尺度以及底部边界不吸收波的能量,将会发生什么现象?

答案:如果波在底部被反射回来,就会形成驻波。

说明:Boswell 已经观察到这种现象[149]。关于最近对这种现象的更多实验研究,可以参考文献[163]。

8.4.1　波的特征吸收长度

为了计算 α_z,需要在螺旋波的色散关系中引入一个有效碰撞频率 ν_{eff}。这样,与无磁化等离子体情况下的做法类似,直接对方程(8.11)进行修正,可以得到

$$n_{\text{ref}}^2 = -\frac{\omega_{\text{pe}}^2}{\omega(\omega - \omega_{\text{ce}}\cos\theta - \mathrm{i}\nu_{\text{eff}})} \tag{8.21}$$

当 $\omega \ll \omega_{\text{pe}}$ 时，令 $B_0 = 0$，即 $\omega_{\text{ce}} = 0$，则式(8.21)很容易还原到无磁化情况的表示式，即式(2.52)。对于螺旋波情况，考虑到 $\omega, \nu_{\text{eff}} \ll \omega_{\text{ce}}\cos\theta$，则式(8.21)变为

$$n_{\text{ref}}^2 = \frac{\omega_{\text{pe}}^2}{\omega\omega_{\text{ce}}\cos\theta}\left(1 - \frac{\mathrm{i}\nu_{\text{eff}}}{\omega_{\text{ce}}\cos\theta}\right) \tag{8.22}$$

又可以把它进一步地写成

$$kk_z = \frac{e\mu_0 n_{\text{e}}\omega}{B_0}\left(1 - \frac{\mathrm{i}\nu_{\text{eff}}k}{\omega_{\text{ce}}k_z}\right) \tag{8.23}$$

由于耗散项的出现，现在波数是一个复数，这样可以令 $k = k_{\text{real}} - \mathrm{i}k_{\text{imag}}$，沿 z 轴的特征吸收长度由复波数的虚部确定：$\alpha_z \equiv k_{\text{imag}}^{-1}$。可以预料波在几个波长的距离内将吸收，这样可以假设吸收长度远大于波长，$\alpha_z \gg \lambda_z$，即等价为 $k_{\text{imag}} \ll k_{\text{real}}$。

为了计算 α_z，需要把复波数代入色散关系中，并求出它的实部和虚部。在一般情况下，很难进行求解，但在一些渐近情况下，却相对容易进行。对于 $k_r \ll k_z$ 的情况，可以认为 $k \approx k_z$，这样可以得到

$$k_{\text{real}}^2 - k_{\text{imag}}^2 = \frac{e\mu_0 n_{\text{e}}\omega}{B_0} \tag{8.24}$$

及

$$2k_{\text{real}}k_{\text{imag}} = \frac{e\mu_0 n_{\text{e}}\omega}{B_0}\left(\frac{\nu_{\text{eff}}}{\omega_{\text{ce}}}\right) \tag{8.25}$$

进一步利用 $k_{\text{imag}} \ll k_{\text{real}}$，则有 $k_{\text{real}} \approx k_z$，由此可以得到

$$\alpha_z \equiv k_{\text{imag}}^{-1} = \frac{2\omega_{\text{ce}}}{k_z\nu_{\text{eff}}} \tag{8.26}$$

在相反极限 $k_r \gg k_z$ 下，采用相同的处理方法，可以得到

$$\alpha_z = \frac{\omega_{\text{ce}}}{k_r\nu_{\text{eff}}} \tag{8.27}$$

可以看到，正如所预料到的那样，特征吸收长度主要是由有效碰撞频率确定的，碰撞频率越大，吸收长度越短。在 8.4.2 节和 8.4.3 节中将估算碰撞和无碰撞过程对有效碰撞频率 ν_{eff} 的相对贡献。

习题 8.1：有效碰撞频率　利用 8.3 节开头给出的条件及表 8.1 和表 8.2，如果对一个长度为 0.5 m 的等离子体柱进行充分的螺旋波加热，估算一下 ν_{eff} 的量级。

这个例子说明，如果要让波在一个 0.5 m 长的系统内被有效地吸收，所需的必要条件是 $\nu_{\text{eff}} \geqslant 2\times10^7\ \text{s}^{-1}$。对于电子温度为 5 eV 的氩等离子体，电子与中性粒

子的弹性碰撞频率约为 $\nu_m = 1.5 \times 10^{-13} \times n_g$ s^{-1}，其中 n_g 是中性气体的密度，以 m^{-3} 为单位。当室温下中性气体的压强为 0.133 Pa 时，有 $\nu_m = 4.8 \times 10^6$ s^{-1}。很明显，它的值远小于螺旋波有效加热所需要的值。除非存在别的机制，否则这种螺旋波的模式是无效的。实际上，这里介绍的螺旋波的模式是有效的，下一步将对此进行分析。

8.4.2　波的碰撞吸收

问题：在高密度等离子体中，除了目前所考虑的电子-中性粒子之间的碰撞外，是否还有其他类型的碰撞？

答案：在高密度等离子体中，带电粒子之间的碰撞频率将大于带电粒子与中性粒子的碰撞频率。

说明：带电粒子之间的碰撞称为"库仑碰撞"。

可以从很多等离子体物理教科书（如文献[2]）中找到电子-离子碰撞频率的计算公式，这里不再详细叙述。对于单电荷的离子，Chen[153] 给出了一种简单的计算公式：

$$\nu_{ei} \approx 2.9 \times 10^{-11} n_e \left(\frac{k_B T_e}{e} \right)^{-3/2} \text{s}^{-1} \tag{8.28}$$

式(8.28)中所有的物理量均用国际单位制表示。若选取 $k_B T_e / e = 5$ V，则得到 $\nu_{ei} = 2.6 \times 10^{-12} \times n_e$ s^{-1}，而在相同的条件下电子-中性粒子的碰撞频率大约是 $\nu_m \approx 1.5 \times 10^{-13} \times n_g$ s^{-1}。这样可以得到电子-离子的碰撞频率与电子-中性粒子的碰撞频率之比为

$$\frac{\nu_{ei}}{\nu_m} = 17.3 \times \frac{n_e}{n_g} \tag{8.29}$$

由此可以看出，当电离率 n_e / n_g 大于 6% 时，电子-离子碰撞将占主导地位。对于螺旋波放电，这个条件可以满足，这是因为在低气压高密度时，气体的加热可以引起中性气体的减少，即中性气体密度 n_g 的降低，见第 9 章。对于每一个 χ 模式（如表 8.2），可以计算出总的碰撞频率 $\nu_c = \nu_m + \nu_{ei}$（包括电子-中性粒子及电子-离子碰撞）。表 8.3 给出了碰撞频率 ν_c 的计算结果，其中 $\nu_m = 6.8 \times 10^6$ s^{-1}。对于第一个纵向模式，$\chi = 0$，电子-中性粒子碰撞仍起主要作用，这是因为电子密度太低，电子-离子碰撞过程不明显。对于高阶模式，电子-离子碰撞则起主导作用。例如，当 $\chi = 4$ 时，电子-离子的碰撞频率几乎是电子-中性粒子的碰撞频率的 6 倍。

问题：假设吸收长度远大于波长，即 $\alpha_z \gg \lambda_z$，核对一下这个假设是否有效。

答案：根据表 8.2 及表 8.3 给出的数据，可以验证这种假设是有效的。

表 8.3　对于不同的 χ 模式(表 8.2),特征吸收长度的取值

χ	n_e/m^{-3}	ν_c/s^{-1}	ξ	ν_w/s^{-1}	$\nu_{eff}/\mathrm{s}^{-1}$	α_z/m
0	3.5×10^{17}	5.7×10^6	6.1	$\ll1$	5.7×10^6	2.9
1	1.44×10^{18}	8.55×10^6	2.03	4×10^7	4.9×10^7	0.38
2	3.5×10^{18}	1.39×10^7	1.22	1.24×10^8	1.37×10^8	0.12
3	6.6×10^{18}	2.2×10^7	0.87	9.4×10^7	1.15×10^8	0.1
4	1×10^{19}	3.25×10^7	0.68	5.9×10^7	9.2×10^7	0.1

在电子密度适中的情况下(典型地,$\chi=0$),考虑电子-离子碰撞并不能带来很大的差别。为了解释实验中观察到的波吸收现象,必须考虑无碰撞能量交换机制。在 8.4.3 节,将考虑波-粒子相互作用机制,并认为在没有粒子-粒子碰撞的情况下,它是把能量转移到电子群中的一种手段。

8.4.3　波的无碰撞吸收

当螺旋波在等离子体中传播时,受到波电场的作用,等离子体中的带电粒子随波一起作振荡。波的相速度为 $v_\phi=\omega/k_z$,它与静磁场及电子的密度有关。对于电子,其周期性的移位运动与背景热运动相叠加,其中电子热运动的速度为 $v_e=\sqrt{k_B T_e/m_e}$。在典型的条件下,有 $v_\phi\sim v_e$。因此,可以想象:对于那些运动速度与波的相速度完全相同、运动方向也相同的电子,其运动很难受到波的影响。进一步,对于那些运动速度稍微大于波的相速度的电子,它们将在波峰的背面推着波向前运动;而对于那些速度小于波的相速度的电子,则在波峰的前面被波推着向前运动。尽管这种想象并不是很真实地再现这种相互作用过程,但由此可以表明:能量可以在波与电子之间进行传递,而且能量传递有可能与粒子的速度有关。因此,在研究这种波-粒子相互作用时,必须对电子的速度分布函数进行积分。只有那些运动速度接近波的相速度的电子,对这种相互作用的贡献才是主要的。

问题:对于一个在高速区单调下降的速度分布函数(如麦克斯韦分布),波-粒子相互作用的净效果是什么?
答案:对于钟形的速度分布,将存在这样一群电子,其速度接近波的相速度,而且相速度低的电子数要大于比波速度高的电子数。这样,相互作用的净效果是波衰减,而电子被加热。
说明:有时称这种过程为"朗道阻尼",但是这个词最初是用于命名一种相关的但无耗散的现象。为了避免混淆,这里不用这个词。

波-粒子阻尼机制是无碰撞的,但为了方便,可以用一个"等效"的碰撞频率 ν_w

来表示这种效应。Chen[153]在对麦克斯韦分布函数进行必要的积分后,得到了这种等效碰撞频率:

$$\nu_w = 2\sqrt{\pi}\xi^3 \omega \exp(-\xi^2) \tag{8.30}$$

式中,$\xi = \sqrt{2}v_\phi/v_e$。这是一种近似的表示式,仅在 $\xi > 1$ 的情况下有效。在表 8.3 中,给出不同的 χ 模式下 ν_w 的计算结果。这样利用这种有效频率 $\nu_{eff} = \nu_c + \nu_w$,就可以计算在每一种模式下的特征吸收长度 α_z。

可以看出,尽管考虑了波-粒子相互作用,但对于 $\chi = 0$ 模式,这种相互作用并不明显地影响波的吸收,因为这时 2.9 m 的吸收长度远大于任何实验装置的几何长度。事实上,在这种条件下,完全可以忽略波-粒子相互作用机制($\nu_w \approx 0$),因为波的相速度远大于电子的热速度。这样能够与波发生相互作用的电子的个数非常少。对于高阶模式,$\chi \geqslant 1$,波的相速度则变得可以与电子的热速度相比。

在前面已经指出,对于 $\chi = 0$ 的模式,由于等离子体密度及中性气体密度太低,碰撞阻尼基本不起作用。对于 $\chi \geqslant 1$ 模式,随着电子密度的增加,这种碰撞阻尼才逐渐起作用(由于电子-离子碰撞)。无论是碰撞还是无碰撞能量衰减机制,似乎都不能解释 $\chi = 0$ 情况下观察到的吸收结果。确切地给出在 $\chi = 0$ 模式下能量是如何转移的,目前仍是一个难题。Degeling 等[164]指出,电子被螺旋波捕获可能与波的能量吸收有关。人们还提出其他一些机制,如其他模式的波产生的激发[151]。Breizman 和 Arefev[160]提出,如果在径向上存在很强的电子密度梯度,可以引导波的传播方向及增强纵向的加热。

8.5　E-H-W 模式转换

已经看到,螺旋波传播要求存在一个最低的等离子体密度。然而,螺旋波等离子体放电装置可以在低电子密度(或低入射功率)下运行,尽管在低密度区不能触发螺旋波。这是因为,在天线两端有一个明显的电压降,这样在等离子体中将产生一个容性电流,以至于放电功率以容性耦合的方式沉积在等离子体中。此外,由于感应 RF 电场的作用,在天线(其行为类似于一个非共振的感性线圈)中流动的 RF 电流可以在天线附近产生等离子体。因此,对于这种放电,可以存在三种不同的模式:低功率下的容性模式(E 模式),中等功率下的感性模式(H 模式)和高功率下的螺旋波模式(W 模式)。随着功率的增加,可以观察到放电模式的转换顺序是:先从容性模式转换到感性模式,再转换到螺旋波模式(E-H-W)。

问题：图 8.9 显示了由容量压力计测量到的压强(用绝对压强来标度)，其中压力计是放置在螺旋波等离子体处理装置中扩散腔室(图 8.1)的侧壁处，放电气体为 SF_6。解释为什么压强的突然增加表明发生了模式转换。

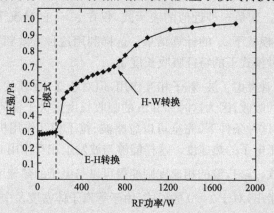

图 8.9　螺旋波等离子体(SF_6)放电腔室器壁处的压强测量值随放电功率的变化其中分别对 E-H 变换和 H-W 变换进行了标注

答案：从前面几章的讨论，人们可以期望：E-H-W 模式转换可以导致电子密度的突然增加。在如 SF_6 这样的分子气体中，电子密度的增加将导致较高的分子离解率，结果使得总压强增加(如果泵气速度保持不变，通常实验上就是这样的)。还同时产生其他的效应：中心处的中性气体减少，在一些情况下还可以使得中性气体在器壁处积累，结果导致测量的气压增加。

说明：在第 9 章将讨论中性气体的减少。

通过观察功率随电子密度的变化情况，如图 8.10 所示，可以进一步理解螺旋波放电装置中的模式转换过程。图中实线表示的是吸收功率的曲线，而虚线则是损失功率的曲线。正如已讨论过的那样，损失功率是一条直线(仅对单一电离的电正性气体)。当天线中的 RF 电流很低时，吸收功率也很低，而且在较低的电子密度情况下，损失功率曲线与容性分支的吸收功率曲线相交。这时，放电处于 E 模式，电子密度为 $n_e \approx 10^{14}$ m^{-3}。随着天线中的电流增加，感性耦合将取代容性耦合，这时放电处于感性的 H 模式，吸收功率与损失功率曲线的交叉点在电子密度为 $n_e \approx 8 \times 10^{16}$ m^{-3} 处。最后，当天线中的电流较高时，在吸收功率曲线中出现一个新的峰值，其值位于 $n_e \approx 10^{18}$ m^{-3} 处。与这个峰值所对应的电子密度能够使第一个纵向(χ)螺旋波模式传播。这时放电处于 $\chi = 0$ 的螺旋波模式，电子密度的值要比表 8.1 及表 8.2 给出的值高，其原因是两者的参数有所不同。因此，随着天线中 RF 电流(或电源的输出功率)的增加，放电经历了 E-H-W 模式转换。

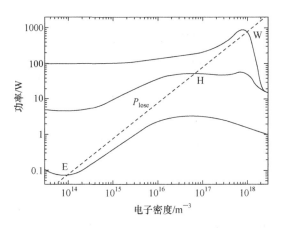

图 8.10　螺旋波放电中 E-H-W 模式转换时的功率变化情况

问题: 是否可以通过控制螺旋波模式下吸收功率的峰值位置,来进一步控制 H-W 转换的突变?

答案: 是的,可以通过改变静磁场的幅值,来改变螺旋波模式下吸收功率的峰值位置。由色散关系可以看出,纵波主要是由比率 B_0/n_e 决定的。这样,为了保持相同的波长(由天线所确定的),增加磁场 B_0 将导致电子密度 n_e 的增加。如果选取适中的磁场,螺旋波模式下吸收功率的峰值位置将与感性模式下吸收功率的峰值位置重合,从而使 H-W 变换变得光滑。然而,螺旋波模式是在适中密度下运行的。如果所选取的磁场太强,H-W 转换的突变则会更为明显,螺旋波模式会在更高的密度下运行。对于等离子体处理工艺,第一种情况是可行的,而第二种情况更适用于等离子体推进器。

问题: 在图 8.10 中显示的螺旋波模式,为什么仅有一个峰值出现?

答案: 对于高阶 χ 模式,应该有几个对应的峰值,如表 8.1 及表 8.2 所示。随着功率的增加,高阶模式将依次出现。

说明: 对于螺旋波放电,Lieberman 和 Boswell 已经提出一种简化的整体模型[156],该模型能够描述包括高阶 χ 模式在内的 E-H-W 转换。

8.6　重要结果归纳

(1) 对 RF 等离子体施加一个外加的静磁场,可以产生两种结果:等离子体输运被修正(见第 9 章)及电磁波可以在低频情况下传播。本章讨论的螺旋波是一种低频波，即 $\omega_{ci} \ll \omega \ll \omega_{ce} \ll \omega_{pe}$。

（2）螺旋波倾向于沿磁力线传播。对于限制在一个圆柱体内传播的螺旋波，可以得到径向和纵向波数本征值。

（3）天线的设计应满足挑选的特定纵波波数（或波长）【译者注：即沿静磁场方向传播的波】。对于给定的磁场，这反过来又规定了一个典型的电子密度，以便螺旋波能够有效地传播。

（4）借助于碰撞和无碰撞机制，螺旋波的能量可以被等离子体中的电子有效地吸收。因此，这导致了在一个长等离子体柱中的有效电离度。

（5）在螺旋波放电装置上，会出现 E-H-W 模式转换。在低功率下，放电处于 E（容性）模式；在中等功率下，放电处于 H（感性）模式；而在高功率下，放电处于 W（螺旋波）模式。W 模式包含几个角向（m）模式和纵向（χ）模式。

第9章 真实等离子体

为了便于分析和研究,本书对等离子体系统进行了简化。到目前为止,我们在对等离子体及鞘层进行研究时,只考虑低温的理想等离子体,这个低温理想等离子体仅有原子气体放电形成的单一电离成分。对于刻蚀及沉积工艺中的等离子体,以及推进器中的等离子体,其涉及的现象要远比在研究鞘层及输运模型时所遇到的现象复杂。

> **问题**:参考 1.2.1 节和 2.1.3 节,指出在第 3 章中没有考虑到的碳氟等离子体(用于半导体处理工艺)中的三种成分。
>
> **答案**:①由于碳氟气体不是原子气体,所以碳氟等离子体可以包含一些基团以及一些分子;②除了碳氟分子以外,氟及含氟的基团也是电负性的,这样人们可以期望在碳氟等离子体中也存在一些负离子;③还存在一些带正电的碎片分子离子。

有如下一些重要的问题需要考虑。对于由分子气体放电形成的等离子体,需要考虑电子-分子碰撞,气相中的化学反应,以及活性物种与表面(腔室的侧壁及基片)的相互作用,这些物理化学过程确定了等离子体的成分。在一些情况下,气相反应可以产生一些大分子,它们互相凝聚,然后形成微细颗粒,即形成所谓的"尘埃等离子体"。随着越来越多的能量耦合到等离子体中,气体的电离度上升。当等离子体的压强与中性气体的压强相当时,会出现另外一种复杂的情况,即等离子体的动力学与中性气体的动力学相互耦合。当静磁场存在时,如螺旋波放电系统,静磁场将影响带电粒子的输运过程。对于那些用于表面处理的高密度等离子体,它们首先是在一个放电室内产生,然后扩展到一个比较大的工艺腔室。但是,有时这种扩展将导致等离子体分布形式具有非线性的结构。最后,等离子体放电有可能是不稳定的,或会呈现混沌现象。

本章将讨论这些非理想因素对等离子体输运,等离子体与鞘层边界,以及等离子体稳定性等方面的影响。首先,分析在高密度等离子体中由于中性气体的损耗所产生的效应。其次,在重新审视有负离子(即电负性等离子体)存在时的鞘层及输运理论之前,讨论带电粒子穿越等离子体时静磁场对其通量的影响。在考虑了等离子体是如何从放电室扩展到处理腔室之后,最后将关注在感性放电的 E-H 模式转换过程中出现的放电不稳定性。

9.1　高密度等离子体

对于高密度等离子体源,如感性耦合等离子体源及螺旋波等离子体源,在高功率放电下,由于等离子体密度足够高,等离子体压强$(nk_B(T_e+T_i))$可以与中性气体的压强相当。在这种情况下,在腔室内的任何地方都不能把中性气体的密度看成一个常数,即不能用原始的气压来描述中性气体。这时,必须在第3章介绍的流体力学模型的基础上,再另外增加一个描述中性气体的流体力学守恒方程。在实验中,已经观察到如果等离子体压强过高,可以造成放电腔室中心处的中性气体密度减小。在如下讨论中,我们将借助 Fruchtman 等[165] 及 Raimault 等[44] 的分析,重点讨论中性气体的减少对等离子体输运的影响。本节为了简单起见,对于中性气体的动力学,将采用 Schottky 方法进行研究,即首先假设中性气体温度保持不变,然后再考虑气体加热。关于对中等或低气压情况的分析,可以在有关文献[44]中找到。

9.1.1　忽略气体加热:等温气体

对于高气压等温气体,包含中性气体动力学的守恒方程为

$$(nu)' = nn_g K_{iz} \tag{9.1}$$

$$(n_g u_g)' = -nn_g K_{iz} \tag{9.2}$$

$$0 = enE - nn_g uMK_g \tag{9.3}$$

$$0 = -k_B T_g n_g' + nn_g uMK_g \tag{9.4}$$

$$0 = enE - k_B T_e n' \tag{9.5}$$

式中,u_g 是中性气体的流体速度;T_g 是中性气体的温度;$K_g \equiv \sigma_i \bar{v}_i$,$\sigma_i$ 是离子-中性粒子动量输运的碰撞截面。电离率依赖于电子的温度,见方程(2.27)。

> **问题**:方程(9.1)是一个稳态的离子连续性方程,它表示流出小体积元离子通量的散度等于单位时间小体积元内由于电离过程产生的离子个数。单位时间内气体原子电离成离子的个数依赖于气体的密度、电子的密度及电离率常数。采用类似的方法来分析方程(9.2)。
>
> **答案**:方程(9.2)是中性气体的连续性方程,它表示原子通量的散度局域地等于由电离过程造成的气体原子的损失。
>
> **说明**:在中性气体流体方程中,气体密度的损失率等于离子流体方程中离子密度的产生率。

方程(9.3)是一个关于离子受力平衡的方程,即电场力等于摩擦力,其中摩擦力来自离子与中性气体原子的动量输运碰撞。这里忽略了离子的压强梯度效应,

因为与电场力和摩擦力相比,离子的压强梯度是个小量。方程(9.4)是中性粒子的受力平衡方程。因为中性粒子不受电场力作用,这样它与离子碰撞产生的摩擦力等于压强梯度力。最后,方程(9.5)是电子的受力平衡方程,即电场力等于压强梯度力。对这个方程积分,即可以得到玻尔兹曼平衡分布。

与用于求解标准 Schottky 模型的三个输运方程相比,当考虑气体温度和密度变化时,还需要两个输运方程以及假定气体的温度为常数。利用中性气体的边界条件,可以对上述一套方程组进行解析求解。假定在器壁处中性气体的密度是固定的,这意味着总的中性粒子数是不守恒的。当器壁处的气压受到控制时,这个条件是适用的。对于其他的限制情况,应考虑中性粒子数不变(见 Fruchtman 等的工作[165])。在得到该方程组的所有解之前,先将三个受力平衡方程相加,并从器壁处(在该处有 $n_g = n_{gw}$ 及 $n = 0$)进行积分,则可以得到

$$n(x)k_B T_e + n_g(x)k_B T_g = n_{gw}k_B T_g \tag{9.6}$$

因为在腔室中心处电子(等离子体)压强最大,并在器壁处衰减为零,这说明中性气体的压强是朝着中心处衰减的。因此在等离子体中心处,中性气体密度的损耗为

$$\frac{n_{g0}}{n_{gw}} = 1 - \frac{n_0 k_B T_e}{n_{gw}k_B T_g} \tag{9.7}$$

因为 $T_e \gg T_g$,仅当电离度达到百分之几时,中性气体的损耗才明显。

问题:令中心处的电离率仅为 $n_0/n_{g0} = 0.01$,而且温度的比值为 $T_e/T_g = 100$,证明气体的损耗为 $n_{g0}/n_{gw} = 0.5$。

答案:可以把方程(9.7)中气压的比率写成

$$\frac{n_0 k_B T_e}{n_{gw}k_B T_g} = \left(\frac{n_0}{n_{g0}}\frac{T_e}{T_g}\right)\frac{n_{g0}}{n_{gw}}$$

将给定的值代入,并结合方程(9.7),则可以给出 $n_{g0}/n_{gw} = 0.5$。

令 $\gamma_g \equiv T_e/T_g$ 及 $N_0 \equiv n_0/n_{gw}$,Raimbault 等[44] 得到了关于电子温度(隐含在 γ_g、K_{iz} 及 u_B 中)的如下条件【译者注:原著对下式书写有误】:

$$n_{gw}l = \frac{4u_B}{(K_g K_{iz})^{1/2}}\frac{1}{[1-(\gamma_g N_0)^2]^{1/2}}\arctan\left[\frac{[1-(\gamma_g N_0)^2]^{1/2}}{1-(\gamma_g N_0)}\right] \tag{9.8}$$

当电离度很低,即 $\gamma_g N_0 \to 0$ 时,可以得到

$$n_{gw}l = \frac{\pi u_B}{(K_g K_{iz})^{1/2}} \tag{9.9}$$

因为在这种情况下气体没有损耗,故有 $n_g(x) = n_{gw} = n_g$。注意到 $D_a \equiv u_B^2/n_g K_g$,则可以看到方程(9.9)等同于方程(3.72),这并不奇怪。

等离子体密度的空间分布函数为

$$n(x) = n_0 \frac{\tan^2(K\sqrt{1-(\gamma N_0)^2}) - \tan^2(2K\sqrt{1-(\gamma N_0)^2}\,x/l)}{\tan^2(K\sqrt{1-(\gamma N_0)^2}) + \tan^2(2K\sqrt{1-(\gamma N_0)^2}\,x/l)} \quad (9.10)$$

式中，$K \equiv (n_{gw}l)(K_iK_g)^{1/2}/(4u_B)$。根据压强守恒及等离子体密度的表达式，则可以得到中性气体的密度分布函数。

> **问题**：注意到当 $\gamma_g N_0 \to 0$ 时，方程(9.9)成立，证明这时等离子体密度函数可以约化成由经典的 Schottky 模型给出的结果 $n(x) = n_0 \cos(\pi x/l)$。
>
> **答案**：注意到当 $\gamma_g N_0 \to 0$ 时，方程(9.9)给出 $K \to \pi/4$，在这些极限下，由方程(9.10)可以给出
>
> $$n(x) = n_0\{\cos^2[\pi x/(2l)] - \sin^2[\pi x/(2l)]\}$$
>
> 再利用三角函数的恒等式，即可以得到所要证明的结果。

方程(9.8)可以看成一个关于电子温度的条件，但它与前面几章介绍过的简单情况不一样，现在这个条件通过 N_0 还依赖于电子密度。由于等离子体流体与中性气体的流体相互耦合，电子温度依赖于等离子体密度，即依赖于沉积到等离子体中的功率。这样，等离子体密度的增加，将导致中性气体损耗的增加及电子温度的增加。换言之，粒子数平衡与功率平衡不再相互独立。

9.1.2 包括气体加热：非等温气体

等离子体与中性气体之间存在着能量耦合，将导致明显的气体加热[26,166-168]，这样上面介绍的等温气体近似显然是不合适的。气体加热是由带电粒子与中性粒子之间的碰撞造成的。在先前的分析中，没有包括这种能量转移过程。为了考虑这种碰撞造成的能量转移，还必须要求由另外的方程来描述。通过复杂的数值计算，可以对这种气体加热效应进行分析[169,170]。特别是 Liard 等[171]对此进行了较详细的研究[171]，他们在 Raimbault 等的模型中增加了中性粒子的能量守恒方程。为了确定气体的温度，需要将热通量平衡与局域能量密度及碰撞效应相连接。考虑到对于质量差别很大的两个粒子($m_e \ll M$)之间的碰撞，从轻粒子转移到重粒子上的能量不会超过初始入射动能的 $2m_e/M$ 倍，这样可以将能量通量近似地表示为

$$(\kappa T')' = nn_g k_B \left[3\frac{m_e}{M} K_e(T_g - T_e) + \frac{3}{4} K_g(T_g - T_i) \right] \quad (9.11)$$

式中，κ 是气体的热导率(反过来，它也依赖于气体的温度)；K_e 是电子与中性粒子弹性碰撞系数；T_i 是离子温度。在这个模型中，方程右边的气体加热项主要是由电子-中性粒子碰撞决定的，因此可以合理地假定离子温度与中性气体的温度相等，这样可以避免进一步确定离子温度带来的复杂性。对于分子气体，还要考虑其他一些因素对气体加热的影响(甚至起支配作用)[26]，如由振动激发引起的振动-

平动能量转移。

图 9.1 显示了不同模型给出的中性气体密度 $n_g(x)$ 及等离子体密度 $n(x)$ 随 x 的变化结果,其中已用器壁上的中性气体密度作了归一化处理。每一个图有三条曲线:实线表示由 Schottky 模型给出的结果(即均匀气体密度和温度),虚线表示由 Raimbault 等的模型给出的结果(它考虑了中性气体动力学,但假设是等温气体),点虚线则表示由 Liard 等的模型给出的结果(包括了气体加热)。对于这三条曲线给出的结果,都是在折算参数 $Pl=3.9$ Pa・m 及 $N_0=n_0/n_{gw}=0.005$(对应放电中心处的电离度为百分之几)下得到的。如果不考虑气体加热,在中心处中性气体的损耗大约为 25%;当考虑气体加热时,中心处气体的损耗可以达到 70%。在中心处气体的温度高,大约 1000 K,与先前发表的实验结果在定性上符合得较好。

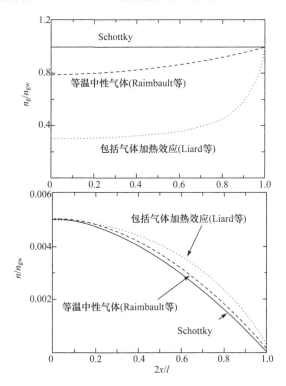

图 9.1　三种不同模型给出的中性气体及等离子体密度分布剖面。其中包括经典的 Schottky 模型,Raimbault 等的中性气体损耗模型,以及包括气体加热效应的 Liard 等的模型

等离子体的增强输运导致了中性气体在中心处的损耗以及平缓的等离子体密度分布,以及由此带来了较高的等离子体密度的边缘-中心比(称为 h_1 因子[172])。等离子体的这种增强输运(或去约束)现象导致了电子温度的上升。

9.2　磁化等离子体

问题:考虑带电粒子以回旋频率绕磁力线运动。设电子的平均速度为 $\bar{v}_e=[8k_BT_e/(\pi m_e)]^{1/2}$,那么电子的回旋半径(或 Larmor 半径)是多少? 比较电子与离子的 Larmor 半径。

答案:因为电子绕磁力线旋转的频率为 $\omega_{ce}\equiv eB_0/m_e$,则其 Larmor 半径为 $r_{Le}=\bar{v}_e/\omega_{ce}\equiv m_e\bar{v}_e/(eB_0)$。这样,离子与电子的 Larmor 半径之比为 $r_{Li}/r_{Le}\equiv\sqrt{M_iT_i/(m_eT_e)}\gg1$。

带电粒子绕着磁力线做螺旋运动,而且以波的形式传播,这种运动要对等离子体的输运造成扰动。对平行和垂直于磁力线方向的运动,这种扰动效应是不同的。

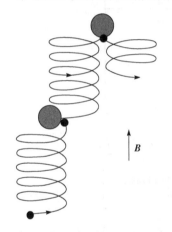

图 9.2　电子垂直于磁力线方向的输运示意图。其中大的灰色球表示中性原子,而小的黑色球表示电子。没有碰撞时,电子在横向上的运动范围不能超过一个 Larmor 半径

问题:在无碰撞情况下,描述带电粒子在磁化等离子体中的输运。

答案:在无碰撞情况下,带电粒子被回旋轨道所捕获,它在垂直磁场方向上的运动范围不能超过 Larmor 半径。因此在垂直于磁力线方向,没有等离子体通量,这表明等离子体完美地被约束。沿着磁力线方向,带电粒子可以自由地运动,这样可以出现如 Tonks 和 Langmuir 所描述的输运现象。

由于带电粒子沿磁力线方向的输运基本不受影响,下面只对垂直于磁力线方向的输运进行讨论,沿该方向的输运与碰撞过程有关。图 9.2 显示了带电粒子在垂直于磁力线方向的输运示意图。碰撞可以使得围绕磁力线做回旋运动的带电粒子从一根磁力线上移动到另外一个磁力线上,这样整体上就形成了垂直输运。平均地,这种移动的尺度为一个 Larmor 半径。下面将根据第 3 章介绍的等离子体输运的流体力学模型来研究这个问题。粒子数守恒方程不变,但是对于动量守恒方程,需要把洛伦兹力(正比于 $\boldsymbol{u}\times\boldsymbol{B}$)包括进去:

$$nm\left[\frac{\partial \boldsymbol{u}}{\partial t}+(\boldsymbol{u}\cdot\nabla)\boldsymbol{u}\right]=nq(\boldsymbol{E}+\boldsymbol{u}\times\boldsymbol{B})-\nabla p-m\boldsymbol{u}[n\nu_m+S-L] \tag{9.12}$$

　　磁场可以降低带电粒子在垂直于磁力线方向上的通量,从而得到更好的约束。这样,为了维持等离子体,则要求减少等离子体密度的边缘-中心比 h_1 及电子温度。

9.2.1　穿越横向磁场的双极扩散

　　本节主要讨论静磁场是如何对 Schottky 双极扩散模型进行修正的。假定等离子体在 z 轴方向上是无限的(即所有的量在 z 轴方向上是均匀的),以及静磁场沿 y 轴方向。在稳态情况下,假设源项和损失项的贡献都很小,可以忽略。这样方程(9.12)给出的电子动量守恒方程在 x 轴及 y 轴的分量为

$$0 = -en_e(E - u_{ez}B_y) - k_B T_e \frac{dn_e}{dx} - m_e n_e \nu_e u_{ex} \tag{9.13}$$

$$0 = -en_e u_{ex}B_y - m_e n_e \nu_e u_{ez} \tag{9.14}$$

式中,ν_e 是电子-中性粒子的碰撞频率。注意在 z 方向上压力梯度及电场场均为零。把 z 分量的速度消去,则可以得到

$$-en_e E - k_B T_e \frac{dT_e}{dx} - m_e n_e \nu_e \left(1 + \frac{\omega_{ce}^2}{\nu_e^2}\right) u_{ex} \tag{9.15}$$

由此可以看到,如果定义一个有效碰撞频率

$$\nu_e^* = \nu_e \left(1 + \frac{\omega_{ce}^2}{\nu_e^2}\right) \tag{9.16}$$

则方程(9.15)在形式与非磁化情况下的方程相同。利用准电中性条件 $n_e = n_i = n$,并对离子作相同的计算,则可以得到如下方程组:

$$nu = -n\mu_e^* E - D_e^* n' \tag{9.17}$$

$$nu = n\mu_i^* E - D_i^* n' \tag{9.18}$$

式中,扩散系数和迁移系数的表示式与先前的形式一样,仅有的差别是用 $\nu_{e,i}^*$ 代替 $\nu_{e,i}$。接下来完全可以按照第 3 章介绍的分析方法,对这种双极扩散过程进行讨论。有效双极扩散系数为

$$D_z^* = \frac{\mu_i^* D_e^* + \mu_e^* D_i^*}{\mu_i^* + \mu_e^*} \tag{9.19}$$

它将被用于估算流出放电区的带电粒子通量以及电子温度。

　　在无磁场情况下,离子的迁移率和扩散系数远小于电子的迁移率及扩散系数,这样导致了一个近似形式的双极扩散系数,见方程(3.67)。然而,在有磁场存在的情况下,这种近似形式不再成立。由于在这种情况下,电子的磁化(这个术语可用于描述回旋运动对带电粒子垂直于磁力线的通量的强烈抑制作用)非常有效,以至于电子的迁移率有可能小于离子的迁移率。

问题：为什么电子比离子更容易磁化?

答案：如先前提到的那样,电子的 Larmor 半径远小于离子的 Larmor 半径,这样就导致了电子更容易被磁化。

说明：对于更精确的分析,需要对比率 ω_{ce}/ν_e 及 ω_{ci}/ν_i 进行比较。下面将对此进行讨论。

问题：证明 $\omega_{ce}/\nu_e \equiv \lambda_e/r_{Le}$ 及 $\omega_{ci}/\nu_i \equiv \lambda_i/r_{Li}$。

答案：根据先前对 Larmor 半径的定义式 $r_{Le}, r_{Li} \equiv \bar{v}_{e,i}/\omega_{ce,i}$ 以及对碰撞频率的定义式 $\nu_{e,i} \equiv \bar{v}_{e,i}/\lambda_{e,i}$,可以得到所要证明的结果。根据图 9.2,当弹性碰撞的平均自由程远小于 Larmor 半径,即 $\lambda_{e,i}/r_{Le,Li} \ll 1$ 时,带电粒子不能被磁化。

对于螺旋波放电装置,在通常的放电参数范围内,电子被磁化($\omega_{ce}^2/\nu_e^2 \gg 1$),而离子则不被磁化($\omega_{ci}^2/\nu_i^2 \gg 1$)。在这种情况下,下式近似成立:

$$\nu_e^* = \nu_e \left(1 + \frac{\omega_{ce}^2}{\nu_e^2}\right) \approx \frac{\omega_{ce}^2}{\nu_e} \tag{9.20}$$

$$\nu_i^* = \nu_i \left(1 + \frac{\omega_{ci}^2}{\nu_i^2}\right) \approx \nu_i \tag{9.21}$$

由这些近似,可以得到

$$\mu_e^* = \frac{e\nu_e}{m_e \omega_{ce}^2}, \quad D_e^* = \frac{k_B T_e \nu_e}{m_e \omega_{ce}^2}, \quad \mu_i^* = \frac{e}{M_i \nu_i}, \quad D_i^* = \frac{k_B T_i}{M_i \nu_i}$$

注意,由于 $T_e \gg T_i$,有 $\mu_i^* D_e^* \gg \mu_e^* D_i^*$,这样经过一些代数运算,可以把双极扩散系数写成如下近似形式:

$$D_a^* \approx \frac{k_B T_e}{M_i \nu_i} (1 + \delta_B)^{-1} \tag{9.22}$$

式中

$$\delta_B \equiv \frac{m_e \omega_{ce}^2}{M_i \nu_i \nu_e} = \frac{\omega_{ce} \omega_{ci}}{M_i \nu_i \nu_e} \tag{9.23}$$

当无磁场时,$\delta_B = 0$,这种形式的双极扩散系数即可以退化成第 3 章给出的结果,见方程(3.67)。随着磁场的增加,δ_B 增加,因此有 D_a^* 减小。这样,垂直于磁场方向上的通量下降。将 D_a 分别代替方程(3.72)和方程(3.75)中的 D_a^*,则可以得到电子温度和密度的边缘-中心比率。

问题：对于一个等离子体,如果气压为 $p = 13.3\ \text{Pa}$ 及磁场 $B_0 = 0.2\ \text{T}$,输运过程中的一些重要频率为

$$\omega_{ci} = 2.4 \times 10^5\ \text{s}^{-1}$$

$$\nu_i = 1.8 \times 10^6\ \text{s}^{-1}$$

$$\omega_{ce} = 1.8 \times 10^{10} \, s^{-1}$$

$$\nu_e = 3.7 \times 10^8 \, s^{-1}$$

验证电子被磁化的假设及估算磁场对输运系数的影响。

答案：由于 $\omega_{ce}^2 / \nu_e^2 \gg 1$ 及 $\omega_{ci}^2 / \nu_i^2 \ll 1$，电子被磁化，而离子不被磁化。估算方程 (9.23) 给出的磁化参数，可以得到 $\delta_B \approx 6.4 \gg 1$。因此，与无磁场的情况相比，双极扩散系数明显地减小。由于通量正比于 D_a^*，它也随之减小，并且由此导致 T_e 及 h_1 也明显地变小。

为了包括中性气体动力学，并考虑 9.1 节介绍的气体损耗效应，Liard 等最近对上述模型进行了改进[173]。有关他们的研究结果，这里不准备进行详细的介绍，只给出他们分析的一些关键结果。图 9.3 显示了在中性气体压强为 13.3Pa 时电子温度及边缘-中心密度比率随磁场的变化情况。每一个图均包括多条曲线，分别对应几种不同的等离子体密度，其中等离子体密度已被器壁处的中性气体密度归一化。

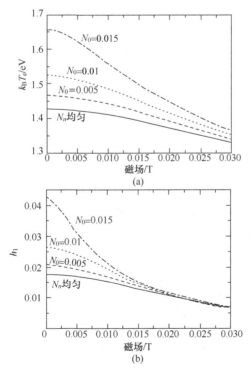

图 9.3　对于不同的等离子体密度，电子温度 (a) 及边缘-中心密度比率 (b) 随磁场的变化[173]。其等离子体的密度已被气体在器壁处的值归一化，气压为 13.3 Pa，放电长度为 $l = 0.15 \, m$

首先,如前面所述,我们可以看到电子温度及边缘-中心密度(通量)比率都随磁场的增加而减小。其次,对于给定的磁场,随等离子体密度的增加,这两个量都增加,说明此时确实发生了中性气体损耗效应。然而,随着磁场的增加,中性气体的损耗效应越来越不明显。

9.2.2　上述理论的限制

在上面讨论垂直输运时,已假设系统在平行于磁场(沿 z 轴)方向上是无限的。然而,由于电子沿着磁力线方向的运动很快,这样就必须把真实系统看成有限的。为了正确地解决这个问题,需要进行二维计算,如见 Lieberman 及 Lichtenberg 的著作[2]。此外,这个问题有不同的解,依赖于器壁的电导率。对于绝缘器壁,流到单位面积上的电子通量和离子通量的平均值必须相等;相反,对于导体器壁,直流电流可以在导体边界中流动,这样就没有必要要求电子通量与离子通量在局域上达到平衡。

另一个重要的方面是,在上面的讨论中已假设带电粒子的扩散是稳态的。随着磁场的增加,由于磁化等离子体会出现固有的不稳定性,这样带电粒子的输运会处于湍流状态[23]。等离子体湍流是聚变等离子体及天体等离子体的一个重要研究课题。

9.3　电负性等离子体

对于等离子体处理工艺,通常所使用的工作气体都是含有较强的亲电子的原子(即具有电负性),特别是对于等离子体刻蚀,常用的典型混合气体为 $HBr/Cl_2/O_2$ 或 $Ar/C_4F_8/O_2$,其共同的特征是含有卤族元素。特别是氟和氯具有很强的电负性,这样可以预料这些气体放电形成的等离子体将会含有大量的负离子。"电负性"一词是表明负离子的含量足够多,以至于可以改变等离子体的平衡及动力学性质。由此会产生一些新现象,其中包括自发不稳定性,其不稳定性的持续时间为负离子产生和消失的几个瞬时周期,负离子还会导致一种电荷分离的双层结构的离子空间分布,且各层具有不同的离子成分。

这样,由于存在三种不同类型的带电粒子,必须要引入负离子的守恒方程,并且要与先前建立的正离子及电子的守恒方程进行耦合。由于它们呈负电性,负离子像电子那样受到电场的约束。但是和电子不同,它们的温度很低,质量很大,几乎很难穿过等离子体边界处的正离子鞘层,因此它们倾向于被约束在等离子体中。

问题:在什么情况下负离子不能被约束在等离子体中?
答案:通常在等离子体边界处存在一个正电荷的鞘层。紧邻这个鞘层的区域,等离子体通常是电中性的,并存在一个弱电场。正电荷在这个电场的加速作用下,离开等离子体,并进入鞘层。

（1）如果在表面上的电势是正的,而且高于等离子体中的电势,如 Langmuir 探针收集的电流处于电子饱和区,则情况将有所不同。这时,电子及负离子将被吸引到该表面。

（2）如果在一个表面处或接近表面处有负离子存在,且在这个表面上施加一个低于悬浮势的偏压,这些负离子将被加速并进入等离子体中。如果这些做加速运动的负离子获得的能量足够高,它们可以从另外一个鞘层中逃逸出去,但要求与这个鞘层接触的表面上有一个负电势,而且其绝对值要小一些。

通常,负离子在等离子体中的产生是由电子-分子附着反应造成的,而在等离子体区中的损失则是由解附着或与正离子的再结合等方式造成的。在这些情况下,可以假定流到器壁表面上的负离子的通量为零。没有必要完全按照真实的情况来处理,最简单的方法是假设负离子服从一个具有局域电势的玻尔兹曼分布。这种假设似乎是合理的,因为诸如电子及负离子,它们一般倾向于被势阱所约束。在等离子体中,排斥正电荷及保留负电荷,这是自然发生的事,因此要对产生过程和损失过程保持平衡。然而,如第 2 章所述,仅当惯性项 $Mun_g K_g$ 以及 Muu' 与等温压强梯度项和电场力项相比很小时,才可能从流体力学的动量守恒方程中推导出玻尔兹曼平衡分布。这样,对于高气压情况,以及漂移速度的梯度很大时,玻尔兹曼分布假设将不再合适。尽管有这些可能,但已经证明,利用玻尔兹曼平衡分布假设,可以很好地描述电负性等离子体的一些特征行为。因此在如下讨论中,如无特别说明,均采用玻尔兹曼平衡分布来描述负离子的运动。

9.3.1　电负性等离子体中的德拜长度

当存在两种不同温度的负电荷成分时,需要对德拜长度进行修正。在电负性等离子体中,假设负离子在中心处的密度为 n_{n0} 及温度为 T_n。这样当电势很小,即 $e\phi \ll k_B T_{e,n}$ 时,可以将空间电荷分布写成

$$\rho(x) = e(n_p - n_e - n_n)$$

$$\approx e\left[n_{p0} - n_{e0}\left(1 - \frac{e\phi(x)}{k_B T_e}\right) - n_{n0}\left(1 - \frac{e\phi(x)}{k_B T_n}\right)\right] \quad (9.24)$$

定义如下两个参数:中心处的电负性 $\alpha_0 \equiv n_{n0}/n_{e0}$ 及电子-负离子温度比 $\gamma \equiv T_e/T_n$。等离子体在没有受到扰动时,应满足准电中性条件,即 $n_{p0} = n_{e0} + n_{n0}$。这样,线性化的泊松方程为

$$\phi''(x) = -\frac{\rho}{\varepsilon_0} = \frac{n_{e0} e^2}{\varepsilon_0 k_B T_e}(1 + \gamma\alpha_0)\phi(x) \quad (9.25)$$

用如下德拜长度来标度电势在空间上呈指数衰减的特征尺度(如方程(3.6)):

$$\lambda_{\mathrm{D}}^{*} = \sqrt{\frac{\varepsilon_0 k_\mathrm{B} T_\mathrm{e}}{e^2 n_{\mathrm{e}0}}} \sqrt{\frac{1}{1+\gamma\alpha_0}} = \frac{\lambda_{\mathrm{De}}}{\sqrt{1+\gamma\alpha_0}}$$ (9.26)

可以看到,电负性等离子体的德拜长度小于电正性等离子体,但在非常低的电负性情况下($\alpha_0 \ll 1$),它们之间的差别不是很显著。

9.3.2 电负性等离子体的玻姆判据

电正性等离子体的玻姆判据规定了离子进入正离子鞘层的最小速度。对于电负性等离子体,需要对这种判据进行修正。1959 年 Boyd 和 Thompson,以及最近 Braithwaite 和 Allen[174] 都对此进行了详细分析。他们的研究结果表明,电负性等离子体的玻姆速度变为

$$u_{\mathrm{B}}^{*} = u_{\mathrm{B}} \left(\frac{1+\alpha_{\mathrm{s}}}{1+\gamma\alpha_{\mathrm{s}}}\right)^{1/2}$$ (9.27)

式中,α_{s} 是鞘层边界处的负离子密度与电子密度之比。显然,随着电负性的增加,玻姆速度减小。同时,从中心到鞘层边缘的电势降也要减小。忽略等离子体/鞘层边界处的碰撞效应,则这个电势降为

$$\frac{e\phi_{\mathrm{s}}}{k_\mathrm{B} T_\mathrm{e}} = \frac{1}{2} \left(\frac{1+\alpha_{\mathrm{s}}}{1+\gamma\alpha_{\mathrm{s}}}\right)^{1/2}$$ (9.28)

正是由于这个电势,离子才可能被加速到由方程(9.27)给出的玻姆速度。

问题: 当负离子服从玻尔兹曼分布时,采用与 3.2.1 节相同的方法,推导出方程(9.27)给出的玻姆速度。

答案: 对于正离子鞘层,随着负电势的绝对值的增加,正离子的密度比负离子的密度下降得慢,这样有

$$\frac{\mathrm{d}\rho}{\mathrm{d}\phi} < 0$$

式中

$$\rho = e \left[n_{\mathrm{ps}} \left(1 - \frac{2e\phi}{M_\mathrm{i} u^2}\right)^{-1/2} - n_{\mathrm{es}} \exp\left(\frac{e\phi}{k_\mathrm{B} T_\mathrm{e}}\right) - n_{\mathrm{ns}} \exp\left(\frac{e\phi}{k_\mathrm{B} T_\mathrm{n}}\right) \right]$$

其中,下标 s 表示物理量是在等离子体/鞘层边界处取值。需要注意,这里准电中性条件成立,即有 $n_{\mathrm{ps}} = n_{\mathrm{es}}(1+\alpha_{\mathrm{s}})$。对上式两边微分,有

$$\frac{n_{\mathrm{es}} e^2 (1+\alpha_{\mathrm{s}})}{M_\mathrm{i} u^2} \left(1 - \frac{2e\phi}{M_\mathrm{i} u^2}\right)^{-3/2} < \frac{n_{\mathrm{es}} e^2}{k_\mathrm{B} T_\mathrm{e}} \left[\exp\left(\frac{e\phi}{k_\mathrm{B} T_\mathrm{e}}\right) + \gamma\alpha_{\mathrm{s}} \exp\left(\frac{e\phi}{k_\mathrm{B} T_\mathrm{e}}\right) \right]$$

类似于电正性的情况(见 3.2.1 节)。对上式两边进行泰勒展开,可以发现:仅当 $\phi < 0$ 时,这个不等式才能成立,而且当 $\phi = 0$ 时,上式的左边与右边相当,并给出方程(9.27)定义的玻姆速度,即 $u = u_{\mathrm{B}}^{*}$。

事实上,可以对上述问题作深入分析。由于负离子的温度不同于电子的温度,则负离子在鞘层边界处的组分比 α_s 将不同于其在放电中心处的组分比 α_0。借助于中心处的密度,以及在鞘层边界处两个玻尔兹曼分布($\phi = \phi_s$)的比率,则可以得到

$$\alpha_s = \alpha_0 \exp\left(\frac{e\phi_s}{k_B T_e}(1-\gamma)\right) \tag{9.29}$$

通过对方程(9.28)及方程(9.29)进行联立求解,可以给出鞘层边界处的负离子组分比及电势随中心处电负性 α_0 的变化。对于给定的温度比率 $\gamma = 20$,图 9.4 显示了这种变化情况。可以看出,在 α_0 取值的中间区域,图中两条曲线具有多个取值。可以划分为三个区域:

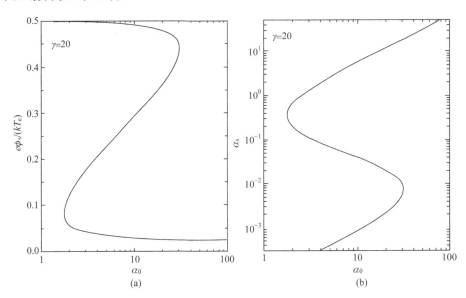

图 9.4 鞘层边界处的负离子的组分比 α_s 及预鞘层中的电势降 ϕ_s 随负离子在中心处的组分比率的变化

(1) 在低电负性情况下,$\alpha_0 \leqslant 2$,负离子不能到达鞘层的边界(α_s 几乎为零);与电正性的情况相比,预鞘层的电位降几乎不变,玻姆速度也几乎不变。这个区域被称为分层区,其中负离子位于放电中心处,而在预鞘层区仍保持电正性,即没有负离子。

(2) 在相反的极限下,即对于大的电负性 $\alpha_0 \geqslant 30$,负离子几乎占据了整个等离子体区,而且大部分负离子可以到达鞘层的边界;预鞘层的电位降很小,其量级为 $e\phi_s \approx k_B T_n/2$。由于这个原因,正离子在鞘层边界的速度减小,即 $u_B^* \approx (k_B T_n/M)^{1/2}$(在方程(9.27)中令 $\alpha_s \to \infty$,即可以得到这个结果)。这个区域被称为均匀区,因为在整个等离子体区域电子密度非常均匀,而且从中心处到鞘层边缘的电位降几乎

为零。

(3) 在中间区域,这两条曲线具有多个取值,此时上述两种情况共存。这种分支共存的现象可以由上述方程的第三个解来描述。下面,将对产生这种现象的物理原因进行简单的讨论。

对于 $\gamma \geqslant 10$,可以发现 α_s 及 ϕ_s 在 $\alpha_0 \sim 1$ 的区域内总是具有三个值。这样,就有必要确定在等离子体/鞘层边界处是什么条件起决定性的作用。在中等电负性的区域,Sheridan 与其合作者分别采用数值方法求解流体力学方程组[175]、动理学理论[242] 及粒子模拟方法[176],对这个问题进行了分析。他们没有使用准电中性条件,而是自洽地求解泊松方程。图 9.5 显示了他们的流体力学模拟结果。图 9.5 (a)和(b)显示了预鞘层的电位降及器壁上归一化的正离子通量随 α_0 的变化情况。尽管也有多值特征出现,但该图给出的结果稍微不同于由图 9.4 给出的结果。差别在于 Sheridan 等在流体力学方程中包含了电离项,而 Braithwaite 与 Allen 却没有包含电离项。注意对于 $\alpha_0 = 0$ 的情况,电势降是 $e\phi_s/(k_B T_e) \approx \ln 2$,而不是 3.2.1 节给出的 $e\phi_s/(k_B T_e) \approx 1/2$。这种差别仅是定量的,不改变其所包含的物理意义。

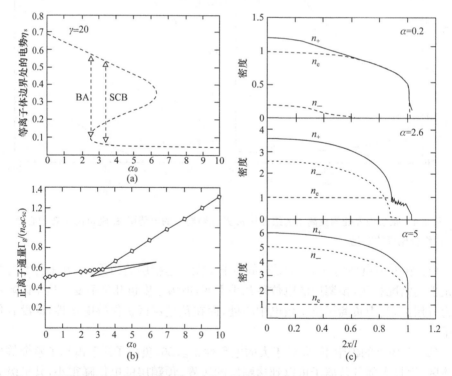

图 9.5　预鞘层中的电位降(a)及器壁上归一化的通量(b)随 α_0 的变化,以及对于三种不同的 α_0 取值,密度剖面的变化(c)。图中的结果取自文献[175]的数值模拟

图 9.5(b)显示了流到器壁上的正离子的通量。曲线表示由准电中性近似给出的结果,它也出现了多值区域。图中连续变化的数据点则表示由数值计算给出的结果(所采取的是弛豫的准电中性近似方法),而且给出的通量较大。总体上,中间区域是位于前几个多值点(当增加 α_0 时)之间,在两支通量的交叉点 α_0 的值是相等的。前面已经提到,当 α_0 很小时,放电是分层的,且具有一个电正性的预鞘层;而当 α_0 很大时,放电是均匀的,如图 9.5(c)所示。

当 α_0 的取值在中间范围时,可以看到:在接近鞘层的边界处,解是振荡的,而且在鞘层前面形成了一个双层。粒子模拟则表明这种振荡行为是人为的数值结果,但双层现象是存在的。在不同的文献中,也对双层现象进行了研究(9.4 节)。对这个问题的进一步讨论,可以参考文献[177]～[181]。

9.3.3　电负性等离子体中的输运

可以这样说,由于负离子的存在,等离子体中带电粒子的输运问题变得复杂。前面已经提到,由于负离子不能从势阱中逃逸,它们只能在等离子体内部产生和损失,而那些载能的、易于运动的电子,却可以从等离子体中逃逸出来,这些高能电子的持续逃逸,使形成的负电荷势阱得以维持。在不同的情况下,负离子的产生机制和损失机制也是不同的,这主要依赖于混合气体及气压。在一些情况下,负离子是通过与正离子的再结合而损失掉的,而在另外一些情况下,则是通过与受激的中性原子或分子之间的附着碰撞而损失掉的。这里需要指出,在前面的讨论中,把等离子体简化成只有一种正离子和一种负离子,这几乎是不真实的,因为负离子是在一些气体分子(如氢、氧、卤族及碳氟等)中形成的,这时等离子体不可避免地包含丰富的带电物种的混合物。对建立电负性等离子体的理论模型以及鉴别所建模型的限制,这些问题都是非常重要的。仍然像前几节那样,假设电子及负离子均服从玻尔兹曼平衡分布:

$$n_e = n_{e0} \exp\left(\frac{e\phi}{k_B T_e}\right) \tag{9.30}$$

$$n_n = n_{n0} \exp\left(\frac{e\phi}{k_B T_n}\right) \tag{9.31}$$

其中,在放电中心处,有 $\phi=0$, $n_e=n_{e0}$,以及 $n_n=n_{n0}$。对于单一成分的正离子,则粒子数及动量守恒方程为

$$\frac{d(n_i u_i)}{dx} = \nu_{iz} n_e \tag{9.32}$$

$$e n_i E = n_i M_i \nu_{in} u_i \tag{9.33}$$

根据方程(9.32)和方程(9.33)及准电中性等离子体假设,可以得到 n_i、u_i 及 ϕ 三个

变量所满足的方程为

$$\frac{\mathrm{d}(n_i u_i)}{\mathrm{d}x} = \nu_{iz} n_{e0} \exp\left(\frac{e\phi}{k_B T_e}\right) \tag{9.34}$$

$$-e\frac{\mathrm{d}\phi}{\mathrm{d}x} = M_i \nu_{in} u_i \tag{9.35}$$

$$n_i = n_{e0} \exp\left(\frac{e\phi}{k_B T_e}\right) + n_{n0} \exp\left(\frac{e\phi}{k_B T_n}\right) \tag{9.36}$$

可以通过数值积分的方法,得到密度及电势的分布。如第 3 章讨论的那样,首先选定电子的温度以及放电中心处的电负性 α_0 的试探值,然后由放电中心到边界进行积分。这里需给出特定的边界条件,并且对中心处的电负性 α_0 进行迭代,直至满足所规定的边界条件。对于电负性等离子体,需要确定离子流速的边界条件,可以由方程(9.27)给出。图 9.6 显示了由数值求解方程(9.34)～方程(9.36)给出的密度分布,可以看出由流体力学模拟结果与图 9.5 所示的粒子模拟结果相似(注意,在现在的模型中没有考虑鞘层,原因是采用了准电中性假设。)

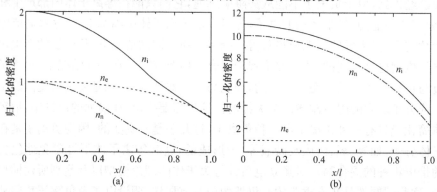

图 9.6　当 $\alpha_0=1$(a)及 $\alpha_0=10$(b)时,带电粒子的密度分布。其中选取气压满足 $l/\lambda_i=10$。当 $\alpha_0=1$ 时,选取电子温度为 3.1 eV,而当 $\alpha_0=10$ 时,电子温度则为 3.6 eV

如先前讨论的那样,这里也出现了分层现象:在低电负性情况下,负离子被约束在中心处,在边缘处几乎不存在负离子;而在高电负性情况下,负离子占据整个放电区,电子密度的分布几乎是平直的。

问题:图 9.6 显示的结果表明,较高的电子温度是与较高的中心处电负性相对应的。对此进行解释。
答案:利用电负性等离子体的粒子平衡整体模型,可以对此进行简单的解释。在这种情况下,等离子体的粒子平衡整体模型为

$$n_e n_g (K_{iz} - K_{att}) = h_1 n_i u_B^* \frac{A}{V}$$

式中，u_B^* 是修正的玻姆速度；h_l 是边缘-中心正离子密度比。使用准电中性条件，$n_e + n_n = n_i$，可以得到

$$n_e n_g (K_{iz} - K_{att}) = h_l u_B^* \frac{(1 + \alpha_0) A}{V}$$

因为随着 T_e 的增加，$K_{iz} - K_{att}$ 的值是明显增加的，这样当 α_0 增加时，将导致电子温度适当地增加。直观来看，如果电子的组分比较小，则为了维持等离子体，必须要求电子的能量较高，这似乎是合理的。

　　说明：由于图 9.6 所显示的密度空间分布的形式非常复杂，人们可能要问，流出等离子体的离子通量是否仍然可以写成 $h_l n_i u_B^*$ 的形式？如果是，那么 h_l 的适当表示式是什么？这是一个很复杂的问题。Monahan 及 Turner[182] 利用电负性等离子体的整体模型进行了详细的分析，并与粒子模拟的结果进行了比较。特别是，他们对 Kim 等提出的 h_l 的公式[183] 进行了讨论。

　　关于电负性等离子体更深入细致的讨论，可以参考 Lieberman 及 Lichtenberg[2] 的著作（第二版，第 10 章）以及这些作者的相关文章[184,185]。Franklin[186] 也对电负性等离子体进行了较深入的研究。非常重要的一点是，对于以再结合反应为主导的过程[187] 与以附着反应为主导的过程[188]，它们之间有着本质性的差别。对于前者，为了满足粒子平衡，要求一个最小电子温度值；而对于后者，却不需要这种要求。

9.3.4　磁化电负性等离子体中的输运

　　静磁场可以增加等离子体的约束，这主要是因为电子穿越磁场的运动受到很强的限制。在大多数情况下，正离子在垂直于磁场方向的迁移率是不受影响的，而且可能大于电子的迁移率。在电负性等离子体中，还存在着负离子。由于负离子是一些较慢的重粒子，它们的 Larmor 半径与正离子的 Larmor 半径具有相同的量级。这样，人们可以期望：电子将被"筛选"出来，不能穿越磁场从等离子体中流出去，而为了维持准电中性，正离子与负离子要一起扩散。实验上已经观察到这种现象[189,190]。这样形成了所谓的"离子-离子"等离子体。图 9.7 显示了磁化螺旋波 SF_6 等离子体中负离子密度的组分比的径向分布[190]，其中静磁场沿着 z 轴。从放电中心到边缘处，电负性明显地增加，这主要是因为在外部区域几乎没有电离，导致电子密度在该区域迅速下降。在边缘区，离子-离子等离子体的形成是双离子推进器的基础（见 1.3 节）。人们也试图将离子-离子等离子体用于微电子的刻蚀工艺，其优点是可以避免电荷的积累。

　　为了定量描述电子的过滤行为，Franklin 和 Shell[191] 提出了一种流体力学模型。他们采用一维模型（为无限大的平板或圆柱），并考虑了各种负离子的产生和损失机制。当离子-离子再结合居于主导地位时，该流体力学方程组为

$$\nabla(n_e v_e) = (K_{iz} - K_{att})n_g n_e \tag{9.37}$$

$$\nabla(n_i v_i) = K_{iz}n_g n_e - K_{rec}n_i n_n \tag{9.38}$$

$$\nabla(n_n v_n) = K_{att}n_g n_e - K_{rec}n_i n_n \tag{9.39}$$

$$m_e(K_{iz}n_g - K_{att}n_g + \nu_e)n_e \boldsymbol{v}_e + en_e \boldsymbol{E} + k_B T_e \nabla n_e + en_e \boldsymbol{v}_e \times \boldsymbol{B} = 0 \tag{9.40}$$

$$k_B T_i \nabla n_i - en_i \boldsymbol{E} + M_i \nabla(n_i \boldsymbol{v}_i \boldsymbol{v}_i) + M_i \nu_i n_i \boldsymbol{v}_i = 0 \tag{9.41}$$

$$k_B T_n \nabla n_n + en_n \boldsymbol{E} + M_n \nabla(n_n \boldsymbol{v}_n \boldsymbol{v}_n) + M_n \nu_n n_n \boldsymbol{v}_n = 0 \tag{9.42}$$

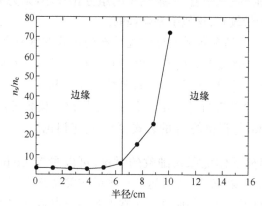

图 9.7 磁化螺旋波 SF_6 等离子体中负离子密度的组分比在径向的分布。其中在 6.5cm 处的实线是放电区(在该区域螺旋波的能量被吸收)与贴近边缘的扩散区的分界线

方程(9.37)~方程(9.39)是粒子数守恒方程,其中对于电子,其产生和损失分别是由电离和附着引起的;而对于正离子,其产生和损失则分别是由电离及其与负离子的再结合引起的;最后,对于负离子,其产生和损失分别是由附着及其与正离子的再结合引起的。方程(9.40)~方程(9.42)是三电荷流体的受力平衡方程。现在关键的问题是确定边界条件。Franklin 和 Shell[191]在他们的研究中选取在边界处负离子的通量为零(如在边界处存在一个正离子鞘层,就可以这样选取)。对于一维模型,带电粒子的通量在每一点都保持平衡,即 $\Gamma_e + \Gamma_n = \Gamma_i$,这样根据 Franklin 和 Shell 给出的边界条件,可以得到边界处 $\Gamma_e = \Gamma_i$。然而,对于强的电子过滤,则要求 $\Gamma_e(R) = 0$(即电子不能到达边界),这样就导致在边界处所有带电粒子的通量均为零,即意味着带电粒子只能在内部产生和损失。为了允许从边界处引出离子,Leray 等[192]重新研究了这个问题,他们指出,在一维模型下无法解决这个问题,因为根据方程(9.37),如果在边界处电子的通量为零,则有

$$\Gamma_e(R) = (K_{iz} - K_{att})n_g \int_0^R n_e(x)\mathrm{d}x = 0 \tag{9.43}$$

这表明仅当 $K_{iz} = K_{att}$ 时,上述条件才能成立,即再次表明电子只能在内部产生和损失。为了解决这个问题,Leray 等考虑电离区为一个有限的圆柱体,且假设电子在径向上(穿越磁场方向上)没有损失,但沿着轴向有损失(在这个方向,磁场对电子的运动没有影响)。引入一个有效的体损失率,这样可以把方程(9.37)改写为

$$\nabla(n_e u_e) = (K_{iz} - K_{att})n_g n_e - \nu_L n_e \tag{9.44}$$

式中,ν_L 表示电子在轴向上的损失率。这样,他们得到了上述方程的数值解,其中在边界处电子的通量(及电子密度)为零,而正负离子的通量在边界处有限且相当,如图 9.8 所示。

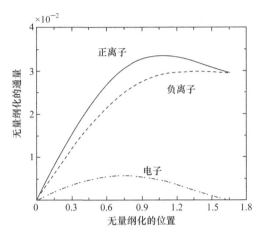

图 9.8 无量纲通量与无量纲半径之间的变化关系。其中为了能够在磁化等离子体柱边界形成离子-离子等离子体通量,考虑了电子通量的衰减

9.3.5 电负性气体 E-H 转换的不稳定性

对广泛应用于刻蚀工艺中的电负性等离子体(如 O_2、SF_6、CF_4、Cl_2 等),已经发现感性放电的 E-H 模式转化是不稳定的[19,20,124-126,193-195]。

1. 实验观察

对于 CF_4 感性放电,图 9.9 显示了实验观察到的在功率/气压参数空间内的不稳定性窗口。在低功率下,放电处于稳态的容性(E)模式,而在高功率下,放电则处于感性(H)模式。在图中的灰色区域,放电参数(电子及离子密度,电子温度等)经历了很大的弛豫振荡。因此,由等离子体发出的光是振荡的(插图),且具有一定的频率。贴近不稳定性的边缘,可以看到更复杂的行为,即出现间歇式的不稳定性。

这些弛豫振荡具有很宽的频率范围,从几百 Hz 到几十 kHz。振荡的频率主要依赖于气体的成分及气压,但是也受其他参数影响,如 RF 功率及匹配箱的设置。为了说明这个问题,图 9.10 显示了对于 SF_6 及 CF_4 作为工作气体,不稳定性的弛豫振荡频率随气压的变化情况。对于这两种气体,振荡的频率随着气压的增加而增加。更一般地,已经发现振荡频率随电负性的增加而增加,而且在 SF_6 中的增加要高于在 CF_4 中的增加。

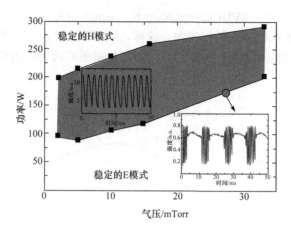

图 9.9　对于 CF₄ 感性放电,功率/气压参数空间的不稳定性窗口[124]

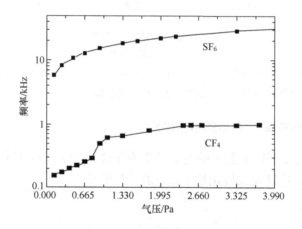

图 9.10　在 CF₄ 及 SF₆ 等离子体中测量到的振荡频率

最后,已经发现当振荡频率增加不是太高时(典型地在 CF₄ 中),在不稳定性的过程中气体的化学过程(包括离解、表面化学反应及气体加热)被调制[26,124,196]。

2. E-H 不稳定性的整体模型

利用整体模型,可以解释这种不稳定性的机制[19,20]。与第 7 章一样,这里介绍的整体模型是针对具有容性耦合的感性放电。不过,对于电负性混合气体放电,等离子体是由电子、正离子及负离子组成的。进一步,为了模拟不稳定性,需要考虑整体模型中电子及负离子运动方程的时间项。利用准电中性近似 $n_e + n_n = n_i$,则电子及负离子的粒子数守恒方程为

$$\frac{\mathrm{d}n_e}{\mathrm{d}t} = n_e n_g (K_{iz} - K_{att}) + n_n n_g^* K_{det} - \Gamma_e \frac{A}{V} \tag{9.45}$$

$$\frac{\mathrm{d}n_n}{\mathrm{d}t}=n_e n_g K_{att}-n_n n_g^* K_{det}-n_n n_i K_{rec}-\Gamma_n \frac{A}{V} \tag{9.46}$$

电子是由电离及负离子的解附着等反应过程产生的,其对应的反应系数分别为 K_{iz} 及 K_{det};而电子与分子之间的附着反应导致了电子的损失,其中分子的密度为 n_g,附着系数为 K_{att}。电子在器壁上损失的通量为 Γ_e。负离子的产生通道为附着反应,而损失通道有三种不同机制:①与正离子再结合(对应的系数为 K_{att});②与密度为 n_g^* 的亚稳态粒子进行解附着碰撞;③在壁上的损失。由于在器壁前面存在一个鞘层,它阻止负离子从等离子体中逃逸出来,因此第三种机制通常是不可能存在的。由于采用准电中性近似,这里不需要刻意考虑正离子的平衡方程。

为了保证准电中性条件成立,必须要求带电粒子的通量在壁上保持平衡,即 $\Gamma_e+\Gamma_n=\Gamma_i$。由于 $\Gamma_n\approx 0$,这样有 $\Gamma_e\approx\Gamma_i$。Chabert 等[124]引入了如下一种具有试探性的离子通量形式,它对任意的电负性 $\alpha=n_n/n_e$ 都适用。这种离子通量的形式为

$$\Gamma_i=\left[\frac{h_{10}-h_{1\infty}}{(1+\alpha)^{3/4}}+h_{1\infty}\right]n_1 u_B=h_1 n_i u_B \tag{9.47}$$

式中

$$h_{1\infty}=\frac{3}{2}\left[1+\frac{l}{\sqrt{2\pi\lambda_i}}\right]^{-1} \tag{9.48}$$

功率平衡方程为

$$\frac{\mathrm{d}}{\mathrm{d}t}\left[\frac{3}{2}n_e k_B T_e\right]=P_{abs}-P_{loss} \tag{9.49}$$

式中,P_{abs} 可以由一个类似于方程(7.67)的关系式来确定,尽管这些作者针对 R_{ind} 采用一个简化的形式来计算。当不考虑流到器壁上的负离子通量时,损失功率为

$$P_{loss}=en_e n_g(K_{iz}\varepsilon_{iz}+K_{att}\varepsilon_{att}+K_{exc}\varepsilon_{exc})+\Gamma_e(e\phi_f+2k_B T_e)\frac{A}{V} \tag{9.50}$$

式中,$\phi_f\approx 5k_B T_e/e$;常数 ε_{iz}、ε_{att} 及 ε_{exc} 是相关过程的典型阈值能量。

为了计算 n_e、n_i 及 T_e 随时间的变化行为,需要对三个平衡方程(方程(9.45)、方程(9.46)及方程(9.49))进行数值求解。通过进行数值计算,这些作者发现在低功率和高功率情况下,放电是稳定的(等离子体参数没有涨落),但在中等功率情况下,放电经历了一个弛豫振荡过程。这与实验观察到的现象一致。图 9.11 显示了在非稳态区域计算出的密度变化,其中放电气体为 SF₆。这种气体电负性很大,以至于几乎分辨不出正负离子的密度,实验也观察到这种现象。数值计算的不稳定性频率在 1.2 kHz 左右。实验观察到的不稳定性频率比较大,约为 10 kHz。此外,由这种模型给出的不稳定窗口也比实验中观察到的窗口小一些。

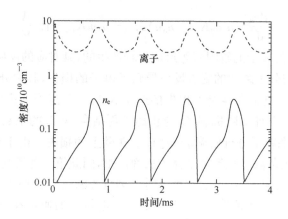

图 9.11　由整体模型计算出来的密度的弛豫振荡行为。其中为 SF$_6$ 放电

基于这种整体模型,文献[125]对不稳定性的动力学进行了理论报道,并对理论结果与实验观察之间的差别进行了解释。总体结论是,不稳定性对容性耦合是敏感的。在理论上,已提出通过控制容性耦合来抑制不稳定性的策略。

9.4　扩展等离子体

9.4.1　电正性等离子体

对于螺旋波(或柱状感性耦合)等离子体处理工艺设备,其放电腔室通常由两部分组成:一部分是柱状的放电区(源区),另一部分是位于放电区下面的较大的扩展区(处理区)。对于这种几何形状的装置,电离过程主要发生在源区,等离子体密度从源区到扩展区的底部是减小的,存在一个密度梯度。通常,由于电子密度处于(或非常接近)玻尔兹曼平衡分布,电子密度的梯度就会伴随着(DC)电势的梯度出现。结果,这就存在一个弱的电场,它加速正离子从源区运动到扩展区,而在一定的程度上又对电子进行约束。一般情况下,由于离子加速作用不是太强,等离子体在扩展过程中基本上还是保持准电中性的。然而,Charles 及其合作者[197-199]在实验上发现,如果施加一个强的发散磁场,有可能使离子的速度达到超声速,即超过玻姆速度。Chen[200]基于经典的鞘层理论,解析地研究了等离子体在发散磁场中的扩展过程,发现在某一点离子可以达到声速,其中在该点处等离子体半径已扩展到 28%。当离子贴近表面的速度达到超声速时,准中性等离子体区将过渡到鞘层区,即靠近表面存在一个净的正电荷区。对于一个扩展的等离子体,一般可以在开放的空间中达到超声条件,同时在这种条件下,正电荷空间层迅速形成,并伴随产生一个负电荷空间层,从而形成所谓的"双层"。两个准电中性等离子体之间存在着一个陡峭的电势台阶,从而产生一个静电冲击波。双层现象的出现就是由该冲击波引起的。正电荷的空间层位于电势高的一边,通常称为"上游"边,而负电荷的空间层则位于电势低的一边,则称为"下游"边。

图 9.12 显示了等离子体密度在轴向上的变化,其中圆圈符号是由 Charles 及其合作者[199]采用减速场分析仪(RFA)测量到的实验结果,而实线则是 Lieberman 等[201]的理论模型给出的结果。为了能够形成双层,该理论模型将上下游的粒子平衡方程进行了耦合。电势大约在 $z=0.25$ m 处有一个突变,其值大约为 25 V,它表明该处存在双层。

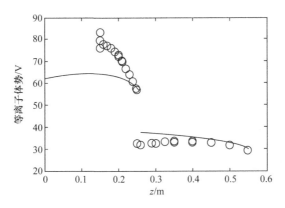

图 9.12　螺旋波等离子体中等离子体势随轴向距离的变化(气压为 0.03 Pa 的氩气)[199]。其中在 $z=0.25$m 处形成双层。圆圈表示实验结果,实线为理论结果

由于形成了空间电荷区,必须要满足玻姆判据,这样正离子从上游区以玻姆速度进入双层。当正离子在穿过电位降为 25 V 的双层之后,被加速到很大的速度。

问题:氩离子离开双层的下游后的速度是多少?
答案:根据能量守恒,并忽略双层中的碰撞过程,则离开的速度为 $v_i = \sqrt{2e\Delta V/M_i + u_B^2}$。
取 $\Delta V=25$ V,$M_i=40$ amu,以及 $k_B T_e/e=5$ eV,这样可以得到 $v_i=11500$ m/s。

实验上已经观察到,由于加速作用,离子在穿越双层后可以形成一个向下游运动的正离子束[199],如图 9.13 所示。根据旋转的 RFA(见 10.3 节)测量的结果,发现当 RFA 面向源区时,离子速度分布函数中出现双峰(实线),而当 RFA 旋转 90°时,仅有一个峰出现(点划线)。其他曲线表示在中间角度测量到的结果。高能峰的出现是形成离子束的信号,也就是说离子束在上游中形成,并经穿越双层后得到加速。低能(20~30 V)峰的出现是由在下游区产生的离子被 RFA 前面的鞘层加速所致。这个峰位于局域等离子体势处。如第 1 章所提到的那样,澳大利亚国立大学 Charles 小组曾提出,可以利用这种正离子束加速的优点来产生对卫星的推

力。这种概念被称为 HDLT（螺旋波双层推进器）。Fruchtman[202]已对双层内的离子动量传输进行了理论分析。

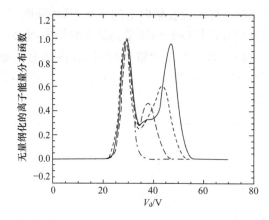

图 9.13　根据 RFA 测量到的下游区离子速度分布函数随能量的变化（见 10.3.2 节）[199]。当 RFA 面向源区时（实线），测量到了一个高能峰，它表明已形成了离子束；当 RFA 旋转 90°时（点划线），不会形成离子束

9.4.2　电负性等离子体

在类似的电负性气体放电装置中，也观察到双层现象[203,204]。结果表明，在电负性等离子体中，无需发散磁场也可以形成双层，部分原因可能是在电负性等离子体中玻姆速度比较低。因此，要求加速离子到超声速的静电场的幅值比较低。对于纯电正性气体（典型的是氩），在没有磁场存在的情况下，观察不到双层现象。但是，当在氩中添加 5%～15%的 SF₆时，可以在放电管与扩展腔室的交接处形成稳态的双层。这些双层的电势幅值比较小，仅有 4～8 V。随着 SF₆百分比进一步增加，双层变得不稳定[204]。图 9.14 对这种现象进行了说明，其中显示了在放电腔室中测量到的等离子体势随空间和时间的变化。等离子体势的突然下降，如同一个悬崖；这种电势结构是在源与扩展腔室的交界处形成的，并且随着时间的演化，会朝下游传播。双层的传播速度很慢，大约为 150 m/s。已经发现，在第一个双层达到腔室的底部之前，可以形成第二个双层。这样，在所观察的时间内，可以在任意时间观察到两个双层共存的现象。

Tuszewski[205]首次报道了在电负性气体的感性放电中等离子体的扩展引起的不稳定行为。随后，Tuszewski 和 Gary[206]证实，如果正负离子的漂移速度的差超过某个阈值（正负离子的流动方向相反），扩展等离子体将变成线性不稳定的。尽管这种不稳定现象是由双层出现引起的，但到目前为止，人们对这种千赫兹的弛豫振荡与慢漂移双层之间的确切关系仍不清楚。

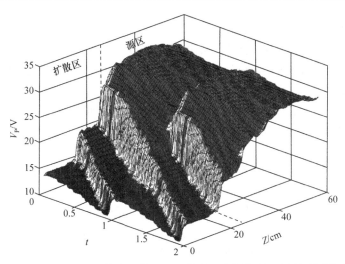

图 9.14 在一个感性或螺旋波等离子体源的扩散腔室中周期性双层的形成与传播。其中放电气体为 Ar/SF$_6$ 混合气体

9.4.3 思考

与前面几章所讨论的简单系统相比,本章考虑了几种比较现实的等离子体系统。也应当清楚地认识到,如果在理论模型中考虑诸如磁场或电负性等因素,将使得等离子体激发的 E 模式、H 模式及 W 模式的定量标度和分类变得不确定。对于那些已广泛应用于不同技术的等离子体,还有很多影响等离子体性质的真实因素。

问题:对于如下实际情况进行初步的评论。
(1) 通常等离子体源的工作气体为分子气体;
(2) 通常等离子体中有多于一种成分的正离子;
(3) 放电气压通常界于无碰撞和碰撞区;
(4) 等离子体与表面的相互作用意味着等离子体的成分不是单一的;
(5) $\omega_{pi} \ll \omega < \omega_{pe}$。
答案:如下是对上述问题的初步的评论,但不是全面的回答。
(1) 对于工作气体为分子气体的情况,由于电子的能量要从电离转移到分子的振动及转动激发上,所以与简单的工作气体相比,在这种情况下为了维持等离子体在一定的密度下,要求 RF 功率较高。
(2) 如果等离子体中正离子的成分不是单一的,必须考虑每一种离子是在哪里产生的,以及是否有能够把这些不同种类的离子耦合在一起的机制。通常借助于有效(平均)质量来考虑这个问题,但如果要对每种离子的运动情况都进行详细的研究,就需要更仔细地考虑其他机制。

（3）前面已对这个问题进行了一些讨论。

（4）当等离子体与表面相互作用时，反应物可以随时随地损耗掉，同时刻蚀产物要对等离子体产生"污染"。由于这些现象的出现，放电的参数空间可以受到明显的影响，完全不同于简单工作气体（无化学反应）模型的放电参数空间。

（5）由于离子只能对低频电场进行响应，需要重新考虑离子对平均场的单能响应，尤其是当 $\omega \leqslant \omega_{pi}$ 时。

对一些等离子体的关键参数（如电子密度、平均电子能量、等离子体电势等）进行测量，是判断一个理论模型能否正确（或接近）描述等离子体行为的基础。有不同的实验测量方法，如光学的、电学的以及光电结合的方法，对这些测量方法进行介绍是非常有必要的。在第 10 章，将对一些基于电学测量的技术作简单的介绍，并借助那些已经用于模拟容性耦合、感性耦合及螺旋波等离子体源的方程和数据，对这些测量技术进行理论建模。

第 10 章　电　测　量

测量等离子体中荷电粒子的组分时,实验等离子体物理学家最先想到的一种简单方法,就是将某种高熔点、小的导电材料,如探针,插入等离子体中。如果在这个导电材料上施加相应电压,它就可以成为一种最简单的荷电粒子收集器。

问题:解释为什么作为收集等离子体中的电子或正离子的探针必须是高熔点材料,记住前面章节中所讨论的有界等离子体的特性,且浸没在低气压电离气体中的小探针很难散发热量。

答案:在前几章中我们已经知道,低气压等离子体中电子群平均热能量的典型值为几电子伏特。同样也知道,离子至少以玻姆速度进入鞘层区,在鞘层区会被进一步加速,所以到达探针表面上的离子的平均能量可能达到几电子伏特;此外,离子和电子在探针表面上中性化复合过程中将会释放电离能,释放的电离能也是约为几电子伏特。与等离子体中的中性残余气体分子相比,荷电粒子的能量比气体分子的能量高出几百倍,因此,我们应该可以想象,处于等离子体中小的热隔离表面会被荷电粒子加热。

在 20 世纪 20 年代,Langmuir 通过一个置入等离子体中的收集电荷小探针,首次建立了等离子体的静电探针诊断方法。探针的种类很多,根据探针的形状,可以将探针分为平面探针、圆柱探针及球形探针等;还可以根据探针的数量,将探针分为单探针、双探针及三探针等。在有的探针中还使用电共振或其他方法激发并探测等离子体中的波动。所有种类的探针均可以用于对稳态和瞬态等离子体进行诊断,但是,在诊断瞬态等离子体时,总存在一个频率上限。由于射频等离子体中存在射频电势涨落,所以用于诊断射频等离子体的探针都需要经过特别设计,一般使用有源或无源电路对射频电势涨落进行补偿。磁化等离子体对探针技术提出了更大的挑战。每种探针技术都是建立在一些假设之上,这些假设一方面限制了这种探针的适用性,同时也给测量结果的分析方法带来了不确定性,测量结果的分析是将测到的探针电流和电压转变成等离子体状态参量,如等离子体密度、空间电势、离子流量密度、能量分布以及碰撞特性参数。

本章将对适用于射频等离子体环境的电探针的选择和应用作全面的介绍。首先,详细分析传统的静电(Langmuir)探针,明确其优势以及其局限性。其次,介绍一种相对简单的静电探针的演变,即增加静电过滤器,从而形成减速场离子能量分析器。10.1 节将介绍多种高频探针。最后,进一步介绍各种常用的等离子体诊断技术,如电磁波传输和阻抗分析。需要注意的是,等离子体状态参量也可以使用非接触的光学方法获得,这些光学等离子体诊断技术既可以做到空间分辨,也可以做到时间分辨,但增加了仪器和分析的复杂性,所以本书中不讨论等离子体光学测量。

10.1　静 电 探 针

简单静电探针的制作方法是,将一段高熔点裸金属丝探针置于同轴电缆芯部的前端,并直接置于需要诊断的等离子体中,同轴电缆外导电层通过一个平面与等离子体接触,从而形成电流回路,然后在探针上施加电压,同时收集电流。装有探针的同轴电缆需要密封,从而保证与真空室及等离子体兼容。在本节中,将建立两种最常用探针的电流-电压关系:一种是对称(双)探针,另一种是非对称(单)探针。下面以平面及柱状探针为例展开讨论。

10.1.1　平面探针

制作一个可以对等离子体局部荷电粒子流取样的装置,需要一个可以独立施加偏压的小平面(图 10.1)。在第 3 章中讨论外部等离子体边界时所建立的方程组,可以适用于探针周围形成的等离子体界面,此时等离子体界面可以看成内界面。当将表面积为 A 的平面探针置于等离子体中,并且所施加电势 ϕ 低于等离子体电势 ϕ_p 时,利用方程(3.29)和方程(3.31)可以导出到达探针表面的电子和离子流密度,从而可以求出到达探针表面的净电流:

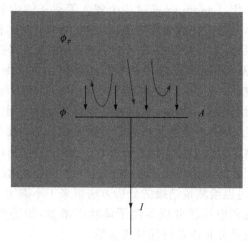

图 10.1　到达探针表面(面积 A,电势 ϕ)上的粒子流密度。其中平面探针浸入等离子体(等离子体电势 $\phi_p > \phi$)中。图中灰色箭头表示电子流,黑色表示粒子流。电子流与离子流不相等,从而形成净电流 I。平面探针下表面与等离子体电隔离,只有上表面收集电流

$$I = eA\left[-\frac{n_0\bar{v}_e}{4}\exp\left(\frac{e(\phi-\phi_p)}{k_B T_e}\right) + n_s u_B\right] \quad (\phi < \phi_p) \tag{10.1}$$

电子通量用离开探针表面一段距离没有被"扰动"的等离子体密度 n_0 的函数来表示,而离子通量是等离子体/鞘层界面处等离子体密度 n_s 的函数。在第 3 章中曾提到,当等离子体的产生与损失之间的平衡由等离子体外界面决定时,n_s 和 n_0 由 h_1 因子联系在一起。小探针插入等离子体时,在小探针周围会形成等离子体内界面,此时等离子体内界面处的密度 n_s 和等离子体的体密度 n_0 比值与第 3 章中给出的 h_1 没有必然联系。注意,当探针表面电势远低于等离子体电势时,由于电子被排斥,探针实际上收集不到电子,此时探针收集的电流称为"离子饱和电流",对于平面探针,这个离子饱和电流密度为 $en_s u_B$。相反,当探针电势等于或高于等离子体电势时,因为离子被排斥,探针收集到的是电子电流。对于平面探针,收集到的电子流密度为 $-en_0\bar{v}_e/4$。显然,当探针与等离子体处于相同电势时,严格说来方程(10.1)给出的结果不准确,因为此时方程中仍然包含离子电流(基于探针表面形成的离子鞘层),但多数情况下,这种误差可以忽略。

方程(10.1)基于下列假设:

(1) 所有入射的电荷均被探针表面吸收。

(2) 入射荷电粒子及其表面中和不会引起探针表面二级过程的发生,如表面二次电子或离子发射。

(3) 任何其他二级过程,如光子发射,不会从探针表面释放大量电荷。

(4) 电子群在电场中达到平衡分布(可以使用玻尔兹曼分布)。

(5) 可以采用与处理外部边界相同的方法,确定进入平面探针附近鞘层中的离子通量。

(6) 等离子体中的离子都是单电荷离子。

(7) 远离探针表面的粒子速度分布是各向同性的。

(8) 探针表面积非常小,不会对等离子体中的粒子和能量平衡产生显著影响,因此不会对电子温度和等离子体密度的测量产生扰动。

(9) 除特别说明外,探针附近荷电粒子的运动是无碰撞的。

前三个假设可以通过探针材料的选择得到保证,如使用清洁、高熔点的高功函数金属,当入射离子的能量不高于几十电子伏特时,就可以满足这三个假设。在试图从探针数据得出某种结论时,需要考虑其他假设带来的误差。

问题:当等离子体中电子的产生和损失保持平衡,即等离子体处于稳态时,探针从等离子体中收集到的电子电流对等离子体电势有何影响?

答案:如果只从等离子体中移除负电荷,则等离子体电势会升高。

实际上,对于低气压等离子体,电离过程主要发生在等离子体中,而电子和离

子在器壁上的复合会导致等离子体损失,此时,若探针附近有第二个"探针"收集等
量的离子,则小探针表面收集稳态电子流就不会引起等离子体电势的变化。因此,
使用探针诊断等离子体时,探针的外电路必须通过上述两种不同途径同时从等离
子体中收集电子电流和离子电流,外电路中的电流是这两种电流叠加的结果。在
等离子体中,电子和离子收集点之间的电流必须与外电路中的总电流相等。使
离子体维持等电势的必要条件是,探针收集电子、离子导致的等离子体中定向电流
密度必须远小于随机热运动产生的电流密度。

　　现在设想等离子体中放置两个探针表面,在等离子体外部这两个探针通过一
个电池连接,电池在两个探针表面施加一固定电势差 $\phi_2-\phi_1=V$,外部回路中的总
电流为 I,如图 10.2 所示。为了推导出用未知等离子体电势 ϕ_p 和等离子体密度
n_0 表示的探针电流-电压关系的表达式 $I(V)$,这个关系可以在外部电路中测出,
首先利用方程(10.1)给出以第二个探针面积 A_2 和电势 ϕ_2 定义的包括等离子体电
势 ϕ_p 和等离子体密度 n_0 的电流,如下所示:

$$-\frac{n_0\bar{v}_e}{4}\exp\left(\frac{-e\phi_p}{k_BT_e}\right)=\left(\frac{I_2}{eA_2}-n_su_B\right)\exp\left(\frac{-e\phi_2}{k_BT_e}\right)$$

这样,利用方程(10.1),并借助于第一个探针的面积 A_1 和电势 ϕ_1,可以把收集到
的电流表示为

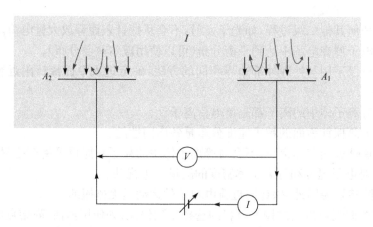

图 10.2　通过电池连接的两个探针表面。其中为了维持电流的连续性,存在一个电势分布。两
个探针的下表面均与等离子体电隔离,只有上表面收集电流。外电路 $I(V)$ 由方程(10.2)给出

$$I_1=eA_1\left[\left(\frac{I_2}{eA_2}-n_su_B\right)\exp\left(\frac{-e\phi_2}{k_BT_e}\right)\exp\left(\frac{e\phi_1}{k_BT_e}\right)+n_su_B\right]$$

使两个探针收集的电流与外电路电流匹配,即满足 $I=+I_1=-I_2$,经适当的调整
后可以得到下式:

$$I\left[1+\frac{A_1}{A_2}\exp\left(\frac{-eV}{k_B T_e}\right)\right]=n_s u_B e A_1\left[-\exp\left(\frac{-eV}{k_B T_e}\right)+1\right]$$

由上式可以导出平面探针的普适电流-电压关系表达式：

$$I=n_s u_B e A_1\left[\exp\left(\frac{eV}{k_B T_e}\right)-1\right]\left[\exp\left(\frac{eV}{k_B T_e}\right)+\frac{A_1}{A_2}\right]^{-1} \tag{10.2}$$

10.1.2 对称双探针

在本小节中,我们设想两个收集电流的探针表面完全相同,即 $A_1=A_2=A$,两个探针并排置入同一等离子体中,彼此相距几十倍德拜长度 λ_D,如此布置的探针就形成所谓的对称双探针。从方程(10.2)右边两个方括号中提出 $\exp[eV/(2k_B T_e)]$,经过化简可得下式：

$$I=I_i\tanh\left(\frac{eV}{2k_B T_e}\right) \tag{10.3}$$

式中, $I_i=e n_s u_B A$ 是其中一个探针表面收集到的饱和离子电流。由于施加在双探针上的电压不需要地作为参考电位,这样的双探针有时也称为"悬浮双探针"。随着双探针之间的电压由高负电压扫描到高正电压,双探针收集的电流对称变化：一个探针收集的电流从饱和离子流变为零,另一个探针收集的电流从零变为饱和离子流。每种情况下另一个探针表面收集的净电子电流只是足以维持电流连续。无论进行怎样的尝试,都不可能将其中一个探针的电位设置成等离子体电位,因为当一个表面从等离子体中抽取饱和离子电流时,所有施加的电压均作用于附近的鞘层上,鞘层也被相应加宽。

> **问题：**已知等离子体密度为 10^{16} m^{-3},电子温度为 2 eV,平面探针与等离子体的电势差为 25 V,请使用方程(3.7)和方程(3.90)估算探针表面所形成内鞘层的宽度,并根据计算结果,给出圆盘状平面探针最小直径的建议值。
>
> **答案：**将已知的等离子体密度 10^{16} m^{-3} 和电子温度 2 eV 代入方程(3.7),可求出等离子体德拜长度为 10^{-4} m,代入方程(3.90)得
>
> $$s=\sqrt{2eV_0/(k_B T_e)}\lambda_D=5\times10^{-4}\text{ m}$$
>
> 为了确保探针表面形成均匀的薄鞘层,从而可以忽略边缘效应对电流收集的影响,圆盘形探针的直径至少应该是鞘层宽度的数倍,因此建议最小直径为 5 mm。
>
> **说明：**尽管离子点阵鞘层模型有低估鞘层尺度的倾向,但此处足以用其估算内鞘层宽度;另外,增加等离子体密度,可以减小圆盘探针的最小直径。

当其中一个探针为了收集到饱和离子流而加负电位时,很有必要估算另一个处于正电位探针的电势变化。所加电压为零时,两个探针相对于等离子体都处于悬浮电位,此时可得下式：

$$0 = eA\left[-\frac{n_0\bar{v}_e}{4}\exp\left(\frac{-e\phi_p}{k_BT_e}\right) + n_su_B\right] \tag{10.4}$$

式(10.4)确定了悬浮探针与等离子体电势 ϕ_p 之间的电势差。当 $eV \gg k_BT_e$ 时，探针收集的电流为饱和离子电流。负电位探针收集的饱和离子流和流入外电路电流 I_i 相等。由于相同的离子电流到达正电位探针，为了维持电流连续性，正电位探针必须从等离子体中收集双倍于饱和离子电流的电子电流，实际上等效于使等离子体中的电流与外电路中的电流 I_i 相等。所以，在正电位探针上，可以得到下面的电流方程：

$$-I_i = eA\left[-\frac{n_0\bar{v}_e}{4}\exp\left(\frac{e(\Delta\phi - \phi_p)}{k_BT_e}\right) + n_su_B\right]$$

式中，$\Delta\phi$ 是悬浮探针与等离子体电势差；$I_i = Aen_su_B$。利用方程(10.4)，上式可以化简为

$$\exp\left(\frac{e\Delta\phi}{k_BT_e}\right) - 1 = 1$$

由此可以得出 $\Delta\phi = \ln2 \times k_BT_e/e$。这是正电位探针相对于等离子体电势所能获得的最大电势差，其他施加的电压全部降落在负电位探针与等离子体之间形成的内鞘层上，使负电位探针相对于等离子体电势获得更低的电势。

问题：计算悬浮探针和等离子体之间的电势差 ϕ_p，并与氩等离子体外鞘层电势差 $\Delta\phi$ 比较，已知氩等离子体 $n_0/n_s = 0.5$。

答案：化简方程(10.4)，可以得到 $\phi_p = [\ln(n_0/n_s) + 0.5\ln(M_i/(2\pi m_e))]$ k_BT_e/e。对于低气压氩等离子体($h_1 = n_0/n_s = 0.5$)，将相关参数代入上式可得 $\phi_p = 5.4k_BT_e/e$(参见方程(3.32))。此值几乎是外鞘层电势差 $\Delta\phi$ 的 8 倍。

习题 10.1：双探针分析　图 10.3 给出了气压为 5 Pa 的氩等离子体双探针特

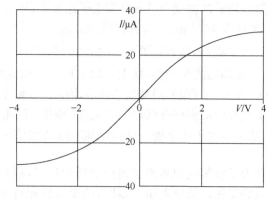

图 10.3　气压为 5 Pa 的氩等离子体双探针特性曲线

性曲线,双探针由两个直径为 5 mm 的单面圆盘构成。根据探针特性曲线确定氩等离子体电子温度和等离子体密度(提示:$\tanh(ax)$ 在 $x=0$ 处的斜率为 a)。

10.1.3 非对称(双)探针

现在考虑两个收集面积不相等的双探针,即非对称探针。对于这种非对称探针,当面积为 A_1 的大面积探针从等离子体中收集饱和离子电流($en_s u_B A_1$)时,面积为 A_2 的小面积探针从等离子体中收集相应的净电流。这个净电流包括离子流和电子流,为了维持电流的连续性,小面积探针收集的电子电流要大于离子电流。要做到这一点,就要求小面积探针电势更趋近等离子体电势,此时小面积探针与等离子体之间的电势差比对称探针给出的最大值 $\Delta\phi = \ln 2 \times k_B T_e/e$ 要小。两探针面积的比值 A_1/A_2 越大,小探针电势 ϕ_2 越接近等离子体电势,直到 ϕ_2 与等离子体电势 ϕ_p 相等,此时电子不再被玻尔兹曼因子排斥,离子也不再被吸引。到目前为止,所建立的双探针模型不适用于 $\phi_2 > \phi_p$ 的情形,对于严格的平面双探针理论,这种情形下必须设定小面积探针所收集的电流为恒定值 $eA_2 n_0 \bar{v}_e/4$。

图 10.4 给出了当两个探针面积比 A_1/A_2 从 10 增加到 10 000 时,面积为常数的小探针所收集的总电流与两个探针之间电压的电流-电压特性曲线。注意,当电压为零时,所有曲线均经过零点。同时,在给定的正电压下,小面积探针收集的电流随着面积比 A_1/A_2 增加。

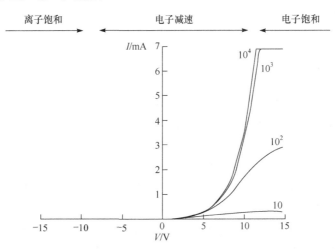

图 10.4 非对称平面探针电流-电压(I-V)特性曲线。双探针面积比分别为 10、10^2、10^3 及 10^4,其中等离子体的参数与图 10.3 相同

由于小的表面更具有空间分辨率,现在可以将小面积探针称为"探针",而将大面积探针看成"参考电极"。注意该探针系统中收集的电子构成正电流。所施加的电压 V 是相对于参考电位的探针偏压。在分析探针电流-电压特性曲线时,记住

这一点是很重要的,即整个系统包括探针、参考电位以及被扰动(诊断)的等离子体。下面就来解释这种重要性的原因。

1. 参考电极

如果选择的面积比足够大,则总是小探针控制电流-电压特性曲线形状。现在的问题是,多大的面积比才是"足够大"。

问题:根据图 10.4 给出的建议,相对于探针面积(A_2),参考电极面积(A_1)多大时才能使探针电流-电压特性曲线非光滑连续地过渡到饱和电子电流区?
答案:从图 10.4 可以清楚地看出,当参考电极面积是探针面积的 1000 倍时,足以满足要求。

平面探针可以收集的最大电流是饱和电子电流 $I = en_0 \bar{v}_e A_2/4$。假设在所有的电压下,$\exp(eV/(k_B T_e)) \ll A_1/A_2$,探针电流从电子减速区电流过渡到电子饱和电流时,就不会受参考电极所收集电流的阻碍。这样,方程(10.2)表示的电流就会按玻尔兹曼指数形式达到最大电流:

$$I = n_s u_B e A_2 \left[\exp\left(\frac{eV}{k_B T_e}\right) - 1 \right] \quad \left(I \leqslant e A_2 \left[\frac{n_0 \bar{v}_e}{k_B 4} \right] \right)$$

当探针电势达到等离子体的局部电势,即 $V = \phi_p$ 时,玻尔兹曼指数因子达到极限值(图 10.4)。方程(10.4)表明,在低气压氩等离子体中,由 $\phi_p = 5.4 k_B T_e/e$ 可知,探针特性曲线出现非平滑过渡到饱和电子电流的条件变成

$$\exp(e\phi_p/(k_B T_e)) \ll A_1/A_2 \equiv A_1 \gg \sim 200 A_2 \tag{10.5}$$

当参考电极满足上面判据时,小探针通常被称为"单 Langmuir 探针",简称单探针。单探针的电流-电压特性可以用下式表示:

$$I = e A_2 \left[\frac{n_0 \bar{v}_e}{4} \exp\left(\frac{e(V - \phi_p)}{k_B T_e}\right) - n_s u_B \right] \quad \left(I \leqslant e A_2 \left[\frac{n_0 \bar{v}_e}{4} \right] \right) \tag{10.6}$$

当单探针正偏置电位高于等离子体电位时,探针电流为饱和电子电流,即探针只从电正性等离子体中收集电子。在 10.1.4 节将会看到,对于非平面探针,饱和电子电流不是常数。探针偏置电位低于悬浮电位时,探针电流为饱和离子流。在饱和离子流和饱和电子流之间是电子斥拒区;后面将会看到,从这个区域可以得到电子能量分布函数信息。

练习 10.2:"单探针"设计　计算低气压氢等离子体参考电极与探针面积比,假设等离子体中的正离子都是 H$^+$。

使用单探针时,之所以需要参考电极,是为了保证探针从等离子体中抽取的电

流通过参考电极返回等离子体,并且要求参考电极与周围等离子体之间电势差的变化可以忽略。大面积的参考电极可以满足这个要求。利用热电子发射表面作为参考电极同样可以满足这一要求,热电子发射电极可以向周围等离子体释放电子从而形成回路电流,并且不会引起很大的电势差变化。所谓的发射探针,就是用白炽灯丝形成螺旋管,传统上使用悬浮电源单元加热[207],或使用聚焦激光束加热[208],使之发射热电子。根据发射探针使用的材料,将其温度加热至红热到白热之间,即 1000~2000 K,就会发射足够多的热电子。加热后的发射探针表面会被一个富电子鞘层包围,因此,使用发射探针作为参考电极时,其面积可以比冷参考电极小很多。随着发射探针温度的升高,其悬浮电位会越来越趋近于周围的等离子体电位。如果发射探针电位低于等离子体电位,负电荷就会从探针周围的热电子鞘层流向等离子体,从而升高探针电位。相反,如果发射探针电位高于等离子体电位,探针就会从等离子体中收集负电荷,从而使其电位降低。发射探针的这种天然直流悬浮(净电流为零)的自适应特性,使其很容易与等离子体处于同一电位,成为一种极佳的单探针参考电极。发射探针已被广泛地用于射频等离子体电位空间分布的测量[208-210]。

2. 探针与参考电极的分离

如果探针与参考电极之间的距离过大,施加在探针上的电压将会部分降落在等离子体中。探针电流一般很小,等离子体可以作为良导体,但使用探针时,需要将探针电流通道局限在探针周围局部区域。距离过大,电极有可能接触"不同"等离子体。例如,第 3 章提到,即使在理想一维模型中,等离子体也不是严格等电位。所以在真实等离子体中,一个表面的悬浮电位不可能处处相同。为了弥补这个差别,比较明智的做法是,在包含等离子体电位 ϕ_p 的探针模型中,靠近参考电极的等离子体电位用 ϕ_{p1} 表示,靠近探针的用 ϕ_{p2} 表示。这样做的好处是,探针特性曲线的零电流点在 $V = \phi_{p2} - \phi_{p1}$ 处,而不是在 $V = 0$ 处。

3. 实际分析

有了上述背景知识后,就可以从非对称平面探针数据中推导出各种等离子体参数。实际上,因 10.1.4 节将要讨论的一些原因所致,平面探针实现起来比较困难,所以下面例子中使用的数据都是"人为"数据(不是实际测得的数据)。然而,利用这些简单数据对练习探针数据分析是有益的。

练习 10.3:"单探针分析"1 图 10.5 给出了氢等离子体 I-V 特性曲线,图中两条曲线对应参考电极与探针面积之比分别为 34 和 340,探针面积均为 1.9×10^{-5} m^2。说明两条曲线的特点,并确定:

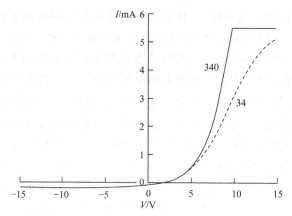

图 10.5　使用两个非对称平面探针(其面积比分布为 34 和 340)在低气压氢等离子体中测得的电流-电压(I-V)特性曲线(方程(10.2))

(1) 等离子体电位;

(2) 悬浮电位;

(3) 根据饱和离子电流确定鞘层/等离子体界面处的等离子体密度;

(4) 无扰动等离子体电子密度。

进入探针电极($V < \phi_{\mathrm{p}}$)的电流由两部分构成:一部分是依赖探针电压的电子电流,另一部分是恒定的正离子电流,前者部分被后者抵消。要单独确定电子电流,就必须从总电流中扣除离子电流成分:$I_{\mathrm{e}} = I + I_0$。根据上述平面探针模型,当参考电极面积足够大时,扣除离子电流成分后的探针电流应该是纯指数形式的电子电流:

$$I_{\mathrm{e}} = \frac{en_{\mathrm{s}} \bar{v}_{\mathrm{e}}}{4} \exp\left(\frac{e(V - \phi_{\mathrm{e}})}{k_{\mathrm{B}} T_{\mathrm{e}}}\right) A_2$$

将上式两边取自然对数,可知当探针电压不超过等离子体电位时,$\ln(I + I_0)$随探针电压 V 线性变化,且斜率为 $e/(k_{\mathrm{B}} T_{\mathrm{e}})$。练习 10.4 进一步验证了这种探针电子电流-探针电压"半对数"曲线的线性关系。

练习 10.4:"单探针分析"2　图 10.6(a)给出了图 10.4 对应的电子-电流半对数曲线。说明每条曲线的特性并确定:

(1) 等离子体电势;

(2) 电子温度。

除了用自然对数 $\ln(I + I_0)$绘制探针电子电流-探针电压半对数曲线外,也可以用以 10 为底的常用对数,如图 10.6(b)所示。使用常用对数探针电流-电压半对数曲线确定等离子体参数时,要注意对数底的变换,此时半对数曲线线性部分的斜率为 $k_{\mathrm{B}} T_{\mathrm{e}}/e = \Delta V/[2.3\Delta(\log_{10}[I + I_0])]$。换言之,对于麦克斯韦分布等离子体,以 eV 为单位的电子温度是电流变化十倍时的电压改变值除以 2.3。例如,当探针电流变化 40 倍,电压改变 19.5 V,则 $k_{\mathrm{B}} T_{\mathrm{e}}/e = 5.0/2.3 = 2.2$ eV。

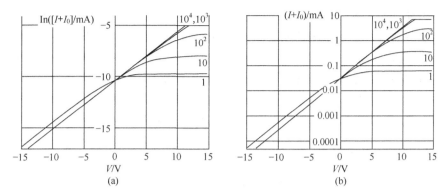

图 10.6　（a）探针电子电流-电压半对数曲线,探针与参考电极面积比分别为 1、10、10^2、10^3、10^4,等离子体参数与图 10.3(b)相同;(b)相同探针数据,以 10 为底的半对数曲线

4. 探针面积

前面讨论了平面圆盘探针最小尺度下限——探针直径必须大于等离子体鞘层宽度。如果平面探针直径小于这个下限,那么在周围的等离子体看来,这个平面探针几乎和一个半球形探针一样。10.1.4 节将讨论非平面探针;本节最后需要关注的问题是,多大的平面探针,才不会扰动需要诊断的等离子体。探针对等离子体扰动涉及的一个问题是阴影效应:由于探针既吸引荷电粒子,又排斥其他相同荷电粒子,这就会导致探针周围的等离子体分布发生变化。如果维持等离子体的放电电流一部分变成了探针电流,同样会引起等离子体扰动问题。不管是探针分流了维持等离子体电流(这部分电流应该对产生等离子体做贡献),还是探针电流直接增加电离过程,这两种情形均会对等离子体的平衡产生严重的扰动。

问题:设等离子体密度为 10^{16} m^{-3},电子温度为 2 eV,维持等离子体的电源输入功率为 50 W。若要求探针吸收的功率小于输入功率的 1%,试估算平面探针的最大可取直径。已知产生一个电子-离子对消耗的能量为 $e\varepsilon_T \equiv 50$ eV。

答案:根据从等离子体中移除电子所导致的能量损失率,可以确定平面探针直径上限,其中对于产生一个电子-离子对,可以根据能量平衡方程(2.46)求出从等离子体中移除电子所需要的能量。所以,直径为 d 的单面圆盘探针在电子饱和时收集电流,因从等离子体吸收电子而获得的功率满足下式:

$$\frac{n_0 \bar{v}_e \pi d^2}{16} e\varepsilon_T < 0.5 \text{ W}$$

可以利用上式估算平面圆盘探针直径上限,估算结果为 $d < 6$ mm。

说明:这个最大直径刚刚大于保证平面圆盘形状所要求的最小尺寸。

实际操作给平面圆盘探针的直径带来很大限制:如果直径太小,在等离子体看来,平面探针变成了半球形探针(见 10.1.4 节);如果直径太大,当处于饱和电子流时,就会分流维持等离子体的电源功率,且大探针还会导致阴影效应。尽管平面探针技术及数据分析都相对简单,上述限制还是带来遗憾。但是,平面探针在双探针模式下还是有用的,在这种模式下,探针电流永远不会超过离子饱和电流。在 10.1.4 节中将会看到,为了在不对等离子体产生很大扰动的情况下得到荷电粒子流数据,将采用其他形状的探针,这会增加探针数据分析的复杂性。

10.1.4　柱状和球状探针

当柱状和球状探针半径远大于等离子体内鞘层宽度时,由于对荷电粒子的排斥(或加速)的变化只发生在半径方向很小的空间内,此时探针表面曲率可以忽略,所以它们的行为更类似平面探针。例如,对于密度为 10^{16} m^{-3}、电子温度为 2 eV 的等离子体,当柱状和球状探针的直径远大于 1 mm 时,平面探针模型是适用的。

问题:与直径为 5 mm 的平面圆盘探针(面积约为 2×10^{-5} m^2)比较,具有等效收集面积的球状探针的半径为 1.25 mm,柱状探针的半径为 0.3 mm,长度为 10 mm。10.1.3 节得出的平面探针模型是否适用于这两种尺度的非平面探针?

答案:参考先前估算的电子温度为 2 eV、鞘层电压为 25 V 时的鞘层宽度值 $(5\lambda_{De} \sim 0.5$ mm$)$,显然半径为 0.3 mm 的柱状探针太细,不能忽略鞘层/等离子体界面曲率与探针表面曲率的差别,实际上两者的面积相差约 2.5 倍,如图 10.7 所示。对于半径为 1.25 mm 的球状探针,其鞘层/等离子体界面的面积与球的表面积几乎差了 2 倍,同样不能适用于平面探针模型。

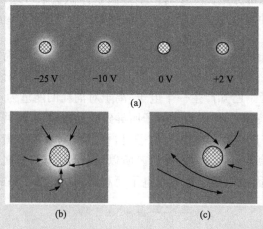

图 10.7　柱状(或球状)探针示意图。(a) 偏置探针周围鞘层的形成,标出的探针电势以等离子体电势(ϕ_p)为参考电位;(b) 离子运动轨迹($\phi < \phi_p$);(c) 电子饱和时的电子运动轨迹($\phi > \phi_p$)。图中探针周围浅色区域代表净空间电荷,$\phi < \phi_p$ 时为正,$\phi > \phi_p$ 时为负

当探针直径小于 1 mm 时,平面探针模型不再适用。由于离子电流的大小取决于每秒从等离子体进入鞘层的离子数,大面积的鞘层会收集更大的电流;探针直径小于 1 mm 时,鞘层面积会随着探针偏压变化,因此探针的饱和离子电流会随着探针偏压变化。例如,根据离子点阵鞘层模型可知,对于直径为 1.25 mm 的球状探针,当偏压从 10 V 变为 25 V 时,鞘层面积会增加约 25%。也许有人会认为,对于小的球状和柱状探针,电子饱和电流同样会由于鞘层的扩展而发生变化,事实上并非完全如此;在计算饱和电流时,必须考虑荷电粒子的运动轨迹,而探针周围的电势分布以及空间电荷密度决定了这些荷电粒子的具体运动轨迹。特别地,荷电粒子的运动必须符合角动量守恒和能量守恒。图 10.7(b) 和 (c) 给出了被探针吸引的荷电粒子的运动轨迹:它们中的大部分会到达探针表面,还有一部分将会沿偏转轨道离开。粒子以较小的无规热运动初速度进入鞘层,被鞘层电场加速,粒子的运动路径对远离探针的背景荷电粒子的运动非常敏感——离子的这种漂移是由束缚表面和电极之间的双极场引起的。与离子相反,电子进入鞘层时,具有非常大的无规热运动初速度,导致其各向同性速度分布。电子与离子的这种差别带来的结果是,包括轨道运动的荷电粒子收集模型用于电子饱和电流产生的误差,要小于饱和离子电流产生的误差。

1. 轨道运动限制电子饱和电流

很多静电探针使用细金属丝作为电荷收集表面,下面讨论这种几何形状的静电探针。一般认为,丝状探针的半径小于几个德拜长度,所以此时不能简单地忽略探针的曲率半径。相对于等离子体电位,当丝状探针处于正电位时,探针周围形成的电场就会收集电子;如果电子进入该电场的初始速度方向不是严格地指向探针的半径方向,则此电场中电子的运动轨迹将变成围绕探针的轨道,并且在这种轨道运动中,电子能量守恒和角动量守恒同时成立。在碰撞理论中,当分析两体碰撞时,一般将目标粒子放在坐标轴上,入射粒子和目标粒子发生相互作用从而改变运动轨迹之前,入射粒子与坐标轴的垂直距离称为"碰撞参数"(即瞄准距离)(图 10.8)——这里我们讨论丝状探针收集荷电粒子时用到了这个概念。在较大瞄准距离下,当电子接近探针时,其运动轨迹仅发生弯曲,最终略过探针。只有那些碰撞参数较小的电子,才会与探针碰撞,从而被探针收集。下面在考虑荷电粒子在探针电场中的这种轨道运动的情况下,推导探针收集电流的表达式。在公式推导过程中,用到了两个非常重要的假设:一个是荷电粒子能量各向同性分布,另一个是荷电粒子在探针电场中与背景气体分子及原子没有碰撞。丝状探针的半径 r_c 远小于探针长度 l,即 $l \gg r_c$;探针电势 $V_c > \phi_p$,其中的下标 c 表示荷电粒子的收集表面,即探针(图 10.8)。下面考虑当一个电子(携带电荷为 $-e$)以瞄准距离 h_{graze} 略过探针表面时的运动轨迹。由能量守恒,可以得到这个略过探针表面的电子满足

$$\frac{1}{2}m_e v^2 = \frac{1}{2}m_e v_c^2 - e(V_c - \phi_p) \tag{10.7}$$

同时这个电子的运动也必须满足角动量守恒,如下式所示:

$$m_e v h_{graze} = m_e v_c r_c \tag{10.8}$$

联立求解方程(10.7)和方程(10.8),可以得到以略入射电子初速度为自变量的最大俘获瞄准距离的表达式:

$$h_{graze} = r_c \left[1 + \frac{2e(V_c - \phi_p)}{m_e v^2}\right]^{1/2} \tag{10.9}$$

注意,对于大的初始速度,入射电子的瞄准距离近似等于探针半径 r_c,因此,对于那些高速电子,只有当初速度方向直接指向探针时,才能被探针收集;而那些瞄准距离大于 r_c 的电子,当初速度很小时才可能被探针收集。初速度为 v 的收集电子对探针电流的贡献为 $dI_e = evAdn$,式中 $A = 2lh_{graze}$,由此可得

$$dI_e = 2el \times r_c \left[1 + \frac{2e(V_c - \phi_p)}{m_e v^2}\right]^{1/2} v dn \tag{10.10}$$

为了求出总探针电流,需要将式(10.10)在电子速率分布函数上进行积分。本书第 2 章中给出了球坐标系中的电子速率分布函数;适用于丝状探针的柱坐标电子速率分布函数为

$$f_{s-cyl} = \frac{dn}{dv} = n_0 \left(\frac{m_e}{2\pi k_B T_e}\right) 2\pi v \exp\left(-\frac{m_e v^2}{2k_B T_e}\right) \tag{10.11}$$

将方程(10.11)代入方程(10.10),然后从 0 到 ∞ 对速率进行积分运算,即可求得在垂直于探针平面上、以所有角度到达探针表面的电子对探针电流的贡献;方程(10.10)同时也包括了探针轴向速度分量的贡献。由此可得,当探针电势为 V_c 时,探针所收集的总电子电流可用下面的积分表示:

$$I_e = e4r_c n_0 \int_0^\infty \left(\frac{m_e v^2}{2k_B T_e}\right) \exp\left(-\frac{m_e v^2}{2k_B T_e}\right) \left[1 + \frac{e(V_c - \phi_p)}{k_B T_e}\frac{2k_B T_e}{m_e v^2}\right]^{1/2} dv$$

$$\tag{10.12}$$

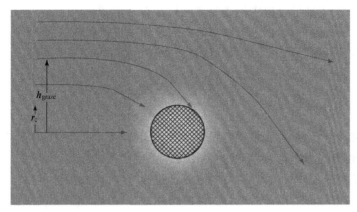

图 10.8 探针周围具有相同能量、不同瞄准距离的荷电粒子的运动轨迹。其中瞄准距离为 $h \leqslant h_{graze}$ 的荷电粒子被探针收集，而 $h > h_{graze}$ 的荷电粒子则逃逸

问题：证明当柱状探针电势为 V_c 时，探针收集的饱和电子为

$$I_e = e2\pi r_c l \frac{n_0 \bar{v}}{4} \left[2\sqrt{\frac{\eta}{\pi}} + \exp\eta \operatorname{erfc}\sqrt{\eta} \right] \tag{10.13}$$

式中，$\eta = e(V_c - \phi_p)/(k_B T_e)$。

答案：首先利用下列变换改写方程(10.12)

$$\eta = e(V_c - \phi_p)/(k_B T_e) \text{ 及 } u^2 = m_e v^2/(2k_B T_e) + \eta$$

有 $v dv = (2k_B T_e/m_e)u du$。由此，电流积分变成如下形式：

$$I_e = e4 r_c l n_0 \sqrt{2k_B T_e/m_e} \exp\eta \int_{\sqrt{\eta}}^{\infty} [u^2 \exp(-u^2)] du$$

再利用分部积分法完成上式中的积分：

$$\int_{\sqrt{\eta}}^{\infty} [u \exp(-u^2)] u du = \left[\frac{\exp(-u^2)}{-2} u \right]_{\sqrt{\eta}}^{\infty} + \int_{\sqrt{\eta}}^{\infty} \frac{\exp(-u^2)}{2} du$$

上式右边的积分项可以用互补型误差函数表示成如下形式：$(\sqrt{\pi}/4)\operatorname{erfc}\sqrt{\eta}$。将上述结果代入，并适当整理后，即可得到所求结果。

对于方程(10.13)给出的饱和电子电流公式，当 $\eta = e(V_c - \phi_p)/(k_B T_e) > 2$ 时，可以近似表示为如下形式，而计算误差小于 1%：

$$I_e = e2\pi r_c l \frac{n_0 \bar{v}}{4} 2\sqrt{\frac{1 + e(V_c - \phi_p)/k_B T_e}{\pi}} \tag{10.14}$$

实际上，即使 $\eta = e(V_c - \phi_p)/(k_B T_e) < 2$，式(10.4)的计算误差也不会大于 13%。

Mott-Smith 和 Langmuir 等最先推导出上述针对柱状探针的轨道运动限制电流公式[211]。如平面探针情形，他们在推导过程中，将柱状探针周围的空间分成两部分：等离子体区域和鞘层区域，但接下来并没有求解鞘层中的电势分布。事实上,这正是在上述推导过程中不需要关注鞘层存在的原因[211,212]。当然,依赖泊松方程的数值积分分析,原则上可以求解等离子体中柱状和球状探针的所有问题,但这样做并不能得到等离子体更多的信息。上述分析表明:本节所述方法在大多数等离子体参数空间中是适用的。

2. 等离子体电势

前面的讨论表明,当放置于电正性冷等离子体($T_i \ll T_e$)中的探针处于悬浮电势时,探针收集的净电流为零,这是由于玻尔兹曼因子的存在,电子受到强烈排斥。当探针电势为正时,探针收集的电子电流会迅速增加,直到探针电势等于等离子体的空间电势,即直流等离子体电势。继续增加柱状和球状探针电势,指数减速因子将被处于轨道运动限制(OML)下的电子的收集取代,此时探针收集电子电流随探针电势的变化趋缓。上述两种变化趋势的过渡可以用探针电流-电压特性曲线上电子减速区与电子饱和区之间的"拐点"来表征。通过求解探针特性曲线的一阶导数,可以帮助找到这个拐点,一阶导数的峰值接近等离子体电势(图 10.9(a))。在实际计算中,用探针特性曲线的一阶导数峰值确定的等离子体电势往往高于等离子体的实际电势,因此,利用下述方法求等离子体电势更合理:继续求探针特性曲线的二阶导数 d^2I/dV^2,则二阶导数零点和一阶导数峰值之间对应的点即为等离子体电势。

练习 10.5:OML 分析的应用　图 10.9 给出了由丝状单探针在等离子体中测量到的电子电流特性曲线,等离子体参数与图 10.3、图 10.4 及图 10.6 中的参数

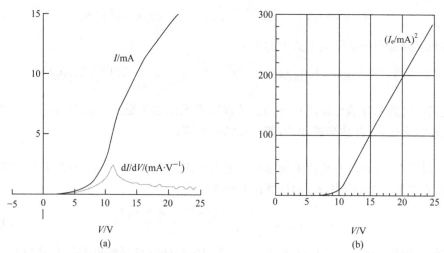

图 10.9　(a) 电子电流及其一阶导数对探针电压的变化曲线,其中柱状探针的表面积为 2.0×10^{-5} m²,等离子体与图 10.3 中的相同;(b) 相同条件下探针电子电流的平方随探针电压变化曲线

相同,图 10.9(b)同时给出电子电流平方 I_e^2 随探针电势 V 的变化曲线。已知探针的表面积为 2.0×10^{-5} m²,使用电子饱和电流区域($V > \phi_p$),计算等离子体的电子密度和电子温度。

使用上述方法,可以从柱状探针的电流-电压特性曲线的电子饱和区计算出电子密度和电子温度数值。但是,工作在电子饱和区的探针会从等离子体中抽取过多的电子,从而可能对等离子体产生扰动。基于这个原因,有必要分析离子电流的变化。

3. 柱状探针的离子饱和电流

柱状探针收集的饱和离子电流不会简单地达到一个固定值(探针周围的鞘层面积随探针偏压增大),因此,对于探针 I-V 特性曲线中离子电流部分($V < \phi_p$)的分析,显而易见的办法就是重复使用电子收集电流的分析方法,只是替换相应的电荷、质量及温度。事实上很多等离子体学者也是这样做的,但出于种种原因,这种办法往往得不到正确的结果。导致不正确结果的原因之一是,低能粒子(低温等离子体中通常离子温度远小于电子温度,即 $T_i \ll T_e$)进入探针周围的势阱【译者注:鞘层】时,一部分离子的入射半径一般要大于探针的实际半径(不能只考虑入射半径等于探针实际半径的那部分离子),这样就要考虑到探针周围的势阱形状,并且需要用轨道力学求解低能离子的运动。在这种情形下,为了得到探针的有效半径,就必须通过求解泊松方程确定势阱结构[213],从而利用不同的离子密度值计算出 I-V 特性曲线拟合探针数据。前面介绍电子探针饱和电流时,由于电子的热速度足够大,电子的入射半径与探针的实际半径相差无几,所以就不需要考虑势阱的结构问题。

低温等离子体中的低能离子还会出现另一种情况:低能离子具有很小的角动量,它们与同等质量的中性气体原子分子碰撞频繁,这意味着这些频繁碰撞会使被势阱加速的离子失去能量,处于静止状态,接着这部分静止离子被探针周围径向分布的势场加速,从而沿着探针径向轨道被探针收集。此时可以用径向流模型取代轨道运动限制模型,径向流模型又称为 ABR 模型,分别取模型建立者 Allen、Boyd 和 Reynolds 三人姓名的首字母命名[214]。径向流模型同样需要求解泊松方程,离子电流可以表示成探针电势的函数,有关详细的计算过程可以参考 Chen 发表的文章[215]。通过这样的计算来拟合探针伏安特性曲线离子电流部分($V < \phi_p$),就可以导出离子密度。大量实验数据证明,径向流模型更适合本书前述章节中描述的有界等离子体[216]。

4. 碰撞的影响

与离子电流比较,轨道运动模型更适合探针电子电流的收集,这主要是因为电子具有较小的质量和较高的热速度,从而更容易保持原有的围绕探针的运动轨迹,即使存在荷电粒子之间以及荷电粒子与中性粒子之间的碰撞,电子也倾向于维持自己的运动轨迹。发生在探针鞘层中的碰撞产生的一个影响是,一些粒子会一直维持轨道运动,不能被探针收集。这些维持轨道运动的粒子会聚集,直至与那些碰撞引起的去轨道运动平衡。此时陷入轨道运动的荷电粒子建立起的空间电荷就会产生局部电势。当碰撞频率足够大,直至破坏这种轨道运动所建立起来的空间电荷产生的局部电势时($\lambda_e < \lambda_c$),利用 OML 模型计算探针鞘层中的电子运动行为才能得到满意的结果。对于探针离子饱和电流的收集,情况大为不同,这是由于离子与离子之间以及离子与中性原子分子之间的碰撞截面很大,致使碰撞频率很高,碰撞常使离子偏离轨道从而被探针俘获,也就是说离子在探针鞘层中难以维持轨道运动。在分析碰撞离子电流收集的建模中,需要对 OML 模型进行扩展[217],用电荷交换来处理主要的碰撞过程。这样的处理效果可想而知:在任何给定的探针势阱中,碰撞有增加离子电流的倾向。上述模型似乎只适用于极细的线状探针,即满足 $r_c \ll \lambda_{De}$ 条件的探针。如此看来,Allen 等[217]提出的模型更为合理。

5. 静电探针小结

静电探针以其简单性而引起极大关注,但由于探针数据分析的复杂性及不确定性,这种关注及应用范围大打折扣。确实,平面探针很难实现等离子体空间局部测量;尽管已经建立了丝状探针收集的饱和电子电流的理论模型,但由于丝状探针从等离子体中抽取的饱和电子电流过大,会对等离子体产生扰动;另外,尽管离子饱和电流区对等离子体的扰动远小于电子饱和电流区,但对非平面探针的离子饱和电流分析的难度大大增加。探针伏安特性曲线的过渡区(电子减速区)无论从应用角度还是分析角度,都是最有价值的区域:对于平面探针、柱状探针和球形探针,都可以通过这个区域的半对数曲线求得等离子体的电子温度,事实上,这个区域还包含更丰富的消息,如 10.1.5 节提到的,可以通过探针特性曲线过渡区的分析得出等离子体中的电子能量分布。

10.1.5　电子能量分布

探针在电子减速区($V < \phi_P$)收集的电子电流值得仔细分析,如果假设等离子体中的电子分布是各向同性,且电子收集器是凸面的,则在 10.1.4 节导出的探针表面收集电子电流方程可以沿着减速表面积分,不必直接求助于麦克斯韦分布函数。这样就可以通过探针特性曲线求得电子能量分布函数。这种方法有助于了解电子能量分布与等离子体维持之间的相互关系,因此显得尤为重要。本小节将逐步揭示电子能量分布函数 $f(\varepsilon)$ 和探针伏安特性曲线二阶导数 $d^2 I/dV^2$ 之间的联系。

首先考虑浸入各向同性等离子体中的一块小面积 ΔA。通常假设探针的面积足够小，以致不会对等离子体中粒子的局部分布产生影响。当小面积的电势低于等离子体电势时，对入射到这个小面积表面上的电子通量进行角度及速度积分，即可求得它所收集的电子电流。小面积上所加偏压导致的电子减速势，以及电子相对于小面积的入射角度决定了速度积分的下限，对于任何速度的入射电子，存在一个最大入射角，当电子的入射角度大于这个最大角时，电子的径向分速度将不足以克服小面积上的减速势垒，从而不能被小面积收集：

$$\Delta I_{\mathrm{e}} = e\Delta A \int_{v_{\min}}^{\infty} \int_0^{\theta_{\min}(v)} \int_0^{2\pi} f(v)\, v\cos\theta v \,\mathrm{d}\varphi v \sin\theta \mathrm{d}\theta \mathrm{d}v \tag{10.15}$$

式中，$v\cos\theta_{\max} = v_{\min}$，$v_{\min} = \left[2e(\phi_{\mathrm{p}}-V)/m\right]^{1/2}$；$f(v)$ 是探针周围未扰动等离子体中的电子速度分布函数。完成式（10.15）对角度的积分，可以得到下式：

$$\Delta I_{\mathrm{e}} = \pi e\Delta A \int_{v_{\min}}^{\infty} v^3 f(v)\left(1-\frac{v_{\min}^2}{v^2}\right)\mathrm{d}v \tag{10.16}$$

由于速度分布是各向同性的，探针的表面很小且具有正的曲率半径，探针收集的总电流正比于收集面积，因此式（10.16）中的 ΔI_{e} 和 ΔA 可分别用 I_{e} 和 A 替换。这样，考虑到电子的减速是由探针表面电势引起的，将式（10.16）中的自变量变成电子的动能 $\varepsilon = m_{\mathrm{e}}v^2/2$ 将会使问题变得更简便。电子的速度分布函数 $f(v)$ 可以由下式表示成电子能量分布函数 $f_\varepsilon(\varepsilon)$：

$$4\pi v^2 f(v)\mathrm{d}v = f_\varepsilon(\varepsilon)\mathrm{d}\varepsilon$$

由此可得下式：

$$I_{\mathrm{e}} = \frac{1}{4}eA \int_{\varepsilon_{\min}}^{\infty} \left(\frac{2\varepsilon}{m_{\mathrm{e}}}\right)^{1/2} f_\varepsilon(\varepsilon)\left(1-\frac{\varepsilon_{\min}}{\varepsilon}\right)\mathrm{d}\varepsilon \tag{10.17}$$

式中，可被探针收集的电子的能量阈值是 $\varepsilon_{\min} = e(\phi_{\mathrm{p}}-V)$，可知这个能量阈值随着探针扫描电压变化。从某种意义上说，我们得到了电子能量分布函数和探针电压及探针电流的关系式，但是最好能得到电子能量分布函数的表达式，即"$f_\varepsilon(\varepsilon)=$"。下面我们就试图找到这个表达式，尽管分析过程有点晦涩。注意，式（10.17）的积分下限是探针扫描电压 V 的函数，因此，利用积分的微分莱布尼茨定则会有助于问题的解决：

$$\frac{\mathrm{d}}{\mathrm{d}y}\int_{b(y)}^{a(y)} F(x,y)\mathrm{d}x = F(a,y)\frac{\partial a}{\partial y} - F(b,y)\frac{\partial b}{\partial y} + \int_{b(y)}^{a(y)}\frac{\partial F}{\partial y}\mathrm{d}x \tag{10.18}$$

将式（10.17）中的积分代入式（10.18），就会发现，由于积分上限不依赖于探针扫描电压，所以式（10.18）右边的第一项为零；而被积函数在积分下限的值趋近于零，所以式（10.18）右边第二项也等于零，这样只剩下第三项。利用关系式 $\mathrm{d}\varepsilon_{\min}/\mathrm{d}V = -e$，式（10.17）简化为

$$\frac{\mathrm{d}I_{\mathrm{e}}}{\mathrm{d}V} = \frac{1}{4}eA\left(\frac{2}{m_{\mathrm{e}}}\right)^{1/2}\int_{\varepsilon_{\min}}^{\infty} \varepsilon^{1/2} f_\varepsilon(\varepsilon)\left(\frac{-1}{\varepsilon}\right)(-e)\mathrm{d}\varepsilon \tag{10.19}$$

$$= \frac{1}{4}e^2 A \left(\frac{2}{m_e}\right)^{1/2} \int_{\varepsilon_{min}}^{\infty} \varepsilon^{-1/2} f_\varepsilon(\varepsilon) \mathrm{d}\varepsilon \tag{10.20}$$

式中的积分下限仍然是探针扫描电压 V 的函数,再一次应用莱布尼茨公式,可知只有右边第二项不等于零:

$$\frac{\mathrm{d}^2 I_e}{\mathrm{d}V^2} = -\frac{1}{4}e^2 A \left(\frac{2}{m}\right)^{1/2} (-e) \varepsilon_{min}^{-1/2} f_\varepsilon(\varepsilon_{min})$$

$$= \frac{1}{4}e^3 A \left(\frac{2}{m}\right)^{1/2} \left[\frac{f_\varepsilon(\varepsilon_{min})}{\varepsilon_{min}^{1/2}}\right] \tag{10.21}$$

式中,$\varepsilon_{min}=e(\phi_p-V)$。方程(10.21)右边方括号中的值常称为电子能量概率函数(EEPF)。

上述推导过程得出一个有用的结果:未扰动等离子体中的电子能量分布函数(EEDF)可以通过对探针伏安特性曲线电子减速区电流对探针扫描电压取二阶导数求得,探针扫描电压决定了电子被探针收集时的能量($e(\phi_p-V)$)。这种获取等离子体中电子能量分布函数的过程通常称为 Druyvesteyn[218] 法,事实上最先提出这种方法的人是 Mott-Smith 和 Langmuir[211]。正如前面提到的,探针伏安特性曲线的二阶导数也可以用来确定等离子体电位,二阶导数为零的点对应等离子体电位,等离子体电位确定了电子能量分布函数的能量标尺。

问题:如何利用探针数据证实 EEDF 符合麦克斯韦分布?
答案:对于具有麦克斯韦分布的 EEDF(比较方程(2.9)),有

$$f_\varepsilon(\varepsilon) \propto \varepsilon^{1/2} \exp\left[-\varepsilon/(k_B T_e)\right] \tag{10.22}$$

可知麦克斯韦 EEDF 是一个简单的指数函数,因此,作探针特性曲线二阶导数 $\mathrm{d}^2 I_e/\mathrm{d}V^2$ 相对于扫描电压 V 的半对数曲线 $\ln(\mathrm{d}^2 I_e/\mathrm{d}V^2)$-$V$,如果半对数曲线是线性的,则可以证明 EEDF 符合麦克斯韦分布。

练习 10.6:二阶求导法　图 5.16 给出了等离子体中的 EEPF,这个函数从柱状单静电探针测量数据中求得。请在图中说明等离子体中电子能量分布符合麦克斯韦分布的范围。

10.2　用于射频等离子体的静电探针

在探针的实际使用中,为了快速获得探针数据,探针扫描电压经常快速从零增加至最大值。第 4 章中的讨论结果表明,为了保证电子减速区探针周围的富离子鞘层的稳定,探针电压的扫描周期应该远小于等离子体的离子振荡周期 ω_{pi}^{-1}(以保证探针扫描电压的准直流特性)或者远大于 ω_{pi}^{-1}(离子跟不上扫描电压的变化从而被"冻结")。此外,当探针电势稳定时,探针与周围等离子体的电势差会随等离子

体电势变化。本节特别考察当探针与等离子体之间存在射频成分时所产生的结果。

10.2.1 射频环境下的传统探针

本书前面对射频等离子体的分析表明,空间电荷鞘层中的射频容性耦合会引起等离子体电势相对于实验室"接地电势"的射频振荡,因此射频等离子体电势一般符合关系 $\phi_p \sim \phi_{p0}\cos\omega t$,并且可能伴随高次谐波。此时首先需要考虑的是这对静电探针有什么影响,探针上的扫描电压是相对于地施加的。如果只考虑射频等离子体的基频,则单探针伏安特性曲线电子减速区方程(10.6)会变成如下复杂形式:

$$I = eA\left[-\frac{n_0\bar{v}_e}{4}\exp\left(\frac{e(V-\phi_{p0}\cos\omega t)}{k_B T_e}\right) + n_s u_B\right] \tag{10.23}$$

这表明此时探针电流中存在非线性的射频成分,这样的探针电流很难测量,这是因为在测到射频电流信号之前,这个射频电流早已沿探针与等离子体之间的电容消失到探针的接地极上了。所以,一个更合理的做法是,取射频电流周期平均值,且放慢探针电压扫描速度,看看这样取平均值后能得到什么信息。

> **问题:**图 10.10 给出了振幅为 5 V 时的射频等离子体时间平均探针电流曲线。请解释为什么悬浮电势会出现大约 −2.3 V 的漂移(如果需要,可参考 4.3.1 节以获得解题思路)。

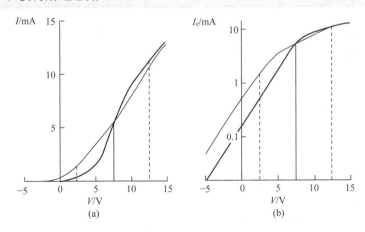

图 10.10 等离子体电势的射频振荡对 Langmuir 单探针伏安特性曲线及半对数伏安特性曲线 $\ln(I_e)$-V 的影响。探针的面积为 2.0×10^{-5} m^2,低气压氢等离子体密度为 $n=3.6\times10^{15}$ m^{-3},电子温度 $k_B T_e/e = 2.1$ V。当 $V_p = V_1\cos\omega t$,$V_1 = 5$ V,及 $\omega_{pi} < \omega < \omega_{pe}$ 时,图中细实线为所测探针电流的平均值,粗实线是探针偏压以等离子体电势为参考电位时应该测到的"真实"电流。图中垂直线给出了一个射频周期等离子体电势的变化范围

答案：对方程(10.23)取平均，即可得到悬浮电势。取 $\bar{I}=0$，整理方程并取自然对数，可得

$$\frac{eV_{\mathrm{f}}}{k_{\mathrm{B}}T_{\mathrm{e}}}=\ln\left(\frac{4n_{\mathrm{s}}u_{\mathrm{B}}}{n_0\bar{v}_{\mathrm{e}}}\right)-\ln\mathrm{I}_0\left(\frac{eV_1}{k_{\mathrm{B}}T_{\mathrm{e}}}\right) \tag{10.24}$$

式中，右边第一项是相对于远离探针的等离子体的有效直流悬浮电势；第二项是射频引起的漂移。当 $x=eV_1/(k_{\mathrm{B}}T_{\mathrm{e}})=5/2.1$ 时，从图 4.8 可以发现修正贝塞尔函数 $\mathrm{I}_0(x)$ 的值约为 3.0；于是可得悬浮电势的漂移为 $-2.1\times(\ln3)$ V$=-2.3$ V。

从图 10.10 中也可以清楚地看出，探针半对数伏安特性曲线电子减速区也与悬浮电势一样，整体漂移了 -2.3 V，漂移的距离在射频等离子体电势的变化范围之内。平均探针电流，不管探针处于悬浮状态还是施加偏压，如果探针的瞬时电流在电子减速区，则会发生同样的漂移。这似乎说明，可以使用平均的办法获得离子和电子的减速数据，但是我们必须清楚，这种办法是非常粗糙的，原因是探针对等离子体的扰动，一方面不可避免地会从等离子体局部抽取荷电粒子，另一方面也会提供一个等离子体与地之间的射频低阻抗通道。另外，由于射频等离子体电势难以确定，并且得不到全区域的减速电流，不能对其进行电子能量分布函数的分析。图 10.10 中的伏安特性曲线可以用于推导出电子能量分布函数，那是因为图中给出了等离子体电势的振荡范围，实际上，这个振荡范围不能从理论上推导出来。鉴于以上分析，在利用探针诊断射频等离子体时，很有必要找到某种屏蔽方法，以使等离子体电势的射频成分不会出现在探针鞘层中（同时屏蔽掉探针电流的射频成分）。这就要求探针跟得上瞬间等离子体电势，通过慢速探针扫描偏压以获得补偿。

1. 无源（被动）补偿

可以在探针的后面安装一个无源元件，以便最大限度地增加探针与地之间的射频阻抗（图 10.11）。通常做法是，引入基频和几个低次谐频并联共振元件（$Z\to\infty$）。由于探针后部没有足够的空间，一个可行的办法是，选择具有自共振的线绕电感，自共振来源于线圈匝数之间的电容，共振频率精确地设在 $\omega,2\omega,3\omega,\cdots$，这样就会给每个设定的频率提供一个陷波滤波器。同样，也可以使用同轴电缆分布电感和电容形成的非线性低通道滤波器，这种同轴电缆用于探针与真空法兰之间的封接。如果能在等离子体与探针线路套管之间设计附加的容性耦合通道（图 10.11 中用 C_{sleeve} 表示），这样射频电流就会被分流，从而不会通过探针鞘层被探针系统收集，探针偏压可以控制荷电粒子流；通过设计附加的容性通道均可以增加上述两种滤波器的效率。

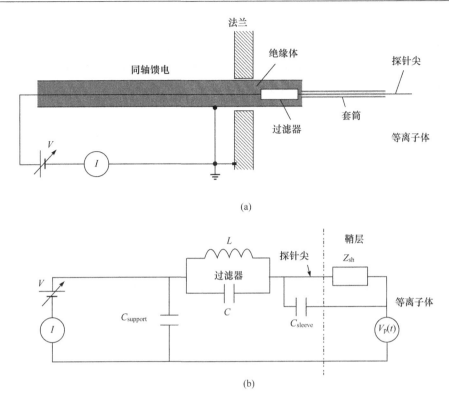

(a)

(b)

图 10.11 （a）射频等离子体环境中无源补偿探针原理图，探针后面有一个无源滤波线路，这
里探针法兰作为参考地电极，任何与法兰接触的导体也同时暴露在等离子体中；（b）共振无
源补偿滤波器等效电路图，参量 $V_p(t)$ 包括了等离子体电势的射频振荡

如果仔细地选择频率匹配，用无源补偿探针诊断射频等离子体会得到类似直
流等离子体的伏安特性曲线，如图 10.10 中虚线所示。滤波器的特性非常难以在
线调制，因此在实际应用中，无源补偿探针难以达到完全补偿，特别是在等离子体
电势的振荡幅度大的情况下（如振荡幅值高达几十伏），对称电极电容耦合等离子
体就会出现这种情况。此时，有源补偿探针就会找到用武之地。

2. 有源补偿

使用一个能输出等离子体电势射频振荡的射频源驱动探针（图 10.12），可以
使探针获得主动补偿。最简单的主动补偿办法是，使用射频等离子体振荡的基频
电源驱动探针[219]。施加在探针上的射频偏压的振幅及相位必须和等离子体电势
的振荡匹配。调节匹配的原则是使悬浮电势最大化，此时探针与等离子体之间的
射频电势差最小（参考方程（10.24））。实际应用中，在等离子体和探针之间会残留
等离子体电势的谐波，于是有人利用三次谐波有源补偿探针，发现补偿效果更

好[220]。事实上,有人设计出了七次谐波有源补偿探针,其中在控制软件中使用目标跟踪算法(goal-seeking algorithms)实现了七种振幅和七种相位的调制[221]。尽管可以简单地测量等离子体电势的变化,并将这种变化直接反馈到探针,但是,在高次谐波中会产生依赖于电缆长度的相移效应,此时就需要在线实时调节技术。

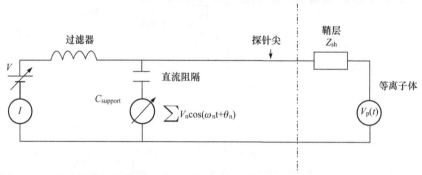

图 10.12　主动补偿探针等效电路图。探针射频偏压波形是根据一系列等离子体谐波合成的,其中每种谐波的振幅和相位均可独立调节。匹配调制的依据是使等离子体悬浮电位最大化

3. 静电探针的进一步总结

在直流等离子体中,Langmuir 单探针是测量局部等离子体 EEDF 的有力工具。用同样的二次微分法诊断射频等离子体,就需要补偿等离子体电势和探针电势之间的射频振荡效应。无源补偿探针可以用来减少至少由头三个谐波造成的射频振荡效应。在高对称放电中,等离子体电势的变化可能很大,此时无源补偿就不能削减探针鞘层中的射频成分,以使其降低到小于 $k_B T_e/e$。有源补偿法可以优化补偿信号,使测量结果更接近真实情况,但会大大增加探针系统的复杂性,从而牺牲了 Langmuir 探针法的简单特性。对于工业射频等离子体的常规诊断,Langmuir 探针法还有很多不利因素,这些不利因素包括探针材料与刻蚀或沉积等离子体环境的相容性,以及探针的阴影效应等。10.2.2 节将要描述的另一种等离子体诊断方式,就是试图解决 Langmuir 探针的局限性。

10.2.2　真实工业等离子体静电探针

问题:真实等离子体工艺主要用于导体或绝缘体材料的沉积或刻蚀。
(1) 找出设计这种静电探针可能遇到的问题。
(2) 说明等离子体应用中使用探针所带来的影响。
答案:(1) 探针的材料和设计必须与等离子体化学相容,探针表面沉积的材料需要及时去除。

(2) 探针放入等离子体后,会对等离子体产生扰动,探针的表面及探针的支撑装置会额外增加体等离子体的复合位置,从而影响到等离子体的各种全局平衡。

在诊断等离子体荷电粒子时,一个避免在等离子体处理室添加新材料的方法是,利用已有的结构建立探针。例如,在电容耦合等离子体中,可以直接利用放电电极;在电感耦合等离子体中,可以利用载物台。实际上,利用完全放置在真空室外面的传感器,这些传感器经过细心的调制,以至于可以模拟测量点和等离子体之间电场的电感和电容特性,可以用其测量射频电流和电压,从而导出射频等离子体中的离子流量密度以及离子能量[222,223]。这些方法需要精确校准,是验证前面几章描述的整体射频模型的基本方法。

对于安装在已有表面上的小型局域探针,利用第 4 章介绍的自偏压效应获得探针偏压也是可行的[224]。这里的射频信号与所测量等离子体的激励无关,等离子体的激励方式可以是容性耦合或感性耦合,也可以是螺旋波等离子体,或者其他形式的低气压等离子体。图 10.13 给出了自偏压平面探针的原理图,其中利用了一个外部耦合电容器,将脉冲调制射频源产生的很多射频周期信号耦合到平面探针上,使之与等离子体的射频悬浮电势一致。在一个脉冲射频的初期,这个外部电容隔断直流,使平面探针表面的自偏压电势得以建立。稳定的自偏压确定了表面势场,因此在一个调制脉冲周期中,由射频自偏压引起的到达表面的离子流,就会被射频关断时的电子流所中和(补偿),射频关断时,平面探针表面的自偏压势场就会消失,此时由于电子的高迁移率,等离子体中的电子会流向探针表面,直到下一个射频脉冲(参见 4.3.1 节)。经过一个射频脉冲后,短时间内探针表面电势还处于自偏压电压,此时射频信号关断,探针鞘层没有射频叠加,电子就不能到达探针表面,因此射频关断的初期主要由离子流给电容充电,直到建立起无射频扰动的悬浮电势,此时电子将再一次抵达探针表面。

对于电正性等离子体,可以利用与等离子体特性及外部环境相关的几个参数,得到描述探针充电和放电过程的解析表达式。将不同幅值的射频信号作用在探针上,实际上相当于将图 4.9 所示的修正贝塞尔函数图形化,所以可以用来推导出等离子体中的有效电子温度。在射频关断后,由射频形成的自偏压的衰减直接与离子流密度相关联,实际上正是处于等离子体电子分布函数的尾部。射频自偏压的衰减,等效于消除了平面探针鞘层的离子特性,使之从离子饱和电势过渡到悬浮电势。由于射频幅值为零,没有射频的扰动,这个衰减周期更易于分析和解释。如满足 $|dV/dt| \ll \omega_{pi} k_B T_e/e$ 这个条件,则流过电容器(C_x)的电流等于到达探针表面的净离子流,因此位移电流就可以被忽略(参见 4.2 节)。建立充放电过程解析式的出发点,就是描述缓变电势的微分方程:

$$C_x \frac{dV}{dt} = eA \left[n_s u_B - \frac{n_0 \bar{v}_e}{4} \exp\left(\frac{-e(V - \phi_P)}{k_B T_e} \right) \right] \quad (10.25)$$

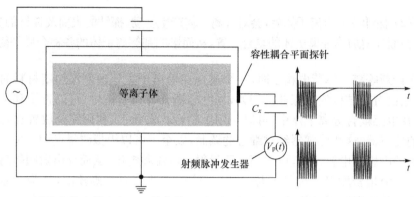

图 10.13　镶嵌在接地器壁表面上的自偏压平面探针示意图。探针偏压源来自脉冲调制射频源,其中在射频脉冲期内,射频信号通过耦合电容 C_x 在探针表面建立自偏压。在射频脉冲结束时,射频幅值变为零,电容器开始放电,放电速率由初始等离子体到探针的离子流密度决定

对于自偏压衰减期,其初始条件是 $t=t_1$,即射频幅值电压从 V_{RF} 变成零的时刻,电容器两端的电势差等于射频脉冲时 $(t<0)$ 所建立的自偏压如下式所示:

$$V(t_1) = -T_e/e \times \ln\{I_0[eV_{RF}/(k_B T_e)]\} \tag{10.26}$$

于是,方程(10.25)的解可以表示成如下形式:

$$\frac{eV}{k_B T_e} = \left(\frac{t-t_1}{\tau}\right) - \ln\left\{\exp\left(\frac{t-t_1}{\tau}\right) - 1 + I_0[eV_{RF}/(k_B T_e)]\right\} \tag{10.27}$$

式中,$\tau = C_x k_B T_e/(n_s u_B e^2 A)$,是自偏压衰减的特征时间。

　　在射频脉冲作用期间,当自偏压建立起来时,可以通过探针瞬时电子电流的平均及初始条件 $V=0$,来跟踪缓变电势。图 10.14 给出了一个平面探针表面势的完

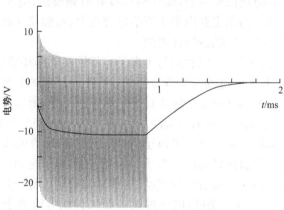

图 10.14　自偏压平面探针瞬时(模糊,灰色)和缓变(黑色实线)电势变化曲线。探针镶嵌在接地的等离子体源真空室壁,探针表面积为 1.8×10^{-4} m²。真空室外的探针驱动脉冲调制电源的宽为 0.9 ms,射频频率为 12 MHz,峰值电压为 15 V,驱动电源通过一个 22 nF 的电容器和探针连续在一起

全解,其中调制射频脉冲的脉宽为 0.9 ms,在这个时间内探针受射频信号驱动。

问题:证明缓变电势在衰减初期是线性衰减的,记住在方程(10.27)中,V_{RF} 是射频开启时的射频电压,因此这个电压确定了衰减期的初始条件。

答案:在方程(10.27)中,当 $t \approx t_1$ 时,贝塞尔函数主导的算法只剩下线性时间依赖部分 $(t-t_1)/\tau$。

脉冲调制射频的应用意味着,可以通过绝缘表面实现射频等离子体的准直流测量。这个方法特别适用于"污染"等离子体环境,在这样的等离子体环境中,传统的 Langmuir 探针会沉积一层绝缘材料,引起探针中毒。射频偏压探针可以容忍几微米的沉积材料,它甚至可以用于监控及测量绝缘材料的沉积速率。对于更完全的描述,包括大的偏压和电负性等离子体的诊断,需要用数值解法求解微分方程,此时结合适当的边界条件,就可以确定瞬态现象[225]。这种方法提供了一种简单且准确测量离子流密度和有效电子温度的技术,并且已经被证明,这是一种跟踪一系列低气压等离子体源等离子体状态微小变化及其敏感性的方法。

问题:使用脉冲调制射频探针,为什么有可能导出有效电子温度?此时电子能量分布函数中的哪部分电子可以被探针收集?

答案:当缓变电压衰减时,电子开始逐渐被探针收集,所以衰减曲线的末端可以给出电子温度,这一点与常规 Langmuir 探针所作的相似。但是在脉冲调制射频探针诊断中,随着缓变电势的衰减,最终衰减至悬浮电势,这个电势远小于等离子体电势,因此只有电子能量分布函数中高能端的电子可以被探针收集。

练习 10.7:**脉冲调制射频自偏压平面探针** 参考图 10.14,(1) 说明怎样由 15 V射频驱动的探针所产生的 -10.5 V 稳定自偏压导出电子温度;(2) 在射频脉冲结束后,由自偏压的衰变速率推导出探针表面收集的离子流密度。

脉冲调制射频偏压平面探针将不太复杂的技术和简单的数学分析结合在一起,它的一个主要优点是,可以容忍绝缘薄膜的沉积[226],它甚至可以用作薄膜厚度监测器。瞬变初期只收集稳定的饱和离子流,产生的高自偏压有效地排斥电子吸引正离子。但是,荷电粒子收集探针不能分辨所收集正离子的能量,这些离子以不同的能量到达探针表面。在下面将要描述的诊断技术中,通过将离子引入一个与等离子体静电屏蔽的区域,试图分辨离子的能量。

10.3 减速场分析器

等离子体中荷电粒子的速度或能量可以用多种方法分析。其中一种方法是通过选择一些具有特定空间轨迹的粒子,使得这些粒子的路径与一个狭窄的速度区间相对应。另一种方法是施加一个减速场,阻挡那些能量低于场能的低能离子。本节在简要地介绍这些方法后,将集中介绍减速场法,这种方法可以在射频等离子体装置物理环境中进行等离子体诊断,方法简单且直接。下面的叙述将会表明,处于不同电势的栅极之间的狭小空间形成的电场,提供了一种测量到达一个平面的离子能量和速度分布的方法,当然,这个平面必须暴露在低气压等离子体中[210]。

10.3.1　基本原理

当一个荷电粒子进入静电场区域时,这个粒子就会沿着静电场方向被静电场加速。静电场中荷电粒子的运动轨迹同样也依赖于垂直于电场方向的速度分量(图 10.15)。荷电粒子在电场方向被加速或者被减速,取决于粒子所带电荷的正负以及电势梯度的方向。跨越电场时荷电粒子垂直于电场方向的速度分量不会改变,但荷电粒子会沿着电场方向被加速,导致运动轨迹发生偏转,偏转路径取决于荷电粒子的核质比 Ze/M_i。

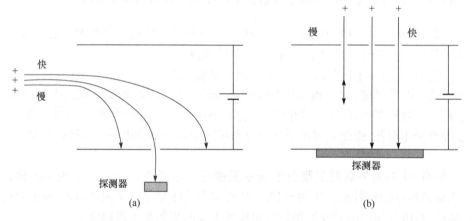

图 10.15　偏转过滤器选择具有特定(窄)能量范围的粒子(a),以及减速过滤器让能量高于一定阈值的粒子通过(b)

于是,经过荷电粒子能量校准后,人们可以将具有各种能量的荷电粒子引入一个存在电场的区域,这个区域的电场使荷电粒子的运动轨迹发生偏转,从而将不同能量的荷电粒子的运动轨迹分散开。最简单的办法是,让荷电粒子的初始速度方向垂直于电场(图 10.15(a))。这种能量分析器的分辨率取决于几何形状和表面电势,其中较高的分辨率需要更大的空间,这就不可避免地降低信号的强度。能量分析器中发生的任何碰撞都会破坏离子能量信息的获取,因此离子能量分析器都需要高(或者超高)真空,这种高真空离子能量分析器需要与等离子体所处的真空连接。进入离子能量分析器的离子能量范围很小,承载离子能量信息的离子电流很弱,某些形式的级联电子倍增管(或微通道板)可以有效地放大这个微电流,级联电子倍增管(或微通道板)同样需要超高真空。图 4.6 给出的离子能量分布,就是用静电场偏转过滤器测量的结果。另一种方法是让静电场方向与准直荷电粒子束的运动方向相同(图 10.15(b)),此时静电场只是加速或减速荷电粒子,不改变其运动方向。相对于等离子体在栅极上施加特定的电势,由此产生静电场。等离子体源中具有特定动能的荷电粒子能够穿过栅极,栅极电势低于等离子体源电势($V<\phi_{source}$),正离子在栅极静电场中获得能量。但是,在减速场中运动的荷电粒子($V>\phi_{source}$),只有那些初始动能大于减速场势能的荷电粒子被能量分析器收集。这样就可以在能量分析器收集极上(或附近)设置一个能量阈值,让收集极只收集那些初始动能大于这个能量阈值的荷电粒子。减速场能量分析器正是基于这个原理。

图 10.16 给出了减速场能量分析器工作原理图,这个能量分析器可以用于低气压等离子体系统。横跨能量分析器入口处的网状栅极上的孔洞直径必须小于等离子体的德拜长度 λ_{De},以避免准中性等离子体进入能量分析器,如果等离子体进

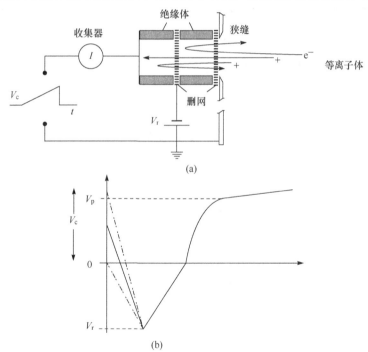

图 10.16　双栅极减速场能量分析器。(b)给出了电势分布。分析器入口处的栅极将等离子体屏蔽在分析器内部势场之外,减速栅极施加足够的负电势,足以排斥所有电子;收集极施加扫描电势,排斥那些能量不足以克服势场的离子。三栅极能量分析器中,电势扫描收集极被第三个栅极取代,扫描电势施加在这个栅极上,用以排斥低于特定能量的离子,收集极处于恒定电势

入,会导致能量分析器不能正常工作。宽口能量分析器可以不使用电子倍增器,从

而简化电流探测系统,但这会增加差分抽气系统的难度,因此能量分析器必须工作在等离子体源真空度。能量分析器中的碰撞会破坏所测离子的能量信息,这限制了分析器的工作气压范围。

> **问题**:当一个没有差分抽气系统的减速场能量分析器用于分析氩等离子体中的正离子时,若分析器入口到收集极的距离等于 0.75 mm,分析器最高工作气压是多少?
>
> **答案**:气压为 5 Pa 时,氩离子电荷交换平均自由程(λ_i)约为 1 mm(参见方程(2.30)),所以没有差分抽气系统的能量分析器的工作气压应该小于 5 Pa[46]。

减速场能量分析器中收集极收集的电流源于那些高能粒子,这些高能粒子所具有的能量足以克服分辨势场(无论是扫描式收集器还是分立分辨栅极),栅极的透过率也会影响离子流密度。对于双栅极设计的减速场能量分析器,当施加偏压用以收集离子时,可以用速度分布函数 $f(v)$ 表示收集极表面的离子电流:

$$I = \beta_{RFA}\theta_a\theta_r \int_{v_{min}}^{\infty} vf(v)\,\mathrm{d}v \tag{10.28}$$

式中,$v_{min} = \sqrt{2eV_c/M_i}$;$\theta_{a,r}$ 分别为两个栅极的开孔面积分数;常数 β_{RFA} 可以基于下述事实确定:当 $v_{min}=0$ 时,式(10.28)的积分应该等于流入开口面积的离子饱和电流 en_su_BA。图 10.17(a)给出了置于等离子体边界区的减速场能量分析器

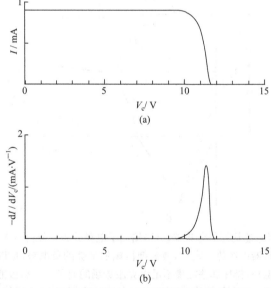

(a)

(b)

图 10.17　开口面积为 10^{-4} m² 的减速能量分析器射频伏安特性曲线及微分伏安特性曲线。离子进入分析器表面鞘层时的能量分布如图 4.5 所示,接着离子被 9.6 V 的鞘层电势差加速。这个离子能量分析器的能量分辨率为 0.4 eV

伏安特性曲线,此处的离子具有窄的能量分布(参见 4.2.3 节),这些离子自由穿越能量分析器表面的鞘层,鞘层电势差为 9.6 V。分析器的分辨率部分取决于分析器中栅极形成电场等势面的平直程度:小的开口有利于提高分辨率,代价是降低了离子流量。10.3.2 节讨论离子流和分析器入口处离子能量及速度分布的关系。

10.3.2　离子速度及能量分布

减速场能量分析器收集电流表达式的积分和电势无关,尽管积分下限依赖于减速极电势。此时,应用积分方程微分的莱布尼茨规则,可以得到下列结果:

$$\frac{dI}{dV_c} = -\beta_{RFA}\theta_a\theta_r\sqrt{2eV_c/M_i}\, f(\sqrt{2eV_c/M_i})\left[\frac{1}{2}\sqrt{\frac{2e}{M_iV_c}}\right] \tag{10.29}$$

$$= -\beta_{RFA}\theta_a\theta_r\frac{e}{M_i}f(\sqrt{2eV_c/M_i}) \tag{10.30}$$

可以看出,伏安特性曲线的一次微分正比于离子速度分布函数,或者 IVDF(也就是平行于分析器轴线的离子速度分布函数)。注意图 10.17 中给出的 IVDF 曲线的横轴以能量为单位,这是因为 eV_c 是收集极的势能,收集极只能收集初始动能大于这个势能的离子。恢复离子速度分布函数的速度自变量,或者是找到离子能量分布函数,需要用到下列关系式:

$$f(v)dv = f_\varepsilon(\varepsilon)d\varepsilon \quad (\varepsilon = M_iv^2/2)$$

上式说明,在速度 $v \sim v+dv$ 区间内的粒子数必须等于对应能量 $\varepsilon \sim \varepsilon + d\varepsilon$ 区间内的粒子数。于是,我们可以得到下式:

$$f_\varepsilon(\varepsilon) = \frac{1}{M_iv}f(v)$$

对应双栅极减速场能量分析器收集极的电流-电压特性曲线:

$$f_e(eV_c) = -\frac{1}{\beta_{RFA}\theta_a\theta_r}\sqrt{\frac{M_i}{2eV_c}}\frac{1}{e}\frac{dI}{dV_c} \tag{10.31}$$

图 10.17 中最高速度离子具有的动能,足以使其克服减速场势垒,从等离子体势场到减速场做自由落体运动,因此,可以用收集极电流-电压特性曲线一阶导数的速降沿确定等离子体电势 V_p,无碰撞时,分布函数的宽度与电子温度 k_BT_e 相关(参见 4.2.3 节)。

练习 10.8:减速场能量分析器　从图 10.17 中找出哪里可以推导出等离子体电势,由此明确等离子体电势与能量分析器的减速势差别很大。

　　问题:在减速场能量分析器中,我们默认收集极收集的离子都是同种原子或分子的单电荷正离子。如果这个假设不成立,分析器收集的信号会有什么变化?

答案:(1) 如果等离子体中存在同种原子或分子的单电荷离子和双电荷离子,则减速场分析器不能分辨这两种离子,原因是减速场分析器只能分辨能量的大小。

(2) 第二种单电荷离子穿越鞘层时获得的能量等于第一种单电荷离子,两种离子对应 dI/dV 曲线中的同一个峰;分辨两种离子的唯一线索来自等离子体产生和输运中导致的离子分布的差别。

10.3.3 电子能量分布

将减速极与收集极的电势反置,减速场能量分析器可以分析负电荷能量。此时,减速极的电势需要高于等离子体电势,以便将正离子反射回等离子体。分析器开口处的等离子体鞘层阻止能量小于 eV_p 的负电荷离开等离子体,因此,减速场能量分析器只能分析分布函数中高能端的负电荷能量分布。如果假设到达收集器的负电荷符合电子能量的麦克斯韦分布,这样,就可以利用探针电子减速区伏安特性曲线的简单分析方法,即应用半对数作图法,来验证这个假设并获得电子温度 T_e。实际上,也可以应用 Druyvesteyn 方程(10.21),从减速场能量分析器数据得到电子能量分布函数高能端的实际曲线。

问题:利用减速场能量分析器和探针的伏安特性曲线,均能获得离子及电子的分布函数,解释两者的不同之处。

答案:比较离子能量分布函数(方程(10.31))与电子能量分布函数(方程(10.21)),可以发现前者从伏安特性曲线的一次微分导出,后者从二次微分导出。导致这种差别的原因是:离子进入能量分析器的方向大致垂直于分析器开口平面,即运动方向平行于开口平面的离子可以忽略;相反,电子分布假设各向同性,所以必须考虑开口外面所有方向运动的电子。

说明:在每种方法的使用过程中,必须明确这些方法中的假设条件。

10.4　共振及波诊断

本节讨论另一类等离子体诊断方法,此方法基于小振幅且接近等离子体频率的电磁波与等离子体的相互作用。这些相互作用提供了多种诊断等离子体密度的方法,其中很多方法对等离子体的扰动小,且所用材料与等离子体工艺环境更加兼容。图 10.18 给出了几种本节将要讨论的"微波探针"。它们的大小与 Langmuir 探针相仿,不同的是,它们不会从等离子体中抽取净电流。但是,与其他类型的浸入式探针一样,这些微波探针放入等离子体中时,提供了一个等离子体中离子与电子复合的表面,从这一点看,对于活性等离子体工艺环境的诊断,它们不是一种有吸引力的选择。然而,本书前面几章所建立的等离子体模型及等离子体的数值模拟都需要实验验证,此时这些诊断方法就有了用武之地。作为本节的开始,首先考察在大体积等离子体中一个小球的微波特性。

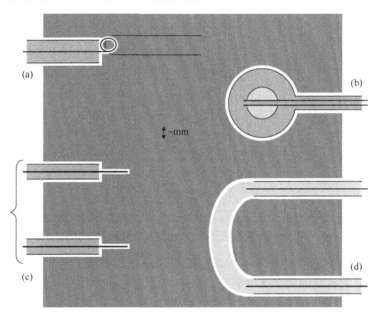

图 10.18 各种微波探针的截面图。(a) 发卡共振器(发卡探针安装在紧靠线圈后面的平面上,这个平面起到直流绝缘的作用);(b) 多极共振器;(c) 传输截止探针;(d) 表面波导

10.4.1 小球形探针的微波阻抗

本节所提到的射频等离子体密度一般在 $10^{15} \sim 10^{19}$ m^{-3} 范围内,相应的电子等离子体频率位于微波波段的低频端,频率范围为 0.3~30 GHz。因此,研究等离子体对这个频率范围的电磁波信号的响应很有意义。对于小球形微波探针,很容易理解它的“小”的限制,例如,频率为 10 GHz 时,要保证整个球形探针时刻处于相同电势,球的尺度必须远小于 3 cm(见第 6 章)。与射频等离子体产生及约束相关的建模相反,在考虑等离子体对微波的响应时,一般假设微波幅值较小(弱信号),且等离子体的响应是线性的。

在第 2 章已经证明,频率高于等离子体频率的电磁信号只能在无界等离子体中传播。后续章节主要讨论有界等离子体,微波在这种等离子体中的传播就需要考虑等离子体界面的作用。等离子体既有外界面又有内界面,一个简单例子是,在一个充满等离子体的空心球形腔室中心部位放置一个球形探针(图 10.19)。假设这个球形探针通过一个阻抗为 50 Ω 的同轴电缆与一个阻抗为 50 Ω 的微波源连接

在一起,现在的任务是求出球形探针的阻抗。2.4.5 节给出了等离子体薄板阻抗的倒数(即导纳),如下式所示:

$$\frac{1}{Z}=i\omega C_0\varepsilon_r=i\omega C_0\left[1-\frac{\omega_{pe}^2}{\omega(\omega-i\nu_m)}\right] \tag{10.32}$$

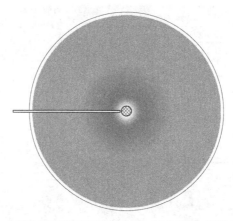

图 10.19　处在一个较大体积等离子体中心的一个同轴电缆耦合的球形微波探针

式中,$C_0=\varepsilon_0 A/d$ 是两个界面间为真空的相同薄板的电容。同样,可以将真空电容、等离子体电感及等离子体电阻的总阻抗写成如下形式:

$$\frac{1}{Z_p}=i\omega C_0+\frac{1}{i\omega L_p+R_p} \tag{10.33}$$

来自电子惯性的等离子体薄板的电感为

$$L_p=\frac{1}{\omega_{pe}^2 C_0}$$

来自电子-中性粒子碰撞的等离子体薄板的电阻为

$$R_p=\nu_m L_p=\frac{\nu_m}{\omega_{pe}^2 C_0}$$

现在用球形探针及球形等离子体取代等离子体薄板的矩形界面,系统的阻抗是多少?

假设球形等离子体腔室的半径远大于球形探针的半径 r_0,则真空中球形探针的电容(即外界面单位电势所存储的电荷数)是 $C_0=4\pi\varepsilon_0 r_0$。将球形探针电容代入方程(10.33),即可求得球形等离子体的导纳,注意此处球形探针的电容只与探针的几何形状有关,所以又被称为"几何"电容;等离子体的特性仍然由等离子体电感 L_p 和等离子体电阻 R_p 两个物理量表示。

要进一步分析等离子体腔室与探针之间的阻抗,还必须考虑这个系统的另外两个组成部分:一个是球形探针与等离子体之间的鞘层,另一个是等离子体在球形腔室壁上形成的鞘层。因为腔室的内表面面积远大于探针的表面积,探针表面鞘层产生的阻抗可以被忽略。如果 $r_0 \gg \lambda_{\text{De}}$,考虑到探针鞘层厚度与探针半径比较是一个小量,所以鞘层电容完全可以用平行板电容模型描述,将鞘层电容设为 $C_s = 4\pi\varepsilon_0 r_0 / s$;对于悬浮鞘层,其厚度 s 约为德拜长度的 7 倍,即 $s \sim 7\lambda_{\text{De}}$。这样,球形探针与球形腔室之间的总阻抗 Z_{sph},如图 10.20 所示的等效电路图,可以由下式给出:

$$Z_{\text{sph}} = \frac{1}{\mathrm{i}\omega C_s} + \frac{1}{\mathrm{i}\omega C_0 + \dfrac{1}{\mathrm{i}\omega L_p + R_p}} \tag{10.34}$$

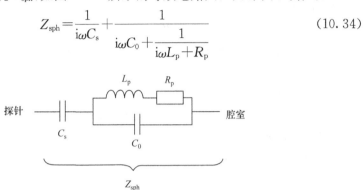

图 10.20 图 10.19 中球形探针的等效电路图

图 10.21 给出了总阻抗 Z_{sph} 的幅值及相位与频率的关系。从图中可以看出随频率的变化存在两个共振点:上共振点在 $\omega = \omega_p$ 处,对应等离子体通过 L_p 与 C_0 并联产生的共振(此时 $Z_{\text{sph}} \to \infty$);下共振点在 $\omega < \omega_p$ 处,是鞘层电容和等离子体电感之间的串联共振($Z_{\text{sph}} \to 0$)。薄板形状的探针结果类似,但不完全相同,见文献[85]。

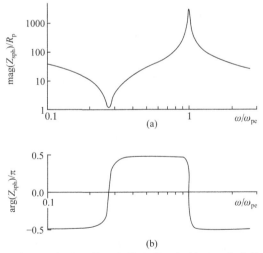

图 10.21 悬浮球形探针阻抗的幅值及相位变化。探针置于充满等离子体的大型球状空腔中,等离子体均匀分布($n = 10^{16}$ m^{-3},$T_e = 2$ eV),其中低共振频率依赖于探针及其鞘层的尺度:$\omega = (s/r_0)^{1/2} \omega_{pe}$

这篇文献中,阻抗分析也包括了共振增强等离子体的产生方面的内容,而我们的重点是非扰动等离子体诊断测量。

问题:电路处在共振状态时,电容的静电场和电感的磁场之间交换能量。对于浸入等离子体中的球形探针产生的串联共振和并联共振交换,分别交换哪两种形式的能量?

答案:这两种共振涉及鞘层及等离子体中的静电能,与等离子体中的定向电子群动能之间的交换,正是这种定向电子群动能导致了等离子体的电感。

问题:如果图 10.21 中两个共振频率处的极低和极高阻抗可以用微波信号的反射来确定,这种反射来自输入微波的同轴电缆和探针的不匹配,试解释如何用球形探针诊断电子密度。

答案:我们假设探针位于均匀分布的大体积等离子体的中心区域(图 10.19)。诊断等离子体密度的基本思路是,通过同轴电缆将变频信号连续馈入探针,同时监测反射功率。当输入信号的频率等于等离子体频率时,从球形探针反射的信号最强,此时对应最大阻抗(或等效于最小传输);电子密度服从关系式 $\omega_{pe}^2 = n_e e^2/(m_e \varepsilon_0)$。与 Langmuir 探针不同,这里不需要知道电子温度 T_e 就可以确定电子密度。

低频共振对应最小阻抗,因此最有可能在等离子体中激发电流。基于纯离子薄鞘层假设,低频共振频率为 $\omega = (s/r_0)^{1/2}\omega_{pe}$。要将低频共振与电子密度联系在一起,需要建立电极上的鞘层模型(如 Child-Langmuir 模型),这个模型需要知道电子温度 T_e 值。或者,可以从低频共振频率推导出鞘层厚度 s,再与鞘层模型比较,验证模型和实验结果是否一致。

说明:使用快速示波器或网络分析仪也可以很容易地从相位突变测出共振频率[227]。

后续几节将简要介绍一系列相关共振探针。注意,尽管共振可以被看成等离子体中的重阻尼(发生共振时 $R_p \gg \omega L_p$),将要介绍的共振探针只限制在低气压和中气压范围。

10.4.2　自激发电子共振探针

10.4.1 节介绍的球形微波探针用一个外置变频信号发生器驱动。但是,在前几章中提到,射频等离子体中会激发出很多高次谐波。因此有理由相信,在某些条件下,这些谐波会与充满等离子体腔室的本征共振发生"随机"耦合。确实,正像 5.4.3 节中介绍的那样,由驱动基频产生的高阶谐波可以在薄板状等离子体中激发串联共振,这被称为"自激发"。这种现象提供了一种方便的等离子体诊断方法。
共振的出现,会在穿越等离子体的电流中留下印记。即使外加电流是纯正弦波,谐
波电流会通过等离子体与导体壁形成闭合回路。作为这种自激发电流共振的例
子,可以方便地利用下述方法得到:用一个低阻抗旁通网络连接等离子体腔室壁,
连接部分与腔室壁其他部分电隔离,然后对旁通网络接收的信号进行高频频谱分
析,就会发现每个射频周期均产生自激发串联共振(图 10.22)。

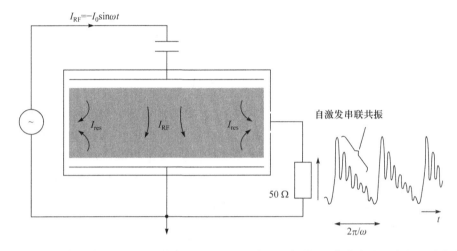

图 10.22　自激发共振探针是组成真空室壁且电隔离的一部分,用其获取流经真空室壁的电
流信号,再将之转变成电压信号以供分析

　　如果知道鞘层电容的大小,就可以用一个简单的共振模型,将上述自激发共振
与等离子体密度直接联系起来。到目前为止,相关讨论忽略了等离子体的非均匀
性,而真实等离子体的密度分布一般是非均匀的(参见第 3 章),对这种非均匀等离
子体,不存在一个单一且精确定义的等离子体频率;此外,碰撞阻尼会使自激发共
振宽化。这使得等离子体对一系列串联共振非常敏感,因此,驱动频率没有必要严
格匹配高品质因子共振。每个射频基频周期内,自激发串联共振振幅的衰减时间
与电子碰撞频率相关,电子碰撞频率敏感地依赖于气体成分的变化。这种探针信号
的分析常称为自激发共振谱(self-excited resonance spectroscopy,SEERS)[87,228]。

　　当一个物体的特征尺度与所加电信号引起的同频电磁扰动波长可比拟时,就
必须考虑相关的波动现象。在 6.2.1 节曾经讨论过这个问题:当电极宽度(不是内
电极间距)大约为 15 cm 时,在 200 MHz 出现的波动现象变成必须面对的主要问
题。增加频率甚至可以将这个特征尺度降低到 1.5 cm,处理与微波相关的尺寸大
于几毫米的物体时,就必须用到电磁波方法。这种特征尺度一方面给 SEERS 探
针设置了半径的上限,同时也为设计其他用于等离子体密度诊断的共振探针设计
提供了思路,这是 10.4.3 节要讨论的主题。

10.4.3　发卡共振探针

　　微波发卡共振探针的结构如图 10.18(a)所示。发卡探针的共振器是一个 U
型线,形成一个一端开路、另一端为半匝线圈短路的双线波导线。短路端尾部放置
一个安装在同轴电缆末端的线圈,用以驱动发卡共振器。实际上,发卡共振探针的
所有部件用少量介质材料固定,以提供必要的机械支撑,并避免不必要的电磁扰
动。这种情形与管风琴中的声波有点类似。发卡传输线的共振条件是,在开路端
与闭路端之间形成电磁波驻波;当发卡传输线长度等于波长的四分之一时,就会满足
共振条件。因此,对处于真空中的长度为 2.5 cm 的发卡传输线,产生共振的条件是

$$f_0 = \frac{c}{4L} = 3\text{GHz} \tag{10.35}$$

电磁波在 U 型线的引导下,在发卡探针分叉之间的空间及周围传播,传播到开口
处被反射。当探针长度和微波波长满足 $L = (n+1)\lambda/4$ 时,入射波和反射波会出
现相长干涉,从而形成驻波。如果发卡探针浸入电介质中,波速发生变化 $c \rightarrow
c/\sqrt{\varepsilon_r}$,由于一般电介质的介电常数大于 1,即 $\varepsilon_r > 1$,会使四分之一波长谐振频率出
现红移(向低频方向漂移)。但是,在等离子体中,如果忽略碰撞,则等离子体的相
对介电常数为

$$\varepsilon_r = 1 - \frac{f_{pe}^2}{f^2} \tag{10.36}$$

此处使用周频率比角频率更方便,两者的关系为 $\omega = 2\pi f$。

　　问题:证明等离子体中发卡探针的共振频率由下式确定

$$f_{res}^2 = f_0^2 + f_{pe}^2 \tag{10.37}$$

　　答案:电介质中四分之一波长谐振的共振频率为

$$f_{res} = \frac{c}{4L\sqrt{\varepsilon_r}} \tag{10.38}$$

将方程(10.36)代入方程(10.38),设 $f = f_{res}$,然后方程两边平方,可得

$$f_{res}^2 = \frac{[c/(4L)]^2}{1 - f_{pe}^2/f_{res}^2} \tag{10.39}$$

结合方程(10.35)并整理就会得到方程(10.37)。

　　发卡探针处于共振时,会在其中形成驻波,电流波节(零)和电压波腹(最大)位
于发卡探针的开口端,短路端电流最大(波腹),电压为零(波节)。这意味着发卡探
针对开口端周围的电介质特别敏感,因为此处的电场最强。在共振时,发卡探针结
构吸收入射的微波能量,探针将微波反射回输入同轴电缆。因此,共振状态可以通

过检测最小反射能量得到确认。注意,共振频率总是高于等离子体频率。这会影响到发卡探针共振器的能量吸收。发卡探针上的电流驻波会耦合到电磁波中,这种电磁波的频率高于等离子体频率,可以传播到周围的等离子体中。电磁波在两个探针之间的传播提供了另一种等离子体诊断方法,10.4.5 节会给出一个简洁的例子并讨论这种方法。

如果发卡探针的两个分叉之间的距离过大,则两个分叉之间的耦合变得很弱,微波能量将被辐射出去,从而不能形成驻波。相反,如果两个分叉过近,等离子体鞘层不可避免地就会占据大部分分叉之间的空间,此时发卡传输线周围的电介质就不能近似成纯等离子体,共振频率将难以确定。在制作和使用发卡探针的过程中,各种影响实验的因素(包括说明发卡探针周围的等离子体鞘层影响的方法)可以在参考文献[229]～[234]中找到。

练习 10.9:发卡探针　图 10.23 中的数据是发卡探针分布在真空中和四种射频功率的容性耦合等离子体中测得的,试找出探针附件等离子体密度的最大值。

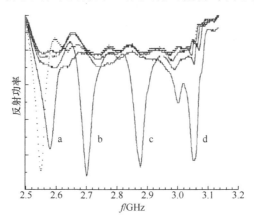

图 10.23　发卡探针在真空中(虚线)和在不同电子密度的等离子体中(a～d)的反射功率共振曲线

发卡探针共振器结构简单,且测试结果便于分析。其他结构也可以形成驻波,成为微波共振器。所以不难发现,处于等离子体源中的发卡微波探针通过同轴电缆反射回来的频谱含有大量共振结构。即使如此,总是可以从一系列共振结构中分辨出发卡共振器的共振,因为这种共振总是存在。当发卡探针插入等离子体中时,随着等离子体密度的增加,发卡共振器产生的共振频率增大,所以很容易辨别并跟踪。相反,发卡探针装置其他部分产生的共振频率不会随等离子体密度变化,可以据此将其从反射频谱中"扣除"。发卡探针测量中也可能激发其他与等离子体相关的共振,如串联共振,这些共振以及发卡探针产生的高次谐波,可以通过限制微波频率扫描范围等措施予以消除。但是,这也使设计其他类型等离子体相关共振结构探针成为可能。10.4.4 节将要讨论这种类型的探针。

10.4.4　多极共振器

发卡探针的基频共振频率高于等离子体频率,且探针会和等离子体中的电磁波产生耦合。围绕等离子体边界与鞘层关联的突变,以及金属和电介质表面,生成了一个复杂的微波环境。即使是一个形状简单的球形探针,也会产生微波共振。图 10.18(b)【译者注:原著中误为(d)】给出的多极共振器是球形探针的演化。初看起来,似乎只是由于增加了一个厚的介电层从而增加了电容,但事实上要复杂得多。多极共振器的中心不是一个完整的金属球,而是由两个分离的半球组成,将反相的平衡微波信号分别馈入两个半球。这个结构的微波特性非常复杂[235],在两个半球周围传播的电磁波可以激发出共振模式,这些电磁波可以在几倍于探针外半径的距离内与等离子体相互作用。根据图 10.24 给出的计算结果,很容易分辨出与等离子体特性相关的共振,共振主要与探针附近的电子密度关联。多极探针可以缓解与等离子体接触的材料的限制,因为在选择探针外部的介电层以及探针的支撑材料时,可以只考虑材料与等离子体环境的相容性。

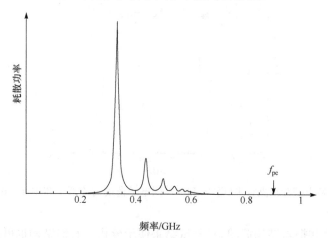

图 10.24　多极探针的计算吸收谱

发卡探针及多极探针的关键点之一是,共振由等离子体边界引导的驻波形成。本章最后将要简要地讨论这些驻波。

10.4.5　微波传输及截止法

在真空中,任何频率的电磁波都会传播。在等离子体中,麦克斯韦方程组的平面波解表明,只有频率大于等离子体频率的电磁波($\omega > \omega_{pe}$)才能传播。等离子体中的自由电子跟随入射电磁波作受迫振动,实际上排除了频率低于 ω_{pe} 的电磁波,将其反射。当频率超过这个下限时,等离子体中的电子跟不上电磁波的电场变化,电磁波就可以穿越等离子体。形成等离子体边界的鞘层区主要由离子构成(所以 $\varepsilon=1$),因此它是找到麦克斯韦方程组波动解的重要区域。可以在鞘层区找到频率小于等离子体频率的电磁波($\omega<\omega_{pe}$)模式,它是沿着等离子体边界传播的,而这种波在体等离子体区是截止的。尽管这种电磁波不会在体等离子体中传播,当它们沿着边界层传播时,会在垂直于边界层的等离子体方向上产生扰动,或在等离子体的趋肤深度区产生衰逝波场。

详细分析[236]证明,依赖于边界层的结构存在很窄的波段,这个波段的电磁波或者可以沿着等离子体边界层传播,或者被截止。例如,频率满足 $\omega_{pe}/\sqrt{2}<\omega<\omega_{pe}$ 关系的电磁波可以在等离子体和电介质之间的鞘层中传播下去,而其余频率范围的电磁波,即 $\omega<\omega_{pe}/\sqrt{2}$ 和 $\omega>\omega_{pe}$,只能沿着等离子体与金属之间的鞘层传播。基于这种现象的等离子体诊断探针已经被证明是可行的,如图 10.18(d)所示的表面波导探针。一个介质棒被等离子体及鞘层包围,介质棒两端分别连接"发射极"和"接收极",在这个介质棒上就发现电磁波段的传播,介质棒周围的鞘层正是电磁波的波导。可传播电磁波段频率上限与下限之比,非常接近上面的预测值 $\sqrt{2}$。这种"传播"探针不像发卡探针及多极共振器探针那样局域化,传播波段的频率边缘也不像共振探针那样容易分辨,尤其是存在碰撞阻尼时更是如此。

基于上述想法的另一种设计是,将传输探针置于一个干涉器的一个臂上,用于测量沿等离子体边界传输的电磁波的相位变化,干涉器的另一个臂在等离子体外的同轴电缆中[237]。在这种微波探针中,一段同轴电缆的外部介质绝缘层被剥除,将露出的一段芯部导体置于等离子体中,微波沿着等离子体与这段芯部导体之间的鞘层传播。测量之前先预估一下待测等离子体的密度,然后选择高于这个预估频率的微波馈入探针,微波沿着芯部导体表面传播,由于微波频率高于等离子体频率,会有部分微波传播到等离子体中。等离子体密度每改变 10^{16} m^{-3},微波沿 3 cm 长的裸导线与等离子体之间的鞘层传播会有大约 $10°$ 的相位位移。

本节提及的最后一种微波探针形式如图 10.18(c)所示,利用这种探针可以测量微波从一个探针,经过等离子体传输到另一个探针时的截止频率,从而确定等离子体频率 ω_{pe}[238]。这种诊断方法看起来很简单,实际上做起来不是那么容易,前面已经讨论过,当等离子体微波通道被截止时,介质波导模式将开启,此时所预期的最好的测试结果是,在等离子体频率 ω_{pe} 微波传输会出现突然下降,但由于微波传播通道中等离子体电子密度的涨落,这个下降沿会不可避免地变得模糊。实际上,在等离子体中裸金属导线并不是微波发射和接收的最佳材料,用锥形圆筒向等离子体发射并接收微波信号,同样可以实现截止和干涉法[229,239]。非导向型微波干涉仪是一种非常成熟的非浸入式等离子体密度诊断仪器,广泛应用在高温等离子体领域,尽管给出的是等离子体密度的微波路径积分。

10.5　重要结果归纳

一个高熔点导体探针可以很方便地测出等离子体电荷密度。Langmuir 早在 20 世纪 20 年代就进行了这方面的尝试,最终首次建立了电探针方法。现在,已经开发出很多种电探针,包括平面探针、柱状探针及球形探针。还有在等离子体频率附近发生共振的一类探针,以及其他一系列波发射探针。部分探针是静电探针,其他的是电磁探针;有些探针是无线的,大多数探针会吸收电子(电磁波),也有一些会发射电子(电磁波)。探针应该具备的一个重要特性是,不止在稳态等离子体中发挥作用,在瞬变等离子体中也应该发挥作用,于是针对射频等离子体,特别设计了各种有效探针。磁化等离子体对诊断技术提出了更大挑战。每一种探针诊断技术都存在一些假设,这些假设限制了各种诊断方法的应用范围,同时,这些假设也会影响到探针数据的分析方法,这些分析方法的目的就是将测量的各种电流、电压信号转变成等离子体电荷密度、空间电势、粒子流量密度、能量分布以及碰撞频率。本章主要讨论了等离子体常规电测量方法,这些电测量可进行用于材料处理的非平衡等离子体的局域荷电粒子的特性诊断。表 10.1 总结了本章讨论的主要方法。

表 10.1　电学测量功能小结

方法	n_i	$n_i u_B$	T_e	n_e	V_f	V_p	EEDF	IEDF	射频兼容性	说明
平面双探针		•	∘			•			∘	仅能测量尾部的温度
柱状单探针	∘		•	•	•	•	•		∘	对离子密度测量复杂需要射频补偿
发射探针					•	•			•	
自偏压探针	•	•	∘						•	测量 $V_{f\text{-RF}}$ 及 $V_{f\text{-DC}}$
RFA	•	∘	•					•	•	仅能测量尾部的温度
SEERS			•	•					•	也可以测量碰撞性参数
发卡共振探针				•					•	
多极共振探针				•					•	
微波传输				•					•	
微波截止				•					•	
外部 I 及 V	∘	•	•	•					•	仅能整体定量测量

实心圆表示有效性和适用性的程度较高,而空心圆则表示程度较低。

作为和电测量互补的等离子体诊断方法,可以使用一系列光学技术测量等离子体中的荷电及中性物种,也可以测量电场及磁场。光学技术本质上基于特定环境中特定原子和分子特性的测量,因此其应用范围不是很广。但是,空间分辨能力及非浸入式特性,使其成为很有吸引力的、与电测量技术互补的等离子体诊断方法。

附录:习题解

第 2 章

习题 2.1:使用方程(2.11)及 $k_B T/e = 2$ V,可以得到 $\bar{v} = 9.5 \times 10^5$ m·s^{-1}。这样,再根据方程(2.20)及 $\Delta\phi = 10$ V,$k_B T/e = 2$ V 和 $n = 10^{16}$ m^{-3},有

$$Q_w = \left[\frac{10^{16} \text{ m}^{-3} \times 9.5 \text{ m·s}^{-1}}{4} \exp(-5) \right] (4\text{V}) \times 1.6 \times 10^{-19} \text{ C}$$

$$\approx 10 \text{ W·m}^{-2}$$

习题 2.2:利用 $n_g = p/(k_B T_g)$,$k_B T_e/e = 2$V,$\bar{v}_e = [8k_B T_e/(\pi m_e)]^{1/2}$,$k_B T_i/e = 0.05$V,以及 $\bar{v}_i = [8k_B T_i/(\pi M_i)]^{1/2}$,可以估算出如下碰撞频率($\nu = Kn_g$)

$$\nu_{iz} = 2.7 \times 10^4 \text{ s}^{-1}$$

$$\nu_{exc} = 2.0 \times 10^5 \text{ s}^{-1}$$

$$\nu_m = 1.5 \times 10^8 \text{ s}^{-1}$$

$$\nu_i = 1.4 \times 10^6 \text{ s}^{-1}$$

及平均自由程($\lambda = \bar{v}/\nu$)

$$\lambda_{el} = 6.5 \times 10^{-3} \text{ m}$$

$$\lambda_i = 4 \times 10^{-4} \text{ m}$$

习题 2.3:利用上面例子中计算出的平均自由程和频率

$$\lambda_{el} = 6.5 \times 10^{-3} \text{ m}$$

$$\nu_{iz} = 2.7 \times 10^4 \text{ s}^{-1}$$

$$\nu_{exc} = 2.0 \times 10^5 \text{ s}^{-1}$$

$$\nu_m = 1.5 \times 10^8 \text{ s}^{-1}$$

以及表2.1给出的数据,可以得到 $\lambda_\varepsilon = 0.067$ m。这个长度大于容性放电中两个平板的典型间隙。

第 3 章

习题 3.1:

$$\lambda_{De} = \sqrt{\varepsilon_0 k_B T_e/(n_{e0} e^2)} = \sqrt{\varepsilon_0 (k_B T_e/e)/(n_{e0} e)}$$

$$= \sqrt{8.9 \times 10^{-12} \times 2.0/(1.0 \times 10^{16} \times 1.6 \times 10^{-19})} \text{ m}$$

$$=1.1\times10^{-4}\ \mathrm{m}$$

习题 3.2：由于 $n_{i0}=n_{e0}$，有

$$\frac{eV_0}{k_B T_e}=\frac{e^2 n_{i0}}{2\varepsilon_0 k_B T_e}s^2=\frac{1}{2}\left(\frac{s}{\lambda_{De}}\right)^2$$

即

$$s/\lambda_{De}=\sqrt{2eV_0/(k_B T_e)} \tag{A.3.1}$$

这样离子阵鞘层的厚度大约是 $\sqrt{200}\approx14$ 个德拜长度。

习题 3.3：将方程(3.16)两边同除以 λ_{De}，使得方程中出现因子 s/λ_{De}，然后利用 λ_{De} 的表示式对方程的右边进行化简，并把 V_0 与 $e/(k_B T_e)$ 组合在一起，则可以得到

$$\frac{s}{\lambda_{De}}=\left[\frac{4\sqrt{2}n_{e0}e\ \sqrt{k_B T_e/M_i}}{9J_i}\right]^{1/2}\left(\frac{eV_0}{k_B T_e}\right)^{3/4} \tag{A.3.2}$$

可以看到，在这种给定条件下，Child-Langmuir 鞘层的厚度大约是德拜长度的 25 倍。

习题 3.4：由方程(3.23)，可以得到

$$\frac{s}{\lambda_{De}}=\left(\frac{8}{9\pi}\frac{\lambda_i}{\lambda_{De}}\right)^{1/5}\left[\frac{n_{e0}e\ \sqrt{k_B T_e/M_i}}{J_i}\right]^{5/5}\left(\frac{5}{3}\frac{eV_0}{k_B T_e}\right)^{3/5}$$

将各物理量的值代入，则可以得到

$$\frac{s}{\lambda_{De}}=\left(\frac{8}{9\pi}\times3\right)^{1/5}\times1\times\left(\frac{5}{3}\frac{200}{2}\right)^{3/5}=20.48$$

习题 3.5：首先核查一下

$$\lambda_{De}=\sqrt{\frac{\varepsilon_0 k_B T_e}{ne^2}}\sim10^{-4}\ \mathrm{m}\ll\lambda_i$$

这样鞘层是无碰撞的。其次是计算离子的通量。由于离子被(无碰撞地)加速到玻姆速度(见方程(3.30))，所以离子密度在边界处降低，有

$$\Gamma_{边界}\equiv\Gamma_{表面}\approx0.6n_0\sqrt{\frac{k_B T_e}{M_i}}\quad 离子\cdot\mathrm{m}^{-2}\cdot\mathrm{s}^{-1}$$

利用方程(3.32)计算鞘层的电势降，以及考虑到离子在鞘层边界处的能量为 $M_i u_B^2/2$，可以得到离子到达表面上的能量为

$$w_{表面}=\frac{k_B T_e}{2}\left|\ln\left(\frac{2\pi m_e}{M_i}\right)\right|+\frac{1}{2}k_B T_e\ \mathrm{J}/离子$$

这样，流到表面上的离子能流通量为

$$Q_{表面}=\frac{k_B T_e}{2}\left[\left|\ln\left(\frac{2\pi m_e}{M_i}\right)\right|+1\right]\times0.6n_0\sqrt{\frac{k_B T_e}{M_i}}\approx22\ \mathrm{W}\cdot\mathrm{m}^{-2}$$

注意：$2eV=3.2\times10^{-19}\ \mathrm{J}$。

说明:根据 2.1.2 节后面给出的公式,计算在相同的条件下流到表面上的电子能流通量,并与上面给出的结果进行比较。

第 4 章

习题 4.1:利用方程(4.1)和方程(4.2),以及 $M_i = 40$ amu(氩),则给出

$$\tau_i \approx 50 \text{ ns}$$

$$\tau_e \approx 0.2 \text{ ns}$$

频率为 13.56 MHz 波形的周期为 $\tau_{RF} = 74$ ns,这样有 $\tau_e \ll \tau_i \lesssim \tau_{RF}$。

习题 4.2:根据方程(4.3),结果为

$$H : \omega_{pi} = 130 \times 10^6 \text{ s}^{-1}$$

$$H_2O : \omega_{pi} = 31 \times 10^6 \text{ s}^{-1}$$

$$Ar : \omega_{pi} = 21 \times 10^6 \text{ s}^{-1}$$

说明:由于这些量是角频率,它们的单位是 s^{-1},而不是 Hz。

习题 4.3:总的 DC 偏压是由方程(4.15)给出的悬浮电势

$$V_{f_{RF}} = 2\left[\frac{1}{2}\ln\left(\frac{2\pi \times 9.1 \times 10^{-37}}{40 \times 1.7 \times 10^{-27}}\right) - \ln I_0(25)\right] \text{ V}$$

$$= -54.3 \text{ V}$$

对于一个 DC 离子阵鞘层,把这个 DC 电压的幅值代入方程(A.3.1),则得到

$$s/\lambda_{De} = \sqrt{2 \times 54.3/2} \sim 7$$

这样,只需要把平均自由程与 $7\lambda_{De}$ 进行比较即可。对于所给定的等离子体,德拜长度为 10^{-4} m,它仅为平均自由程的 1%。这样离子穿越鞘层时,几乎是无碰撞的。

说明:通过建立一个适当的射频鞘层模型,见 4.4 节,可以对这个鞘层尺度的简单估算进行改进。

习题 4.4:离子以给定的玻姆通量及平均鞘层势能到达表面,这样离子的能量通量为

$$Q_{表面} = h_1 n_0 u_B e V_{f_{RF}}$$

根据图 3.11 中的低气压一侧的中心-边缘密度比,则有

$$Q_{表面} = 0.5 \times 10^{16} \times \sqrt{2 \times 1.6 \times 10^{-19}/(1.67 \times 10^{-27} \times 40)} \times 1.6 \times 10^{-19} \times 54.3$$

$$\sim 100 \text{ W} \cdot \text{m}^{-2}$$

习题 4.5:为了控制离子到达绝缘基片上的能量,人们必须利用射频调制的自偏压效应,因为绝缘基片可以阻塞 DC。为了避免在鞘层中发生碰撞,气压必须足够低,即保证 $\lambda_{De} n_g \sigma_{i-n} \ll 1$;为了使得在等离子体/鞘层边界处的分布尽可能地窄,还要求电子温度很低,尽管这很难控制,因为气压已经被限制了。这样必须选择放

电频率足够高($\omega \gg \omega_{pi}$),或为了能够出现一个单峰的 IEDF,选择具有明显非对称性的波形。

说明:为了实现一个稳定的、窄的 IEDF,以及一个稳定的离子通量,Wang 及 Wendt[50] 提出了一个由一个慢的下降沿和一个正脉冲组合成的波形,并施加在一个与电容器相连接的基片上。这样就可以在正脉冲周期内把电子吸引到基片上,从而可以中和正离子。

第 5 章

习题 5.1:压强的下降导致了温度的上升及密度的减小,这与随间隙的变化相似,即 h_1 增加,导致损耗增强。如方程(5.52)显示的那样,鞘层尺度随气压的增加而减小。

第 8 章

习题 8.1:对于有效加热,$\alpha_z \leqslant 0.5$ m。如表所示,对于所给定的参考条件及 $\omega_{ce}=8.9\times10^8$ s^{-1},有 $k_z \leqslant 190$ m^{-1} 及 $k_r \leqslant 60$ m^{-1}【译者注:原著漏掉了 k_z 及 k_r 的单位】。这样,根据方程(8.26)及方程(8.27)可知,$\alpha_z \leqslant 0.5$ m 等价于 $\nu_{eff} \geqslant \omega_{ce}/50=2\times10^{-7}$ s^{-1}。

第 10 章

习题 10.1:由于该模型的特征表示式为 $I=I_i\tanh(eV/(k_B T_e))$,所以该曲线在原点的斜率为 $eI_i/(k_B T_e)$。因此,首先从图形的饱和电流及在原点的斜率可以推断出:饱和电流及曲线的斜率各自为 30 μA 及 30/2.0 μA·V^{-1}。注意,在曲线所显示的区域内,电流并没有达到饱和。这样,有

$$k_B T_e/e=32\times2.0/3.0=2.1 \text{ eV}$$

由此可以得到 $u_B=\sqrt{2.1\times1.6\times10^{-19}/(40\times1.67\times10^{-27})}=2200$ m·s^{-1} 及由 $I_0=en_s u_B A$ 给出

$$n_s=32\times10^{-6}/[1.6\times10^{-19}\times2200\times\pi\times25/(4\times10^{-6})]=0.46\times10^{16} \text{ m}^{-3}$$

说明:这是等离子体边界处的密度。在给定相对低的气压下,可以取 $h_1 \approx 0.5$,在远离探针周围的等离子体密度将是这个密度的两倍。

习题 10.2:对于 $M=1$ amu,在参考表面之上的等离子体势为 $3.5k_B T_e/e$。在这种情况下,方程(10.5)变为

$$A_1 \gg 34 A_2$$

很容易在探针电极附近实现这样一个参考电极。

习题 10.3:首先不考虑面积比率为 34 的情况,因为在这种情况下电子流达不到饱和(即这不是单探针的特征)。可以利用面积之比为 340 的曲线,因为它符合氢等离子体中单探针的判据。

(1) 对于等离子体势这一点,有一个明显的不连续性:在比率为 340 的曲线,这个不连续点在 9.6 V 处。

(2) 对于悬浮势上这一点,电流为零:在这个图上,这一点为 1.9 V(与面积之比无关)。说明:在真实的系统中,悬浮势的确不同于局域地面上的势,其原因为:等离子体是非均匀的,以至于 $\phi_{p2} \neq \phi_{p1}$;腔室的器壁是导电的,或其上的电势不同于地电势;悬浮的物体不具有简单的平面几何。

(3) 离子密度服从如下形式:$n_s = I(-15V)/(eA_2 u_B)$。从图可以看出,有 $I(-15\ V) = 0.15$ mA,但是估算玻姆速度,需要知道电子温度,可以从等离子体势与悬浮势的差来估算出电子温度:

$$k_B T_e/e = (V_p - V_f)/[0.5\ln(M_e/(2\pi m_e))] = \frac{6.2}{2.8} \approx 2.2\ \text{V}$$

这样估算出的玻姆速度为 $u_B = 1.4 \times 10^4$ m・s^{-1},最后得到

$$n_s = 0.15\ \text{mA}/[1.6 \times 10^{-19}\ \text{C} \times 2.0 \times 10^{-5}\ \text{m}^2 \times 1.4\ \text{m・s}^{-1}]$$
$$= 3.5 \times 10^{15}\ \text{m}^{-3}$$

(4) 未扰动的等离子体的电子密度为 $n_0 = 4I(9.6V)/(eA_2\bar{v}_e)$,其中电子的平均热速度为 $\bar{v}_e = \sqrt{8k_B T_e/(\pi m_e)} = 9.8 \times 10^5$ m・s^{-1}。由此可以得到

$$n_0 = 4 \times 5.3\text{mA}/[1.6 \times 10^{-19}\text{C} \times 2.0 \times 10^{-5}\text{m}^2 \times 9.8 \times 10^5\text{m・s}^{-1}]$$
$$= 7.1 \times 10^{15}\text{m}^{-3}$$

习题 10.4:半对数图的线性行为意味着这是一个指数函数。当电流非常小时,所有的曲线都呈线性变化,但仅有满足单探针判据的那两条曲线在整个电流范围内都是线性变化的。

(1) 在等离子体势处,出现不连续性,由此可以得到等离子体势为 11.3 V。

(2) 根据半对数的斜率,可以得到 $k_B T_e/e = 20/9 \approx 2.2$ V。

习题 10.5:根据方程(10.14)可以看出等离子体大约为几伏,I^2 随 V 的变化应该是线性的,对应的斜率为

$$\frac{dI^2}{dV} = (e2\pi l r_c n_0)^2/(\pi^2 m_e)$$

并且截止点($I_e = 0$)在

$$V_{int} = k_B T_e/e + \phi_p$$

可以清楚地看到,等离子体势处于 I-V 曲线及 I^2-V 曲线的一个拐点,或 dI/dV 的峰值处,即 11.3 V。在这一点之后,I^2-V 开始呈线性变化。从图中可以看到,在

这个拐点之上,曲线的斜率为 $100 \times 10^{-6}/5.5$ A^2 · V^{-1},以及截止处的电压为 9.3 V。由此可以得到 $n_e = 7.2 \times 10^{15}$ m^{-3} 及 $k_B T_e = 2$ eV。

习题 10.6:如果电子能量概率分布函数是呈线性的半对数变化的,则分布函数具有麦克斯韦分布特征。在图 5.16 中,仅在气压为 40 Pa 附近分布函数才呈现出简单的线性行为。在低于 40 Pa 之下,分布函数似乎呈现两个不同的线性区域。在这两个线性区域上,分布函数都分别对应于麦克斯韦分布,其中在高能区域,分布函数的斜率变化较缓,这对应于较高温度的分布;而在低能区,分布函数的斜率变化较陡,对应于冷电子群。可以采用 10.1.3 节介绍的 I-V 曲线半对数分析方法,来推出电子温度的值。在 40 Pa 之上,与其他范围的能量分布相比,高能尾的分布很低(通过仔细观察可以发现,可以用 $\exp(-av^4)$ 来表征高能尾分布的变化,这就是所谓的 Druvvestevn 分布)。

习题 10.7:(1) 通过方程(10.26)的作图解,可以得到,当 $V_{RF} = 15$ V 时,电子温度为 2.5 eV。

(2) 初始衰变率为

$$\frac{dV}{dt}\bigg|_{初始} = \frac{eAn_s u_B}{C_x}$$

从图中可以看到,初始衰变率为 2 V/0.1 ms,这样将 C_x 及 A 的值代入,可以得到 $n_s u_B = 1.5 \times 10^{19}$ m^{-2} · s^{-1}。

习题 10.8:(1) 在图 10.17 中,那些速度最高的离子所具有的动能可以使其从等离子体势中自由地逃脱出来,这样可以把 V_p 定义在 dI/dV 曲线中明显下降的边缘处。离子能量分布函数的低能端位于鞘层电势 9.6 V 处,而且分布函数可以往高能端扩展到 11.6 V,它对应于减速场分析器的等离子体势。根据 Tonks-Langmuir 公式,离子能量分布函数的宽度(它等价于离子速度分布函数的宽度)是 $0.845 k_B T_e$。这样,在这种情况下有 $k_B T_e \sim (11.6 - 9.6)/0.854 = 2.3$ V。

说明:由于分析器的分辨率限制,这比 2.0 V 稍微高一些,其中后者被用于计算图 4.5 中的初始分布。

习题 10.9:最大密度情况对应于最高共振频率 $f_{res} = 3.05$ GHz。在真空情况下,共振频率 f_0 为 2.55 GHz。利用方程(10.37),有

$$f_{pe}^2 = [(3.05)^2 - (2.55)^2] \text{ (GHz)}^2$$

因此,可以得到

$$n_e = \frac{m_e \varepsilon_0}{e^2} (2\pi f_{pe})^2 = 3.5 \times 10^{16} \text{ m}^{-3}$$

参 考 文 献

[1] J. W. Coburn and H. F. Winters. *J. Appl. Phys.*, 50(5):3189-96,1979.

[2] M. A. Lieberman and A. J. Lichtenberg. *Principles of Plasma Discharges and Materials Processing*. John Wiley & Sons,2nd edition,New York,2005.

[3] J. P. Booth,G. Cunge,P. Chabert and N. Sadeghi. *J. Appl. Phys.*, 85:3097,1999.

[4] G. Cunge and J. P. Booth. *J. Appl. Phys.*, 85:3952,1999.

[5] X. Detter,R. Palla,I. Thomas-Boutherin,E. Pargon,G. Cunge,O. Joubert and L. Vallier. *J. Vac. Sci. Technol. B*,21(5):2174-83,2003.

[6] G. Cunge, M. Kogelschatz and N. Sadeghi. *Plasma Sources Sci. Technol.*, 13(3):522-30,2005.

[7] S. Bouchoule,G. Patriarche,S. Guilet,L. Gatilova,L. Largeau and P. Chabert. *J. Vac. Sci. Technol. B*,26:666,2008.

[8] C. Y. Duluard,R. Dussart,T. Tillocher,L. E. Pichon,P. Lefaucheux,M. Puech and P. Ranson. *Plasma Sources Sci. Technol.*, 17:045008,2008.

[9] P. Chabert,N. Proust,J. Perrin and R. W. Boswell. *Appl. Phys. Lett.*, 76:2310,2000.

[10] P. Chabert,G. Cunge,J. -P. Booth and J. Perrin. *Appl. Phys. Lett.*, 79:916,2001.

[11] P. Chabert. *J. Vacuum. Sci. Technol. B*,19:1339,2001.

[12] J. Schmitt,M. Elyaakoubi and L. Sansonnens. *Plasma Sources Sci. Technol.*, 11:A206,2002.

[13] D. M. Goebel and I. Katz. *Fundamentals of Electric Propulsion*. John Wiley & Sons,Hoboken,NJ,2008.

[14] V. V. Zhurin, H. R. Kaufmann and R. S. Robinson. *Plasma Sources Sci. Technol.*, 8: R1,1999.

[15] J. P. Squire,F. R. C. Diaz,T. W. Glover,V. T. Jacobson,D. G. Chavers,E. A. Bering,R. D. Bengtson,R. W. Boswell,R. H. Goulding and M. Light. *Fusion Sci. Technol.*, 43:111-17,2003.

[16] C. Charles,R. W. Boswell and M. A. Lieberman. *Appl. Phys. Lett.*, 89:261503,2006.

[17] A. Aanesland,A. Meige and P. Chabert. *IOP J. Phys.:Conf. Ser.*, 162:012009,2009.

[18] M. M. Turner and M. A. Lieberman. *Plasma Sources Sci. Technol.*, 8:313,1999.

[19] M. A. Lieberman, A. J. Lichtenberg and A. M. Marakhtanov. *Appl. Phys. Lett.*, 75:3617,1999.

[20] P. Chabert,A. J. Lichtenberg,M. A. Lieberman and A. M. Marakhtanov. *Plasma Sources Sci. Technol.*, 10:478,2001.

[21] P. Chabert,J. -L. Raimbault,P. Levif,J. -M. Rax and M. A. Lieberman. *Phys. Rev. Lett.*, 95:205001,2005.

[22] P. Chabert. *J. Phys. D:Appl. Phys.*, 40:R63-R73,2007.

[23] F. F. Chen. *Plasma Physics and Controlled Fusion*. XXX,1980.

[24] B. M. Smirnov. *Physics of Ionized Gases*. John Wiley & Sons, New York, 2001.

[25] G. G. Lister, Y. -M. Li and V. A. Godyak. *J. Appl. Phys.* ,79(12):8993,1996.

[26] H. Abada, P. Chabert, J. -P. Booth, J. Robiche and G. Cartry. *J. Appl. Phys.* , 92: 4223,2002.

[27] V. A. Godyak. *IEEE Trans. Plasma Sci.* ,34(3):755,2006.

[28] I. B. Bernstein and T. Holstein. *Phys. Rev.* ,94:1475,1954.

[29] L. D. Tsendin. *Sov. Phys. JETP*,39:805,1974.

[30] V. I. Kolobov and V. A. Godyak. *IEEE Trans. Plasma Sci.* ,23:503,1995.

[31] U. Kortshagen, C. Busch and L. D. Tsendin. *Plasma Sources Sci. Technol.* ,5:1,1996.

[32] C. D. Child. *Phys. Rev (ser I)*,32:492-511,1911.

[33] I. Langmuir. *Phys. Rev.* ,2:450-86,1913.

[34] M. S. Benilov. *Plasma Sources Sci. Technol.* ,18:014005,2008.

[35] D. Bohm. *The Characteristics of Electrical Discharges in Magnetic Fields*. McGraw—Hill, New York,1949.

[36] J. E. Allen. *J. Phys. D:Appl. Phys.* ,9:2331-2,1976.

[37] L. Tonks and I. Langmuir. *Phys. Rev.* ,34:876,1929.

[38] W. Schottky. *Phys. Z.* ,25:635,1924.

[39] V. A. Godyak. *Soviet Radiofrequency Discharge Research*. Delphic Associates, Fall Church, VA,1986.

[40] S. A. Self and H. N. *Ewald. Phys. Fluids*,9:2486,1966.

[41] V. A. Godyak and N. Sternberg. *IEEE Trans. Plasma Sci.* ,18:159,1990.

[42] W. B. Thompson and E. R. Harrison. *Proc. R. Soc. Lond.* ,74:145-52,1959.

[43] R. N. Franklin. *J. Phys. D:Appl. Phys.* ,36:2660-61,2003.

[44] J. -L. Raimbault, L. Liard, J. -M. Rax, P. Chabert, A. Fruchtman and G. Makrinich. *Phys. Plasmas*,14:013503,2007.

[45] P. Chabert, A. J. Lichtenberg and M. A. Lieberman. *Phys. Plasmas*,14:093502,2007.

[46] S. G. Ingram and N. St. J. Braithwaite. *J. Phys. D:Appl. Phys.* ,21:1496-503,1998.

[47] M. A. Sobolewski. *Phys. Rev.* E,21:8540-53,2000.

[48] E. Kawamura, V. Vahedi, M. A. Lieberman and C. K. Birdsall. *Plasma Sources Sci. Technol.* ,8:R45-R64,1999.

[49] S. B. Radovanov, J. K. Olthoff, R. J. Van Brunt and S. Djurovic. *J. Appl. Phys.* ,78:746-58,195.

[50] S. B. Wang and A. E. Wendt. *J. Appl. Phys.* ,88:643-6,2000.

[51] D. Vender and R. W. Boswell. *J. Vac. Sci. Technol.* A,10:1331-8,1992.

[52] C. M. O. Mahony, R. AlWazzan and W. G. Graham. *Appl. Phys. Lett.* ,71:608-10,1999.

[53] H. B. Vallentini. *J. Appl. Phys.* ,86:6665-72,1999.

[54] P. R. J. Barroy, A. Goodyear and N. St. J. Braithwaite. *IEEE Trans Plasma Sci.* ,30:148-9,2002.

[55] J. Schulze, Z. Donko, B. G. Heil, D. Luggenhoelscher, T. Mussenbrock, R. P. Brinkmann and U. Czarnetzki. *J. Phys. D: Appl. Phys.*, 41:105214, 2008.

[56] M. A. Lieberman. *IEEE Trans. Plasma Sci.*, 16:638, 1988.

[57] V. A. Godyak. *Sov. Plasma Phys.*, p. 141, 1976.

[58] M. A. Lieberman. *IEEE Trans. Plasma Sci.*, 17:338, 1989.

[59] V. A. Godyak. *IEEE Trans. Plasma Sci.*, 19:660, 1991.

[60] M. M. Turner. *Phys. Rev. Lett.*, 75:1312, 1995

[61] G. Gozadinos, M. M. Turner and D. Vender. *Phys. Rev. Lett.*, 87:135004, 2001.

[62] G. R. Misium, A. J. Lichtenberg and M. A. Lieberman. *J. Vacuum Sci. Technol. A*, 7:1007, 1989.

[63] P. Chabert, J. -L. Raimbault, J. -M. Rax and M. A. Lieberman. *Phys. Plasmas*, 11(5):1775, 2004.

[64] M. M. Turner and P. Chabert. *Appl. Phys. Lett.*, 89:231502, 2006.

[65] O. A. Popov and V. A. Godyak. *J. Appl. Phys.*, 57:53, 1985.

[66] V. A. Godyak and R. B. Piejak. *Phys. Rev. Lett.*, 65:996, 1990.

[67] V. A. Godyak. *Sov. Phys. - Tech. Phys.*, 16:1073-6, 1972.

[68] M. A. Lieberman and V. A. Godyak. *IEEE Trans. Plasma Sci.*, 26:955, 1998.

[69] E. Kawamura, M. A. Lieberman and A. J. Lichtenberg. *Phys. Plasmas*, 13:053506, 2006.

[70] G. Gozadinos, D. Vender, M. M. Turner and M. A. Lieberman. *Plasma Sources Sci. Technol.*, 10:1, 2001.

[71] M. Surendra and D. B. Graves. *Phys. Rev. Lett.*, 66:1469, 1991.

[72] M. Surendra and M. Dalvie. *Phys. Rev. E*, 48:3914, 1991.

[73] M. Surendra and D. B. Graves. *Appl. Phys. Lett.*, 59:2091, 1991.

[74] M. Meyyappan and M. J. Colgan. *J. Vac. Sci. Technol. A*, 14:2790, 1996.

[75] A. Perret. *Effets de la fr'equence d'excitation sur l'uniformit'e du plasma dans les réacteurs capacitifs grande surface.* PhD thesis, École Polytechnique, Palaiseau, France, June 2004.

[76] J. -P. Boeuf. *Phys. Rev. A*, 36:2782, 1987.

[77] A. Fiala, L. C. Pitchford and J. -P. Boeuf. *Phys. Rev. E*, 49:5607, 1994.

[78] J. -P. Boeuf and L. C. Pitchford. *Phys. Rev. E*, 51:1376, 1995.

[79] D. Vender and M. M. Turner. Epic simulations. In *Invited Paper*, 16th ESCAMPIG and 5th ICRP Proceedings, Vol. 2, p. 3, Grenoble, France, July 2002.

[80] D. Field, Y. Song and D. F. Klemperer. *J. Phys. D: Appl. Phys.*, 23(6):673-81, 1989.

[81] V. A. Godyak, R. B. Piejak and B. M. Alexandrovich. *Phys. Rev. Lett.*, 68:40, 1992.

[82] V. A. Godyak and A. S. Khanneh. *IEEE Trans. Plasma Sci.*, PS-14:112, 1986.

[83] N. St. J. Braithwaite, F. A. Haas and A. Godyear. *Plasma Sources Sci. Technol.*, 7(4):471-7, 1998.

[84] Ph. Belenguer and J. -P. Boeuf. *Phys. Rev. A*, 41:4447, 1990.

[85] V. P. T. Ku,B. M. Annaratone and J. E. Allen. Part I. *J. Appl. Phys.* ,84:6536-45,1998.

[86] V. A. Godyak and O. Popov. Sov. *J. Plasma Phys.* ,5:227,1979.

[87] M. Klick,W. Rehak and M. Kammeyer. *Jpn. J. Appl. Phys.* ,36:4625-31,1997.

[88] T. Mussenbrock,R. P. Brinkmann, M. A. Lieberman,A. J. Lichtenberg and E. Kawamura. *Phys. Phys. Lett.* ,101:085004,2008.

[89] J. Schulze,B. G. Heil,D. Luggenhoelscher,R. P. Brinkmann and U. Czarnetzki. *J. Phys. D: Appl. Phys.* ,41:195212,2008.

[90] A. Perret,P. Chabert,J. Jolly and J. -P. Booth. *Appl. Phys. Lett.* ,86(1):021501,2005.

[91] A. Perret,P. Chabert,J. -P. Booth,J. Jolly,J. Guillon and Ph. Auvray. *Appl. Phys. Lett.* ,83 (2):243,2003.

[92] H. H. Goto,H. -D. Lowe and T. Ohmi. *J. Vac. Sci. Technol.* A,10(5):3048,1992.

[93] T. Kitajima,Y. Takeo,Z. Lj. Petrovic and T. Makabe. *Appl. Phys. Lett.* ,77(4):489,2000.

[94] J. Robiche,P. C. Boyle,M. M. Turner and A. R. Ellingboe. *J. Phys. D:Appl. Phys.* ,36: 1810,2003.

[95] M. M. Turner and P. Chabert. *Phys. Rev. Lett.* ,96:205001,2006. 378 *References*

[96] M. M. Turner and P. Chabert. *Plasma Sources Sci. Technol.* ,16:364,2007.

[97] T. Gans et al. *Appl. Phys. Lett.* ,89:261502,2006.

[98] J. Schulze *et al. J. Phys. D:Appl. Phys.* ,40:7008-18,2007.

[99] P. Levif. *Excitation multifréquence dans les déecharges capacitives utilisées pour lagravure en microélectronique.* PhD thesis,École Polytechnique,Palaiseau,France,November 2007.

[100] H. C. Kim and J. K. Lee. *Phys. Rev. Lett.* ,93(8):085003-1,2004.

[101] Y. J. Hong *et al. Comput. Phys. Commun.* ,177:122-3,2007.

[102] B. G. Heil,U. Czarnetzki,R. P. Brinkmann and T. Mussenbrock. *J. Phys. D:Appl. Phys.* , 41:165202,2008.

[103] J. Schulze,E. Schöngel,D. Luggenhoelscher,U. Czarnetzki and Z. Donkù. *J. Phys. Appl. Phys.* ,106:3223310,2009.

[104] P. Chabert,J. -L. Raimbault,P. Levif,J. -M. Rax and M. A. Lieberman. *Plasma Sources Sci. Technol.* ,15:S130,2006.

[105] J. E. Stevens,M. J. Sowa and J. L. Cecchi. *J. Vaccum Sci. Technol.* A,14:139,1996.

[106] G. A. Hebner, Ed. V. Barnat, P. A. Miller, A. M. Paterson and J. P. Holland. *Plasma Sources Sci. Technol.* ,15:879,2006.

[107] L. Sansonnens,A. Pletzer,D. Magni,A. A. Howling,Ch. Hollenstein and J. P. M. Schmitt. *Plasma Sources Sci. Technol.* ,6:170,1997.

[108] M. A. Lieberman,J. -P. Booth,P. Chabert,J. -M. Rax and M. M. Turner. *Plasma Sources Sci. Technol.* ,11:283,2002.

[109] L. Sansonnens and J. Schmitt. *Appl. Phys. Lett.* ,82(2):182,2003.

[110] H. Schmidt,L. Sansonnens, A. A. Howling,Ch. Hollenstein, M. Elyaakoubi and J. P. M.

Schmitt. *J. Appl. Phys.*, 95(9): 4559, 2004.

[111] P. Chabert, J. -L. Raimbault, J. -M. Rax and A. Perret. *Phys. Plasmas*, 11: 4081, 2004.

[112] A. A. Howling, L. Sansonnens, J. Ballutaud, Ch. Hollenstein and J. P. M. Schmitt. *J. Appl. Phys.*, 96: 5429, 2004.

[113] A. A. Howling, L. Derendinger, L. Sansonnens, H. Schmidt, Ch. Hollenstein, E. Sakanaka and J. P. M. Schmitt. *J. Appl. Phys.*, 97: 123308, 2005.

[114] A. A. Howling, L. Sansonnens, H. Schmidt and Ch. Hollenstein. *Appl. Phys. Lett.*, 87: 076101, 2005.

[115] L. Sansonnens. *J. Appl. Phys.*, 97: 063304, 2005.

[116] L. Sansonnens, B. Strahm, L. Derendinger, A. A. Howling, Ch. Hollenstein, Ch. Ellert and J. P. M. Schmitt. *J. Vac. Sci. Technol. A*, 23: 0734-2101, 2005.

[117] L. Sansonnens, H. Schmidt, A. A. Howling, Ch. Hollenstein, Ch. Ellert and A. Buechel. *J. Vac. Sci. Technol. A*, 24: 0734-2101, 2006.

[118] L. Sansonnens, A. A. Howling and Ch. Hollenstein. *Plasma Sources Sci. Technol.*, 15: 302, 2006.

[119] P. A. Miller, Ed. V. Barnat, G. A. Hebner, A. M. Paterson and J. P. Holland. *Plasma Sources Sci. Technol.*, 15: 889, 2006.

[120] A. Lapucci, F. Rossetti, M. Ciofini and G. Orlando. *IEEE J. Quant. Electron.*, 31(8): 1537, 1995.

[121] Y. P. Raizer and M. N. Schneider. *IEEE Trans. Plasma Sci.*, 26(3): 1017, 1998.

[122] S. Ramo, J. R. Whinnery and T. Van Duzer. *Fields and Waves in Communication Electronics*. John Wiley & Sons, New York, 1965.

[123] I. Lee, D. B. Graves and M. A. Lieberman. *Plasma Sources Sci. Technol.*, 17: 015018, 2008.

[124] P. Chabert, H. Abada, J. -P. Booth and M. A. Lieberman. *J. Appl. Phys.*, 94: 76, 2003.

[125] P. Chabert, A. J. Lichtenberg, M. A. Lieberman and A. M. Marakhtanov. *J. Appl. Phys.*, 94: 831, 2003.

[126] A. M. Marakhtanov, M. Tuszewski, M. A. Lieberman, A. J. Lichtenberg and P. Chabert. *J. Vac. Sci. Technol. A*, 21: 1849, 2003.

[127] Jackson. *Classical Electrodynamics*. John Wiley & Sons, New York, 1960.

[128] R. B. Piejak, V. A. Godyak and B. M. Alexandrovich. *Plasma Sources Sci. Technol.*, 1: 179, 1992.

[129] V. A. Godyak, R. B. Piejak and B. M. Alexandrovich. *J. Appl. Phys.*, 85: 703, 1999.

[130] L. J. Mahoney, A. E. Wendt, E. Barrios, C. J. Richards and J. L. Shohet. *J. Appl. Phys.*, 76: 2041, 1994.

[131] P. Colpo, T. Meziani and F. Rossi. *J. Vacuum Sci. Technol.*, A23: 270, 2005.

[132] S. Lloyd, D. M. Shaw, M. Watanabe and G. J. Collins. *Jpn. J. Appl. Phys.*, 38: 4275, 1999.

[133] V. A. Godyak. *Proceedings of the XVth International Conference on Gas Discharge and*

their Applications, p. 621, 2004.

[134] E. S. Weibel. *Phys. Fluids*, 10:741, 1967.

[135] M. M. Turner. *Phys. Rev. Lett.*, 71:1844, 1993.

[136] V. A. Godyak. *Phys. Plasmas*, 12:055501, 2005.

[137] V. A. Godyak and R. B. Piejak. *J. Appl. Phys.*, 82:5944, 1997.

[138] R. Piejak, V. Godyak and B. Alexandrovich. *J. Appl. Phys.*, 81:3416, 1997.

[139] G. Cunge, B. Crowley, D. Vender and M. M. Turner. *J. Appl. Phys.*, 89:3580, 2001.

[140] G. J. M. Hagelaar. *Phys. Rev. Lett.*, 100:025001, 2008.

[141] V. A. Godyak and V. I. Kolobov. *Phys. Rev. Lett.*, 79:4589, 1997.

[142] V. A. Godyak, R. B. Piejak, B. M. Alexandrovich and V. I. Kolobov. *Phys. Rev. Lett.*, 80: 3264, 1998.

[143] V. A. Godyak and V. I. Kolobov. *Phys. Rev. Lett.*, 81:369, 1998.

[144] M. Tuszewski. *Phys. Rev. Lett.*, 77:1286, 1996.

[145] A. Smolyakov, V. A. Godyak and A. Duffy. *Phys. Plasmas*, 7(11):4755, 2000.

[146] D. R. Hartree. *Proc. Cambridge Phil. Soc.*, 27:143, 1931.

[147] E. V. Appleton. *J. Inst. Elec. Engrs.*, 71:642, 1932.

[148] P. Aigrain. *Proc. Int. Conf. Semiconductor Physics*, Prague, Czeckoslovakia, p. 224, 1960.

[149] R. W. Boswell. *Phys. Lett.*, 33A:470, 1970.

[150] R. W. Boswell and F. F. Chen. *IEEE Trans. Plasma Sci.*, 25(6):1229-44, 1997.

[151] F. F. Chen and R. W. Boswell. *IEEE Trans. Plasma Sci.*, 25(6):1245-57, 1997.

[152] P. Zhu and R. W. Boswell. *Phys. Rev. Lett.*, 63(26):2805-7, 1989.

[153] F. F. Chen. *Plasma Phys. Control. Fusion*, 33(4):339-64, 1991.

[154] C. Charles, R. W. Boswell and H. Kuwahara. *Appl. Phys. Lett.*, 67:40, 1995.

[155] A. J. Perry, D. Vender and R. W. Boswell. *J. Vac. Sci. Technol. B*, 9(2):310, 1991.

[156] M. A. Lieberman and R. W. Boswell. *J. Phys. IV France*, 8:145-63, 1998.

[157] T. H. Stix. *Waves in Plasmas*. John Wiley & Sons, New York, 1992.

[158] H. A. Blevin and P. J. Christiansen. *Aust. J. Phys.*, 19:501, 1966.

[159] F. F. Chen, M. J. Hsieh and M. Light. *Plasma Sources Sci. Technol.*, 3:49, 1994.

[160] B. N. Breizman and A. V. Arefiev. *Phys. Rev. Lett.*, 84(17):3863, 2000.

[161] T. Watari et al. Rf plugging of a high-density plasma. *Phys. Fluids*, 21:2076, 1978.

[162] T. Shoji. *IPPJ Annu. Rep.*, Nagoya Univ., p. 67, 1986.

[163] Y. Celik, D. L. Crintea, D. Luggenholscher and U. Czarnetzki. *Plasma Phys. Control. Fusion*, 51:124040, 2009.

[164] A. W. Degeling, C. Jung, R. W. Boswell and A. R. Ellingboe. *Phys. Plasmas*, 3:2788-96, 1996.

[165] A. Fruchtman, G. Makrinich, P. Chabert and J. -M. Rax. *Phys. Rev. Lett.*, 95:115002, 2005.

[166] B. Clarenbach, B. Lorenz, M. Krämer and N. Sadeghi. *Plasma Sources Sci. Technol.*, 12: 345, 2003.

[167] D. B. Hash, D. Bose, M. V. V. S. Rao, B. A. Cruden, M. Meyyapan and S. P. Sharma. *J.*

Appl. Phys. ,90:2148,2001.

[168] M. Shimada,G. R. Tynan and R. Cattolica. *Plasma Sources Sci. Technol.* ,16:193,2007.

[169] D. Bose, D. Hash, T. R. Govindan and M. Meyyappan. *J. Phys. D:Appl. Phys.* , 34:2742,2001.

[170] C. -C. Hsu,M. A. Nierode,J. W. Coburn and D. B. Graves. *J. Phys. D:Appl. Phys.* , 39:3272,2006.

[171] L. Liard,J. -L. Raimbault, ,J. -M. Rax and P. Chabert. *J. Phys. D*,40:5192-5195,2007.

[172] J. -L. Raimbault and P. Chabert. *Plasma Sources Sci. Technol.* ,18:014017,2009.

[173] L. Liard,J. -L. Raimbault and P. Chabert. *Phys. Plasmas*,16:053507,2009.

[174] N. St. J. Braithwaite and J. E. Allen. *J. Phys. D:Appl. Phys.* ,21:1733,1988.

[175] T. E. Sheridan,P. Chabert and R. W. Boswell. *Plasma Sources Sci. Technol.* ,8:457,1999.

[176] P. Chabert and T. E. Sheridan. *J. Phys. D*,33:1854,2000.

[177] A. Kono. *J. Phys. D:Appl. Phys.* ,32:1357,1999.

[178] I. G. Kouznetsov,A. J. Lichtenberg and M. A. Lieberman. *J. Appl. Phys.* ,86:4142,1999.

[179] R. N. Franklin. *J. Phys. D:Appl. Phys.* ,32:L71,1999.

[180] R. N. Franklin. *Plasma Sources Sci. Technol.* ,9:191,2000.

[181] R. N. Franklin. *J. Phys. D:Appl. Phys.* ,36:R309,2003.

[182] D. D. Monahan and M. M. Turner. *Plasma Sources Sci. Technol.* ,17:045003,2008.

[183] S. Kim,M. A. Lieberman,A. J. Lichtenberg and J. T. Gudmundsson. *J. Vac. Sci. Technol. A*,24:2025-40,2006.

[184] I. G. Kouznetsov,A. J. Lichtenberg and M. A. Lieberman. *Plasma Sources Sci. Technol.* , 5:662,1996.

[185] A. J. Lichtenberg,I. G. Kouznetsov,M. A. Lieberman and T. H. Chung. *Plasma Sources Sci. Technol.* ,9:45,2000.

[186] R. N. Franklin. *Plasma Sources Sci. Technol.* ,11:A31,2002.

[187] R. N. Franklin. *J. Phys. D:Appl. Phys.* ,34:1243,2001.

[188] R. N. Franklin. *J. Phys. D:Appl. Phys.* ,34:1834,2001.

[189] R. Kawai and T. Mieno. *Jpn. J. Appl. Phys.* ,36:L1123,1997.

[190] P. Chabert,T. E. Sheridan,J. Perrin and R. W. Boswell. *Plasma Sources Sci. Technol.* ,8:561,1999.

[191] R. N. Franklin and J. Snell. *J. Phys. D:Appl. Phys.* ,32:1031,1999.

[192] G. Leray,P. Chabert,A. J. Lichtenberg and M. A. Lieberman. *J. Phys. D:Appl. Phys.* , 42:194020,2009.

[193] A. J. Lichtenberg,P. Chabert,M. A. Lieberman and A. M. Markhtanov. *Bifurcation Phenomena in Plasmas* ,p. 3,2001.

[194] P. G. Steen,C. S. Corr and W. G. Graham. *Plasma Sources Sci. Technol.* ,12:265, 2003.

[195] P. G. Steen,C. S. Corr and W. G. Graham. *Appl. Phys. Lett.* ,86:141503,2005.

[196] J. -P. Booth, H. Abada, P. Chabert and D. B. Graves. *Plasma Sources Sci. Technol.* , 14:

273,2005.

[197] C. Charles and R. W. Boswell. *Appl. Phys. Lett.* ,82:1356,2003.

[198] C. Charles and R. W. Boswell. *Phys. Plasmas*,11:1706,2004.

[199] C. Charles. *Plasma Sources Sci. Technol.* ,16:R1-R25,2007.

[200] F. F. Chen. *Phys. Plasmas*,13:034502,2006.

[201] M. A. Lieberman,C. Charles and R. W. Boswell. *J. Phys. D:Appl. Phys.* ,39:3294,2006.

[202] A. Fruchtman. *Phys. Rev. Lett.* ,96:065002,2006.

[203] N. Plihon,C. S. Corr and P. Chabert. *Appl. Phys. Lett.* ,86:091501,2005.

[204] N. Plihon,C. S. Corr,P. Chabert and J. -L. Raimbault. *J. Appl. Phys.* ,98:023306,2005.

[205] M. Tuszewski. *J. Appl. Phys.* ,79:8967,1996.

[206] M. Tuszewski and S. P. Gary. *Phys. Plasmas*,10:539,2003.

[207] N. Hershkowitz and M. H. Cho. *J. Vac. Sci. Technol. A*,6:2054-9,1988.

[208] K. Teii,M. Mizumura,S. Matsumura and S. Teii. *J. Appl. Phys.* ,93:5888-92,2003.

[209] T. Lho,N. Hershkowitz,G. H. Kim,W. Steer and J. Miller. *Plasma Sources Sci. Technol.* , 9:5-11,2000.

[210] T. Lafleur,C. Charles and R. W. Boswell. *Phys. Plasmas*,16:044510,2009.

[211] H. M. Mott-Smith and I. Langmuir. *Phys. Rev.* ,28:727-63,1926.

[212] J. E. Allen. *Phys. Scr.* ,45:497-503,1991.

[213] J. G. Laframboise. Numerical computations for ion probe characteristics in a collisionless plasma. *U. T. I. A. S. Report No.* 100,*University of Toronto*,1966.

[214] J. E. Allen,R. L. F. Boyd and P. Reynolds. *Proc. Phys. Soc. Lond. B*,70:297-304,1957.

[215] F. F. Chen. *J. Nucl. Energy C*,7:41-67,1965.

[216] B. M. Annaratone,M. W. Allen and J. E. Allen. *J. Phys. D:Appl. Phys.* ,25:417-24,1992.

[217] Z. Sternovsky,S. Robertson and M. Lampe. *J. Appl. Phys.* ,94:1374-81,2003.

[218] M. J. Druyvesteyn. *Z. Phys.* ,64:781,1930.

[219] N. St. J. Braithwaite,N. M. P. Benjamin and J. E. Allen. *Phys. Plasmas*,20:1046-9,1987.

[220] A. Dyson,P. M. Bryant and J. E. Allen. *Measurement Sci. Technol.* ,11:554-9,2000.

[221] L. Nolle,A. Goodyear,A. A. Hopgood,P. D. Picton and N. St. J. Braithwaite. *Knowledge-Based Syst.* ,15:349-54,2002.

[222] M. A. Sobolewski. *J. Appl. Phys.* ,90:2660-71,2001.

[223] M. A. Sobolewski. *J. Vac. Sci. Technol. A*,5:677-84,2006.

[224] N. St. J. Braithwaite,J. P. Booth and G. Cunge. *J. Plasma Sources Sci. Technol.* ,36:2837-44,1996.

[225] N. St. J. Braithwaite,T. E. Sheridan and R. W. Boswell. *J. Phys. D:Appl. Phys.* ,36:2837-44,2003.

[226] J. P. Booth. *Plasma Sources Sci. Technol.* ,8:249-57,1999.

[227] D. D. Blackwell,D. N. Walker and W. E. Amatucci. *Rev. Sci. Instrum.* ,76:023503,2005.

[228] J. Schulze, T. Kampschulte, D. Luggenholscher and U. Czarnetzki. J. *Phys. Conf. Series*,

86:012010,2007.

[229] R. L. Stenzel. *Rev. Sci. Instrum.* ,47:603-7,1976.

[230] G. A. Hebner and I. C. Abraham. *J. Appl. Phys.* ,p. 4929-37,2001.

[231] R. B. Piejak,V. A. Godyak,R. Garner,B. M. Alexandrovich and N. Sternberg. *J. Appl. Phys.* ,95:3785-91,2004.

[232] R. B. Piejak,J. Al-Kuzee and N. St. J. Braithwaite. *Plasma Sources Sci. Technol.* ,14:734-43,2005.

[233] N. S. Siefert, B. N. Ganguly, B. L. Sands and G. A. Hebner. *J. Appl. Phys.* , 100: 043303,2006.

[234] S. K. Karakari,A. R. Ellingboe and C. Gaman. *Appl. Phys. Lett*,93:071501,2008.

[235] C. Scharwitz,M. Boeke,J. Winter,M. Lapke,T. Mussenbrock and R. P. Brinkmann. *Appl. Phys. Lett.* ,94:011502,2009.

[236] S. Dine,J. P. Booth,G. A. Curley,C. S. Corr,J. Jolly and J. Guillon. *Plasma Sources Sci. Technol.* ,14:777-86,2005.

[237] C. H. Chang,C. H. Hsieh,H. T. Wang,J. Y. Jeng,K. C. Leou and C. Lin. *Plasma Sources Sci. Technol.* ,16:67-71,2007.

[238] H. S. Jun,Y. S. Lee,B. K. Na and H. Y. Chang. *Phys. Plasmas*,15:124504,2008.

[239] R. H. Huddlestone and S. L. Leonard (eds). *Plasma Diagnostic Techniques*. Academic Press,New York,1994.

[240] D. Bohm and E. P. Gross. *Phys. Rev.* ,75:1851,1949.

[241] J. J. Thomson. *Phil. Mag.* ,4:1128,1927.

[242] T. E. Sheridan,N. St. J. Braithwaite and R. W. Boswell. *Phys. Plasma*,6:4375,1999.